计算力学

武兰河　编著

中国铁道出版社有限公司

2022年·北　京

图书在版编目(CIP)数据

计算力学 / 武兰河编著. —北京 ：中国铁道出版社有限公司，2020.11（2022.6 重印）
ISBN 978-7-113-27098-8

Ⅰ.①计… Ⅱ.①武… Ⅲ.①计算力学-教材 Ⅳ.①O302

中国版本图书馆 CIP 数据核字(2020)第 130402 号

书　　名:**计算力学**
作　　者:武兰河

策　　划:王　健
责任编辑:王　健　　　　**编辑部电话**:(010)51873065
封面设计:郑春鹏
责任校对:苗　丹
责任印制:高春晓

出版发行:中国铁道出版社有限公司(100054,北京市西城区右安门西街 8 号)
网　　址:http://www.tdpress.com
印　　刷:北京建宏印刷有限公司
版　　次:2020 年 11 月第 1 版　2022 年 6 月第 2 次印刷
开　　本:787 mm×1 092 mm 1/16　印张:14　字数:340 千
书　　号:ISBN 978-7-113-27098-8
定　　价:45.00 元

前　言

随着计算机科学技术的普及和迅猛发展，计算力学已经成为解决科学研究和工程技术领域诸多问题的有力工具，它的主要研究内容是工程结构和一些物理场的数值解法，构成对解析解的有力补充和完善。作为工程力学专业的学生，在掌握解析和实验分析方法的同时，还必须要掌握数值分析的基本原理、方法和步骤。但由于课程内容本身的深度和难度，目前这门课程在我国多数高校的相关本科专业中都未独立开设，大部分学校都只是开设了有限元计算方法这门课程，有限元计算方法是计算力学的重要组成部分，但仅仅讲有限元计算方法是不够的，因为计算力学领域的发展非常迅速，在最近十几年已经诞生了许多新的计算方法，这些新的计算方法思想新颖独特，对某些领域的问题非常有效，成为计算力学领域的一股新潮，因此，对工程力学专业的学生开设计算力学课程是非常有必要的。然而时至目前，在我国国内并没有一本深入浅出、通俗易懂、适合于本科生教学的计算力学教材，少有的几本计算力学书籍也都是面向研究生和科技工作者的，其讨论的内容过于专业化，研究色彩过浓，使基础相对薄弱的本科学生学习起来有较大的难度。本书正是出于这种考虑而编写的，其主要目的是为工程力学专业的本科学生学习计算力学课程提供一个基础性的教学参考书，书中较系统地介绍了计算力学领域的若干方法的基本思想和计算步骤，重点介绍各种方法的基本概念、基本理论和基本方法，对一些难度大、内容艰深的晦涩内容不作过多地阐述，以期对本科生的学习起到引领和帮扶作用。读者如果需要对某些感兴趣的内容进行深入了解，请参阅其他专业类书籍。

本书共由十章组成。第一章绪论重点介绍计算力学的研究范畴和发展史；第二章主要介绍了计算力学的数学力学基础，包括弹性力学的基本方程、泛函及变分原理、微分方程的等效积分形式等，为后面的计算方法奠定物理基础；第三章介绍了最简单的一维问题有限元法，让同学们较轻松地初步理解有限单元法的基本思想和分析步骤；第四章介绍了弹性力学平面问题的有限单元法，以三角形常应变单元为例在较普遍的意义上介绍有限元法解决连续弹性机械场问题的详细步骤；第五章介绍了有限元法中的最常用的几种单元的性态和性质；第六章简单介绍了数值计算中必不可少的数值积分的几种方法；第七章介绍了边界元法，通过积分方程的变换导出边界积分方程，从而使得分割单元可以只在问题的边界上进行；第八章介绍了应用更加灵活、适用范围更广泛的无网格法，使得问题不再需要分割单元而只需要在求解域内配置一些离散点，这就使得方法的适用性更加广泛；第九章介绍最近十几年发展起来的微分求积法和微分求积单元法，利用数值积分的思想去计算微分，从而使得问题的微分方程(组)和边界条件直接离散为代数方程(组)；第十章介绍的差分法是一种相对古老的方法，这也是一种直接离散微分方程的方法，不需要进行积分运算，因而便于实施。

作者从事工程力学专业教育教学工作已有三十多年，其间主讲过结构力学、振动力学、结构动力学、结构矩阵分析原理和程序设计等课程，深感这类课程对本科学生的重要性和学习难度，因此在本书编写的过程中，不追求高大上，比较注重各种方法的物理背景、基本概念和基本方法，主要想让同学们了解计算力学的意义、思想和思路，期望为学生打下扎实的计算力学基础，培养学生的应用意识。本书主要作为工程力学专业本科生教材使用，也可供研究生和相关工程技术人员参考。

本书在编写过程中参考和汲取了国内外有关计算力学方面的若干专著的相关内容，如邢誉峰和李敏的研究生教材《计算固体力学原理与方法》，龙述尧等人的《计算力学》，杨庆生的《现代计算固体力学》，姚振汉的《边界元法》，刘桂荣和顾元通的《无网格法理论及程序设计》等，同时还得到了许多专家的支持和帮助，在此谨向他们一并表示衷心的感谢。

由于作者水平所限，书中难免会有各种缺点、错误和不当之处，希望广大师生和同行专家不吝指正。

作　者

2020 年 7 月

目　　录

第1章 绪　论

1.1 计算力学概述

众所周知，科学技术和工程领域的绝大多数力学问题或物理问题都归结为问题域内主要变量的控制微分方程或微分方程组在相应边界条件下的定解问题，科技工作者的主要任务和目标便是寻找满足边界条件的这些微分方程（组）的解。这些微分方程完全是封闭的，从理论上讲应该有解析解，但是，能用解析方法求出精确解的只是极少数方程性质比较简单、边界形状非常规则的非常简单的问题，绝大多数情况下，由于方程的性质比较复杂，或者求解区域的边界形状比较复杂，使得人们无法用解析的方法求出问题的精确解。于是，人们很早就开始致力于寻求在工程上更有意义的近似解或数值解。一方面，可以通过引入各种假设，使得问题的控制微分方程和边界条件简化为人们能够处理的情况，从而得到问题在简化状态下的解析解；或者在求解时为了降低数学难度，人们放弃寻找严格满足微分方程和边界条件的精确解，而去寻找在某种意义上近似满足微分方程和边界条件的近似解。但是，由于过多的假设和简化会导致解的误差很大甚至是改变了原来问题的根本性质而得出错误的结果，因而这种方法实际上并不被广泛采用；另一方面，由于求解域内连续函数解的数学难度过大，而实际上在相当多的问题当中人们也并不关心整个域内的函数解析形式，而只是关心某个区域或某些点的函数值，因而人们便退而求其次，发展了一种数值方法用以求解问题域内和边界上某些离散点上的函数值。自从20世纪中叶以来，尤其是伴随着电子计算机的出现和飞速发展，这些数值方法逐渐成了求解科学和工程问题的最主要的工具，随之也便逐渐形成了计算力学这样一门学科分支。

在数学上描述一个物理场问题通常有两种方法，一是微分的方法，另一种是积分的方法。在基础的弹性力学中，采用的通常都是微分法，这种做法是在问题域内任意位置取一个小的微元体，根据该处微元体的性质建立微分方程或微分方程组，这一点的性态适用于除边界以外的全部区域，然后再由边界上的性质确定微分方程或微分方程组的定解条件，构成微分方程的定解问题。但由于求解微分方程定解问题的复杂性，很多问题常常无法求解，因此人们又发展了积分描述法，其核心思想是从全区域出发，构造与定解问题相等效的积分方程，这种积分方程在力学问题中大多代表全区域的能量，如果原问题的微分方程具有某些特定的性质，则它的等效积分方程可以归结为能量泛函的变分，然后通过数学上的变分法求解。基于以上两种方法，派生出了许多种近似方法和数值方法，如有限差分法（FDM）、微分求积法（DQM、DCM）等都是直接从原物理问题的控制微分方程出发进行求解的，而有限单元法（FEM）、边界元法（BEM）、加权残值法、无网格法、变分法等则是从积分方程出发进行求解的。一般情况下，基于积分方程描述的方法中变量的导数阶次低于基于微分方程描述的方法，因而处理起来相对比较容易，所以目前基于积分方程描述的这些方法应用较为广泛一些。应该说，这些方法各有优势和弊端，各自有应用的范畴和价值，但随着计算工具的改进和学科的发展，某些方法的应用范围越来越小，而有些方法的应用范围则越来越广泛，比如基于微分方程描述的代表方法——差分法，现在基本只限于求解流体力学问题，在固体力学领域基本不用了，而基于积分方程描述得代表方法——有限单元法，则由于其通用性好而在计算力学领域占据了统治地位，在几乎所有的工程领域人们都用有限元法求解相应的问题。当然，有限单元法也不是万能的，它也有自身的缺陷和劣势，比如在求解裂纹尖端的应力分析、非连续介质问题和接触问题等某些特殊问题时，其劣势便显露出来，因为对这些问题有限单元法的网格无法正常划分或者网格需要划分的非常精细才使得该方法求出的解有意义。正因为如此，才使得人们仍在不遗余力地寻找和研究其他一些数值方法，目的是较简便地求解一些特殊问题。

计算力学是一个集力学、数学和计算机科学为一体的综合学科。首先，计算力学的发展离不开数学理论和计算方法的完善，任何一种近似方法都需要数学理论来作支撑，这样才可以准确地估计求解的误差；其次，计算机的发展和应用也为计算力学提供了有力的工具和支持，随着计算机的普及和飞速发展以及大数据处理能力的提高，使得计算力学的解题能力得到了很大提高，而且扩大了计算力学向其他学科分支的渗透和发展，带动了一大批相关学科分支的迅速成长，比如起源于计算固体力学的有限单元法，已经在其他学科中得到了广泛应用。

1.2 计算力学发展简史

计算力学的历史可能很难追溯到源头，人们利用差分法计算导数的近似值在弹性力学中很早就开始应用了，利用变分原理进行近似计算的 Ritz 法也很早就用于求解弹性力学平面问题和板的弯曲问题。

结构力学用于结构分析已经有一百多年的历史，最初，杆件的刚度矩阵用结构力学的基本理论推导出来，直接刚度法的出现使得结构整体刚度矩阵可以由单元刚度矩阵直接按照某种规律“对号入座”形成，以建立结构的结点力和结点位移之间的关系，即结构矩阵分析或直接刚度法。

从 1906 年开始，人们陆续提出了一些网格模拟法求解连续体的问题，也就是用一些规则排列的弹性杆模拟连续体问题。1943 年，Courant 用定义在三角形区域上的分片多项式插值去求近似数值解，这种方法实际上是变分问题的 Rayleigh-Ritz 解法。一般认为，Courant 的解法是有限单元法的基础和雏形，由于计算工具的限制，这些工作在当时被认为没有多大价值，直到 1953 年，工程师们可以用矩阵表示结构的刚度方程并用数字计算机进行求解，人们的观点才逐渐被改变。1956 年，Turner、Clough、Martin、Topp 等人在分析飞机结构时首次将结构力学中求解刚架问题的矩阵位移法的解题思路推广应用于弹性力学平面问题，这是有限元法的第一次尝试，其巨大的成功打开了人们的眼界，1960 年，加州大学伯克利分校的 Clough 把这个新的工程计算方法进一步由航空结构扩展到土木工程结构，并正式提出有限单元法这一概念。自那之后，有限单元法的理论和应用都得到了突飞猛进的发展。在 20 世纪 60 年代初期，有限单元法被认为是一种完美无缺和无所不能的方法，成为学术界的热门研究领域，其研究工作在全世界范围内沿着不同的方向迅速展开，发展了大量新单元，如板的弯曲单元、曲壳单元、等参元等。一系列的研究进展使人们认识到有限元法是解偏微分方程的一般性方法。此时，有限元法已经得到更广泛的应用，从弹性问题到非线性问题，从静力分析到动力分析，已经渗透到固体力学的各个方面。另外，有限元法在土力学、流体力学、热动力学、电磁领域等也得到了广泛应用。

在流体力学领域，早在20世纪初，理查德就已提出用数值方法来解流体力学问题的想法，但是由于这种问题本身的复杂性和当时计算工具的落后，这一想法并未引起人们重视。1963年美国的F. H. 哈洛和J. E. 弗罗姆用当时的IBM7090计算机，成功地解决了二维长方形柱体的绕流问题并给出尾流涡街的形成和演变过程，受到普遍重视。1965年，哈洛和弗罗姆发表“流体动力学的计算机实验”一文，对计算机在流体力学中的巨大作用作了引人注目的介绍。计算流体力学的历史虽然不长，但已广泛深入到流体力学的各个领域，相应地也形成了各种不同的数值解法。就目前情况看，主要是有限差分方法和有限元法，有限差分方法在流体力学中已得到广泛应用，而有限元法是从求解固体力学问题发展起来的，近年来在处理低速流体问题中，已有相当多的应用，而且还在迅速发展中。

值得指出，中国学者对有限元法的发展也做出了卓越的贡献。例如，冯康院士与国外学者同时独立地提出了有限元法的概念；胡海昌院士的广义变分原理奠定了构造新型单元的最基本的数学基础；唐立民教授等提出的拟协调元方法开辟了构造新单元的更大视野；龙驭球院士提出的广义协调元、分区混合有限元和样条有限元成功地解决了许多工程问题，成了有限元法研究的重要组成部分。这些工作在国际上有很大影响，已广泛应用于各种工程问题的求解。

随着计算机科学技术的飞速发展，有限单元法现已发展成为解决大型复杂力学问题的通用而有效的工具，力学工作者掌握了这个工具，就变得艺高胆大，使过去不敢碰的计算难题变成了寻常的计算问题，尤其是自从20世纪70年代以来，在国际上出现了许多大型通用和专用的有限元商用软件，如SAP、ADINA、ANSYS、ABAQUS、NASTRAN等，这些软件的出现，使得人们如虎添翼，有能力去触碰极其复杂的问题，有限元法的应用已逐步扩展到几乎所有的科学技术和工程领域，由弹性力学平面问题扩展到空间问题和板的问题，由静力计算扩展到动力分析、稳定分析和波动分析，由弹性问题扩展到弹塑性、塑性、黏弹性问题，复合材料问题，土力学和岩石力学问题，疲劳与断裂问题，由固体力学扩展到流体力学、渗流与固结理论、热传导与热应力问题、电磁场问题，由结构计算问题扩展到结构优化问题，由工程力学领域扩展到冰川力学、生物力学等领域。可以预见，随着现代力学、计算数学和计算机科学技术的发展，有限元法作为一种具有坚实理论基础和广泛应用前景的数值分析工具，必将在科学技术发展和国民经济建设中发挥更大的作用，其自身也将得到进一步的发展与完善。

虽然有限单元法的理论完善、用法灵活、适用性强，但也不是万能的，在处理无限大域、大变形问题、爆炸问题、接触问题等问题时遇到了边界模拟和网格畸变等难题。正是因为这些难题，催生了许多新型的计算方法用以克服有限元法的缺陷，如边界元法、无网格法、微分求积法等。边界元法是利用域内的基本解把域内的微分方程转化为边界积分方程，再利用边界条件和边界离散技术进行求解的一类方法，将原问题的求解维数降低了一维，具有比有限元法未知量少且仅分布在边界上的优点，这种方法在处理无限域、边界裂纹和应力集中等问题时较为方便，具有较大的优越性。而无网格法和微分求积法不再需要在求解域内划分单元，而只是取域内的任意位置的离散点作为观测点，使得计算方法更加灵活，适用性更强。

上述有限元法、边界元法和无网格法不仅功能强大、优势互补，而且还可以联合应用，因而可以解决绝大多数的工程问题。由于现在主流的计算方法是基于积分形式描述的有限单元法，其他方法基本上都是对有限单元法的补充，使用范围相对较小，所以本书主要阐述有限元法的基本理论和方法，对其他数值方法仅作基本概念的阐述，不做详细的研究。而且本书的目的主要是为本科生和研究生的计算力学课程提供教学参考，并不是专门的计算力学专著，所以对比较晦涩的内容不做深入的分析和探究。

第2章 计算力学的数学力学基础

2.1 弹性力学基本理论

考虑一三维弹性体如图2.1所示，其体积为Ω，表面为Γ。该物体受任意位置的支承，其所受外力可以分布在体积内和(或)表面上。在外力作用下，物体内部会产生应力和应变，从而产生位移场，这便是我们所关心的物理问题。弹性力学中求解该问题通常有两类方法:位移法和应力法，在绝大多数问题中都是用位移法求解，即首先想法求解该弹性体内的位移场，然后再由物理条件求得弹性体内的应力。

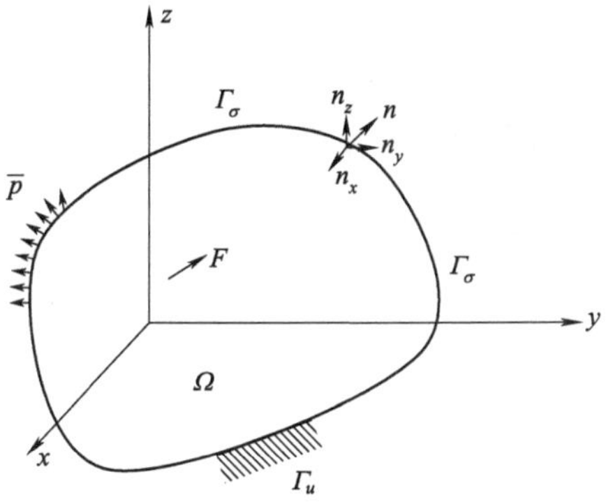

图2.1 三维连续体

弹性体内任意一点的应力状态可由6个独立的应力分量来描述，示于图2.2的小立方体单元的表面，即$\sigma_x,\sigma_y,\sigma_z,\tau_{xy},\tau_{yz},\tau_{zx}$，其中$\sigma_x,\sigma_y,\sigma_z$为正应力，$\tau_{xy},\tau_{yz},\tau_{zx}$为切应力(剪应力)。应力分量的正负号规定如下:如果某一个面的外法线方向与坐标轴的正方向一致，这个面上的应力分量就以沿坐标轴正向为正，与坐标轴反方向为负;相反，如果某一个面的外法线方向与坐标轴的负方向一致，则这个面上的应力分量就以沿坐标轴的负方向为正，与坐标轴同向为负。应力分量的矩阵表示称为应力列阵或应力向量，为

$$\boldsymbol{\sigma} = \{\sigma_x \quad \sigma_y \quad \sigma_z \quad \tau_{xy} \quad \tau_{yz} \quad \tau_{zx}\}^{\mathrm{T}} \tag{2.1}$$

弹性体在外力作用下还会产生变形和位移，其任意一点的位移用三个分量u,v,w表示，其矩阵形式为

$$\boldsymbol{u} = \{u \quad v \quad w\}^{\mathrm{T}} \tag{2.2}$$

称为位移列阵或位移向量。

弹性体内任意一点的应变也可以由6个应变分量来表示，即$\varepsilon_x,\varepsilon_y,\varepsilon_z,\gamma_{xy},\gamma_{yz},\gamma_{zx}$，与前面的6个应力分量一一对应，其中，$\varepsilon_x,\varepsilon_y,\varepsilon_z$为正应变，$\gamma_{xy},\gamma_{yz},\gamma_{zx}$为切应变或剪应变。应变的正负号与应力的正负号相对应，正应变以伸长为正，压缩为负;剪应变以两个沿坐标轴正方向的

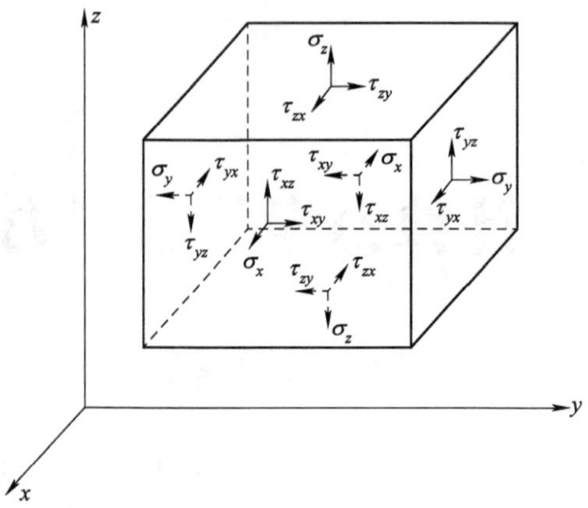

图 2.2 微元体平衡

线段组成的直角变小为正,反之为负。应变的表达式为

$$\boldsymbol{\varepsilon} = \{\varepsilon_x \quad \varepsilon_y \quad \varepsilon_z \quad \gamma_{xy} \quad \gamma_{yz} \quad \gamma_{zx}\}^{\mathrm{T}} \tag{2.3}$$

称作是应变列阵或应变向量。

对于三维弹性力学问题,其平衡方程为

$$\left.\begin{aligned} \frac{\partial \sigma_x}{\partial x} + \frac{\partial \tau_{yx}}{\partial y} + \frac{\partial \tau_{zx}}{\partial z} + F_x = 0 \\ \frac{\partial \tau_{xy}}{\partial x} + \frac{\partial \sigma_y}{\partial y} + \frac{\partial \tau_{zy}}{\partial z} + F_y = 0 \\ \frac{\partial \tau_{xz}}{\partial x} + \frac{\partial \tau_{yz}}{\partial y} + \frac{\partial \sigma_z}{\partial z} + F_z = 0 \end{aligned}\right\} \tag{2.4}$$

注意,由微元体的平衡知

$$\tau_{xy} = \tau_{yx}, \tau_{yz} = \tau_{zy}, \tau_{zx} = \tau_{xz} \tag{2.5}$$

式(2.4)也可以写为如下的矩阵形式

$$\boldsymbol{A\sigma} + \boldsymbol{F} = 0 \tag{2.6}$$

其中

$$\boldsymbol{A} = \begin{bmatrix} \partial_x & 0 & 0 & \partial_y & 0 & \partial_z \\ 0 & \partial_y & 0 & \partial_x & \partial_z & 0 \\ 0 & 0 & \partial_z & 0 & \partial_y & \partial_x \end{bmatrix} \tag{2.7}$$

是微分算子矩阵

$$\boldsymbol{F} = \{F_x \quad F_y \quad F_z\}^{\mathrm{T}} \tag{2.8}$$

为体力向量。

在微小位移和微小变形的情况下舍去位移导数的高次幂,则应变与位移之间的几何关系为

$$\left.\begin{aligned} \varepsilon_x = \frac{\partial u}{\partial x}, \varepsilon_y = \frac{\partial v}{\partial y}, \varepsilon_z = \frac{\partial w}{\partial z} \\ \gamma_{xy} = \frac{\partial v}{\partial x} + \frac{\partial u}{\partial y}, \gamma_{yz} = \frac{\partial w}{\partial y} + \frac{\partial v}{\partial z}, \gamma_{zx} = \frac{\partial u}{\partial z} + \frac{\partial w}{\partial x} \end{aligned}\right\} \tag{2.9}$$

式(2.9)称为几何方程,也可以写成矩阵形式

$$\boldsymbol{\varepsilon} - \boldsymbol{L}\boldsymbol{u} = 0 \tag{2.10}$$

其中

$$\boldsymbol{L} = \begin{bmatrix} \partial_x & 0 & 0 \\ 0 & \partial_y & 0 \\ 0 & 0 & \partial_z \\ \partial_y & \partial_x & 0 \\ 0 & \partial_z & \partial_y \\ \partial_z & 0 & \partial_x \end{bmatrix} = \boldsymbol{A}^{\mathrm{T}} \tag{2.11}$$

我们知道，物体的变形与其材料性质和其所受到的应力状态有关，也就是说，对由指定材料组成的弹性体，其应变是与应力有关系的，对各向同性材料，这种关系由广义 Hooke 定律给出

$$\left.\begin{aligned} \varepsilon_x &= \frac{\sigma_x}{E} - \frac{\nu}{E}(\sigma_y + \sigma_z) \\ \varepsilon_y &= \frac{\sigma_y}{E} - \frac{\nu}{E}(\sigma_z + \sigma_x) \\ \varepsilon_z &= \frac{\sigma_z}{E} - \frac{\nu}{E}(\sigma_x + \sigma_y) \end{aligned}\right\} \tag{2.12a}$$

$$\gamma_{xy} = \frac{\tau_{xy}}{G} = \frac{2(1+\nu)}{E}\tau_{xy}, \gamma_{yz} = \frac{\tau_{yz}}{G} = \frac{2(1+\nu)}{E}\tau_{yz}, \gamma_{zx} = \frac{\tau_{zx}}{G} = \frac{2(1+\nu)}{E}\tau_{zx} \tag{2.12b}$$

式中，E 为弹性模量，ν 为泊松比，G 为剪切模量。式(2.12)用矩阵形式表示为

$$\begin{Bmatrix} \varepsilon_x \\ \varepsilon_y \\ \varepsilon_z \\ \gamma_{xy} \\ \gamma_{yz} \\ \gamma_{zx} \end{Bmatrix} = \frac{1}{E} \begin{bmatrix} 1 & -\nu & -\nu & 0 & 0 & 0 \\ -\nu & 1 & -\nu & 0 & 0 & 0 \\ -\nu & -\nu & 1 & 0 & 0 & 0 \\ 0 & 0 & 0 & 2(1+\nu) & 0 & 0 \\ 0 & 0 & 0 & 0 & 2(1+\nu) & 0 \\ 0 & 0 & 0 & 0 & 0 & 2(1+\nu) \end{bmatrix} \begin{Bmatrix} \sigma_x \\ \sigma_y \\ \sigma_z \\ \tau_{xy} \\ \tau_{yz} \\ \tau_{zx} \end{Bmatrix} \tag{2.13}$$

简记为

$$\boldsymbol{\varepsilon} = \boldsymbol{C}\boldsymbol{\sigma} \tag{2.14}$$

$\boldsymbol{C}$ 称为柔度矩阵。上式也可以改写成

$$\boldsymbol{\sigma} = \boldsymbol{D}\boldsymbol{\varepsilon} \tag{2.15}$$

其中，矩阵 $\boldsymbol{D}$ 称为弹性矩阵

$$\boldsymbol{D} = \frac{E(1-\nu)}{(1+\nu)(1-2\nu)} \begin{bmatrix} 1 & a & a & 0 & 0 & 0 \\ a & 1 & a & 0 & 0 & 0 \\ a & a & 1 & 0 & 0 & 0 \\ 0 & 0 & 0 & b & 0 & 0 \\ 0 & 0 & 0 & 0 & b & 0 \\ 0 & 0 & 0 & 0 & 0 & b \end{bmatrix} \tag{2.16}$$

而其中的参数

$$a = \frac{\nu}{1-\nu}, \qquad b = \frac{1-2\nu}{2(1-\nu)} \tag{2.17}$$

显然

$$D = C^{-1} \tag{2.18}$$

应力向量与应变向量之间的这种对应关系是由材料本身的性质唯一确定的，所以通常也称为本构关系或物理关系。表征弹性体的弹性性质，也可以采用 Lame 常数 λ 和 G 表示

$$G = \frac{E}{2(1+\nu)}, \qquad \lambda = \frac{E\nu}{(1+\nu)(1-2\nu)} \tag{2.19}$$

注意到

$$\lambda + 2G = \frac{E(1-\nu)}{(1+\nu)(1-2\nu)} \tag{2.20}$$

则弹性矩阵 $\boldsymbol{D}$ 可表示为

$$\boldsymbol{D} = \begin{bmatrix} \lambda+2G & \lambda & \lambda & 0 & 0 & 0 \\ \lambda & \lambda+2G & \lambda & 0 & 0 & 0 \\ \lambda & \lambda & \lambda+2G & 0 & 0 & 0 \\ 0 & 0 & 0 & G & 0 & 0 \\ 0 & 0 & 0 & 0 & G & 0 \\ 0 & 0 & 0 & 0 & 0 & G \end{bmatrix} \tag{2.21}$$

弹性体 Ω 的全部边界为 Γ，在边界上，一部分边界作用有已知外力，称为力的边界条件，这部分边界用 Γ_σ 表示；另一部分边界上的位移被约束，即位移是已知量，这部分边界称为位移边界条件，用 Γ_u 表示。设弹性体在边界 Γ_σ 部分单位面积上的所受外力为 $\bar{p}_x, \bar{p}_y, \bar{p}_z$，单位面积上的内力为 p_x, p_y, p_z，则根据平衡条件有

$$p_x = \bar{p}_x, p_y = \bar{p}_y, p_z = \bar{p}_z \tag{2.22}$$

而

$$\left.\begin{aligned} p_x &= \sigma_x n_x + \tau_{yx} n_y + \tau_{zx} n_z \\ p_y &= \tau_{xy} n_x + \sigma_y n_y + \tau_{zy} n_z \\ p_z &= \tau_{xz} n_x + \tau_{yz} n_y + \sigma_z n_z \end{aligned}\right\} \tag{2.23}$$

故在 Γ_σ 上力的边界条件为

$$\left.\begin{aligned} \sigma_x n_x + \tau_{yx} n_y + \tau_{zx} n_z &= \bar{p}_x \\ \tau_{xy} n_x + \sigma_y n_y + \tau_{zy} n_z &= \bar{p}_y \\ \tau_{xz} n_x + \tau_{yz} n_y + \sigma_z n_z &= \bar{p}_z \end{aligned}\right\} \tag{2.24}$$

写成矩阵表达形式

$$\boldsymbol{n\sigma} = \bar{\boldsymbol{p}} \tag{2.25}$$

其中

$$\boldsymbol{n} = \begin{bmatrix} n_x & 0 & 0 & n_y & 0 & n_z \\ 0 & n_y & 0 & n_x & n_z & 0 \\ 0 & 0 & n_z & 0 & n_y & n_x \end{bmatrix} \tag{2.26}$$

在 Γ_u 上弹性体的位移已知，即有

$$\boldsymbol{u} = \bar{\boldsymbol{u}} \tag{2.27}$$

其中

$$\bar{\boldsymbol{u}} = \{\bar{u} \quad \bar{v} \quad \bar{w}\}^{\mathrm{T}} \tag{2.28}$$

为已知位移。

以上我们给出了三维弹性力学问题的平衡方程、几何方程、物理方程和边界条件，这些微分方程和边界条件构成了微分方程组的定解问题，采用合适的数学方法，便有可能求得问题的解。同样的，对二维平面问题、轴对称问题等也可以得到类似的微分方程和边界条件，为了方便记忆，我们把所有问题的弹性力学方程和边界条件统一记作一般形式

$$
\begin{aligned}
&\text{平衡方程：}\quad \boldsymbol{A\sigma}+\boldsymbol{F}=0 \quad \text{在 }\Omega\text{ 内}\\
&\text{几何方程：}\quad \boldsymbol{\varepsilon}-\boldsymbol{Lu}=0 \quad \text{在 }\Omega\text{ 内}\\
&\text{物理方程：}\quad \boldsymbol{\sigma}=\boldsymbol{D\varepsilon} \quad \text{在 }\Omega\text{ 内}\\
&\text{边界条件：}\quad \boldsymbol{n\sigma}=\bar{\boldsymbol{p}} \quad \text{在 }\Gamma_\sigma\text{ 上}\\
&\qquad\qquad\quad\ \ \boldsymbol{u}=\bar{\boldsymbol{u}} \quad \text{在 }\Gamma_u\text{ 上}
\end{aligned}
\tag{2.29}
$$

并有 $\Gamma=\Gamma_\sigma+\Gamma_u$ 为弹性体的全部边界。

对不同的弹性力学问题，式(2.29)中的有关算子和矩阵的表达式汇集于表 2.1。

表 2.1　不同类型问题的几何方程和物理方程的矩阵符号

矩阵符号	杆	梁	平面问题	轴对称问题	三维问题
位移 $\boldsymbol{u}^{\mathrm{T}}$	u	w	$\{u\quad v\}$	$\{u\quad w\}$	$\{u\quad v\quad w\}$
应变 $\boldsymbol{\varepsilon}^{\mathrm{T}}$	ε_x	κ_x	$\{\varepsilon_x\quad \varepsilon_y\quad \gamma_{xy}\}$	$\{\varepsilon_r\quad \varepsilon_z\quad \gamma_{rz}\quad \varepsilon_\theta\}$	$\{\varepsilon_x\quad \varepsilon_y\quad \varepsilon_z\quad \gamma_{xy}\quad \gamma_{yz}\quad \gamma_{zx}\}$
应力 $\boldsymbol{\sigma}^{\mathrm{T}}$	σ_x	M_x	$\{\sigma_x\quad \sigma_y\quad \tau_{xy}\}$	$\{\sigma_r\quad \sigma_z\quad \tau_{rz}\quad \sigma_\theta\}$	$\{\sigma_x\quad \sigma_y\quad \sigma_z\quad \tau_{xy}\quad \tau_{yz}\quad \tau_{zx}\}$
微分算子 $\boldsymbol{L}$	$\frac{\mathrm{d}}{\mathrm{d}x}$	$\frac{\mathrm{d}^2}{\mathrm{d}x^2}$	$\begin{bmatrix}\partial_x & 0\\ 0 & \partial_y\\ \partial_y & \partial_x\end{bmatrix}$	$\begin{bmatrix}\partial_r & 0\\ 0 & \partial_z\\ \partial_z & \partial_r\\ 1/r & 0\end{bmatrix}$	$\begin{bmatrix}\partial_x & 0 & 0\\ 0 & \partial_y & 0\\ 0 & 0 & \partial_z\\ \partial_y & \partial_x & 0\\ 0 & \partial_z & \partial_y\\ \partial_z & 0 & \partial_x\end{bmatrix}$
弹性矩阵 $\boldsymbol{D}$	EA	EI	$D_0\begin{bmatrix}1 & \nu_0 & 0\\ \nu_0 & 1 & 0\\ 0 & 0 & \frac{1-\nu_0}{2}\end{bmatrix}$ $D_0=\frac{E_0}{1-\nu_0^2}$ 平面应力：$E_0=E$，$\nu_0=\nu$ 平面应变：$E_0=\frac{E}{1-\nu^2}$，$\nu_0=\frac{\nu}{1-\nu}$	$D_0\begin{bmatrix}1 & \frac{\nu}{1-\nu} & 0 & \frac{\nu}{1-\nu}\\ \frac{\nu}{1-\nu} & 1 & 0 & \frac{\nu}{1-\nu}\\ 0 & 0 & \frac{1-2\nu}{2(1-\nu)} & 0\\ \frac{\nu}{1-\nu} & \frac{\nu}{1-\nu} & 0 & 1\end{bmatrix}$ $D_0=\frac{E(1-\nu)}{(1+\nu)(1-2\nu)}$	$D_0\begin{bmatrix}1 & a & a & 0 & 0 & 0\\ a & 1 & a & 0 & 0 & 0\\ a & a & 1 & 0 & 0 & 0\\ 0 & 0 & 0 & b & 0 & 0\\ 0 & 0 & 0 & 0 & b & 0\\ 0 & 0 & 0 & 0 & 0 & b\end{bmatrix}$ $a=\frac{\nu}{1-\nu}$，$b=\frac{1-2\nu}{2(1-\nu)}$， $D_0=\frac{E(1-\nu)}{(1+\nu)(1-2\nu)}$

对三维弹性力学问题，其基本方程亦可以用更加简捷的笛卡尔张量符号来表示。这里对张量理论不做过多阐述，只需要知道张量是向量的推广和扩充即可。通常来说，一个标量就是一个零阶张量，一个向量就是一个一阶张量，一个矩阵就是一个二阶张量，三阶以上的张量比较抽象。除此以外，我们还需要了解下面所说的符号约定和求和约定。在三维笛卡尔坐标系中，将其三个坐标轴 x，y，z 换作 x_1，x_2，x_3 来表示，为了简单起见，以后其三个坐标轴方向就简记作标号 1，2，3。位移向量 $\boldsymbol{u}$ 中的三个位移分量 u，v，w 改用 u_1，u_2，u_3 表示，以后只记作

$u_i(i=1,2,3)$，称作位移张量，显然位移张量是一阶张量。这种以下标号码表示的方法称为张量表示法。六个应力分量 $\sigma_x,\sigma_y,\sigma_z,\tau_{xy},\tau_{yz},\tau_{zx}$ 改用 $\sigma_{11},\sigma_{22},\sigma_{33},\sigma_{12},\sigma_{23}$ 和 σ_{31} 表示，简记为 $\sigma_{ij}(i=1,2,3;j=1,2,3)$，称作应力张量。相应地，六个应变分量 $\varepsilon_x,\varepsilon_y,\varepsilon_z,\gamma_{xy},\gamma_{yz},\gamma_{zx}$ 改用 $\varepsilon_{11},\varepsilon_{22},\varepsilon_{33},\varepsilon_{12},\varepsilon_{23}$ 和 ε_{31} 表示，简记为 $\varepsilon_{ij}(i=1,2,3;j=1,2,3)$，称为应变张量。应力张量 σ_{ij} 和应变张量 ε_{ij} 都是对称的二阶张量。引用张量符号之后，三维弹性体的平衡方程(2.4)式便可以如下方式表示

$$\sigma_{ij,j}+F_i=0 \qquad \text{在}\ \Omega\ \text{内} \tag{2.30}$$

上式中，$\sigma_{ij,j}$ 为 σ_{ij} 对第 j 个坐标 x_j 求一阶偏导数，并且隐含有如下的约定：每一项中只出现一次的下标为自由标，可以为1,2,3中的任意一个数，如上式中的 i；出现两次的下标需要求和，如上式中

$$\sigma_{ij,j}=\frac{\partial\sigma_{i1}}{\partial x_1}+\frac{\partial\sigma_{i2}}{\partial x_2}+\frac{\partial\sigma_{i3}}{\partial x_3}=\sum_{j=1}^{3}\frac{\partial\sigma_{ij}}{\partial x_j} \tag{2.31}$$

式(2.30)中是为了书写简便而省略了求和号。

采用张量符号后，几何方程(2.9)式可写为

$$\varepsilon_{ij}=\frac{1}{2}(u_{i,j}+u_{j,i}) \qquad \text{在}\ \Omega\ \text{内} \tag{2.32}$$

显然

$$\varepsilon_{11}=\varepsilon_x,\varepsilon_{22}=\varepsilon_y,\varepsilon_{33}=\varepsilon_z$$
$$\varepsilon_{12}=\frac{1}{2}\gamma_{xy},\varepsilon_{23}=\frac{1}{2}\gamma_{yz},\varepsilon_{31}=\frac{1}{2}\gamma_{zx} \tag{2.33}$$

本构方程(2.15)式可写为

$$\sigma_{ij}=D_{ijkl}\varepsilon_{kl} \qquad \text{在}\ \Omega\ \text{内} \tag{2.34}$$

D_{ijkl} 是一个四阶张量，具有81个常数。由于应力张量是对称张量，所以 D_{ijkl} 中的两个前指标具有对称性；同样，应变张量也是对称张量，因而，D_{ijkl} 中的两个后指标也具有对称性，即有

$$D_{ijkl}=D_{jikl}\ ,\ D_{ijkl}=D_{ijlk}$$

当变形过程是绝热或等温过程时，还有

$$D_{ijkl}=D_{klij}$$

考虑上述对称性之后，对于一般的线弹性材料即各向异性材料，81个常数中只有21个是独立的；对于各向同性的线弹性材料，独立的弹性常数只有两个，即弹性模量和泊松比或 Lame 常数，此时弹性张量可以简化为

$$D_{ijkl}=2G\delta_{ik}\delta_{jl}+\lambda\delta_{ij}\delta_{kl} \tag{2.35}$$

此时，广义 Hooke 定律可以表示为

$$\sigma_{ij}=2G\varepsilon_{ij}+\lambda\delta_{ij}\varepsilon_{kk} \tag{2.36}$$

其中

$$\delta_{ij}=\begin{cases}1, & i=j\\ 0, & i\neq j\end{cases} \tag{2.37}$$

为 Kronecker 符号。当然，本构方程也可以写成柔度形式

$$\varepsilon_{ij}=C_{ijkl}\sigma_{kl} \qquad \text{在}\ \Omega\ \text{内} \tag{2.38}$$

以张量符号表示的边界条件写为

$$\left.\begin{aligned} \sigma_{ij}n_j &= \bar{p}_i \quad \text{在}\ \Gamma_\sigma\ \text{上} \\ u_i &= \bar{u}_i \quad \text{在}\ \Gamma_u\ \text{上} \end{aligned}\right\} \tag{2.39}$$

以上所述的平衡方程、几何方程和本构方程构成弹性力学的基本方程，共有三类变量，位移、应力和应变。对三维力学问题，即是 3 个位移分量 u,v,w，6 个应力分量 $\sigma_x,\sigma_y,\sigma_z,\tau_{xy},\tau_{yz},\tau_{zx}$ 和 6 个应变分量 $\varepsilon_x,\varepsilon_y,\varepsilon_z,\gamma_{xy},\gamma_{yz},\gamma_{zx}$，未知量的个数正好与方程的个数是相等的，因而弹性力学问题的解是封闭的，给定合适的边界条件后，便可以求解具体的弹性力学问题。这个问题也称作是弹性力学的定解问题(边值问题)。

将基本方程(2.29)式中的几何方程代入物理方程，再代入平衡方程，消去应力和应变未知量，得到以位移分量表示的平衡方程

$$\boldsymbol{L}^{\mathrm{T}}\boldsymbol{DLu}+\boldsymbol{F}=0 \qquad \text{在}\ \Omega\ \text{内} \tag{2.40}$$

式(2.40)称为控制微分方程。这实际上就是弹性力学求解方法中的位移法。

2.2 微分方程的等效积分形式和等效积分弱形式

科学和工程中的许多问题，都是以微分方程定解问题的形式提出来的，例如对一个二维稳态热传导问题，其定解问题为

$$\left.\begin{aligned} A(u)+Q&=0 \quad \text{在}\ \Omega\ \text{内} \\ B_1(u)&=\bar{u} \quad \text{在}\ \Gamma_u\ \text{上} \\ B_2(u)&=\bar{q} \quad \text{在}\ \Gamma_q\ \text{上} \end{aligned}\right\} \tag{2.41}$$

式中，u 为温度函数，Q 为热源强度，$\bar{u}$ 为边界上的已知温度函数，$\bar{q}$ 为边界上已知的热流函数。A,B_1,B_2 是微分算子，它们为

$$A(u)=\frac{\partial}{\partial x}\left(k\frac{\partial u}{\partial x}\right)+\frac{\partial}{\partial y}\left(k\frac{\partial u}{\partial y}\right),B_1(u)=u,B_2(u)=k\frac{\partial u}{\partial n} \tag{2.42}$$

式中，k 为热传导系数，n 为边界上外法线。当 k 和 Q 均只是空间位置的函数时，上述问题是线性的。

若能获得该问题的封闭精确解当然是理想的，但遗憾的是这种想法往往很难实现，因此，在很多情况下只能致力于寻求该问题的近似解。

由数学分析知，如果对区域 Ω 内的任意一个函数 $g(x)$，有

$$\int_\Omega f(x)g(x)\mathrm{d}x=0$$

成立，则必有 $f(x)=0$。因此，对区域 Ω 内的任意函数 $v(x,y)$，积分方程

$$\int_\Omega v(x,y)[A(u)+Q]\mathrm{d}\Omega=0 \tag{2.43}$$

若能成立，则原微分方程必然也成立，换句话说，式(2.43)所示的积分方程与式(2.41)中的微分方程是等价的。同理，如果对于任意函数 $v_1(x,y)$ 和 $v_2(x,y)$ 都有

$$\int_{\Gamma_u} v_1[B_1(u)-\bar{u}]\mathrm{d}\Gamma_u+\int_{\Gamma_q} v_2[B_2(u)-\bar{q}]\mathrm{d}\Gamma_q=0 \tag{2.44}$$

成立，则式(2.41)中的边界条件也成立。因此，若积分方程

$$\int_\Omega v[A(u)+Q]\mathrm{d}\Omega+\int_{\Gamma_u} v_1[B_1(u)-\bar{u}]\mathrm{d}\Gamma_u+\int_{\Gamma_q} v_2[B_2(u)-\bar{q}]\mathrm{d}\Gamma_q=0 \tag{2.45}$$

对所有的 $v(x,y)$，$v_1(x,y)$ 和 $v_2(x,y)$ 都成立，则式(2.45)是与微分方程和边界条件式(2.41)完全等价，我们称式(2.45)为微分方程和边界条件式(2.41)的等效积分形式。

具体求解时，没有必要让所有的 v，v_1 和 v_2 都能使式(2.45)成立，这是不可能做到的，也是没有必要的。实际上，因为我们只需要求问题的近似解，因而只要任意选择一个函数使式(2.45)成立，则原微分方程和边界条件都将是近似成立的。不同的选择函数 v，v_1 和 v_2 的方法会派生出不同的求解方法，得到问题不同程度的近似解。

上述讨论中，隐含地假定了那些积分式是能够进行积分计算的，这就对函数 u，v，v_1 和 v_2 提出了一定的要求和限制，以避免积分中的任何项出现无穷大的情况。在积分式中，v，v_1 和 v_2 只以函数自身的形式出现，因此对它们的要求只需要是单值的并且可积就可以。但对函数 u 则提出了较高的要求，因为在积分式中它以导数或偏导数的形式出现，它的选择将取决于微分算子 A，B_1，B_2 中微分的最高阶次。如果算子 A 中的最高阶导数是 n 阶，则要求函数 u 必须具有连续的 $n-1$ 阶导数，即函数具有 C_{n-1} 连续性。具有 C_{n-1} 连续性的函数将使包含函数本身直至它的 $n-1$ 阶导数的积分成为可积。

因为原来的微分方程中可能含有函数 u 的高阶导数，所以在选取 u 的近似解形式时有时会遇到麻烦，而函数 v，v_1 和 v_2 并不包含在原微分方程和边界条件中，它们的选择可以放宽要求，或者说是相对比较容易。有时候，为了求解方便，我们有可能会适当增加 v，v_1 和 v_2 的选择难度以降低对函数 u 的要求。为此，可以对式(2.45)做一些改变。

注意到式(2.45)中的算子 B_1 不含有导数，我们可以较容易做到选择 u 时让其自动满足边界条件 $B_1(u)-\bar{u}=0$，如此，式(2.45)变为

$$\int_{\Omega} v[A(u)+Q]\mathrm{d}\Omega+\int_{\Gamma_q} v_2[B_2(u)-\bar{q}]\mathrm{d}\Gamma_q=0 \tag{2.46}$$

即

$$\int_{\Omega} v\left[\frac{\partial}{\partial x}\left(k\frac{\partial u}{\partial x}\right)+\frac{\partial}{\partial y}\left(k\frac{\partial u}{\partial y}\right)+Q\right]\mathrm{d}\Omega+\int_{\Gamma_q} v_2\left[k\frac{\partial u}{\partial n}-\bar{q}\right]\mathrm{d}\Gamma_q=0 \tag{2.47}$$

利用格林公式对上式中第一个积分的前两项进行分部积分，有

$$\left.\begin{aligned}\int_{\Omega} v\frac{\partial}{\partial x}\left(k\frac{\partial u}{\partial x}\right)\mathrm{d}\Omega&=-\int_{\Omega}\frac{\partial v}{\partial x}\left(k\frac{\partial u}{\partial x}\right)\mathrm{d}\Omega+\oint_{\Gamma} vk\frac{\partial u}{\partial x}n_x\mathrm{d}\Gamma\\ \int_{\Omega} v\frac{\partial}{\partial y}\left(k\frac{\partial u}{\partial y}\right)\mathrm{d}\Omega&=-\int_{\Omega}\frac{\partial v}{\partial y}\left(k\frac{\partial u}{\partial y}\right)\mathrm{d}\Omega+\oint_{\Gamma} vk\frac{\partial u}{\partial y}n_y\mathrm{d}\Gamma\end{aligned}\right\} \tag{2.48}$$

于是，积分方程可以写成

$$-\int_{\Omega}\left[\frac{\partial v}{\partial x}\left(k\frac{\partial u}{\partial x}\right)+\frac{\partial v}{\partial y}\left(k\frac{\partial u}{\partial y}\right)-vQ\right]\mathrm{d}\Omega+\oint_{\Gamma} vk\left(\frac{\partial u}{\partial y}n_y+\frac{\partial u}{\partial x}n_x\right)\mathrm{d}\Gamma+\int_{\Gamma_q} v_2\left(k\frac{\partial u}{\partial n}-\bar{q}\right)\mathrm{d}\Gamma=0 \tag{2.49}$$

式中，n_x 和 n_y 为边界外法线的方向余弦。在边界上，场函数的法向导数为

$$\frac{\partial u}{\partial n}=\frac{\partial u}{\partial x}n_x+\frac{\partial u}{\partial y}n_y$$

并且对于任意函数 v 和 v_2，可不失一般性地假设 $v=v_2$，代入式(2.49)得

$$\int_{\Omega}\left[\frac{\partial v}{\partial x}\left(k\frac{\partial u}{\partial x}\right)+\frac{\partial v}{\partial y}\left(k\frac{\partial u}{\partial y}\right)\right]\mathrm{d}\Omega-\int_{\Omega} vQ\mathrm{d}\Omega-\int_{\Gamma_q} v\bar{q}\mathrm{d}\Gamma-\int_{\Gamma_u} vk\left(\frac{\partial u}{\partial n}\right)\mathrm{d}\Gamma=0 \tag{2.50}$$

或

$$\int_{\Omega} \nabla^{\mathrm{T}} vk \nabla u \,\mathrm{d}\Omega - \int_{\Omega} vQ \,\mathrm{d}\Omega - \int_{\Gamma_q} v\bar{q} \,\mathrm{d}\Gamma - \int_{\Gamma_u} vk\left(\frac{\partial u}{\partial n}\right) \mathrm{d}\Gamma = 0 \tag{2.51}$$

其中 ∇是微分算子矩阵

$$\nabla = \begin{Bmatrix} \dfrac{\partial}{\partial x} \\ \dfrac{\partial}{\partial y} \end{Bmatrix}$$

式(2.50)或式(2.51)便是二维稳态热传导问题微分方程和边界条件式(2.41)相等效的积分弱形式(Weak form)。与等效积分形式的一般式相比,我们发现:弱形式中函数 u 的导数阶次降低了一次,因此选择函数 u 时只需要满足 C_0 连续性就可以了,也就是说,我们可以降低对函数 u 的要求,允许 u 出现导数不连续,这在微分方程中是不允许的,这也是式(2.50)或式(2.51)称为"弱形式"这一术语的由来。这种降低对函数连续性要求的做法在近似计算中尤其是在有限元计算中是十分重要的。需要指出的是:从形式上看弱形式对函数 u 的连续性要求降低了,但对实际问题却常常较原始的微分方程更逼近真实解,因为原始微分方程往往对解提出了过分平滑的要求。

还需要指出:对函数 u 的连续性要求降低是以对函数 v 连续性要求提高为代价的。原来对函数 v 的要求只要可积就可以,但现在必须是连续的。但是适当提高对函数 v 的连续性要求并不困难,因为它们是可以选择的已知函数。

对等效积分方程的弱形式(2.51)式还应指出:

(1)场变量 u 不出现在沿 Γ_q 的边界积分中。Γ_q 边界上的边界条件

$$k\frac{\partial u}{\partial n} - \bar{q} = 0 \tag{2.52}$$

在 Γ_q 的边界上自动获得满足,称为自然边界条件。

(2)若在选择场函数 u 时,已满足强制边界条件,即在 Γ_u 的边界上满足 $u-\bar{u}=0$,则可以通过适当选择 v,使在 Γ_u 边界上 $v=0$,从而略去式(2.51)中沿 Γ_u 边界积分的项,使积分弱形式表达式更加简捷。

最后指出:在微分方程的等效积分弱形式中,如果对场函数 u 和任意函数 v 的连续性要求是相同的,则称为微分方程的对称等效积分弱形式,否则称为微分方程的非对称等效积分弱形式。式 (2.51)显然是对称的等效积分弱形式。

2.3 加权残值法

在求解域中,若场函数 u 是问题的精确解,则在域内任一点都满足控制微分方程,同时在边界上任一点也都满足相应的边界条件。此时等效积分形式必然精确地在严格意义上得到满足。但由于实际问题的复杂性,这样的精确解很难找到。因此人们需要设法找到具有一定精度的近似解。加权残值法是基于微分方程和边界条件的等效积分形式而求近似解的一种通用而强有力的方法。本节以一个简单的问题为例讨论一下加权残值法的基本原理。

考虑某一具体问题,设其控制微分方程和边界条件如下

$$\left.\begin{aligned} A(u) - f = 0 \quad 在\ \Omega\ 内 \\ B(u) - g = 0 \quad 在\ \Gamma\ 上 \end{aligned}\right\} \tag{2.53}$$

式中，u 为待求函数，A 和 B 为微分算子，f 和 g 为域内和边界上的已知函数。

现在，我们求该定解问题的近似解。为此，构造未知场函数 u 的近似形式，假设

$$u \approx \bar{u} = \sum_{j=1}^{n} C_j u_j \tag{2.54}$$

式中，$u_j(j=1,2,\cdots,n)$ 为一族已知的函数族，也称为基函数，$C_j(j=1,2,\cdots,n)$ 是一组相应的待定常数，只要设法确定这一组常数，即可得到近似解 $\bar{u}$。注意：基函数必须线性无关，是一族完全的函数序列，通常选择使之满足强制边界条件，同时满足连续性要求。

一般说来，我们假设的近似解式(2.54)不可能精确满足微分方程和边界条件。将其代入控制微分方程和边界条件，得到内部残值和边界残值

$$\left.\begin{aligned} R_I = A(\bar{u}) - f \neq 0 \quad 在\ \Omega\ 内 \\ R_B = B(\bar{u}) - g \neq 0 \quad 在\ \Gamma\ 上 \end{aligned}\right\} \tag{2.55}$$

据上一节可知，前述微分方程和边界条件的等效积分形式为

$$\int_{\Omega} v[A(u) - f]\mathrm{d}\Omega + \int_{\Gamma} v_1[B(u) - g]\mathrm{d}\Gamma = 0 \tag{2.56}$$

式中，v 和 v_1 为任意函数。现在我们用规定的函数来代替任意函数 v 和 v_1，令

$$v = W_I, \quad v_1 = W_B \tag{2.57}$$

并将近似函数式(2.54)代入上面方程，得到近似的等效积分形式

$$\int_{\Omega} W_I[A(\bar{u}) - f]\mathrm{d}\Omega + \int_{\Gamma} W_B[B(\bar{u}) - g]\mathrm{d}\Gamma = 0 \tag{2.58}$$

写成残值形式

$$\int_{\Omega} W_I R_I \mathrm{d}\Omega + \int_{\Gamma} W_B R_B \mathrm{d}\Gamma = 0 \tag{2.59}$$

式中含有 n 个待定常数 $C_j(j=1,2,\cdots,n)$，该式的意义是：通过选择参数 $C_j(j=1,2,\cdots,n)$，强迫微分方程和边界条件的残值在某种平均意义上为零。W_I 和 W_B 称为内部权函数和边界权函数，选择不同的权函数代表着不同的平均意义。如果我们选择一组权函数 W_{Ij} 和 W_{Bj} 分别代入残值方程，得到如下的残值方程组

$$\int_{\Omega} W_{Ij} R_I \mathrm{d}\Omega + \int_{\Gamma} W_{Bj} R_B \mathrm{d}\Gamma = 0 \quad (j = 1,2,\cdots,n) \tag{2.60}$$

这是一组关于 $C_j(j=1,2,\cdots,n)$ 的线性代数方程，求得这些系数，也便得到了原定解问题的近似解，这样就将原微分方程的求解问题转化为求线性代数方程组解的问题。

在构造近似解时，如果所选择的试函数族(基函数)u_j 满足了所有的边界条件，则边界上的残值 R_B 自动为零，只需要利用式

$$\int_{\Omega} W_{Ij} R_I \mathrm{d}\Omega = 0 \quad (j = 1,2,\cdots,n) \tag{2.61}$$

来消除微分方程在域 Ω 内的残值，这种方法称为内部法。同样，如果所选择的试函数族 u_j 满足了所有的控制微分方程，则内部残值 R_I 自动为零，只需要消除边界上的残值，残值方程变为

$$\int_{\Gamma} W_{Bj} R_B \mathrm{d}\Omega = 0 \quad (j = 1,2,\cdots,n) \tag{2.62}$$

这种方法称为边界法。如果所选择的试函数族 u_j 既不能满足控制微分方程，又不能满足边界

条件，则必须用残值方程式(2.60)来消除边界和域内的残值，这种方法称为混合法。

采用使残值的加权积分等于零来求解微分方程近似解的方法称为加权残值法，加权残值法最早是由 Crandall 提出的。加权残值法是求解微分方程近似解的一种有效方法，其计算的精度随近似解的项数 n 的增大而提高，当 n 趋于无穷大时，近似解将收敛到精确解。

加权残值法中，任何独立的完全函数集都可以用来作为权函数，权函数选取的不同便意味着消除残值的平均意义不同，这会影响加权残值法的误差和使用效果。按照不同的权函数选取方法得到的加权残值法可以冠以不同的名称，下面以加权残值法的内部法为例，给出几种常用的权函数选取方法。

2.3.1 配点法

对一个待求解的问题，假设待求函数为式(2.54)所示的形式，其中包含 n 个待定参数 C_j $(j=1,2,\cdots,n)$。

如果我们仅让残值在问题域的某些离散点上强制等于零，即

$$R_I\big|_{x=x_j}=A(\bar{u})\big|_{x=x_j}-f(x_j)=0 \qquad (j=1,2,\cdots,n) \tag{2.63}$$

式中，$x_j(j=1,2,\cdots,n)$为配点的坐标。式(2.63)提供了 n 个线性代数方程，联立便可以求解出 n 个待定参数 $C_j(j=1,2,\cdots,n)$。

这种方法就是所谓的配点法，该方法最早由 Slater 于 1934 年用于求解金属中的电势问题。实际上，这种方法是选取了如下的 Dirac δ 函数作为权函数

$$\delta(x-x_i)=\begin{cases}\infty & x=x_i\\ 0 & x\neq x_i\end{cases} \tag{2.64}$$

δ 函数具有如下性质

$$\int_{-\infty}^{\infty}\delta(x-x_i)\mathrm{d}x=1$$

$$\int_a^b\delta(x-x_i)\mathrm{d}x=\begin{cases}1 & x_i\in[a,b]\\ 0 & x_i\notin[a,b]\end{cases}$$

$$\int_a^b f(x)\delta(x-x_i)\mathrm{d}x=\begin{cases}f(x_i) & x_i\in[a,b]\\ 0 & x_i\notin[a,b]\end{cases}$$

如果将此函数选为权函数，即

$$W_{Ij}(x)=\delta(x-x_j) \tag{2.65}$$

注意 δ 函数的性质，则残值方程式(2.61)可写为

$$\int_\Omega W_{Ij}R_I\mathrm{d}\Omega=R_I\big|_{x=x_j}=0 \qquad (j=1,2,\cdots,n) \tag{2.66}$$

这实际上就是式(2.63)。配点法由于只需要在离散点上进行计算，避免了冗繁的积分运算，因而计算比较简单。这是加权残值法中最简单的一种方法，但由于配点的选取有很大的随意性，而且没有考虑区域上的平均意义，一般精度较差，其精度不仅跟配点的数目有关，还与配点的位置有直接关系。

例 2.1：用配点法求解下面的二阶常微分方程在给定边界条件下的近似解

$$\left.\begin{aligned}&\frac{\mathrm{d}^2u}{\mathrm{d}x^2}+u+x=0\\ &u(0)=0,u(1)=0\end{aligned}\right\} \tag{2.67}$$

解:取近似解为如下的多项式

$$\bar{u}(x) = x(1-x)(C_1 + C_2x + C_3x^2 + \cdots)$$

它显然满足 $u(0)=0$ 和 $u(1)=0$ 的边界条件。将近似解代入微分方程,得到内部残值

$$R_I = \bar{u}'' + \bar{u} + x$$

为简单起见,现取 $n=1$,即只取多项式中的一项作为近似解

$$\bar{u}(x) = C_1x(1-x)$$

则残值为

$$R_I = \bar{u}'' + \bar{u} + x = C_1(-x^2 + x - 2) + x$$

取区域中点作为配点,令残值为零,有

$$R_I\left(\frac{1}{2}\right) = -\frac{7}{4}C_1 + \frac{1}{2} = 0$$

解得

$$C_1 = \frac{2}{7} \approx 0.2857$$

于是得到 1 项近似解

$$\bar{u}(x) = 0.2857x(1-x)$$

若取 $n=2$,即求 2 项近似解

$$\bar{u}(x) = x(1-x)(C_1 + C_2x)$$

则残值为

$$R_I = \bar{u}'' + \bar{u} + x = x + C_1(-x^2 + x - 2) + C_2(-x^3 + x^2 - 6x + 2)$$

取三分点作为配点,令残值为零得到

$$R_I\left(\frac{1}{3}\right) = -\frac{16}{9}C_1 + \frac{2}{27}C_2 + \frac{1}{3} = 0$$

$$R_I\left(\frac{2}{3}\right) = -\frac{16}{9}C_1 - \frac{50}{27}C_2 + \frac{2}{3} = 0$$

解得

$$C_1 = 0.1948, \quad C_2 = 0.1731$$

于是得到 2 项近似解

$$\bar{u}(x) = x(1-x)(0.1948 + 0.1731x)$$

2.3.2 子域法

仍然假设待求函数为式(2.54)的形式。为求得 n 个待定参数 $C_j\,(j=1,2,\cdots,n)$,我们将问题域 Ω 划分为 n 个子域 $\Omega_j\,(j=1,2,\cdots,n)$,在每个子域内令残值的积分等于零,即

$$\int_{\Omega_j} R_I \mathrm{d}\Omega_j = 0 \qquad (j = 1,2,\cdots,n) \tag{2.68}$$

这样,n 个子域的残值方程总共可提供 n 个线性代数方程,联立求解便可得到 n 个待定参数。

比较式(2.68)和式(2.61)可知,子域法实际上是令权函数为

$$W_{Ij} = \begin{cases} 1 & \text{子域 } \Omega_j \text{ 内} \\ 0 & \text{子域 } \Omega_j \text{ 外} \end{cases} \tag{2.69}$$

因此,式(2.68)亦可写为

$$\int_{\Omega_j} R_I W_{Ij} \mathrm{d}\Omega_j = 0 \qquad (j = 1,2,\cdots,n) \tag{2.70}$$

不难想象,随着子域数目的增加,控制微分方程将在更多的子域内近似得到满足,因而求得的结果也更精确。理论上讲,子域划分的越小(子域数目越多)结果会越精确,当子域数目趋于无穷时,所得解答将收敛于精确解。但实际计算时这种划分必须适可而止,因为随着子域数目的增加,不仅计算工作量大幅度增大,更重要的是有可能会出现病态方程从而导致求解失败。

子域法是荷兰工程师 Biezeno 和 Koch 首先提出来的(1923 年)。很显然,当子域法中的子域面积趋于零时,子域法中的子域就缩成为一点,子域法也就变成了配点法。

例 2.2:用子域法求解式(2.67)所示定解问题的近似解。

解:仍取近似解

$$\bar{u}(x) = x(1-x)(C_1 + C_2 x + C_3 x^2 + \cdots)$$

它显然满足 $u(0) = 0$ 和 $u(1) = 0$ 的边界条件。将近似解代入微分方程,得到内部残值

$$R_I = \bar{u}'' + \bar{u} + x$$

当 $n = 1$ 时,一项近似解的形式为

$$\bar{u}(x) = C_1 x(1-x)$$

代入残值表达式,有

$$R_I = \bar{u}'' + \bar{u} + x = C_1(-x^2 + x - 2) + x$$

此时只含有一个待定常数,只需要将子域取为全域,在全域内令残值的积分等于零,即令 $W_{I1} = 1$,使

$$\int_0^1 W_{I1} R_I \mathrm{d}x = \int_0^1 \left[C_1(-x^2 + x - 2) + x \right] \mathrm{d}x = 0$$

即

$$-\frac{11}{6}C_1 + \frac{1}{2} = 0$$

解得

$$C_1 = \frac{3}{11} \approx 0.2727$$

如此得到 1 项近似解

$$\bar{u}(x) = 0.2727x(1-x)$$

当 $n = 2$ 时,2 项近似解的形式为

$$\bar{u}(x) = x(1-x)(C_1 + C_2 x)$$

残值表达式为

$$R_I = \bar{u}'' + \bar{u} + x = x + C_1(-x^2 + x - 2) + C_2(-x^3 + x^2 - 6x + 2)$$

此时只含有 2 个待定常数,需要将求解域划分为 2 个子域 [0,1/2] 和 [1/2,1],并取

$$W_{I1} = 1 \quad 0 \leqslant x \leqslant 1/2(\Omega_1 \text{ 内})$$
$$W_{I2} = 1 \quad 1/2 \leqslant x \leqslant 1(\Omega_2 \text{ 内})$$

代入式(2.70)得

$$\int_0^{1/2} R_I \mathrm{d}x = \int_0^{1/2} \left[x + C_1(-x^2 + x - 2) + C_2(-x^3 + x^2 - 6x + 2) \right] \mathrm{d}x$$
$$= -\frac{11}{12}C_1 + \frac{53}{192}C_2 + \frac{1}{8} = 0$$

$$\int_{1/2}^{1} R_I \mathrm{d}x = \int_{1/2}^{1}\left[x + C_1(-x^2 + x - 2) + C_2(-x^3 + x^2 - 6x + 2)\right]\mathrm{d}x$$

$$= -\frac{11}{12}C_1 - \frac{229}{192}C_2 + \frac{3}{8} = 0$$

解得

$$C_1 = \frac{291}{1\,551} \approx 0.187\,6, C_2 = \frac{24}{141} \approx 0.170\,2$$

得到 2 项近似解

$$\bar{u}(x) = x(1-x)(0.187\,6 + 0.170\,2x)$$

2.3.3 最小二乘法

仍然假设待求函数为式(2.54)的形式。最小二乘法的基本思想是:合适地选择 n 个待定参数 $C_j(j=1,2,\cdots,n)$,使得残值的平方和为最小。将近似解试函数式(2.54)代入微分方程,得到的残值表达式 $R_I(x,C_1,C_2,\cdots C_n)$。定义泛函

$$I(C_1,C_2,\cdots,C_n) = \int_\Omega R_I^2 \mathrm{d}\Omega \tag{2.71}$$

称为目标函数,该泛函取极小值的条件为

$$\frac{\partial I}{\partial C_j} = 0 \qquad (j = 1,2,\cdots,n) \tag{2.72}$$

将式(2.71)代入式(2.72),有

$$\int_\Omega R_I \frac{\partial R_I}{\partial C_j} \mathrm{d}\Omega = 0 \qquad (j = 1,2,\cdots,n) \tag{2.73}$$

该式提供了 n 个线性代数方程,联立可解得 n 个待定参数 $C_j(j=1,2,\cdots,n)$。

显然,最小二乘法的权函数为

$$W_{Ij} = \frac{\partial R_I}{\partial C_j} \qquad (j = 1,2,\cdots,n) \tag{2.74}$$

与配点法和子域法不同的是,最小二乘法的权函数不是一个独立于试函数 $\bar{u}$ 的给定函数,其表达式跟试函数 $\bar{u}$ 的选取有关,当然,实际计算时我们也用不着知道权函数的表达式到底是什么形式。

最小二乘法的概念早在 18 世纪就已经确立,分别由 Gauss 在 1795 年和 Legendre 在 1806 年提出并用来作为误差平方估计,直到 1928 年 Picone 开始用于求微分方程的近似解。

例 2.3:用最小二乘法求解式(2.67)所示定解问题的近似解。

解:仍取满足边界条件的近似解为

$$\bar{u}(x) = x(1-x)(C_1 + C_2 x + C_3 x^2 + \cdots)$$

当 $n=1$ 时,一项近似解的形式为

$$\bar{u}(x) = C_1 x(1-x)$$

代入微分方程得残值表达式,有

$$R_I = \bar{u}'' + \bar{u} + x = C_1(-x^2 + x - 2) + x$$

代入式(2.73),得

$$\int_0^1 \left[C_1(-x^2 + x - 2) + x\right]\left[-x^2 + x - 2\right]\mathrm{d}x = 0$$

积分后解代数方程得

$$C_1 = 0.2723$$

如此得到 1 项近似解

$$\bar{u}(x) = 0.2723x(1-x)$$

当 $n = 2$ 时,2 项近似解的形式为

$$\bar{u}(x) = x(1-x)(C_1 + C_2 x)$$

残值表达式为

$$R_I = \bar{u}'' + \bar{u} + x = x + C_1(-x^2 + x - 2) + C_2(-x^3 + x^2 - 6x + 2)$$

代入式(2.73),得

$$\int_0^1 \left[x + C_1(-x^2 + x - 2) + C_2(-x^3 + x^2 - 6x + 2) \right](-x^2 + x - 2)\mathrm{d}x = 0$$

$$\int_0^1 \left[x + C_1(-x^2 + x - 2) + C_2(-x^3 + x^2 - 6x + 2) \right](-x^3 + x^2 - 6x + 2)\mathrm{d}x = 0$$

积分后解代数方程得

$$C_1 = 0.1875, \quad C_2 = 0.1695$$

于是得到 2 项近似解

$$\bar{u}(x) = x(1-x)(0.1875 + 0.1695x)$$

2.3.4 力矩法

在一维问题中,如果取权函数为

$$W_{Ij} = x^{j-1} \qquad (j = 1,2,\cdots,n) \tag{2.75}$$

则消除残值方程为

$$\int_\Omega R_I x^{j-1} \mathrm{d}\Omega = 0 \qquad (j = 1,2,\cdots,n) \tag{2.76}$$

该式提供了 n 个线性代数方程,联立可解得 n 个待定参数 $C_j\,(j=1,2,\cdots,n)$,进而求得近似解。这种方法的实质是:使残值的各次矩等于零,因此称为力矩法。

在二维问题中,权函数应为

$$W_{Ijk} = x^{j-1} y^{k-1} \qquad (j,k = 1,2,\cdots,n) \tag{2.77}$$

相应的,消除残值的方程为

$$\int_\Omega R_I x^{j-1} y^{k-1} \mathrm{d}\Omega = 0 \qquad (j,k = 1,2,\cdots,n) \tag{2.78}$$

显然,当 $j=k=1$ 时,该方法就蜕化为子域法。

例 2.4:用力矩法求解式(2.67)所示定解问题的近似解。

解:仍取满足边界条件的近似解为

$$\bar{u}(x) = x(1-x)(C_1 + C_2 x + C_3 x^2 + \cdots)$$

当 $n=1$ 时,一项近似解的形式为

$$\bar{u}(x) = C_1 x(1-x)$$

代入微分方程得残值表达式,有

$$R_I = \bar{u}'' + \bar{u} + x = C_1(-x^2 + x - 2) + x$$

取 $W_{I1} = x^0 = 1$,消除残值的方程为

$$\int_0^1 R_I W_{I1} \mathrm{d}x = \int_0^1 \left[C_1(-x^2 + x - 2) + x \right] \mathrm{d}x = 0$$

解方程得到

$$C_1 = 3/11 \approx 0.2727$$

得到与子域法相同的 1 项近似解

$$\bar{u}(x) = 0.2727x(1-x)$$

当 $n=2$ 时，2 项近似解的形式为

$$\bar{u}(x) = x(1-x)(C_1 + C_2 x)$$

残值表达式为

$$R_I = \bar{u}'' + \bar{u} + x = x + C_1(-x^2 + x - 2) + C_2(-x^3 + x^2 - 6x + 2)$$

取 $W_{I1} = 1$，$W_{I2} = x$，代入式(2.61)得消除残值的方程为

$$\int_0^1 \left[x + C_1(-x^2 + x - 2) + C_2(-x^3 + x^2 - 6x + 2)\right]\mathrm{d}x = 0$$

$$\int_0^1 \left[x + C_1(-x^2 + x - 2) + C_2(-x^3 + x^2 - 6x + 2)\right]x\mathrm{d}x = 0$$

解得

$$C_1 = 0.1880, C_2 = 0.1695$$

得到 2 项近似解

$$\bar{u}(x) = x(1-x)(0.1880 + 0.1695x)$$

2.3.5 Galerkin 法

仍取式(2.54)作为问题的近似解。Galerkin 法是选取试函数族(基函数)u_j($j=1,2,\cdots,n$)作为权函数来消除残值的方法，即

$$W_{Ij} = u_j \qquad (j = 1,2,\cdots,n) \tag{2.79}$$

于是消除残值的方程为

$$\int_\Omega R_I u_j \mathrm{d}\Omega = 0 \qquad (j = 1,2,\cdots,n) \tag{2.80}$$

该式提供了 n 个线性代数方程，联立可解得 n 个待定参数 C_j($j=1,2,\cdots,n$)，进而求得近似解。这种取权函数与基函数相同的方法称为 Galerkin 法，它是俄国工程师 Galerkin 于 1915 年提出来的，其实质是令残值与每一个基函数正交，正是由于这个正交的性质，才保证了 Galerkin 法的收敛性。

在很多情况下，采用 Galerkin 法得到的求解方程的系数矩阵具有对称性，所以在采用加权残值法建立有限元格式时几乎毫无例外地采用 Galerkin 法(Galerkin 有限元法)。

例 2.5：用 Galerkin 法求解式(2.67)所示定解问题的近似解。

解：仍取满足边界条件的近似解为

$$\bar{u}(x) = x(1-x)(C_1 + C_2 x + C_3 x^2 + \cdots)$$

当 $n=1$ 时，一项近似解的形式为

$$\bar{u}(x) = C_1 x(1-x)$$

代入微分方程得残值表达式，有

$$R_I = \bar{u}'' + \bar{u} + x = C_1(-x^2 + x - 2) + x$$

取 $W_{I1}=x(1-x)$，消除残值的方程为

$$\int_0^1 R_I W_{I1} \mathrm{d}x = \int_0^1 [C_1(-x^2 + x - 2) + x]x(1-x)\mathrm{d}x = 0$$

积分后解方程得

$$C_1 = 0.2778$$

得到与 1 项近似解

$$\bar{u}(x) = 0.2778x(1-x)$$

当 $n=2$ 时，2 项近似解的形式为

$$\bar{u}(x) = x(1-x)(C_1 + C_2 x)$$

残值表达式为

$$R_I = \bar{u}'' + \bar{u} + x = x + C_1(-x^2 + x - 2) + C_2(-x^3 + x^2 - 6x + 2)$$

取 $W_{I1} = x(1-x)$，$W_{I2} = x^2(1-x)$，代入式(2.61)得消除残值的方程为

$$\int_0^1 \left[x + C_1(-x^2 + x - 2) + C_2(-x^3 + x^2 - 6x + 2)\right] x(1-x)\mathrm{d}x = 0$$

$$\int_0^1 \left[x + C_1(-x^2 + x - 2) + C_2(-x^3 + x^2 - 6x + 2)\right] x^2(1-x)\mathrm{d}x = 0$$

积分后解得

$$C_1 = 0.1924, C_2 = 0.1707$$

得到 2 项近似解

$$\bar{u}(x) = x(1-x)(0.1924 + 0.1707x)$$

式(2.67)问题的精确解为

$$u(x) = \frac{\sin x}{\sin 1} - x$$

用加权残值法的几种方法得到的近似解与精确解的精度比较见表 2.2。由表可见，在这个问题中取两项近似解已经可以得到较好的近似结果，各种方法近似解的误差均在 3%以内，Galerkin 法的精度尤其高，误差小于 0.5%。

表 2.2　各种方法近似解与精确解的比较

解		$x=0.25$ 值	$x=0.25$ 误差(%)	$x=0.5$ 值	$x=0.5$ 误差(%)	$x=0.75$ 值	$x=0.75$ 误差(%)
精确解 $u(x)=\frac{\sin x}{\sin 1}-x$		0.04401		0.06975		0.06006	
一项近似解	配点法 $\bar{u}(x)=0.2857x(1-x)$	0.05357	21.7	0.07143	2.4	0.05357	−10.8
	子域法 $\bar{u}(x)=0.2727x(1-x)$	0.05114	16.2	0.06818	−2.3	0.05114	−14.9
	最小二乘法 $\bar{u}(x)=0.2723x(1-x)$	0.05106	16.0	0.06808	−2.4	0.05106	−15.0
	力矩法 $\bar{u}(x)=0.2727x(1-x)$	0.05114	16.2	0.06818	−2.3	0.05114	−14.9
	Galerkin 法 $\bar{u}(x)=0.2778x(1-x)$	0.05208	18.3	0.06944	0.4	0.05208	−13.3
二项近似解	配点法 $\bar{u}(x)=x(1-x)(0.1948+0.1731x)$	0.04464	1.4	0.07034	0.8	0.06087	1.3
	子域法 $\bar{u}(x)=x(1-x)(0.1876+0.1702x)$	0.04315	−2.0	0.06818	−2.3	0.05911	−1.6
	最小二乘法 $\bar{u}(x)=x(1-x)(0.1875+0.1695x)$	0.04310	−2.1	0.06806	−2.4	0.05899	−1.8
	力矩法 $\bar{u}(x)=x(1-x)(0.1880+0.1695x)$	0.04320	−1.8	0.06819	−2.2	0.05909	−1.6
	Galerkin 法 $\bar{u}(x)=x(1-x)(0.1924+0.1707x)$	0.04408	0.2	0.06944	−0.4	0.06008	0.03

2.4 泛函及其变分

2.4.1 泛函的概念

由前面所知，在弹性力学问题的积分法描述中，从全域出发建立起与原场问题的微分方程和定解条件相等效的积分方程。如果原场问题的微分方程具有某些特定的性质，则它的等效积分方程可以归结为某个泛函的变分，弹性力学问题的近似解也可以通过变分的方法得到。这种通过变分求解的原理通常称作变分原理或变分法。

变分原理是建立在泛函概念基础之上的。所谓泛函，可以理解为一种广义的函数，它也是反应某个物理量随某种因素的改变而变化情况的一种对应关系。如果一个物理量（因变量）随另一个物理量（自变量）变化，这种对应关系就是传统意义上的函数；如果影响这个物理量变化的不是一个变量而是一个函数或多个函数，这种对应关系就称作是泛函。为说明泛函的具体含义，我们从一个最有名的变分命题开始。

设有 A，B 两点不在同一铅垂线上，设它们之间有一条曲线滑道，有一重物自 A 点沿着这条曲线滑道自由下滑向 B 点，如果不计摩擦阻力，从 A 点滑到 B 点所需要的时间跟曲线的形状有关，请问下滑时间最短的是哪一条曲线？

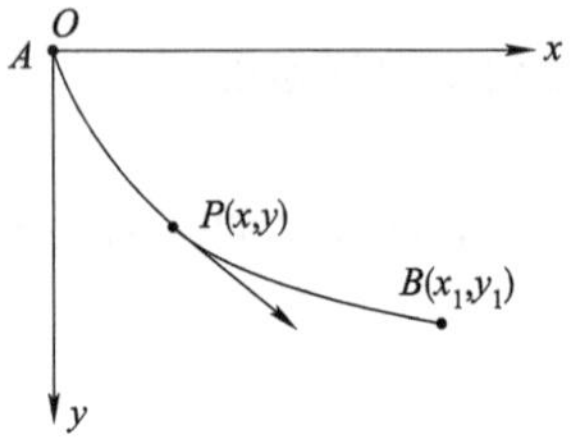

图 2.3 最速降线问题

上述问题为著名的最速降线问题。为求该问题，先建立图 2.3 所示的坐标系，假设坐标原点 O 与 A 点重合，终点 B 的坐标 (x_1, y_1) 已知，如图 2.3 所示。设重物的质量为 m，重力加速度为 g。当物体下滑至 $P(x,y)$ 点时，假设其切线速度为 v。由能量守恒定律知

$$v=\sqrt{2gy}$$

即

$$\frac{\mathrm{d}s}{\mathrm{d}t}=\sqrt{2gy}$$

s 为由 A 点到 P 点的弧长。因为

$$\mathrm{d}s=\sqrt{(\mathrm{d}x)^2+(\mathrm{d}y)^2}=\sqrt{1+\left(\frac{\mathrm{d}y}{\mathrm{d}x}\right)^2}\,\mathrm{d}x=\sqrt{1+y'^2}\,\mathrm{d}x$$

所以有

$$\mathrm{d}t=\frac{\mathrm{d}s}{\sqrt{2gy}}=\frac{\sqrt{1+(y')^2}\,\mathrm{d}x}{\sqrt{2gy}}=\sqrt{\frac{1+(y')^2}{2gy}}\,\mathrm{d}x$$

从 A 点滑到 B 点总降落时间为

$$T=\int_0^T \mathrm{d}t=\int_0^{x_1}\sqrt{\frac{1+(y')^2}{2gy}}\,\mathrm{d}x \tag{2.81}$$

显然，对不同的曲线 $y(x)$，会有不同的时间 T，也可以说，T 的值完全依赖于曲线函数 $y(x)$，T 是曲线 $y(x)$ 的“函数”，这种广义函数在数学上称为泛函。

于是，最速降线问题可以描述为：在满足边界条件 $y(0)=0$，$y(x_1)=y_1$ 的一切函数 $y(x)$ 中选取一个函数，使得式(2.81)表示的泛函 T 取得最小值。这就是最速降线问题的变分命题。变分命题实质上是求泛函的极大值或极小值问题。

这里应当注意：(1)在泛函的积分线上，无论函数 $y(x)$ 怎么变，其两端点处的函数值固定不变，即必须满足边界条件 $y(0)=0, y(x_1)=y_1$，这种变分称为边界已定的变分；(2)函数$y(x)$的一阶导数是存在的；(3)这种变分除端点值固定外没有其他的条件，是一种最简单的变分。实际问题中可能还会遇到一些条件变分问题，由于篇幅所限这里不再赘述。

归纳一下，我们可以把给定边界的泛函变分命题写为：在通过 $y(x_1)=y_1, y(x_2)=y_2$ 两点的条件下，选取函数 $y(x)$ 使泛函

$$\Pi = \int_{x_1}^{x_2} F(x, y, y')\mathrm{d}x \tag{2.82}$$

取得极值。其中，$F(x,y,y')$ 为一已知的关于 x,y,y' 的函数。

上述还可以推广到包含多个自变函数和高阶导数的情况，如泛函

$$\Pi = \int_{x_1}^{x_2} F(x, y, y', \cdots, y^{(n)}, z, z', \cdots, z^{(n)})\mathrm{d}x \tag{2.83}$$

或包含有多个自变量函数的泛函

$$\Pi = \int_{\Omega} F\left(x, y, z, \frac{\partial z}{\partial x}, \frac{\partial z}{\partial y}\right)\mathrm{d}x\mathrm{d}y \tag{2.84}$$

式中所有自变函数及其导数在边界上的值应当给定。

2.4.2 泛函的变分与驻值

工程上的泛函命题最终归结为求泛函的极值问题，那么泛函获得极值的条件是什么呢？这就必须知道泛函的变分。

设有泛函 $\Pi[y(x)]$，它表示变量 Π 与函数 $y(x)$ 之间的关系，取不同的函数 $y(x)$，会对应不同的值 Π。为求泛函的极值，类似于求函数的极值，我们首先讨论当自变函数 $y(x)$ 有一个增量时变量 Π 变化的情况。

假设函数 $y(x)$ 有一个微小的增量，这个增量足够小时称为函数 $y(x)$ 的变分，记作 $\delta y(x)$ 或 δy，δy 是指函数 $y(x)$ 与跟它相近的另一函数 $y_1(x)$ 的差，即 $\delta y(x) = y(x) - y_1(x)$，它不是一个数值，而是一个关于 x 的函数，只是在指定的域中 $\delta y(x)$ 都是微量。此时，变量 Π 必然也会有一个增量

$$\Delta\Pi = \Pi[y(x)+\delta y(x)] - \Pi[y(x)] \tag{2.85}$$

将其展开为 $\delta y(x)$ 的线性和非线性两部分

$$\Delta\Pi = L[y(x), \delta y(x)] + \Phi[y(x), \delta y(x)]\cdot \max|\delta y(x)| \tag{2.86}$$

其中，$L[y(x),\delta y(x)]$ 为线性部分，所谓线性，是指该项只是 $\delta y(x)$ 的一次幂，因而必有

$$L[y(x), \lambda\delta y(x)] = \lambda L[y(x), \delta y(x)]$$

$$L[y(x), \delta y(x) + \delta y_1(x)] = L[y(x), \delta y(x)] + L[y(x), \delta y_1(x)]$$

式(2.86)中的第二项为非线性部分，应当是 $\delta y(x)$ 的高阶小量，当 $\delta y(x)\to 0$ 时，该部分必然比线性部分更快趋于零。我们把式(2.86)中的线性部分称为是泛函 Π 的一阶变分，记作 $\delta\Pi$，即

$$\delta\Pi = \Pi[y(x)+\delta y(x)] - \Pi[y(x)] = L[y(x), \delta y(x)] \tag{2.87}$$

泛函的变分与函数的微分在运算规则上是一样的，因而有

$$\delta(\alpha y) = \alpha\delta y, \delta(uv) = u\delta v + v\delta u, \delta(y^n) = ny^{n-1}\delta y$$

而且变分可以与微分和积分算子互换顺序

$$\delta(y') = (\delta y)', \delta\int F\mathrm{d}x = \int \delta F\mathrm{d}x$$

类似于函数的极值问题，泛函 Π 取极值的条件为

$$\delta\Pi = 0 \tag{2.88}$$

考察式(2.82)的泛函，若自变函数 $y(x)$ 有一个微小的增量，则泛函的增量为

$$\begin{aligned}\Delta\Pi &= \Pi[y(x)+\delta y(x)]-\Pi[y(x)]\\ &= \int_{x_1}^{x_2} F(x,y+\delta y,y'+\delta y')\mathrm{d}x - \int_{x_1}^{x_2} F(x,y,y')\mathrm{d}x\end{aligned} \tag{2.89}$$

将式(2.89)中的第一项作 Taylor 展开，有

$$\begin{aligned}\int_{x_1}^{x_2} F(x,y+\delta y,y'+\delta y')\mathrm{d}x &= \int_{x_1}^{x_2} F(x,y,y')\mathrm{d}x + \int_{x_1}^{x_2}\left(\frac{\partial F}{\partial y}\delta y+\frac{\partial F}{\partial y'}\delta y'\right)\mathrm{d}x +\\ &\frac{1}{2}\int_{x_1}^{x_2}\left(\frac{\partial^2 F}{\partial y^2}\delta y^2 + 2\frac{\partial^2 F}{\partial y\partial y'}\delta y\delta y' + \frac{\partial F}{\partial y'^2}\delta y'^2\right)\mathrm{d}x+\cdots\end{aligned}$$

代入将 (2.89) 式，得

$$\Delta\Pi = \int_{x_1}^{x_2}\left(\frac{\partial F}{\partial y}\delta y+\frac{\partial F}{\partial y'}\delta y'\right)\mathrm{d}x + \frac{1}{2}\int_{x_1}^{x_2}\left(\frac{\partial^2 F}{\partial y^2}\delta y^2 + 2\frac{\partial^2 F}{\partial y\partial y'}\delta y\delta y' + \frac{\partial F}{\partial y'^2}\delta y'^2\right)\mathrm{d}x+\cdots \tag{2.90}$$

显然，式中第一项为 δy 的线性项，记作 $\delta\Pi$，第二项为 δy 的平方项，称为泛函的二阶变分，记作 $\delta^2\Pi$，即

$$\delta\Pi = \int_{x_1}^{x_2}\left(\frac{\partial F}{\partial y}\delta y+\frac{\partial F}{\partial y'}\delta y'\right)\mathrm{d}x \tag{2.91}$$

$$\delta^2\Pi = \frac{1}{2}\int_{x_1}^{x_2}\left(\frac{\partial^2 F}{\partial y^2}\delta y^2 + 2\frac{\partial^2 F}{\partial y\partial y'}\delta y\delta y' + \frac{\partial F}{\partial y'^2}\delta y'^2\right)\mathrm{d}x \tag{2.92}$$

对一阶变分进行分部积分可以得到

$$\begin{aligned}\delta\Pi &= \int_{x_1}^{x_2}\left(\frac{\partial F}{\partial y}\delta y+\frac{\partial F}{\partial y'}\delta y'\right)\mathrm{d}x = \int_{x_1}^{x_2}\left(\frac{\partial F}{\partial y}\right)\delta y\mathrm{d}x + \int_{x_1}^{x_2}\left(\frac{\partial F}{\partial y'}\right)\mathrm{d}(\delta y)\\ &= \int_{x_1}^{x_2}\left(\frac{\partial F}{\partial y}\right)\delta y\mathrm{d}x + \frac{\partial F}{\partial y'}(\delta y)\Big|_{x_1}^{x_2} - \int_{x_1}^{x_2}\delta y\mathrm{d}\left(\frac{\partial F}{\partial y'}\right)\\ &= \int_{x_1}^{x_2}\left[\left(\frac{\partial F}{\partial y}\right)-\frac{\mathrm{d}}{\mathrm{d}x}\left(\frac{\partial F}{\partial y'}\right)\right]\delta y\mathrm{d}x + \frac{\partial F}{\partial y'}(\delta y)\Big|_{x_1}^{x_2}\end{aligned} \tag{2.93}$$

令上式等于零，并注意到 δy 的任意性，得到

$$\left(\frac{\partial F}{\partial y}\right)-\frac{\mathrm{d}}{\mathrm{d}x}\left(\frac{\partial F}{\partial y'}\right)=0 \tag{2.94}$$

和

$$\frac{\partial F}{\partial y'}\delta y\Big|_{x_1}^{x_2} = 0 \tag{2.95}$$

可见，式(2.88)的极值条件会导出一个微分方程和相应的定解条件，换句话说，泛函的变分问题是与微分方程的问题等价的。式(2.94)在变分学中称为 Euler 方程，也就是力学问题中的域内平衡方程，式(2.95)则为相应的边界条件。若问题的边界是固定的，则在边界上会有 $\delta y=0$，对应于力学中的位移边界条件，也称为本质(Essential)边界条件；若在问题的边界上没有固定约束，即 $\delta y\neq 0$，则要求

$$\frac{\partial F}{\partial y'}\Big|_{x_1}^{x_2} = 0 \tag{2.96}$$

称为自然(Natural)边界条件或导出边界条件,对应于力学问题中力的边界条件。

泛函 Π 取极值的条件为 $\delta\Pi=0$,但这只是泛函取极值的必要条件,至于这个驻立值是极大值还是极小值或非极值的驻值,则由泛函二阶变分的符号来决定,结论如下:

$\delta^2\Pi<0$,Π 取极大值;

$\delta^2\Pi>0$,Π 取极小值;

$\delta^2\Pi\leqslant 0$,Π 取非极小的驻立值;

$\delta^2\Pi\geqslant 0$,Π 取非极大的驻立值;

$\delta^2\Pi$ 不确定,Π 取非极值的驻立值。

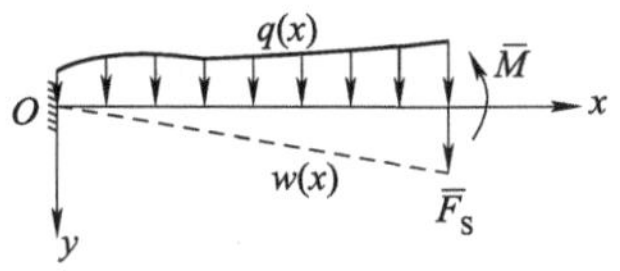

图 2.4 受横向荷载的悬臂梁

例 2.6:讨论图 2.4 所示悬臂梁在横向荷载作用下的弯曲问题。设梁的弯曲刚度为 EI,跨度为 l,左端固定,右端自由,但右端受有图示的集中力和集中力偶,杆上受分布力。其边界条件为

$$w(0)=0,w'(0)=0,EIw''(l)=-\overline{M},EIw'''(l)=-\overline{F}_S$$

试由梁的能量泛函变分推导出梁的平衡方程和自然边界条件。

解:在梁平衡时,梁和荷载作为整体的位能应该达到最小值。梁的总位能等于其弯曲势能和外力势能之和,即为

$$\Pi=U-W=\frac{1}{2}\int_0^l EIw''^2\,\mathrm{d}x-\int_0^l qw\,\mathrm{d}x-\overline{F}_s w(l)+\overline{M}w'(l)$$

将其变分并令变分等于零

$$\begin{aligned}\delta\Pi&=\frac{1}{2}\delta\int_0^l EIw''^2\,\mathrm{d}x-\delta\int_0^l qw\,\mathrm{d}x-\overline{F}_s\delta w(l)+\overline{M}\delta w'(l)\\&=\frac{1}{2}\int_0^l EI\,\delta w''^2\,\mathrm{d}x-\int_0^l q\delta w\mathrm{d}x-\overline{F}_s\delta w(l)+\overline{M}\delta w'(l)\\&=\int_0^l EIw''\delta w''\mathrm{d}x-\int_0^l q\delta w\mathrm{d}x-\overline{F}_s\delta w(l)+\overline{M}\delta w'(l)\\&=\int_0^l EIw''\frac{\mathrm{d}^2}{\mathrm{d}x^2}(\delta w)\,\mathrm{d}x-\int_0^l q\delta w\mathrm{d}x-\overline{F}_s\delta w(l)+\overline{M}\delta w'(l)\end{aligned}$$

对第一项利用两次分部积分,并利用边界条件,最后得

$$\delta\Pi=\int_0^l (EIw''''-q)\,\delta w\mathrm{d}x-[EIw'''+\overline{F}_s]\delta w|_{x=l}+[EIw''+\overline{M}]\delta w'|_{x=l}=0$$

由变分的任意性,得梁的平衡方程和边界条件

$$EIw''''-q=0$$

$$[EIw''+\overline{M}]|_{x=l}=0$$

$$[EIw'''+\overline{F}_s]|_{x=l}=0$$

可见,泛函的变分问题与梁的定解问题(微分方程和边界条件)是等价的,由泛函的变分完全可以导出控制微分方程和自然边界条件。这就是说,满足微分方程和边界条件的函数将使泛函取得极值,反过来说,使泛函取得极值的函数正是满足微分方程和边界条件的解答。

将泛函的极值问题归结为欧拉方程的求解,是泛函变分问题的间接解法,也就是使泛函变分问题回归到了微分方程的求解。解泛函极值问题常常不是用间接法,而是利用直接的数值方法来求近似解,例如 Ritz(里兹)法和 Kantrorovich(康托洛维奇)法,这样更方便。

注意:在用变分法求解时,这种自然边界条件不用考虑,因为它已经包含在变分里面,需要

考虑的就是几何边界条件(强制边界条件)。

2.5 弹性体的能量及弹性力学变分原理

2.5.1 弹性体的能量

弹性体受到外力作用时,外力在微小位移上作功,弹性体发生变形而产生弹性势能从而使物体的总能量发生改变。在绝热状态下,物体的总能量由动能和内能 Λ 组成,如果不考虑物体的运动,在静态情况下,物体的总能量就等于物体的内能。在外力作用下,外力所做的功就等于内能的增量,即 $\delta\Lambda=\delta W$。

假设物体受常体力 $\boldsymbol{F}=\{F_x \quad F_y \quad F_z\}^{\mathrm{T}}$ 和面力 $\boldsymbol{p}=\{\bar{p}_x \quad \bar{p}_y \quad \bar{p}_z\}^{\mathrm{T}}$ 作用,并且产生了位移 $\delta\boldsymbol{u}=\{\delta u \quad \delta v \quad \delta w\}^{\mathrm{T}}$,则外力功为

$$\delta W=\int_{\Omega}\boldsymbol{F}^{\mathrm{T}}\delta\boldsymbol{u}\,\mathrm{d}\Omega+\int_{\Gamma_\sigma}\bar{\boldsymbol{p}}^{\mathrm{T}}\delta\boldsymbol{u}\,\mathrm{d}\Gamma \tag{2.97}$$

或写成张量形式

$$\delta W=\int_{\Omega}F_i\delta u_i\,\mathrm{d}\Omega+\int_{\Gamma_\sigma}\bar{p}_i\delta u_i\,\mathrm{d}\Gamma \tag{2.98}$$

对上式的第二项应用高斯(Gauss)公式,得到

$$\int_{\Gamma_\sigma}\bar{p}_i\delta u_i\,\mathrm{d}\Gamma=\int_{\Gamma_\sigma}\sigma_{ij}n_j\delta u_i\,\mathrm{d}\Gamma=\int_{\Omega}(\sigma_{ij,j}n_j\delta u_i+\sigma_{ij}\delta u_{i,j})\,\mathrm{d}\Omega \tag{2.99}$$

这样,式(2.98)变为

$$\delta W=\int_{\Omega}(\sigma_{ij,j}n_j+F_i)\delta u_i\,\mathrm{d}\Omega+\int_{\Omega}\sigma_{ij}\delta u_{i,j}\,\mathrm{d}\Omega \tag{2.100}$$

注意式中的第一项积分中的表达式满足平衡方程式(2.30),因此

$$\delta W=\int_{\Omega}\sigma_{ij}\delta u_{i,j}\,\mathrm{d}\Omega=\int_{\Omega}\sigma_{ij}\delta\varepsilon_{ij}\,\mathrm{d}\Omega \tag{2.101}$$

弹性体的内能增量即为

$$\delta\Lambda=\delta W=\int_{\Omega}\sigma_{ij}\delta\varepsilon_{ij}\,\mathrm{d}\Omega \tag{2.102}$$

定义

$$\delta U=\sigma_{ij}\delta\varepsilon_{ij} \tag{2.103}$$

为比应变能(应变能密度)的增量,则式(2.102)变为

$$\delta\Lambda=\int_{\Omega}\delta U\,\mathrm{d}\Omega \tag{2.104}$$

对理想弹性体,内能仅取决于初始状态和最终状态,而与变形过程无关。所以比内能 U 是全微分,即

$$\mathrm{d}U=\sigma_{ij}\,\mathrm{d}\varepsilon_{ij} \tag{2.105}$$

可见,存在关系

$$\sigma_{ij}=\frac{\partial U}{\partial\varepsilon_{ij}} \tag{2.106}$$

因此,比内能(比应变能)也称为应力的弹性势。

引入函数

$$\bar{U} = \sigma_{ij}\varepsilon_{ij} - U \tag{2.107}$$

称为比余能(余能密度)。在单轴应力状态下,比余能表示从常应力在应变上所做的比功中减去比应变能,比应变能和比余能分别表示为

$$U(\varepsilon) = \int_0^{\varepsilon} \sigma \mathrm{d}\varepsilon, \quad \bar{U}(\sigma) = \int_0^{\sigma} \varepsilon \mathrm{d}\sigma \tag{2.108}$$

将式(2.107)对应力求偏导数,得

$$\frac{\partial \bar{U}}{\partial \sigma_{ij}} = \varepsilon_{ij} \tag{2.109}$$

就是说,比余能也称为应变的势。

对弹性变形,有

$$\bar{U} = U = \frac{1}{2}\sigma_{ij}\varepsilon_{ij} \tag{2.110}$$

根据前述,显然有

$$\delta(\Lambda - W) = 0 \tag{2.111}$$

定义

$$\Pi = \Lambda - W = \int_{\Omega} U \mathrm{d}\Omega - \int_{\Omega} F_i u_i \mathrm{d}\Omega - \int_{\Gamma_\sigma} \bar{p}_i u_i \mathrm{d}\Gamma \tag{2.112}$$

为系统的总势能,它等于弹性体的应变能加上外力功的负值(也称外力势能)。则有

$$\delta\Pi = 0 \tag{2.113}$$

式(2.113)称为最小势能原理。

2.5.2 虚功原理

虚功原理:一个变形体系中满足平衡方程的力系在任意满足协调的变形状态上做的虚功等于零,即体系外力所做的虚功的总和等于内力所做虚功的总和。

虚功原理可以分为虚力原理和虚位移原理,虚力原理可以看作是几何方程与位移边界条件的等效积分弱形式;虚位移原理是平衡方程和力的边界条件的等效积分弱形式。

1. 虚位移原理

考虑平衡方程和力的边界条件的等效积分形式

$$\int_{\Omega} \delta u_i (\sigma_{ij,j} + F_i) \mathrm{d}\Omega - \int_{\Gamma_\sigma} \delta u_i (\sigma_{ij} n_j - \bar{p}_i) \mathrm{d}\Gamma = 0 \tag{2.114}$$

式中,δu_i 为真实位移的变分或称为虚位移。

对其中第一项进行分部积分,注意应力张量 σ_{ij} 为对称张量,以及虚位移是协调的,即在边界 Γ_u 满足 $\delta u_i = 0$,在 Ω 上有 $\frac{1}{2}(\delta u_{i,j} + \delta u_{j,i}) = \delta\varepsilon_{ij}$,则可以得到

$$\begin{aligned}\int_{\Omega} \delta u_i \sigma_{ij,j} \mathrm{d}\Omega &= -\int_{\Omega} \frac{1}{2}(\delta u_{i,j} + \delta u_{j,i})\sigma_{ij} \mathrm{d}\Omega + \int_{\Gamma_\sigma} \delta u_i \sigma_{ij} n_j \mathrm{d}\Gamma \\ &= -\int_{\Omega} \delta\varepsilon_{ij}\sigma_{ij} \mathrm{d}\Omega + \int_{\Gamma_\sigma} \delta u_i \sigma_{ij} n_j \mathrm{d}\Gamma\end{aligned}$$

将其代入等效积分形式(2.114),就得到分部积分后的弱形式

$$\int_{\Omega} (-\delta\varepsilon_{ij}\sigma_{ij} + \delta u_i F_i) \mathrm{d}\Omega + \int_{\Gamma_\sigma} \delta u_i \bar{p}_i \mathrm{d}\Gamma = 0$$

即

$$\int_{\Omega}\delta\varepsilon_{ij}\sigma_{ij}\,\mathrm{d}\Omega-\int_{\Omega}\delta u_iF_i\,\mathrm{d}\Omega-\int_{\Gamma_\sigma}\delta u_i\bar{p}_i\,\mathrm{d}\Gamma=0 \tag{2.115}$$

其矩阵形式为

$$\int_{\Omega}\delta\varepsilon^{\mathrm{T}}\sigma\mathrm{d}\Omega-\int_{\Omega}\delta u^{\mathrm{T}}F\mathrm{d}\Omega-\int_{\Gamma_\sigma}\delta u^{\mathrm{T}}\bar{p}\mathrm{d}\Gamma=0 \tag{2.116}$$

式(2.115)或式(2.116)中的第一项为变形体内的应力在虚应变上所做的功,即所谓内力虚功,第二项为弹性体的体积力在虚位移上所做虚功的负值,第三项为表面力在虚位移上所做虚功的负值,第二项与第三项之和为外力虚功的负值。于是,上式的物理意义就是:外力在虚位移上所做的虚功的总和等于内力在虚应变上所做虚功的总和,这就是变形体系的虚功原理,由于位移是虚设的,故称为虚位移原理。

虚位移原理是力系平衡的充分必要条件,或者说,虚位移原理等价于弹性体结构的平衡条件。

应该指出,作为平衡方程和力边界条件的等效积分弱形式,虚位移原理的建立是以选择在 Γ_u 上满足位移边界和内部满足几何协调方程的任意函数为条件的。如果任意函数不是连续函数,尽管平衡方程和力的边界条件的等效积分形式仍可建立,但不能通过分部积分建立其等效积分弱形式。再如任意函数在 Γ_u 上不满足位移边界条件,即 Γ_u 上 $\delta u_i\neq0$,则总虚功应包括 Γ_u 上的约束反力在 δu_i 上所作的虚功。

还应该指出,由于推导过程中未涉及物理方程,所以虚位移原理不仅适用于线弹性体系,对非线性弹性及弹塑性等非线性问题也适用。

2. 虚应力原理

考虑几何方程和几何边界条件的等效积分形式

$$\int_{\Omega}\delta\sigma_{ij}\left[\varepsilon_{ij}-\frac{1}{2}(u_{i,j}+u_{j,i})\right]\mathrm{d}\Omega+\int_{\Gamma_u}\delta p_i(u_i-\bar{u}_i)\mathrm{d}\Gamma=0 \tag{2.117}$$

式中,$\delta\sigma_{ij}$ 为域内真实应力的变分或称为虚应力,$\delta p_i=\delta\sigma_{ij}n_j$ 为位移边界 Γ_u 上的虚应力,在应力边界 Γ_σ 上有 $\delta p_i=0$。

对式(2.117)中第一个积分中的第二项进行分部积分,有

$$\int_{\Omega}\delta\sigma_{ij}\left[\frac{1}{2}(u_{i,j}+u_{j,i})\right]\mathrm{d}\Omega=\int_{\Gamma}\delta\sigma_{ij}n_ju_i\mathrm{d}\Gamma-\int_{\Omega}u_i\delta\sigma_{ij,j}\mathrm{d}\Omega$$

代入式(2.117),得

$$\int_{\Omega}(\delta\sigma_{ij}\varepsilon_{ij}+u_i\delta\sigma_{ij,j})\mathrm{d}\Omega-\int_{\Gamma}\delta\sigma_{ij}n_ju_i\mathrm{d}\Gamma+\int_{\Gamma_u}\delta p_i(u_i-\bar{u}_i)\mathrm{d}\Gamma=0 \tag{2.118}$$

由于 $\delta\sigma_{ij}$ 为真实应力的变分,它应满足平衡方程,即 $\delta\sigma_{ij,j}=0$,并考虑到边界上 $\delta\sigma_{ij}n_j=\delta p_i$,且在给定边界 Γ_σ 上有 $\delta p_i=0$,故式(2.118)可简化为

$$\int_{\Omega}\delta\sigma_{ij}\varepsilon_{ij}\mathrm{d}\Omega-\int_{\Gamma_u}\delta p_i\bar{u}_i\mathrm{d}\Gamma=0 \tag{2.119}$$

它的矩阵形式为

$$\int_{\Omega}\delta\sigma^{\mathrm{T}}\varepsilon\mathrm{d}\Omega-\int_{\Gamma_u}\delta p^{\mathrm{T}}\bar{u}\mathrm{d}\Gamma=0 \tag{2.120}$$

该式第一项为虚应力在应变上所做的虚功,第二项代表边界约束的虚反力在给定位移上做的虚功,二者之和为零,这就是虚应力原理。

虚应力原理的力学意义是：如果位移是协调的，则虚应力在应变上做功的总和等于虚边界约束力在边界虚位移上所做虚功的总和。虚应力原理表达了位移协调的充分必要条件。

和虚位移原理类似，虚应力原理的建立是以选择虚应力（在内部和力边界上分别满足平衡方程和力边界条件）作为等效积分形式的任意函数为条件的。否则作为几何方程和位移边界条件的积分形式在形式上应和现在导出的虚应力原理有所不同。同样，由于推导过程中未涉及物理方程，所以虚应力原理不仅适用于线弹性体系，对非线性弹性及弹塑性等非线性问题也适用。但是，无论是虚应力原理还是虚位移原理，它们所依赖的几何方程和平衡方程都是基于小变形理论的，因而它们不能直接用于求解涉及大变形的几何非线性问题。

2.5.3 线弹性力学的变分原理

弹性力学的变分原理包括基于自然变分原理的最小势能原理和最小余能原理，以及基于约束变分的广义变分原理，这里只简单介绍最小势能原理和最小余能原理，至于 Hu-Washizu 和 Hellinger-Reissner 广义变分原理，读者可参阅相关的专业书籍。

1. 最小势能原理

最小势能原理可以从上节的虚位移原理出发而建立。由式(2.115)所示的虚位移原理知

$$\int_{\Omega}(\delta\varepsilon_{ij}\sigma_{ij}-\delta u_i F_i)\mathrm{d}\Omega-\int_{\Gamma_\sigma}\delta u_i\bar{p}_i\mathrm{d}\Gamma=0 \tag{2.121}$$

由式(2.106) 式知，$\delta\varepsilon_{ij}\sigma_{ij}=\delta U(\varepsilon)$代入，有

$$\int_{\Omega}(\delta U-\delta u_i F_i)\mathrm{d}\Omega-\int_{\Gamma_\sigma}\delta u_i\bar{p}_i\mathrm{d}\Gamma=0$$

记为

$$\delta\Pi=\int_{\Omega}(\delta U-\delta u_i F_i)\mathrm{d}\Omega-\int_{\Gamma_\sigma}\delta u_i\bar{p}_i\mathrm{d}\Gamma=0 \tag{2.122}$$

或

$$\delta\Pi=\delta\left[\int_{\Omega}(U-u_i F_i)\mathrm{d}\Omega-\int_{\Gamma_\sigma}u_i\bar{p}_i\mathrm{d}\Gamma\right]=0 \tag{2.123}$$

或

$$\Pi=\left[\int_{\Omega}(U-u_i F_i)\mathrm{d}\Omega-\int_{\Gamma_\sigma}u_i\bar{p}_i\mathrm{d}\Gamma\right]$$

$$\delta\Pi=0 \tag{2.124}$$

这就是最小势能原理。显然，与 2.5.1 小节中推导的结果完全一致。

所谓最小势能原理，是说在满足变形协调条件和几何边界条件的一切可能位移中，真实的位移和应变能使系统的势能取得最小值。

2. 最小余能原理

最小余能原理可以从上节的虚应力原理出发而建立。由式(2.119)所示的虚应力原理知

$$\int_{\Omega}\delta\sigma_{ij}\varepsilon_{ij}\mathrm{d}\Omega-\int_{\Gamma_u}\delta p_i\bar{u}_i\mathrm{d}\Gamma=0 \tag{2.125}$$

而由式(2.109)知，$\delta\sigma_{ij}\varepsilon_{ij}=\delta\bar{u}(\sigma_{ij})$，于是上式可写为

$$\int_{\Omega}\delta\bar{U}\mathrm{d}\Omega-\int_{\Gamma_u}\delta p_i\bar{u}_i\mathrm{d}\Gamma=\delta\left[\int_{\Omega}\bar{U}\mathrm{d}\Omega-\int_{\Gamma_u}p_i\bar{u}_i\mathrm{d}\Gamma\right]=0 \tag{2.126}$$

或

$$\Pi_c = \left[\int_{\Omega} \bar{U} \mathrm{d}\Omega - \int_{\Gamma_u} p_i \bar{u}_i \mathrm{d}\Gamma\right]$$

$$\delta\Pi_c = 0 \tag{2.127}$$

该式就是最小余能原理，Π_c 称为系统的余能。所谓最小余能原理，是说在满足平衡条件和应力边界条件的一切可能应力状态中，真实应力状态能使系统的余能取得最小值。

2.6 Ritz 法与 Galerkin 法

2.6.1 Ritz 法

Ritz 变分法有时也称为 Rayleigh-Ritz 法，简称 Ritz 法，是 Ritz 于 1908 年提出的，它开创了弹性力学诸问题的近似解。这种近似解法使用方便，也有一定的精度，大大促进了弹性理论在工程上的推广应用。

Ritz 法是一种逆解法，首先假定满足本质边界条件的某个函数是极值函数，在这个假设的函数内设置一些待定的系数，将其代入问题的泛函后令其变分等于零，得到若干个代数方程求出这些待定系数，因而得到近似解。

一般地，假设容许函数 $y(x)$（满足本质边界条件的函数族）能够展开成幂级数

$$y(x) = \sum_{i=1}^{\infty} a_i x^{i-1}$$

或 Fourier 级数

$$y(x) = \frac{a_0}{2} + \sum_{i=1}^{\infty} (a_i \cos ix + b_i \sin ix)$$

或更一般的展开为

$$y(x) = \sum_{i=1}^{\infty} a_i \phi_i(x) \tag{2.128}$$

$\phi_i(x)$是已知函数，称为 Ritz 基函数。则泛函的值取决于这些无穷多个系数，也就是说，泛函成为这些无穷多个系数的函数

$$\Pi[y(x)] = \Pi[a_1, a_2, \cdots, a_i, \cdots] \tag{2.129}$$

如此，便可以用函数极值的方法来求泛函极值，即令泛函对这些系数的偏导数等于零，得到无穷多个线性方程组成方程组，进一步可求出这些系数。求近似解时，项数取有限项就可以了。

对一般的三维弹性力学问题，取位移试探函数（近似解）为

$$\bar{\boldsymbol{u}} = \begin{Bmatrix} \bar{u} \\ \bar{v} \\ \bar{w} \end{Bmatrix} = \begin{Bmatrix} \sum_{i=1}^{n} \alpha_i \varphi_i(x,y,z) \\ \sum_{i=1}^{n} \beta_i \psi_i(x,y,z) \\ \sum_{i=1}^{n} \gamma_i \theta_i(x,y,z) \end{Bmatrix} = \sum_{i=1}^{n} \boldsymbol{\Phi}_i \boldsymbol{a}_i = \boldsymbol{N}\boldsymbol{a} \tag{2.130}$$

其中，

$$\boldsymbol{\Phi}_i = \begin{bmatrix} \varphi_i & 0 & 0 \\ 0 & \psi_i & 0 \\ 0 & 0 & \theta_i \end{bmatrix}, \quad \boldsymbol{a}_i = \begin{Bmatrix} \alpha_i \\ \beta_i \\ \gamma_i \end{Bmatrix} \qquad (i = 1,2,\cdots,n)$$

$$\boldsymbol{N} = [\boldsymbol{\Phi}_1 \quad \boldsymbol{\Phi}_2 \quad \cdots \quad \boldsymbol{\Phi}_n], \quad \boldsymbol{a} = [\boldsymbol{a}_1^{\mathrm{T}} \quad \boldsymbol{a}_2^{\mathrm{T}} \quad \cdots \quad \boldsymbol{a}_n^{\mathrm{T}}]^{\mathrm{T}}$$

$\varphi_i, \psi_i, \theta_i$ 为基函数序列；$\alpha_i, \beta_i, \gamma_i$ 为待定参数。将式(2.130)代入三维问题的能量泛函式(2.124)，写成矩阵形式

$$\Pi = \left[\int_{\Omega} (U - \boldsymbol{u}^{\mathrm{T}} \boldsymbol{F}) \mathrm{d}\Omega - \int_{\Gamma_\sigma} \boldsymbol{u}^{\mathrm{T}} \bar{\boldsymbol{p}} \mathrm{d}\Gamma\right] \tag{2.131}$$

积分后这个泛函变成了关于 $\alpha_i, \beta_i, \gamma_i$ 的多元函数，令

$$\frac{\partial \Pi}{\partial \alpha_i} = 0, \quad \frac{\partial \Pi}{\partial \beta_i} = 0, \quad \frac{\partial \Pi}{\partial \gamma_i} = 0 \qquad (i = 1,2,\cdots,n) \tag{2.132}$$

得到一组关于 $\alpha_i, \beta_i, \gamma_i (i=1,2,\cdots,n)$ 的线性方程组

$$\left.\begin{aligned} &\left[\int_{\Omega} \left(\frac{\partial U}{\partial \alpha_i} - \varphi_i F_x\right) \mathrm{d}\Omega\right] - \int_{\Gamma_\sigma} \varphi_i \bar{p}_x \mathrm{d}\Gamma = 0 \\ &\left[\int_{\Omega} \left(\frac{\partial U}{\partial \beta_i} - \psi_i F_y\right) \mathrm{d}\Omega\right] - \int_{\Gamma_\sigma} \psi_i \bar{p}_y \mathrm{d}\Gamma = 0 \\ &\left[\int_{\Omega} \left(\frac{\partial U}{\partial \gamma_i} - \theta_i F_z\right) \mathrm{d}\Omega\right] - \int_{\Gamma_\sigma} \theta_i \bar{p}_z \mathrm{d}\Gamma = 0 \end{aligned}\right\} \qquad (i = 1,2,\cdots,n) \tag{2.133}$$

或以矩阵形式表达

$$\left[\int_{\Omega} \left(\frac{\partial U}{\partial \boldsymbol{a}} - \boldsymbol{N}^{\mathrm{T}} \boldsymbol{F}\right) \mathrm{d}\Omega\right] - \int_{\Gamma_\sigma} \boldsymbol{N}^{\mathrm{T}} \bar{\boldsymbol{p}} \mathrm{d}\Gamma = 0 \tag{2.134}$$

利用这一组线性方程解得 $3n$ 个系数 $\alpha_i, \beta_i, \gamma_i (i=1,2,\cdots,n)$ 之后，便得到问题的近似解。

对 Ritz 法需要说明的是：

(1)所选的基函数应当是线性无关的函数族。

(2)所选的基函数必须要满足本质边界条件。

(3)Ritz 法的优点是操作简便，最后线性方程组的系数矩阵是对称的，便于求解；缺点是需要在全域内构造试探函数，而且要满足本质边界条件，这在工程上有时很难做到，这点使该方法的应用受到了很大的限制。

例 2.7：求图 2.5 所示四边固定矩形薄板在均布荷载作用下的 Ritz 近似解，设板的几何尺寸和坐标系如图 2.5 所示。假设板的弯曲刚度为 D，所承担的荷载为 q。

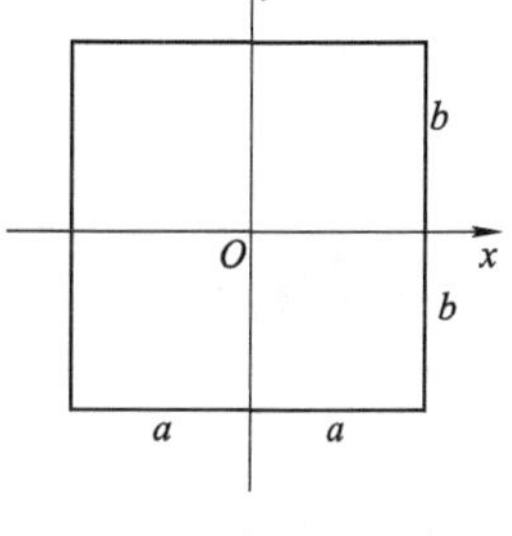

图 2.5 矩形平板

解：板的能量泛函为

$$\Pi = \frac{D}{2} \iint_{\Omega} \left\{ \left(\frac{\partial^2 w}{\partial x^2} + \frac{\partial^2 w}{\partial y^2}\right)^2 - 2(1-\nu) \left[\frac{\partial^2 w}{\partial x^2} \frac{\partial^2 w}{\partial y^2} - \left(\frac{\partial^2 w}{\partial x \partial y}\right)^2\right] \right\} \mathrm{d}x\mathrm{d}y - \iint_{\Omega} q w \mathrm{d}x\mathrm{d}y$$

对固定边界条件，要求在边界上满足

$$w = \frac{\partial w}{\partial n} = 0$$

n 是边界外法线。

当边界是四边固定时,能量泛函可写为

$$\Pi = \frac{1}{2}\iint_{\Omega} D\left\{\left(\frac{\partial^2 w}{\partial x^2}+\frac{\partial^2 w}{\partial y^2}\right)^2 - \frac{2q}{D}w\right\}\mathrm{d}x\mathrm{d}y$$

取近似函数为多项式,注意满足边界条件并利用对称性

$$w = (x^2-a^2)^2(y^2-b^2)^2(A_1+A_2x^2+A_3y^2+\cdots)$$

为简单起见,只取前三项。将其代入泛函并令

$$\frac{\partial \Pi}{\partial A_i} = 0 \qquad (i=1,2,3)$$

得

$$\left(\lambda^2+\frac{4}{7}+\frac{1}{\lambda^2}\right)A_1+\left(\frac{1}{7}+\frac{1}{11\lambda^4}\right)b^2A_2+\left(\frac{1}{7}+\frac{\lambda^4}{11}\right)a^2A_3 = \frac{7q}{128a^2b^2D}$$

$$\left(\frac{\lambda^2}{11}+\frac{1}{11\lambda^2}\right)A_1+\left(\frac{3}{7}+\frac{4}{77\lambda^2}+\frac{3}{143\lambda^4}\right)b^2A_2+\left(\frac{1}{11}+\frac{\lambda^4}{11}\right)a^2A_3 = \frac{1q}{128a^2b^2D}$$

$$\left(\frac{\lambda^2}{11}+\frac{1}{7\lambda^2}\right)A_1+\left(\frac{1}{77}+\frac{1}{77\lambda^4}\right)b^2A_2+\left(\frac{3}{7}+\frac{4\lambda^2}{77}+\frac{3\lambda^4}{143}\right)a^2A_3 = \frac{1q}{128a^2b^2D}$$

其中,$\lambda=b/a$。

为便于比较,假设板是正方形,则 $\lambda=1$,方程组变为

$$\frac{18}{7}A_1+\frac{18}{77}a^2A_2+\frac{18}{77}a^2A_3 = \frac{7q}{128a^2b^2D}$$

$$\frac{18}{77}A_1+\frac{502}{1\,001}a^2A_2+\frac{2}{77}a^2A_3 = \frac{q}{128a^4D}$$

$$\frac{18}{77}A_1+\frac{2}{77}a^2A_2+\frac{502}{1\,001}a^2A_3 = \frac{q}{128a^4D}$$

解得

$$A_1 = 0.020\,202\,\frac{q}{a^4D},\quad A_2 = A_3 = 0.005\,885\,\frac{q}{a^6D}$$

得近似解

$$w = \frac{q}{Da^4}(x^2-a^2)^2(y^2-b^2)^2\left(0.020\,202+0.005\,885\,\frac{x^2+y^2}{a^2}\right)$$

板中心的挠度值为

$$w(0,0) = 0.020\,202\,\frac{qa^4}{D}$$

该问题的精确解为

$$w(0,0) = 0.020\,16\,\frac{qa^4}{D}$$

相对误差仅为 0.2%。

2.6.2 Galerkin 法

Galerkin 法是 Ritz 法的推广,是一种利用加权残值法进行近似计算的方法。对三维问题,仍然假设满足位移边界条件的位移试函数为

$$\bar{\boldsymbol{u}} = \begin{Bmatrix} \bar{u} \\ \bar{v} \\ \bar{w} \end{Bmatrix} = \begin{Bmatrix} \sum_{i=1}^{n} \alpha_i \varphi_i(x,y,z) \\ \sum_{i=1}^{n} \beta_i \psi_i(x,y,z) \\ \sum_{i=1}^{n} \gamma_i \theta_i(x,y,z) \end{Bmatrix} = \sum_{i=1}^{n} \boldsymbol{\Phi}_i \boldsymbol{a}_i = \boldsymbol{Na} \tag{2.135}$$

该近似解一般不能满足弹性力学控制方程式(2.40)，即有内部残值

$$R = \boldsymbol{L}^{\mathrm{T}} \boldsymbol{DL} \bar{\boldsymbol{u}} + \boldsymbol{F} = \boldsymbol{L}^{\mathrm{T}} \boldsymbol{DLNa} + \boldsymbol{F} \tag{2.136}$$

消除残值时，选取 φ_i，ψ_i 和 θ_i 作为权函数，在域内积分有

$$\int_{\Omega} \boldsymbol{N}^{\mathrm{T}} (\boldsymbol{L}^{\mathrm{T}} \boldsymbol{DLNa} + \boldsymbol{F}) \mathrm{d}\Omega = 0 \tag{2.137}$$

记作

$$\boldsymbol{Aa} = \boldsymbol{B} \tag{2.138}$$

其中

$$\boldsymbol{A} = \int_{\Omega} \boldsymbol{N}^{\mathrm{T}} \boldsymbol{L}^{\mathrm{T}} \boldsymbol{DLN} \mathrm{d}\Omega, \quad \boldsymbol{B} = \int_{\Omega} \boldsymbol{N}^{\mathrm{T}} \boldsymbol{F} \mathrm{d}\Omega \tag{2.139}$$

式(2.138)为一组关于待定系数 α_i，β_i，γ_i $(i = 1,2,\cdots,n)$ 的线性方程组，求出这些系数后便得到了问题的近似解，这种方法叫 Galerkin 法。

再比如平板弯曲问题，它的平衡方程为

$$D \nabla^2 \nabla^2 w - q = 0 \tag{2.140}$$

其中，D 为板的弯曲刚度，$\nabla^2 \nabla^2$ 为双 Laplace 算子

$$\nabla^2 \nabla^2 = \frac{\partial^4}{\partial^4 x} + 2 \frac{\partial^4}{\partial^2 x \partial^2 y} + \frac{\partial^4}{\partial^4 y} \tag{2.141}$$

设近似解为

$$w(x,y) = \sum_{i=1}^{n} a_i \phi_i(x,y) \tag{2.142}$$

$\phi_i(i = 1,2,\cdots,n)$ 为满足板的边界条件的一个函数序列。将式(2.142)代入式(2.140)得到域内残值，并取 ϕ_i 作为加权残值法的权函数，令残值在域内积分为零，得

$$\iint_{\Omega} (D \nabla^2 \nabla^2 w - q) \phi_i \mathrm{d}x \mathrm{d}y = 0 \qquad (i = 1,2,\cdots,n) \tag{2.143}$$

这是一组关于待定系数 $a_i(i = 1,2,\cdots,n)$ 的线性方程组，将之解出，便得到板弯曲问题的近似解。

很显然，由式(2.139)式可知，Galerkin 法得到的线性方程组的系数矩阵是对称矩阵，这会给将来的数值计算带来极大的方便。

习　题

1. 图 2.6 中一端固定另一端自由的等截面均质杆，设其弹性模量为 E，横截面积为 A，承担轴向分布载荷 $p(x)$。试写出该结构的势能泛函，求出其一阶变分和二阶变分的表达式，并由此推导出该问题的平衡方程和自然边界条件。

2. 图 2.7 中承受均布载荷 $q(x)$作用的简支梁，试用五种加权残值法求其挠曲线方程及梁

跨中点挠度，并将所得结果与精确解进行比较。假设取挠度近似函数分别为 $\bar{w}=c_1\sin\dfrac{\pi x}{l}$ 和 $\bar{w}=c_1\sin\dfrac{\pi x}{l}+c_3\sin\dfrac{3\pi x}{l}$。

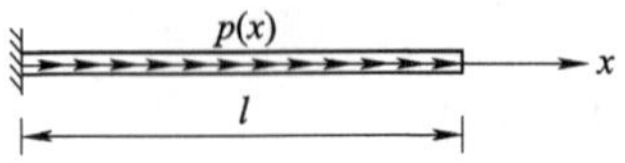

图 2.6

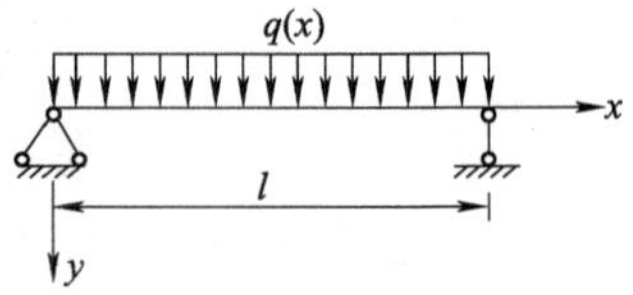

图 2.7

3. 用五种加权残值法求解微分方程

$$\frac{\mathrm{d}^4 u}{\mathrm{d}x^4}+u=1,\quad 0\leqslant x\leqslant l$$

在边界条件

$$u(0)=\left.\frac{\mathrm{d}^2 u}{\mathrm{d}x^2}\right|_{x=0}=0,\quad u(l)=\left.\frac{\mathrm{d}^2 u}{\mathrm{d}x^2}\right|_{x=l}=0$$

下的解。假设近似试函数为 $\bar{u}=c_1\sin\dfrac{\pi x}{l}+c_3\sin\dfrac{3\pi x}{l}$。

4. 若将热传导系数取为 1，则一维热传导问题的微分方程为

$$\frac{\mathrm{d}^2\varphi}{\mathrm{d}x^2}+Q=0,\quad 0\leqslant x\leqslant l$$

其中，

$$Q(x)=\begin{cases}1, & 0\leqslant x\leqslant l/2\\ 0, & l/2\leqslant x\leqslant l\end{cases}$$

试用配点法和 Galerkin 法求该方程在边界条件 $\varphi(0)=\varphi(l)=0$ 下的解。

5. 已知泛函 $V=\int_0^1\sqrt{1+\left(\dfrac{\mathrm{d}y}{\mathrm{d}x}\right)^2}\,\mathrm{d}x$，设端点条件为 $y(0)=0$，$y(1)=1$，试求该泛函的极值。它的几何意义是什么？满足端点条件的解是什么？这个解的极值是什么？真的是极值吗？

6. 用 Ritz 法求解图 2.8 所示变截面梁的近似挠曲线方程和梁中点处的最大挠度，并与材料力学精确解相比较。取函数族

$$\varphi_i(x)=(l^2-x^2)^2x^{2(i-1)},\quad -l\leqslant x\leqslant l$$

作为 Ritz 试函数，取一级和二级近似进行计算。

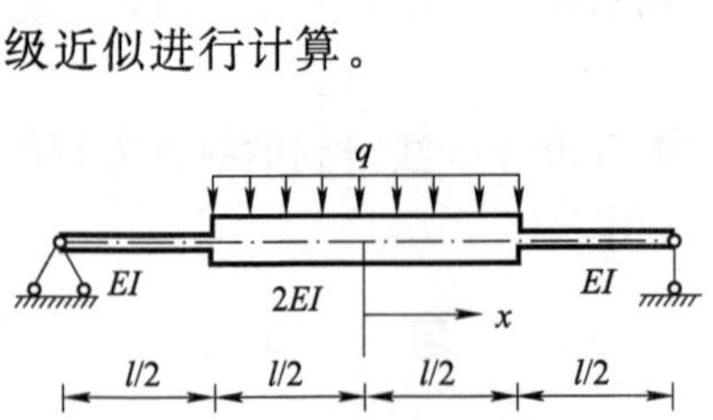

图 2.8

7. 设有长度为 l 的矩形截面杆受纯扭矩 M 作用，杆件截面尺寸如图 2.9 所示。试用 Ritz 法求解该扭转问题的无量纲最大剪应力和无量纲扭转刚度。已知扭转问题的能量泛函为

$$\Pi = \frac{\alpha l^2 M}{2}\int_{-a}^{a}\int_{-b}^{b}\left[\left(\frac{\partial\varphi}{\partial x}\right)^2+\left(\frac{\partial\varphi}{\partial y}\right)^2-4\varphi\right]\mathrm{d}x\mathrm{d}y$$

其中，α 为单位长度杆的扭转角，φ 为扭转应力函数。

$$\tau_{zx} = \alpha G\frac{\partial\varphi}{\partial y},\tau_{zy} = -\alpha G\frac{\partial\varphi}{\partial x},J = 2G\iint_A\varphi\mathrm{d}x\mathrm{d}y$$

式中，G 为材料的剪切模量，A 为横截面积，J 为抗扭刚度。对于只有一个外边界的截面，边界条件为：在外边界上 $\varphi=0$。计算时取近似函数族

$$\varphi(x,y) = (x^2-a^2)(y^2-b^2)(c_1+c_2x^2+c_3y^2+\cdots)$$

分别取一级和三级近似进行计算。

8. 如图 2.10 所示等腰三角形截面直杆，在两端作用大小相等方向相反的扭转力偶矩 M。试用最小二乘加权残值法求该直杆的扭转应力。假设取扭转应力函数

$$\varphi(x,y) = m(x^2-\tan^2\alpha y^2)(y-h)$$

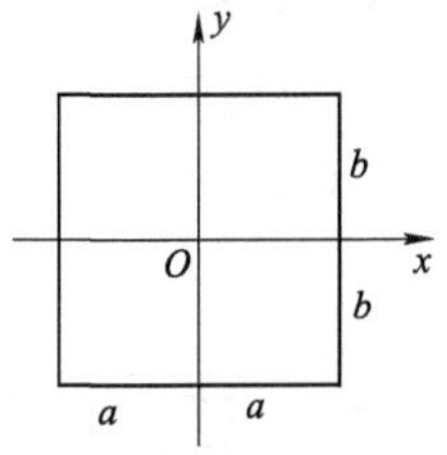

图 2.9

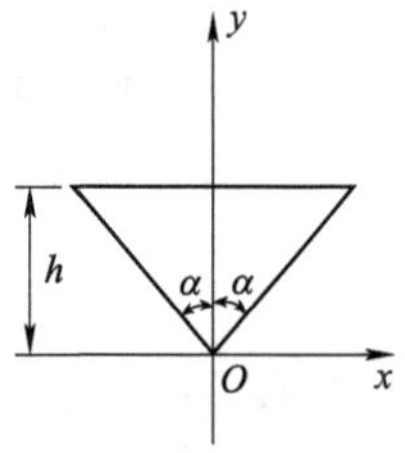

图 2.10

9. 试叙述刚体的虚功原理，并利用虚功原理求解以下两个问题：

(1)已知图 2.11(a)所示简支梁在跨中受集中力作用，试利用虚功原理求出支座 B 的竖向约束反力以及 C 截面的弯矩值，并说出此时的虚功方程本质上是什么方程。

(2)图 2.11(b)简支梁的支座 A 和 B 分别下沉 Δ_A 和 Δ_B，试用虚功原理求出梁中点 C 处的竖向位移以及 A 端梁截面的转角，并说出此时的虚功方程本质上是什么方程。

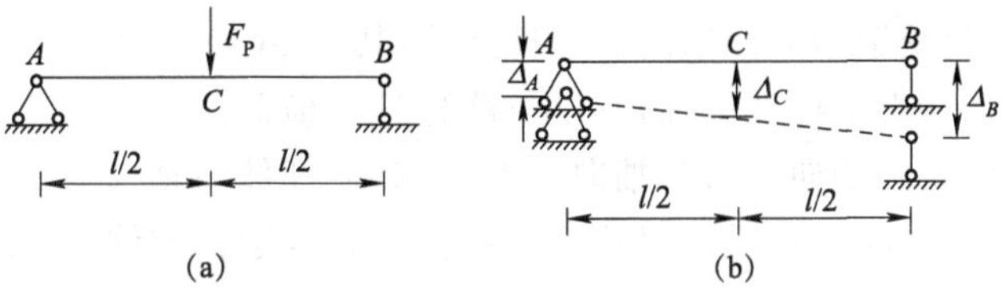

图 2.11

第 3 章　一维问题的有限元法

有限元法的分析过程包括结构的离散化、单元分析、整体分析和应力计算等主要环节，其主要思想是首先将一个连续的问题域划分成一系列的只在某些离散点（节点）上连接着的子域（单元），在每个单元上建立单元的受力（节点力）和位移（节点位移）之间的关系，然后再根据变形连续条件和平衡条件将这些单元的方程组集在一起，得到原结构的平衡方程，引入边界条件后再去求解。这样得到的一组方程是以节点位移为基本未知量的，相当于弹性力学中的位移解法。其中单元分析的任务是建立单元的位移模式，并通过单元刚度矩阵得到节点力和节点位移的关系；整体分析的目的是将离散化的各单元再组装起来，得到结构的刚度方程，将这些单元的组合体近似还原为原来的连续结构。有限元分析的过程可以用图 3.1 所示的流程图来表示。

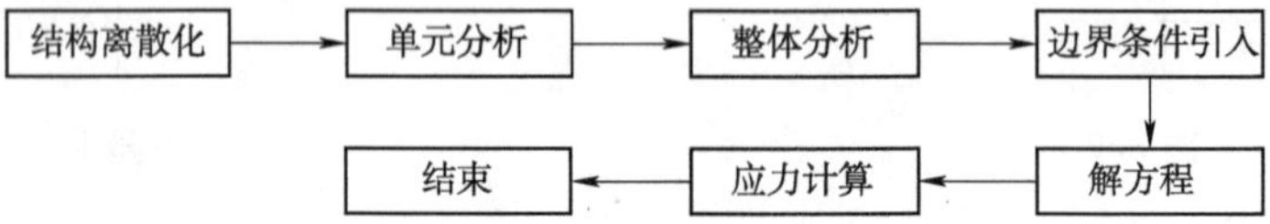

图 3.1　有限元分析过程流程图

3.1　轴力杆的有限元分析

3.1.1　结构离散化

考虑图 3.2 所示只受轴向力作用的拉压杆问题，其中 $p(x)$ 为轴向分布力的集度。对此杆进行应力和变形分析时，由于杆件很细，可以忽略掉杆件横截面的尺寸，简化为一维问题。在轴向力的作用下，杆件只有轴向应力和轴向应变，忽略掉杆件的轴向变形引起的横向变形，假设原垂直于轴线的横截面在变形后仍保持平面并仍然垂直于杆轴线，则横截面上的轴向应力呈均匀分布，杆件上的任意一点都只有轴向位移，在同一横截面上的各点位移和应力均相等，通常我们用杆轴线上的位移 $u(x)$ 和应力 $\sigma(x)$ 表示杆件某截面任意一点的轴向位移和应力，并且用 F_N 表示其轴向应力的合力。

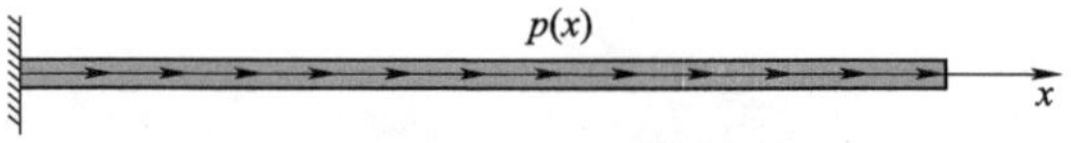

图 3.2　轴向荷载的等截面直杆

按照有限元的思想，首先把结构划分为有限个互不重叠的单元，为清楚起见，将单元号和节点号标于图 3.3 中。根据这种编号规则，很显然，第 (i) 号单元的两端节点号为 i 和 $i+1$。

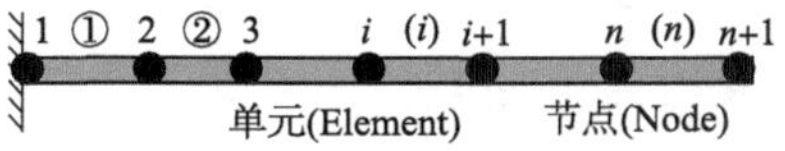

图 3.3 一维杆件的离散

3.1.2 位移插值

现在来确定单元的位移模式。确定单元的位移模式是进行单元分析的重要步骤。当一个区域被分割成有限多个单元后，这个连续的区域就被这些只在节点上相联系的若干离散单元而替代，每一个单元内的位移场和应力状态只取决于这些节点的位移，如果所有节点的位移都确定后，这些单元的位移场都将是确定的，而由弹性力学可知，位移场和应力场之间恒具有某种对应关系，因此，我们可以选取这些节点位移作为自由度(基本未知量)。但是，每一个单元内的位移场如何用其节点上的位移来表示呢？这个关系显然是未知的，有限元法就是通过假设这种关系而确定单元的变形性态的，也就是说，我们可以假设单元内部任意一点的位移与节点位移之间的关系，这种关系称为单元的位移模式。当单元的形状确定后，位移模式的形式决定了单元的近似计算精度。

单元的位移模式一般用插值法得到，即用节点位移值通过某种插值方式得到单元的位移场分布。对具有 n 个节点的一维单元，利用这 n 个节点位移进行插值，可以得到单元内任意一点的位移，即

$$u(x)=\sum_{i=1}^{n}N_i(x)u_i \tag{3.1}$$

式中，$N_i(x)$ 是我们假设的函数，它体现了单元内各点的位移分布情况，通常称为插值函数或形函数(Shape function)。u_i 是单元各节点的位移值。

为方便，式(3.1)也可以写成矩阵形式

$$u(x)=\boldsymbol{N}\boldsymbol{\delta}^e \tag{3.2}$$

其中

$$\boldsymbol{N}=[N_1 \quad N_2 \quad \cdots \quad N_n] \tag{3.3}$$

$$\boldsymbol{\delta}^e=\{u_1 \quad u_2 \quad \cdots \quad u_n\}^{\mathrm{T}} \tag{3.4}$$

分别为形函数矩阵和单元节点位移向量。

对图 3.3 所示问题中，我们划分的每个单元仅包含两个节点，为了表达方便和更一般起见，我们现将其中的任意一个单元单独取出，假设其始端节点号为 i 、末端节点号为 j ，如图 3.4 所示。

图 3.4 2 节点杆单元

对这个 2 节点单元，其形函数矩阵和节点位移向量为

$$\boldsymbol{N}=[N_i \quad N_j] \tag{3.5}$$

$$\boldsymbol{\delta}^e=\begin{Bmatrix} u_i \\ u_j \end{Bmatrix} \tag{3.6}$$

为了求得式(3.5)中的插值函数，我们假设单元内位移场为线性场，即

$$u=\alpha_0+\alpha_1 x \tag{3.7}$$

由于该式表示该单元各点的位移，因而在两端节点上必然也成立。将两端的节点坐标和节点位移值代入，可得

$$\left.\begin{array}{l}\alpha_0+\alpha_1 x\,|_{x=x_i}=u_i \\ \alpha_0+\alpha_1 x\,|_{x=x_j}=u_j\end{array}\right\}$$

解得

$$\begin{Bmatrix}\alpha_0 \\ \alpha_1\end{Bmatrix}=\frac{1}{x_j-x_i}\begin{bmatrix}x_j & -x_i \\ -1 & 1\end{bmatrix}\begin{Bmatrix}u_i \\ u_j\end{Bmatrix}$$

代回式(3.7),整理得

$$u=\alpha_0+\alpha_1 x=\frac{x_j-x}{x_j-x_i}u_i+\frac{x-x_i}{x_j-x_i}u_j \tag{3.8}$$

比较式(3.1)和式(3.8)知

$$N_i=\frac{x_j-x}{x_j-x_i},\quad N_j=\frac{x-x_i}{x_j-x_i} \tag{3.9}$$

形函数在有限元分析中有着重要意义,它确定了单元位移的形式。式(3.9)显然是两个线性函数,它们的数值变化情况如图 3.5 所示。显然,一维线性形函数具有如下性质:

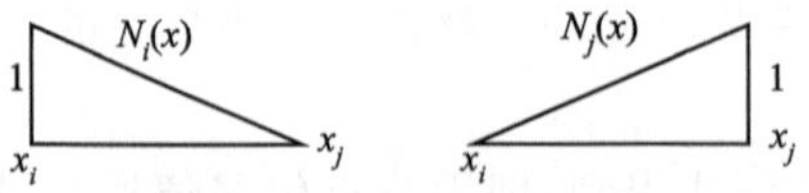

图 3.5 一维线性形函数

(1)形函数 N_i 在 i 点处的值为 1,在其他节点上的值为零,即

$$N_j(x_i)=\delta_{ij}=\begin{cases}1, i=j \\ 0, i\neq j\end{cases}$$

这个性质保证了近似解在任何节点上的值都等于该点的函数值。

(2)$N_i(x)+N_j(x)=1$

实际上,两个形函数只有一个是独立的。当物体的两端节点位移相同时,假设为 u^*,由式(3.2)可知

$$u(x)=\boldsymbol{N}\boldsymbol{\delta}^e=(N_1+N_2)u^*=u^*$$

可见,此时单元内部任意一点的位移都将等于 u^*,表明杆件的位移模式是刚体位移。因此,该性质实际上表明,这种位移插值模式包含了刚体位移。

(3) $\dfrac{\partial N_i(x)}{\partial x}+\dfrac{\partial N_j(x)}{\partial x}=0$

(4)插值函数是无量纲量,且坐标平移不影响形函数的形式。若取 $x_i=0$,$x_j=l$,l 为单元的长度,则插值函数为:

$$N_i=1-\frac{x}{l},\quad N_j=\frac{x}{l} \tag{3.10}$$

3.1.3 单元刚度矩阵

将式(3.10)代入式(3.2),并据应变位移关系,可得

$$\varepsilon=\frac{\partial u}{\partial x}=\frac{\partial}{\partial x}(N_i u_i+N_j u_j)=\frac{1}{l}(u_j-u_i)$$

写成矩阵形式

$$\varepsilon = \begin{bmatrix} -\frac{1}{l} & \frac{1}{l} \end{bmatrix} \begin{Bmatrix} u_i \\ u_j \end{Bmatrix} = \boldsymbol{B} \boldsymbol{\delta}^e \tag{3.11}$$

式中

$$\boldsymbol{B} = \begin{bmatrix} -\frac{1}{l} & \frac{1}{l} \end{bmatrix} = \frac{1}{l} [-1 \quad 1] \tag{3.12}$$

称为应变矩阵。

拉压杆总势能的计算表达式为：

$$\Pi = \frac{1}{2} \int_0^l EA \left\{ \frac{\partial u}{\partial x} \right\}^2 \mathrm{d}x - \int_0^l pu(x) \mathrm{d}x \tag{3.13}$$

式中，EA 为杆的拉压刚度，l 为杆件的长度。对于线性单元，根据前面所做分析，可知应变能为

$$\begin{aligned} U &= \frac{1}{2} \int_0^l EA \left\{ \frac{\partial u}{\partial x} \right\}^2 \mathrm{d}x = \frac{1}{2} \int_0^l EA \left\{ \frac{\partial u}{\partial x} \right\}^{\mathrm{T}} \left\{ \frac{\partial u}{\partial x} \right\} \mathrm{d}x \\ &= \frac{1}{2} \{\boldsymbol{\delta}\}^{e\mathrm{T}} \left\{ \int_0^l EA \boldsymbol{B}^{\mathrm{T}} \boldsymbol{B} \mathrm{d}x \right\} \boldsymbol{\delta}^e \end{aligned} \tag{3.14}$$

外力势能为

$$U_P = -\int_0^l pu(x) \mathrm{d}x = -\int_0^l \boldsymbol{u}^{\mathrm{T}}(x) p \mathrm{d}x = \boldsymbol{\delta}^{e\mathrm{T}} \int_0^l \boldsymbol{N}^{\mathrm{T}} p \mathrm{d}x \tag{3.15}$$

记

$$\boldsymbol{K}^e = \int_0^l EA \boldsymbol{B}^{\mathrm{T}} \boldsymbol{B} \mathrm{d}x = \frac{EA}{l} \begin{bmatrix} 1 & -1 \\ -1 & 1 \end{bmatrix} \tag{3.16}$$

$$\boldsymbol{F}^e = \int_0^l \boldsymbol{N}^{\mathrm{T}} p \mathrm{d}x = \int_0^l \begin{bmatrix} N_i \\ N_j \end{bmatrix} p \mathrm{d}x = \int_0^l \begin{bmatrix} pN_i \\ pN_j \end{bmatrix} \mathrm{d}x = \begin{Bmatrix} F_i^e \\ F_j^e \end{Bmatrix} \tag{3.17}$$

则单元的总势能为：

$$\Pi = U + U_P = \frac{1}{2} \boldsymbol{\delta}^{e\mathrm{T}} \boldsymbol{K}^e \boldsymbol{\delta}^e - \boldsymbol{\delta}^{e\mathrm{T}} \boldsymbol{F}^e \tag{3.18}$$

根据最小势能原理，单元保持平衡的充要条件是总势能取最小值，即总势能的一阶变分为 0，对总势能变分，可得

$$\delta\Pi = \delta \boldsymbol{\delta}^{e\mathrm{T}} (\boldsymbol{K}^e \boldsymbol{\delta}^e - \boldsymbol{F}^e) = 0 \tag{3.19}$$

考虑到 $\delta \boldsymbol{\delta}^e$ 的任意性，保证最小势能原理成立，需满足

$$\boldsymbol{K}^e \boldsymbol{\delta}^e = \boldsymbol{F}^e \tag{3.20}$$

此即该单元的平衡方程，也称为单元刚度方程。式(3.16)称为单元刚度矩阵，显然，单元刚度矩阵具有对称性，即

$$\boldsymbol{K}^{e\mathrm{T}} = \boldsymbol{K}^e \tag{3.21}$$

该矩阵还具有奇异性，即

$$|\boldsymbol{K}^e| = 0 \tag{3.22}$$

式(3.17)称为等效节点力向量，若荷载为均布载荷，则等效节点力为

$$\left.\begin{aligned} F_i^e &= \int_0^l pN_i(x) \mathrm{d}x = p \int_0^l \left(1 - \frac{x}{l}\right) \mathrm{d}x = \frac{pl}{2} \\ F_j^e &= \int_0^l pN_j(x) \mathrm{d}x = p \int_0^l \frac{x}{l} \mathrm{d}x = \frac{pl}{2} \end{aligned}\right\} \tag{3.23}$$

3.1.4　结构总体刚度矩阵

现在，我们来讨论原结构的平衡问题，为一般起见，假设结构原来的单元编号和节点编号如图 3.6 所示。很显然各单元编号和节点编号之间的对应关系如图 3.7 所示。

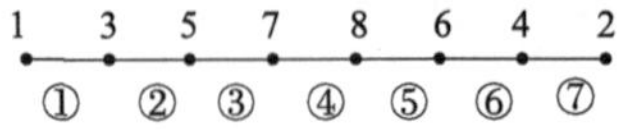

图 3.6　单元和节点编号

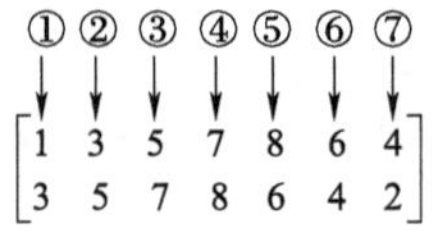

图 3.7　单元号与节点号对应关系

引入结构节点位移向量：

$$\boldsymbol{\Delta} = \{u_1 \quad u_2 \quad u_3 \quad u_4 \quad u_5 \quad u_6 \quad u_7 \quad u_8\}^{\mathrm{T}} \tag{3.24}$$

仔细观察不难发现，①单元的节点位移向量和结构节点位移向量之间存在如下关系：

$$\boldsymbol{\delta}^1 = \boldsymbol{G}^1\boldsymbol{\Delta} \tag{3.25}$$

其中

$$\boldsymbol{G}^1 = \begin{bmatrix} 1 & 0 & 0 & 0 & 0 & 0 & 0 & 0 \\ 0 & 0 & 1 & 0 & 0 & 0 & 0 & 0 \end{bmatrix} \tag{3.26}$$

借助上述关系，①单元的应变能和外力势能可以用结构节点位移表示为：

$$\begin{aligned} \Pi^1 &= U^1 + U_P^1 = \frac{1}{2}\boldsymbol{\delta}^{1^{\mathrm{T}}}\boldsymbol{K}^1\boldsymbol{\delta}^1 - \boldsymbol{\delta}^{1^{\mathrm{T}}}\boldsymbol{F}^1 \\ &= \frac{1}{2}\boldsymbol{\Delta}^{\mathrm{T}}\boldsymbol{G}^{1^{\mathrm{T}}}\boldsymbol{K}^1\boldsymbol{G}^1\boldsymbol{\Delta} - \boldsymbol{\Delta}^{\mathrm{T}}\boldsymbol{G}^{1^{\mathrm{T}}}\boldsymbol{F}^1 \end{aligned} \tag{3.27}$$

同样，每个单元的总势能都可以写成这样，即

$$\begin{aligned} \Pi^e &= U^e + U_P^e = \frac{1}{2}\boldsymbol{\delta}^{e^{\mathrm{T}}}\boldsymbol{K}^e\boldsymbol{\delta}^e - \boldsymbol{\delta}^{e^{\mathrm{T}}}\boldsymbol{F}^e \\ &= \frac{1}{2}\boldsymbol{\Delta}^{\mathrm{T}}\boldsymbol{G}^{e^{\mathrm{T}}}\boldsymbol{K}^e\boldsymbol{G}^e\boldsymbol{\Delta} - \boldsymbol{\Delta}^{\mathrm{T}}\boldsymbol{G}^{e^{\mathrm{T}}}\boldsymbol{F}^e \end{aligned} \tag{3.28}$$

故结构总势能泛函为各单元总势能之和，即

$$\begin{aligned} \Pi &= \sum_{e=1}^{N}\Pi^e \\ &= \sum_{e=1}^{N}\frac{1}{2}\boldsymbol{\Delta}^{\mathrm{T}}\boldsymbol{G}^{e^{\mathrm{T}}}\boldsymbol{K}^e G^e\boldsymbol{\Delta} - \boldsymbol{\Delta}^{\mathrm{T}}\sum_{e=1}^{N}\boldsymbol{G}^{e^{\mathrm{T}}}\boldsymbol{F}^e \\ &= \frac{1}{2}\boldsymbol{\Delta}^{\mathrm{T}}\left(\sum_{e=1}^{N}\boldsymbol{G}^{e^{\mathrm{T}}}\boldsymbol{K}^e\boldsymbol{G}^e\right)\boldsymbol{\Delta} - \boldsymbol{\Delta}^{\mathrm{T}}\sum_{e=1}^{N}\boldsymbol{G}^{e^{\mathrm{T}}}\boldsymbol{F}^e \end{aligned} \tag{3.29}$$

记作

$$\Pi = \frac{1}{2}\boldsymbol{\Delta}^{\mathrm{T}}\boldsymbol{K}\boldsymbol{\Delta} - \boldsymbol{\Delta}^{\mathrm{T}}\boldsymbol{F} \tag{3.30}$$

其中

$$\boldsymbol{K} = \sum_{e=1}^{N}\boldsymbol{G}^{e^{\mathrm{T}}}\boldsymbol{K}^e\boldsymbol{G}^e \tag{3.31}$$

$$F = \sum_{e=1}^{N} G^{e^{\mathrm{T}}} F^{e} \tag{3.32}$$

根据最小势能原理，结构保持平衡的充要条件是总势能取最小值，即总势能的一阶变分为 0，对式(3.30)总势能变分，并令其等于零可得

$$\delta\Pi = \delta\boldsymbol{\Delta}^{\mathrm{T}}(\boldsymbol{K\Delta} - \boldsymbol{F}) = 0 \tag{3.33}$$

由于变分的任意性，上式的成立要求

$$\boldsymbol{K\Delta} - \boldsymbol{F} = 0 \tag{3.34}$$

该式称为结构的平衡方程，或结构总刚度方程。$\boldsymbol{K}$ 称为结构刚度矩阵，由式(3.31)确定；$\boldsymbol{F}$ 为结构节点力向量，由式(3.32)确定。

下面先讨论如何得到结构刚度矩阵 $\boldsymbol{K}$。从式(3.31)的数学表达式来看，结构刚度矩阵应当由每个单元的单元刚度矩阵经过变换(矩阵相乘)后再累加求和得到，但在实际问题处理时，却没有必要去做这样复杂的矩阵相乘运算，为说明问题，以①单元为例，该单元的矩阵相乘结果为

$$\boldsymbol{G}^{1^{\mathrm{T}}}\boldsymbol{K}^{1}\boldsymbol{G}^{1} = \begin{bmatrix} 1 & 0 \\ 0 & 0 \\ 0 & 1 \\ 0 & 0 \\ 0 & 0 \\ 0 & 0 \\ 0 & 0 \\ 0 & 0 \end{bmatrix} \begin{bmatrix} k_{11}^{1} & k_{12}^{1} \\ k_{21}^{1} & k_{22}^{1} \end{bmatrix} \begin{bmatrix} 1 & 0 & 0 & 0 & 0 & 0 & 0 & 0 \\ 0 & 0 & 1 & 0 & 0 & 0 & 0 & 0 \end{bmatrix}$$

$$= \begin{bmatrix} k_{11}^{1} & 0 & k_{12}^{1} & 0 & 0 & 0 & 0 & 0 \\ 0 & 0 & 0 & 0 & 0 & 0 & 0 & 0 \\ k_{21}^{1} & 0 & k_{22}^{1} & 0 & 0 & 0 & 0 & 0 \\ 0 & 0 & 0 & 0 & 0 & 0 & 0 & 0 \\ 0 & 0 & 0 & 0 & 0 & 0 & 0 & 0 \\ 0 & 0 & 0 & 0 & 0 & 0 & 0 & 0 \\ 0 & 0 & 0 & 0 & 0 & 0 & 0 & 0 \\ 0 & 0 & 0 & 0 & 0 & 0 & 0 & 0 \end{bmatrix} \tag{3.35}$$

通过观察不难发现，这个矩阵的行数和列数均与结构总的位移分量数目相等(8 个)，而这个矩阵中只有四个非零元素，这四个非零元素实际上就是单元①的单元刚度矩阵里面的四个元素，也就是说，这三个矩阵相乘的结果，就相当于将单元刚度矩阵里面的四个元素按照某种对应关系放在了一个 8 行 8 列的矩阵中的某些位置上。实际计算时，我们只需要找到这种对应关系，将单元刚度矩阵的四个元素准确地放到结构总刚度矩阵中的对应位置上即可，这项工作通常称为“对号入座”。之后将所有单元的单刚元素都送到结构刚度矩阵的对应位置上，然后叠加，即可得到最后的结构刚度矩阵，没有单元刚度矩阵元素入座的元素自然就为零。

仔细观察发现，对于某一维杆单元，若其对应的节点编号为(i,j)，则其单元刚度矩阵的元素在结构总刚度矩阵中的位置有如下对号关系

$$\left.\begin{array}{ll} k_{11}^{(e)} \rightarrow K_{ii}, & k_{12}^{(e)} \rightarrow K_{ij} \\ k_{21}^{(e)} \rightarrow K_{ji}, & k_{22}^{(e)} \rightarrow K_{jj} \end{array}\right\} \tag{3.36}$$

也就是说，单元刚度矩阵的元素在总刚度矩阵中的位置取决于结构节点位移分量的编号。为了方便起见，我们将单元节点位移分量的编码放在一起用一个向量表示，称作单元的定位向量，这个向量决定了单元刚度矩阵元素在总刚度矩阵中的位置。如单元①和单元②的定位向量分别为

$$\boldsymbol{\lambda}^1 = \begin{Bmatrix} 1 \\ 3 \end{Bmatrix} \qquad \boldsymbol{\lambda}^2 = \begin{Bmatrix} 3 \\ 5 \end{Bmatrix} \tag{3.37}$$

同样，结构节点力向量 $\boldsymbol{F}$ 地得到也不用再由式(3.32)计算，它也可以由各单元的节点力向量 $\boldsymbol{F}^e$ “对号入座”送到结构节点力向量 $\boldsymbol{F}$ 中的对应位置上叠加得到，对应的位置也由该单元的定位向量确定。如此便可得到结构刚度方程。

3.1.5 边界条件的处理

我们须注意，结构刚度方程式(3.34)还不能直接求解，因为我们还没有考虑结构的约束条件，故现在得到的结构刚度方程中的系数矩阵 $\boldsymbol{K}$ 为奇异矩阵，只有引入边界条件将刚体位移消除之后，才可以求解。为区别起见，通常将引入边界条件之前的结构刚度方程为结构原始刚度方程，而引入约束条件之后的方程才称为结构刚度方程。所谓“原始”，就是因为没有考虑边界条件。

有限元中处理边界条件是利用修改结构刚度矩阵完成的。程序设计中常采用“乘大数法”或“主 1 副 0 法”引入支承条件。这两种方法均属于边界条件的“后处理法”，现在分别给予介绍。对于如下有限元方程

$$\begin{bmatrix} K_{11} & K_{12} & \cdots & K_{1i} & \cdots & K_{1n} \\ K_{21} & K_{22} & \cdots & K_{2i} & \cdots & K_{2n} \\ \vdots & \vdots & \vdots & \vdots & \vdots & \vdots \\ K_{i1} & K_{i2} & \cdots & K_{ii} & \cdots & K_{in} \\ \vdots & \vdots & \vdots & \vdots & \vdots & \vdots \\ K_{n1} & K_{n2} & \cdots & K_{ni} & \cdots & K_{nn} \end{bmatrix} \begin{Bmatrix} u_1 \\ u_2 \\ \vdots \\ u_i \\ \vdots \\ u_n \end{Bmatrix} = \begin{Bmatrix} F_1 \\ F_2 \\ \vdots \\ F_i \\ \vdots \\ F_n \end{Bmatrix} \tag{3.38}$$

如果需要处理给定的边界条件

$$u_i = C_i \tag{3.39}$$

我们可以将总刚中的主元素 K_{ii} 乘以一个充分大的数 A（如取 $A=1\times10^{20}$，以使计算机不溢出为原则），同时将与 u_i 对应的荷载分量 F_i 换为 $AK_{ii}C_i$，于是式(3.38)中的第 i 个方程变为

$$K_{11}u_1 + K_{12}u_2 + \cdots + AK_{ii}u_i + \cdots + K_{1n}u_n = AK_{ii}C_i \tag{3.40}$$

由于式中的 A 的绝对值相对于其他系数足够大，因此，在上述方程式的各项中包含 $AK_{ii}u_i$ 的项将绝对占优，其他各项近似可以被忽略，从而由该式得出足够精确的解答 $u_i = C_i$ 。这种处理位移条件的方法称为“乘大数法”，它虽然是一种近似方法，但非常简单有效，而且既没有改变总刚的阶数，又保持了总刚的对称性，使得编程计算时较为方便，因此在有限元程序中大量被采用。

如果非要追求方程组的精确解，也可以采用“主 1 副 0 法”来处理约束条件。(1)将总刚中的主元素 K_{ii} 换为 1，第 i 行和第 i 列的其他元素全换为 0；(2)把荷载列阵中的 F_i 换为 C_i，其

余分量 $F_j(j=1,2,\cdots n, j\neq i)$ 换为 $F_j-K_{ji}C_i$ 。于是，方程组(3.38)变为

$$\begin{bmatrix} K_{11} & K_{12} & \cdots & 0 & \cdots & K_{1n} \\ K_{21} & K_{22} & \cdots & 0 & \cdots & K_{2n} \\ \vdots & \vdots & \vdots & \vdots & \vdots & \vdots \\ 0 & 0 & \cdots & 1 & \cdots & 0 \\ \vdots & \vdots & \vdots & \vdots & \vdots & \vdots \\ K_{n1} & K_{n2} & \cdots & 0 & \cdots & K_{nn} \end{bmatrix} \begin{Bmatrix} u_1 \\ u_2 \\ \vdots \\ u_i \\ \vdots \\ u_n \end{Bmatrix} = \begin{Bmatrix} F_1-K_{1i}C_i \\ F_2-K_{2i}C_i \\ \vdots \\ C_i \\ \vdots \\ F_n-K_{ni}C_i \end{Bmatrix} \tag{3.41}$$

这样便可以由式(3.41)直接解得 $u_i=C_i$，并且没有改变其他方程，因而可以得到精确解。这样处理的结果，实际上相当于将支座的移动当成了一种广义的节点荷载。

上述两种方法相比较，由于“主 1 副 0 法”是一种精确处理边界条件的方法，得到的是问题的精确解，但是需要对总刚度矩阵以及荷载列阵中的许多元素进行修改，所以不如“乘大数法”来的简便。实际问题中，更多地采用乘大数法。

例 3.1：用有限元法求解图 3.8 所示的轴向受均布荷载的均质等截面杆的近似解，并与精确解比较。

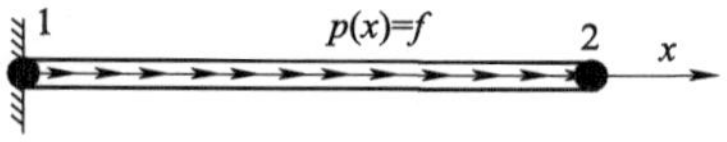

图 3.8 受轴向均布荷载的等截面直杆有限元模型

解：取最简单的有限元模型，假设就划分了一个单元，则单元刚度方程就是结构刚度方程。因载荷为均布载荷，故有限元平衡方程为

$$\frac{EA}{l}\begin{bmatrix} 1 & -1 \\ -1 & 1 \end{bmatrix}\begin{Bmatrix} u_1 \\ u_2 \end{Bmatrix}=\frac{fl}{2}\begin{Bmatrix} 1 \\ 1 \end{Bmatrix}$$

若采用“主 1 副 0 法”引入边界条件，则有

$$\frac{EA}{l}\begin{bmatrix} 1 & 0 \\ 0 & 1 \end{bmatrix}\begin{Bmatrix} u_1 \\ u_2 \end{Bmatrix}=\frac{fl}{2}\begin{Bmatrix} 0 \\ 1 \end{Bmatrix}$$

解得

$$\begin{Bmatrix} u_1 \\ u_2 \end{Bmatrix}=\frac{1}{2EA}\begin{Bmatrix} 0 \\ fl^2 \end{Bmatrix}$$

若采用乘大数法引入边界条件，则有

$$\frac{EA}{l}\begin{bmatrix} 10^{23} & -1 \\ -1 & 1 \end{bmatrix}\begin{Bmatrix} u_1 \\ u_2 \end{Bmatrix}=\frac{fl}{2}\begin{Bmatrix} 1 \\ 1 \end{Bmatrix}$$

可得

$$\begin{Bmatrix} u_1 \\ u_2 \end{Bmatrix}=\frac{fl^2}{2(10^{23}-1)EA}\begin{bmatrix} 1 & 1 \\ 1 & 10^{23} \end{bmatrix}\begin{Bmatrix} 1 \\ 1 \end{Bmatrix}=\frac{fl^2}{2(10^{23}-1)EA}\begin{Bmatrix} 1 \\ 10^{23}+1 \end{Bmatrix}$$

则杆件内部的位移场为

$$u_{\text{FEM}}=\left(1-\frac{x}{l}\right)u_1+\frac{x}{l}u_2=\frac{flx}{2EA}$$

此问题的精确解答为

$$u_{\text{Exact}}=-\frac{f(x^2-l^2)}{2EA}$$

为便于比较，将以上结果作无量纲处理，可得

$$\tilde{u}_{\text{FEM}}=\frac{2EA}{fl^2}u_{\text{FEM}}=\frac{x}{l},\tilde{u}_{\text{Exact}}\frac{2EAu_{\text{Exact}}}{fl^2}=-\left(\frac{x}{L}\right)^2+1$$

将两种结果的曲线绘于图 3.9 中，图中直线为有限元解，二次曲线为精确解。从图中可以看出，虽然线性有限元结果同二次变化位移存在较大误差，但在节点处，两者结果一致，这种现象称为节点位移的超收敛性(superconvergence)。

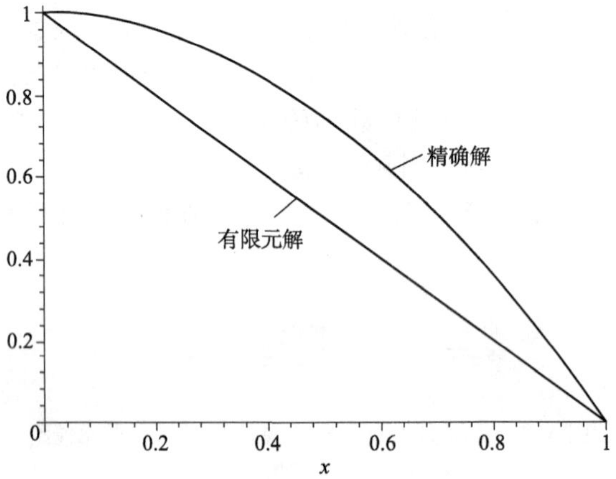

图 3.9　有限元解与精确解的比较

3.2　平面经典梁的有限元分析

考虑图 3.10 所示受横向分布力作用的经典梁的弯曲问题，忽略梁的剪切变形影响，其中 $q(x)$ 为横向分布荷载的集度。对此梁进行有限元分析时，由于杆件很细，可以忽略掉杆件横截面的尺寸，简化为一维问题，因此其离散化方法如同轴力杆的离散一样，仍然可以用图 3.3 所示的离散化模型。

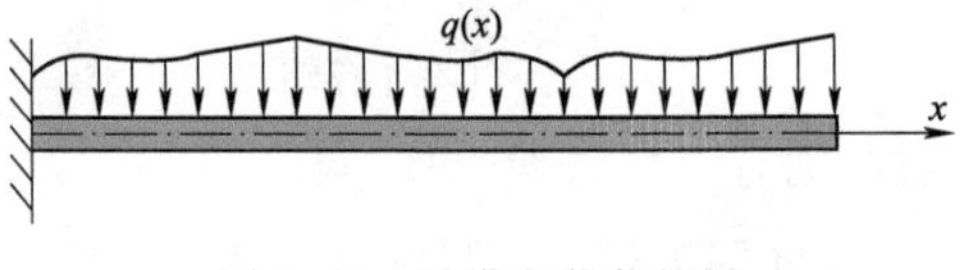

图 3.10　受横向荷载的梁

3.2.1　单元位移插值

梁在横向荷载作用下会产生弯曲，梁上各点会在垂直于梁轴线的方向产生位移(挠度)，同时梁轴线也会产生弯曲，要准确描述梁轴线弯曲的形状和位置，不仅需要知道各点的挠度，还需要知道轴线弯曲变形后各点处的一阶导数(斜率)，如果忽略梁的剪切变形，则轴线上各点的斜率会等于该处梁截面的转角。从受力的角度来讲，弯曲变形导致的梁截面上的应力可以合成为该截面上的剪力 F_S 和弯矩 M。

现取一个 2 节点梁单元，假设单元内部没有节点，这两个节点布置在梁的端部，如图 3.11 所示。现用广义坐标(参数)方法建立单元的位移插值模式。

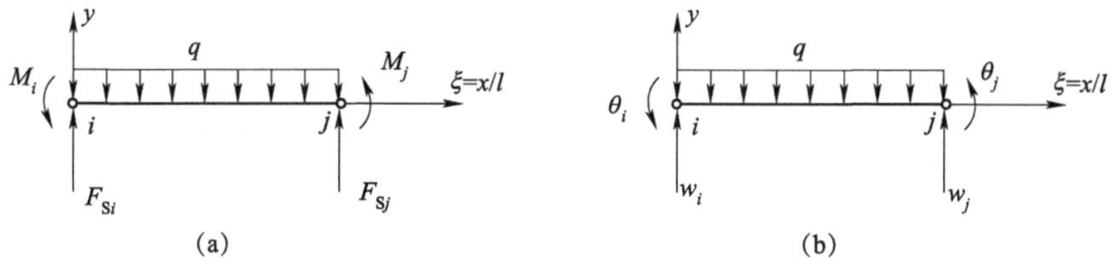

图 3.11 两节点梁单元

假设其挠度 w 的表达式为

$$w=\alpha_0+\alpha_1 x+\alpha_2 x^2+\alpha_3 x^3 \tag{3.42}$$

考虑小变形并忽略剪切变形时

$$\theta=w'=\alpha_1+2\alpha_2 x+3\alpha_3 x^2 \tag{3.43}$$

将单元节点位移值代入位移场函数，考虑节点位移和位移的关系，可得

$$\begin{Bmatrix} w_i \\ \theta_i \\ w_j \\ \theta_j \end{Bmatrix}=\begin{bmatrix} 1 & 0 & 0 & 0 \\ 0 & 1 & 0 & 0 \\ 1 & l & l^2 & l^3 \\ 0 & 1 & 2l & 3l^2 \end{bmatrix}\begin{Bmatrix} \alpha_0 \\ \alpha_1 \\ \alpha_2 \\ \alpha_3 \end{Bmatrix} \tag{3.44}$$

式中，w_i 和 θ_i 为节点 i 的挠度和转角，w_j 和 θ_j 为节点 j 的挠度和转角，l 为单元的长度。对式(3.44)求逆运算，得到用节点位移表示的广义坐标

$$\begin{Bmatrix} \alpha_0 \\ \alpha_1 \\ \alpha_2 \\ \alpha_3 \end{Bmatrix}=\frac{1}{l^3}\begin{bmatrix} l^3 & 0 & 0 & 0 \\ 0 & l^3 & 0 & 0 \\ -3l & -2l^2 & 3l & -l^2 \\ 2 & l & -2 & l \end{bmatrix}\begin{Bmatrix} w_i \\ \theta_i \\ w_j \\ \theta_j \end{Bmatrix} \tag{3.45}$$

代入位移表达式(3.42)，可得

$$w=\begin{bmatrix} 1 & x & x^2 & x^3 \end{bmatrix}\begin{Bmatrix} \alpha_0 \\ \alpha_1 \\ \alpha_2 \\ \alpha_3 \end{Bmatrix}$$

$$=\frac{1}{l^3}\begin{bmatrix} 1 & x & x^2 & x^3 \end{bmatrix}\begin{bmatrix} l^3 & 0 & 0 & 0 \\ 0 & l^3 & 0 & 0 \\ -3l & -2l^2 & 3l & -l^2 \\ 2 & l & -2 & l \end{bmatrix}\begin{Bmatrix} w_i \\ \theta_i \\ w_j \\ \theta_j \end{Bmatrix} \tag{3.46}$$

以矩阵形式简记为

$$w=\boldsymbol{N\delta}^e \tag{3.47}$$

其中

$$\boldsymbol{\delta}^e=\{w_i \quad \theta_i \quad w_j \quad \theta_j\}^{\mathrm{T}} \tag{3.48}$$

为节点位移列向量，而

$$\boldsymbol{N} = [N_i \quad N_{i\theta} \quad N_j \quad N_{j\theta}] \tag{3.49}$$

为形函数矩阵，式中

$$\left.\begin{aligned} N_i &= 1 - 3\xi^2 + 2\xi^3 \\ N_{i\theta} &= (\xi - 2\xi^2 + \xi^3)l \\ N_j &= 3\xi^2 - 2\xi^3 \\ N_{j\theta} &= (\xi^3 - \xi^2)l \end{aligned}\right\}, \qquad \xi = \frac{x}{l} \quad (0 \leqslant \xi \leqslant 1) \tag{3.50}$$

即为形函数或插值函数，其图形如图 3.12 所示，显然有

$$\left.\begin{aligned} &N_i(0) = 1, N_i'(0) = 0, N_i(1) = 0, N_i'(1) = 0 \\ &N_{i\theta}(0) = 0, N_{i\theta}'(0) = 1, N_{i\theta}(1) = 0, N_{i\theta}'(1) = 0 \\ &N_j(0) = 0, N_j'(0) = 0, N_j(1) = 1, N_j'(0) = 0 \\ &N_{j\theta}(0) = 0, N_{j\theta}'(0) = 0, N_{j\theta}(1) = 0, N_{j\theta}'(1) = 1 \end{aligned}\right\} \tag{3.51}$$

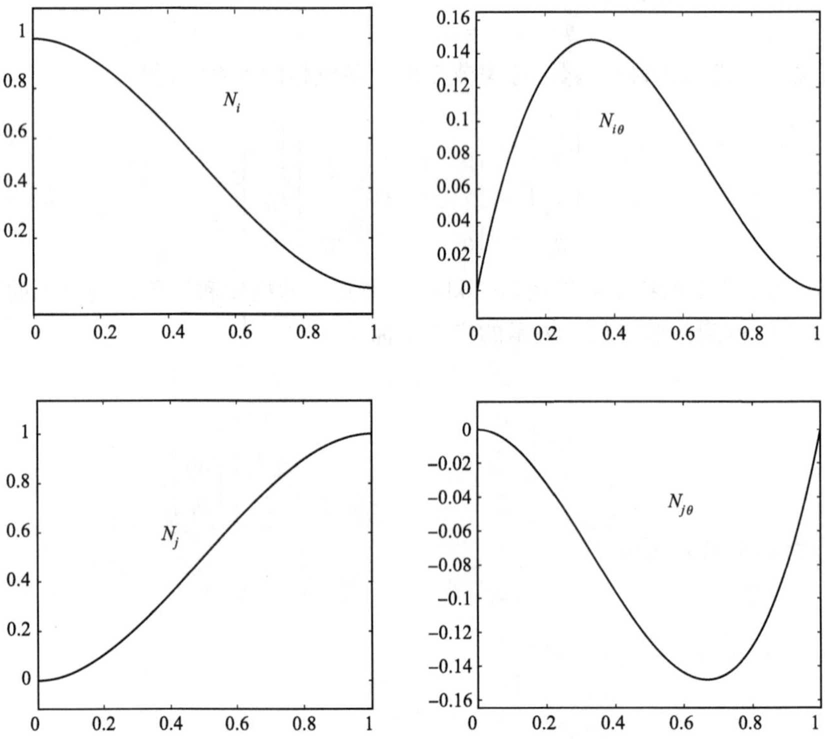

图 3.12　形函数图形

3.2.2　单元刚度矩阵

位移对 x 求二阶导数，可得

$$\frac{d^2 w}{dx^2} = \left[\frac{d^2 N_i}{dx^2} \quad \frac{d^2 N_{i\theta}}{dx^2} \quad \frac{d^2 N_j}{dx^2} \quad \frac{d^2 N_{j\theta}}{dx^2}\right]\begin{Bmatrix} w_i \\ \theta_i \\ w_j \\ \theta_j \end{Bmatrix} = \boldsymbol{B\delta}^e \tag{3.52}$$

其中

$$\boldsymbol{B} = \frac{1}{l^2}[(-6+12\xi) \quad (-4+6\xi)l \quad (6-12\xi) \quad (6\xi-2)l] \tag{3.53}$$

称为应变矩阵。

根据经典梁的理论,该单元的总势能为

$$\begin{aligned}\Pi^e &= \frac{1}{2}\int_0^l EI\left(\frac{d^2 w}{dx^2}\right)^2 dx - \int_0^l qw\,dx \\ &= \frac{1}{2}\int_0^l EI\left(\frac{d^2 w}{dx^2}\right)^{\mathrm{T}}\left(\frac{d^2 w}{dx^2}\right)dx - \int_0^l w^{\mathrm{T}} q\,dx\end{aligned} \tag{3.54}$$

其中,EI 为梁的弯曲刚度。将式(3.52)和式(3.47)代入,可得

$$\Pi^e = \frac{1}{2}\boldsymbol{\delta}^{e^{\mathrm{T}}}\left[\int_0^l EI\boldsymbol{B}^{\mathrm{T}}\boldsymbol{B}dx\right]\boldsymbol{\delta}^e - \boldsymbol{\delta}^{e^{\mathrm{T}}}\int_0^l \boldsymbol{N}^{\mathrm{T}} q\,dx \tag{3.55}$$

记

$$\boldsymbol{K}^e = \int_0^l EI\boldsymbol{B}^{\mathrm{T}}\boldsymbol{B}dx \tag{3.56}$$

$$\boldsymbol{F}^e = \int_0^l \boldsymbol{N}^{\mathrm{T}} q\,dx \tag{3.57}$$

则有

$$\Pi^e = \frac{1}{2}\boldsymbol{\delta}^{e^{\mathrm{T}}}\left(\boldsymbol{K}^e\boldsymbol{\delta}^e - \boldsymbol{F}^e\right) \tag{3.58}$$

对式(3.58)进行变分运算,有

$$\delta\Pi^e = \frac{1}{2}\delta\boldsymbol{\delta}^{e^{\mathrm{T}}}\boldsymbol{K}^e\boldsymbol{\delta}^e + \frac{1}{2}\boldsymbol{\delta}^{e^{\mathrm{T}}}\boldsymbol{K}^e\delta\boldsymbol{\delta}^e - \delta\boldsymbol{\delta}^{e^{\mathrm{T}}}\boldsymbol{F}^e \tag{3.59}$$

上面两式均代表能量,为一数值,因此其转置等于自身,即

$$\boldsymbol{\delta}^{e^{\mathrm{T}}}\boldsymbol{K}^e\delta\boldsymbol{\delta}^e = \delta\boldsymbol{\delta}^{e^{\mathrm{T}}}\boldsymbol{K}^{e^{\mathrm{T}}}\boldsymbol{\delta}^e \tag{3.60}$$

故式(3.59)可写为

$$\delta\Pi^e = \delta\boldsymbol{\delta}^{e^{\mathrm{T}}}\boldsymbol{K}^e\boldsymbol{\delta}^e - \delta\boldsymbol{\delta}\,e^{\mathrm{T}}\boldsymbol{F}^e = \delta\boldsymbol{\delta}^{e^{\mathrm{T}}}(\boldsymbol{K}^e\boldsymbol{\delta}^e - \boldsymbol{F}^e) \tag{3.61}$$

根据最小势能原理,令 $\delta\Pi = 0$,注意变分的任意性,得

$$\boldsymbol{K}^e\boldsymbol{\delta}^e - \boldsymbol{F}^e = 0 \tag{3.62}$$

式(3.62)即为单元的平衡方程,也称为单元的刚度方程。式(3.56)称为单元的刚度矩阵,根据前面推导,将式(3.53)代入式(3.56),得单元的刚度矩阵

$$\boldsymbol{K} = \int_0^l EI\boldsymbol{B}^{\mathrm{T}}\boldsymbol{B}dx = \frac{EI}{l^3}\begin{bmatrix} 12 & 6l & -12 & 6l \\ 6l & 4l^2 & -6l & 2l^2 \\ -12 & -6l & 12 & -6l \\ 6l & 2l^2 & -6L & 4l^2 \end{bmatrix} \tag{3.63}$$

显然,单元刚度矩阵依然具有对称性和奇异性,即

$$\boldsymbol{K}^{e^{\mathrm{T}}} = \boldsymbol{K}^e \tag{3.64}$$

$$|\boldsymbol{K}^e| = 0 \tag{3.65}$$

3.2.3 单元等效节点力列阵

根据前面推导,单元的等效节点力为

$$\boldsymbol{F}^e=\int_0^l \boldsymbol{N}^{\mathrm{T}} q \mathrm{d}x = l\int_0^1 \begin{Bmatrix} 1-3\xi^2+2\xi^3 \\ (\xi-2\xi^2+\xi^3)l \\ 3\xi^2-2\xi^3 \\ (\xi^3-\xi^2)l \end{Bmatrix} q\mathrm{d}\xi \tag{3.66}$$

对于均布载荷,上式表达式为

$$\boldsymbol{F}^e=\frac{ql}{12}\{6 \quad l \quad 6 \quad -l\}^{\mathrm{T}} \tag{3.67}$$

3.2.4 结构总体刚度矩阵

如果我们依然采用如图 3.6 所示的节点和单元编号,各单元编号和节点编号之间的对应关系依然如图 3.7 所示。

结构节点位移列阵为

$$\{\boldsymbol{\Delta}\}=\{w_1 \quad \theta_1 \quad w_2 \quad \theta_2 \quad \cdots \quad \theta_7 \quad w_8 \quad \theta_8\}^{\mathrm{T}} \tag{3.68}$$

仿照轴力杆单元的情况,可以看到①单元节点位移向量和结构节点位移向量之间的关系为

$$\boldsymbol{\delta}^1=\boldsymbol{G}^1\boldsymbol{\Delta} \tag{3.69}$$

其中

$$\boldsymbol{G}^1=\begin{bmatrix} 1&0&0&0&0&0&0&0&0&0&0&0&0&0&0&0 \\ 0&1&0&0&0&0&0&0&0&0&0&0&0&0&0&0 \\ 0&0&0&0&1&0&0&0&0&0&0&0&0&0&0&0 \\ 0&0&0&0&0&1&0&0&0&0&0&0&0&0&0&0 \end{bmatrix} \tag{3.70}$$

和拉压杆类似,将式(3.69)代入单元的总势能表达式,便可得到用结构节点位移向量表示的单元势能,将各单元势能叠加,得到结构总势能,然后由最小势能原理得到结构的刚度方程

$$\boldsymbol{K\Delta}-\boldsymbol{F}=0 \tag{3.71}$$

相应地得到结构刚度矩阵 $\boldsymbol{K}$ 和结构节点力向量 $\boldsymbol{F}$。只不过在有限元计算中,并不需要做这样复杂的矩阵相乘转换运算,而只是由单元的定位向量直接由单元刚度矩阵的元素按照“对号入座”的方法将其送到结构刚度矩阵中的相应位置上叠加即可。由上一节所知,所谓定位向量,就是节点位移分量的编码。对两节点单元,若单元两端的节点编号为(i,j),单元刚度矩阵为4×4矩阵,其定位向量为

$$\lambda^e=\{2i-1 \quad 2i \quad 2j-1 \quad 2j\}^{\mathrm{T}} \tag{3.72}$$

该单元刚度矩阵的元素与结构总刚度矩阵的位置对应关系为

$$\begin{cases} k_{11}^e \rightarrow K_{2i-1,2i-1};k_{12}^e \rightarrow K_{2i-1,2i};k_{13}^e \rightarrow K_{2i-1,2j-1};k_{14}^e \rightarrow K_{2i-1,2j} \\ k_{21}^e \rightarrow K_{2i,2i-1};k_{22}^e \rightarrow K_{2i,2i};k_{23}^e \rightarrow K_{2i,2j-1};k_{24}^e \rightarrow K_{2i,2j} \\ k_{31}^e \rightarrow K_{2j-1,2i-1};k_{32}^e \rightarrow K_{2j-1,2i};k_{33}^e \rightarrow K_{2j-1,2j-1};k_{34}^e \rightarrow K_{2j-1,2j} \\ k_{41}^e \rightarrow K_{2j,2i-1};k_{42}^e \rightarrow K_{2j,2i};k_{43}^e \rightarrow K_{2j,2j-1};k_{44}^e \rightarrow K_{2j,2j} \end{cases} \tag{3.73}$$

同样,结构节点力向量 $\boldsymbol{F}$ 也可以由各单元的节点力向量 $\boldsymbol{F}^e$ 依据定位向量“对号入座”送到结构节点力向量 $\boldsymbol{F}$ 中的对应位置上叠加得到。如此便可得到结构刚度方程。引入边界条件后便可求解。

例题 3.2:均布载荷作用下超静定梁如图 3.13 所示,采用有限元方法计算节点位移和弯矩。

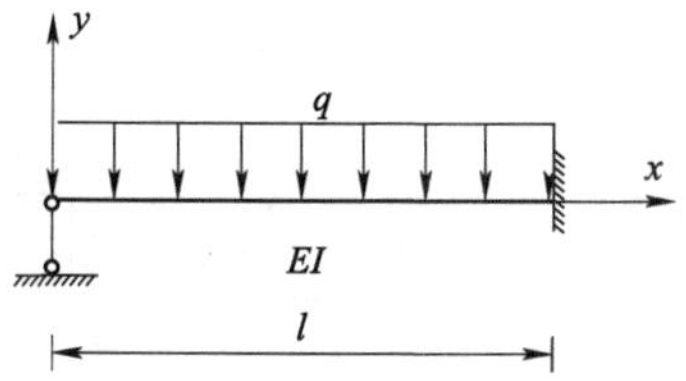

图 3.13　一端铰支一端固定的超静定梁

解:采用 1 个单元离散后,可得如下有限元方程

$$\frac{EI}{l^3}\begin{bmatrix} 12 & 6l & -12 & 6l \\ 6l & 4L^2 & -6l & 2l^2 \\ -12 & -6l & 12 & -6l \\ 6l & 2l^2 & -6l & 4l^2 \end{bmatrix}\begin{Bmatrix} w_1 \\ \theta_1 \\ w_2 \\ \theta_2 \end{Bmatrix}=-\frac{ql}{12}\begin{Bmatrix} 6 \\ l \\ 6 \\ -l \end{Bmatrix}$$

由边界条件知,$w_1=\theta_1=w_2=0$,将边界条件代入上式之后,解得

$$\theta_1=-\frac{ql^3}{48EI}$$

有限元计算的节点位移向量为

$$\begin{Bmatrix} w_1 \\ \theta_1 \\ w_2 \\ \theta_2 \end{Bmatrix}=-\frac{ql^3}{48EI}\begin{Bmatrix} 0 \\ 1 \\ 0 \\ 0 \end{Bmatrix}$$

位移场为

$$w=\boldsymbol{N\delta}^e=-\frac{ql^3}{48EI}\left(x-\frac{2x^2}{l}+\frac{x^3}{l^2}\right)$$

弯矩的有限元计算结果为

$$M(x)=EIw''=EI\boldsymbol{B\delta}^e=\frac{ql^2}{48}\left(4-6\frac{x}{l}\right)$$

该问题的精确解答为

$$w_{\text{exact}}=-\frac{ql^3}{48EI}x+\frac{ql}{16EI}x^3-\frac{q}{24EI}x^4$$

$$M_{\text{exact}}(x)=EIw''=-\frac{1}{2}qx^2+\frac{3qlx}{8}$$

将它们无量纲化

$$\bar{w}=\frac{48EI}{ql^4}w=-(\xi-2\xi^2+\xi^3)$$

$$\bar{M}(x)=\frac{24M(x)}{ql^2}=2-3\xi$$

$$\bar{w}_{\text{exact}}=\frac{48EI}{ql^4}w_{\text{exact}}=-\xi+3\xi^3-2\xi^4$$

$$\bar{M}_{\text{exact}}=\frac{24M_{\text{exact}}}{ql^2}=9\xi-12\xi^2$$

有限元解与精确解的比较如图 3.14、图 3.15 所示，可见，有限元解的挠度值小于精确值，这是因为假设的有限元的位移模式增大了结构的刚度所致。

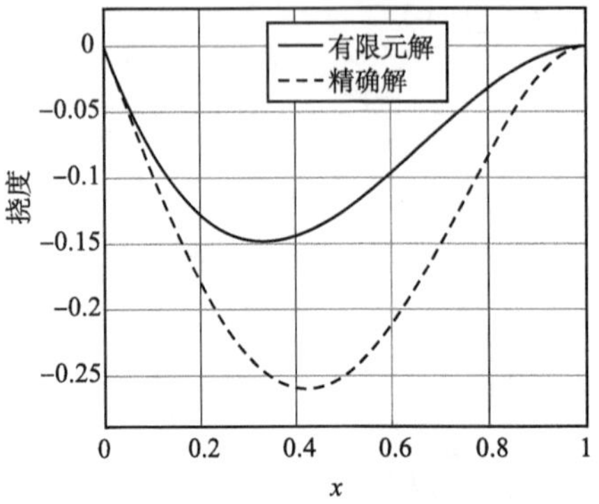

图 3.14　超静定梁的挠度比较

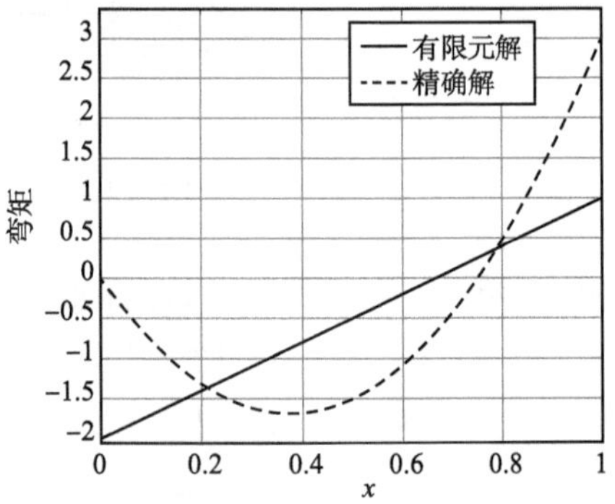

图 3.15　超静定梁的弯矩比较

3.3　平面刚架的有限元分析

3.3.1　单元刚度方程

考虑图 3.16 所示的典型刚架，由 3 个杆件成，如果同时考虑杆件的轴向变形和弯曲变形，则每个节点在平面内会有 3 个位移分量，即水平位移、竖向位移和节点转角。现将每一个直杆当作一个单元，可以将结构离散成为有 3 个单元组成的有限元模型，单元和节点的划分如图 3.16 所示。

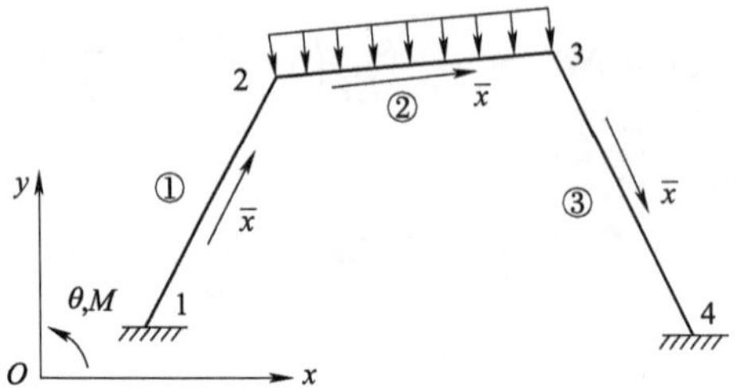

图 3.16　一般刚架结构

先进行单元分析，将某一个典型单元取出，如单元(e)，其两端节点号为 i 和 j。为方便起见，并建立一个局部坐标系，规定自杆件的一端指向另一端为 $\bar{x}$ 轴的正方向即由 i 指向 j，并利用右手坐标系建立 $\bar{y}$ 轴，如图 3.17 所示。

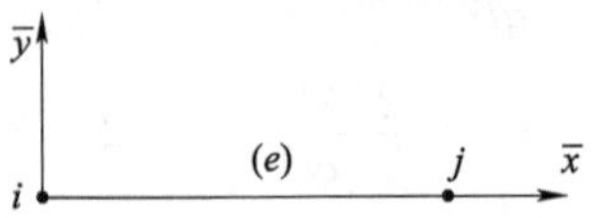

图 3.17　单元的局部坐标系

该单元在局部坐标下的节点位移向量共有 6 个，即 i 端的轴向位移 $\bar{u}_i^e$、切向位移 $\bar{v}_i^e$ 和角位移 $\bar{\varphi}_i^e$；j 端的轴向位移 $\bar{u}_j^e$、切向位移 $\bar{v}_j^e$ 和角位移 $\bar{\varphi}_j^e$。各物理量上面的"—"表示它们是在局部坐标下的值，上标 e 表示(e)号单元，以下同理。这些位移分量均规定沿坐标轴的正方向为正，转角规定以逆时针方向为正。将单元的节点位移用向量表示为

$$\bar{\boldsymbol{\delta}}^e=\{\bar{u}_i^e\quad \bar{v}_i^e\quad \bar{\varphi}_i^e\quad \bar{u}_j^e\quad \bar{v}_j^e\quad \bar{\varphi}_j^e\}^{\mathrm{T}} \tag{3.74}$$

如果只考虑杆件的轴向变形和弯曲变形，则对于线弹性问题单元的应变能为拉压势能和弯曲势能之和，即

$$U_\varepsilon=U_\varepsilon^1+U_\varepsilon^2=\frac{1}{2}\int_0^l EA\left\{\frac{\partial u}{\partial x}\right\}^2\mathrm{d}x+\frac{1}{2}\int_0^l EI\left\{\frac{\partial^2 w}{\partial x^2}\right\}^2\mathrm{d}x \tag{3.75}$$

由前两节内容，将式(3.14)和式(3.55)代入可得

$$\begin{aligned}U_\varepsilon=&\frac{1}{2}\{\bar{u}_i^e\quad \bar{u}_j^e\}\left(\frac{EA}{l}\begin{bmatrix}1&-1\\-1&1\end{bmatrix}\right)\begin{Bmatrix}\bar{u}_i^e\\ \bar{u}_j^e\end{Bmatrix}+\\&\frac{1}{2}\{\bar{v}_i^e\quad \bar{\varphi}_i^e\quad \bar{v}_j^e\quad \bar{\varphi}_j^e\}\left(\frac{EI}{l^3}\begin{bmatrix}12&6l&-12&6l\\6l&4l^2&-6l&-2l^2\\-12&-6l&12&-6l\\6l&-2l^2&-6l&4l^2\end{bmatrix}\right)\begin{Bmatrix}\bar{v}_i^e\\ \bar{\varphi}_i^e\\ \bar{v}_j^e\\ \bar{\varphi}_j^e\end{Bmatrix}\end{aligned} \tag{3.76}$$

根据矩阵相乘的一些方法，利用节点位移向量(3.74)，上式两项之和可以改写为

$$U_\varepsilon=\frac{1}{2}\bar{\boldsymbol{\delta}}^{e\mathrm{T}}\bar{\boldsymbol{K}}^e\bar{\boldsymbol{\delta}}^e \tag{3.77}$$

其中

$$\bar{\boldsymbol{K}}^e=\left[\begin{array}{ccc:ccc}\frac{EA}{l}&0&0&-\frac{EA}{l}&0&0\\0&\frac{12EI}{l^3}&\frac{6EI}{l^2}&0&-\frac{12EI}{l^3}&\frac{6EI}{l^2}\\0&\frac{6EI}{l^2}&\frac{4EI}{l}&0&-\frac{6EI}{l^2}&\frac{2EI}{l}\\ \hdashline -\frac{EA}{L}&0&0&\frac{EA}{l}&0&0\\0&-\frac{12EI}{l^3}&-\frac{6EI}{l^2}&0&\frac{12EI}{l^3}&-\frac{6EI}{l^2}\\0&\frac{6EI}{l^2}&\frac{2EI}{l}&0&-\frac{6EI}{l^2}&\frac{4EI}{l}\end{array}\right] \tag{3.78}$$

为单元刚度矩阵。

单元外力势能为

$$\begin{aligned}U_P&=-\int_0^l p(x)u(x)\mathrm{d}x-\int_0^l q(x)w(x)\mathrm{d}x\\&=-\{\bar{u}_i^e\quad \bar{u}_j^e\}\begin{Bmatrix}\bar{F}_{\mathrm{N}i}^e\\ \bar{F}_{\mathrm{N}j}^e\end{Bmatrix}-\{\bar{v}_i^e\quad \bar{\varphi}_i^e\quad \bar{v}_j^e\quad \bar{\varphi}_j^e\}\begin{Bmatrix}\bar{F}_{\mathrm{S}i}^e\\ \bar{M}_i^e\\ \bar{F}_{\mathrm{S}j}^e\\ \bar{M}_j^e\end{Bmatrix}\end{aligned} \tag{3.79}$$

将上式两项求和并入一项，重新改写为如下形式

$$U_P = -\bar{\boldsymbol{\delta}}^{e\mathrm{T}} \bar{\boldsymbol{F}}^e \tag{3.80}$$

其中

$$\bar{\boldsymbol{F}}^e = \{\bar{F}^e_{\mathrm{N}i} \quad \bar{F}^e_{\mathrm{S}i} \quad \bar{M}^e_i \quad \bar{F}^e_{\mathrm{N}j} \quad \bar{F}^e_{\mathrm{S}j} \quad \bar{M}^e_j\}^{\mathrm{T}} \tag{3.81}$$

为等效节点力列阵。

单元总势能为

$$\Pi^e = \frac{1}{2}\bar{\boldsymbol{\delta}}^{e\mathrm{T}} \bar{\boldsymbol{K}}^e \bar{\boldsymbol{\delta}}^e - \bar{\boldsymbol{\delta}}^{e\mathrm{T}} \bar{\boldsymbol{F}}^e \tag{3.82}$$

根据最小势能原理，可得单元在局部坐标下的平衡方程为

$$\bar{\boldsymbol{K}}^e \bar{\boldsymbol{\delta}}^e = \bar{\boldsymbol{F}}^e \tag{3.83}$$

3.3.2 坐标变换

前面建立了单元在局部坐标系中的平衡方程。但是，对于一般结构而言，各杆的轴向并不完全一致，因此其局部坐标系就不可能取得完全相同。而在进行结构的整体分析时，要研究结构的变形协调条件和平衡条件，必须参照一个共同的坐标系，称其为结构坐标系或整体坐标系，用 Oxy 表示。因此，在进行整体分析之前，应先把局部坐标下的节点位移向量、节点力向量都转换到整体坐标系中。

如图 3.18 所示为一平面一般单元ⓔ，其始末端节点号分别为 i 和 j，$\bar{x}i\bar{y}$ 为该单元的局部坐标系，Oxy 为结构坐标系。设 $\bar{x}$ 轴与 x 轴之间的夹角为 α，以从 x 轴逆时针转到 $\bar{x}$ 轴为正。

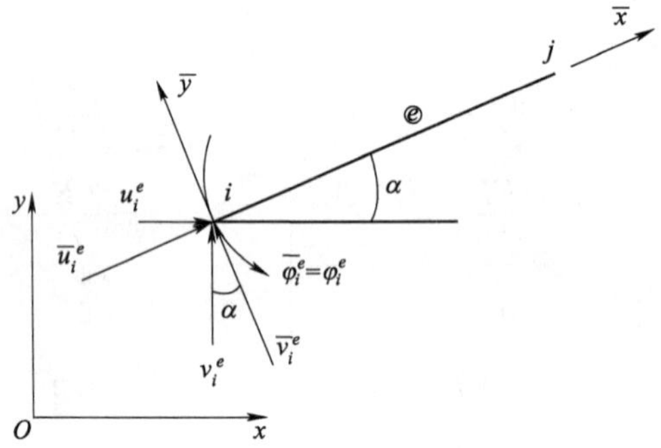

图 3.18 坐标变换

该单元在局部坐标系中的杆端力向量 $\bar{\boldsymbol{F}}^e$ 和杆端位移向量 $\bar{\boldsymbol{\delta}}^e$ 分别如式(3.81)和式(3.74)所示。设单元ⓔ在结构坐标系下的杆端力向量和杆端位移向量分别表示为：

$$\boldsymbol{F}^e = [F^e_{xi} \quad F^e_{yi} \quad M^e_i \quad F^e_{xj} \quad F^e_{yj} \quad M^e_j]^{\mathrm{T}} \tag{3.84}$$

$$\boldsymbol{\delta}^e = [u^e_i \quad v^e_i \quad \varphi^e_i \quad u^e_j \quad v^e_j \quad \varphi^e_j]^{\mathrm{T}} \tag{3.85}$$

其中，F^e_{xi}、F^e_{yi} 和 M^e_i 为 i 端在 x, y, φ 方向的等效节点力，u^e_i、v^e_i 和 φ^e_i 为 i 端在 x, y, φ 方向的节点位移；F^e_{xj}、F^e_{yj} 和 M^e_j 为 j 端在 x, y, φ 方向的等效节点力，u^e_j、v^e_j 和 φ^e_j 为 j 端在 x, y, φ 方向的节点位移。节点力和节点位移均以与结构坐标系正方向一致者为正；杆端弯矩和角位移以逆时针方向为正。为清楚起见，图 3.18 中只画出了 i 端的位移在局部坐标系和整体坐标系中的

位移分量，i 端的节点力在局部坐标系和整体坐标系中的分量正方向规定完全一致，图中没有画出，j 端的节点力和节点位移的方向跟 i 端没有差别。

由图 3.18 可见

$$\left.\begin{aligned}\bar{u}_i^e &= u_i^e\cos\alpha + v_i^e\sin\alpha \\ \bar{v}_i^e &= -u_i^e\sin\alpha + v_i^e\cos\alpha \\ \bar{\varphi}_i^e &= \varphi_i^e\end{aligned}\right\} \tag{3.86}$$

写成矩阵形式为

$$\begin{Bmatrix}\bar{u}_i^e \\ \bar{v}_i^e \\ \bar{\varphi}_i^e\end{Bmatrix} = \begin{bmatrix}\cos\alpha & \sin\alpha & 0 \\ -\sin\alpha & \cos\alpha & 0 \\ 0 & 0 & 1\end{bmatrix}\begin{Bmatrix}u_i^e \\ v_i^e \\ \varphi_i^e\end{Bmatrix} \tag{3.87}$$

同样，也有

$$\begin{Bmatrix}\bar{u}_j^e \\ \bar{v}_j^e \\ \bar{\varphi}_j^e\end{Bmatrix} = \begin{bmatrix}\cos\alpha & \sin\alpha & 0 \\ -\sin\alpha & \cos\alpha & 0 \\ 0 & 0 & 1\end{bmatrix}\begin{Bmatrix}u_j^e \\ v_j^e \\ \varphi_j^e\end{Bmatrix} \tag{3.88}$$

将式(3.87)和式(3.88)合并到一起，有

$$\bar{\boldsymbol{\delta}}^e = \boldsymbol{T}\boldsymbol{\delta}^e \tag{3.89}$$

其中

$$\boldsymbol{T} = \begin{bmatrix}\cos\alpha & \sin\alpha & 0 & 0 & 0 & 0 \\ -\sin\alpha & \cos\alpha & 0 & 0 & 0 & 0 \\ 0 & 0 & 1 & 0 & 0 & 0 \\ 0 & 0 & 0 & \cos\alpha & \sin\alpha & 0 \\ 0 & 0 & 0 & -\sin\alpha & \cos\alpha & 0 \\ 0 & 0 & 0 & 0 & 0 & 1\end{bmatrix} \tag{3.90}$$

可以想象，局部坐标系和整体坐标系下的节点力向量之间亦有类似关系

$$\bar{\boldsymbol{F}}^e = \boldsymbol{T}\boldsymbol{F}^e \tag{3.91}$$

式(3.90)即为平面一般单元的坐标转换矩阵。从该式可以看出，它的每一行(或列)的各元素的平方和均为 1，而所有两个不同行(或列)的对应元素的乘积之和均为零。因此，$\boldsymbol{T}$ 是一个正交矩阵，故有

$$\boldsymbol{T}^{-1} = \boldsymbol{T}^{\mathrm{T}} \tag{3.92}$$

因此，整体坐标系下的节点位移和节点力也可以用局部坐标系下的节点位移和节点力表示，即

$$\boldsymbol{\delta}^e = \boldsymbol{T}^{\mathrm{T}}\bar{\boldsymbol{\delta}}^e \tag{3.93}$$

$$\boldsymbol{F}^e = \boldsymbol{T}^{\mathrm{T}}\bar{\boldsymbol{F}}^e \tag{3.94}$$

将式(3.89)代入式(3.82)，并注意到式(3.94)，单元的总势能用总体坐标下节点位移和节点力表示为

$$\begin{aligned}\Pi^e &= \frac{1}{2}\bar{\boldsymbol{\delta}}^{e^{\mathrm{T}}}\bar{\boldsymbol{K}}^e\bar{\boldsymbol{\delta}}^e - \bar{\boldsymbol{\delta}}^{e^{\mathrm{T}}}\bar{\boldsymbol{F}}^e \\ &= \frac{1}{2}\boldsymbol{\delta}^{e^{\mathrm{T}}}\boldsymbol{T}^{\mathrm{T}}\bar{\boldsymbol{K}}^e\boldsymbol{T}\boldsymbol{\delta}^e - \boldsymbol{\delta}^{e^{\mathrm{T}}}\boldsymbol{F}^e\end{aligned} \tag{3.95}$$

记

$$\boldsymbol{K}^e = \boldsymbol{T}^{\mathrm{T}}\bar{\boldsymbol{K}}^e\boldsymbol{T} \tag{3.96}$$

则式(3.95)改写为

$$\Pi^e = \frac{1}{2}\boldsymbol{\delta}^{e^{\mathrm{T}}}\boldsymbol{K}^e\boldsymbol{\delta}^e - \boldsymbol{\delta}^{e^{\mathrm{T}}}\boldsymbol{F}^e \tag{3.97}$$

利用最小势能原理,便可得到整体坐标系下单元的平衡方程

$$\boldsymbol{K}^e\boldsymbol{\delta}^e = \boldsymbol{F}^e \tag{3.98}$$

式(3.96)即为整体坐标系下的单元刚度矩阵。为便于给出显式形式,先将其写成分块形式

$$\boldsymbol{K}^e = \begin{bmatrix} \boldsymbol{K}_{ii}^e & \boldsymbol{K}_{ij}^e \\ \boldsymbol{K}_{ji}^e & \boldsymbol{K}_{jj}^e \end{bmatrix} \tag{3.99}$$

其中的子块为

$$\boldsymbol{K}_{ii}^e = \begin{bmatrix} \left(\frac{EA}{l}C_x^2 + \frac{12EI}{l^3}C_y^2\right) & \left(\frac{EA}{l} - \frac{12EI}{l^3}\right)C_yC_x & -\frac{6EI}{l^2}C_y \\ \left(\frac{EA}{l} - \frac{12EI}{l^3}\right)C_yC_x & \left(\frac{EA}{l}C_y^2 + \frac{12EI}{l^3}C_x^2\right) & \frac{6EI}{l^2}C_x \\ -\frac{6EI}{l^2}C_y & \frac{6EI}{l^2}C_x & \frac{4EI}{l} \end{bmatrix} \tag{3.100a}$$

$$\boldsymbol{K}_{ij}^e = \begin{bmatrix} -\left(\frac{EA}{l}C_x^2 + \frac{12EI}{l^3}C_y^2\right) & -\left(\frac{EA}{l} - \frac{12EI}{l^3}\right)C_yC_x & -\frac{6EI}{l^2}C_y \\ -\left(\frac{EA}{l} - \frac{12EI}{l^3}\right)C_yC_x & -\left(\frac{EA}{l}C_y^2 + \frac{12EI}{l^3}C_x^2\right) & \frac{6EI}{l^2}C_x \\ \frac{6EI}{l^2}C_y & -\frac{6EI}{l^2}C_x & \frac{2EI}{l} \end{bmatrix} \tag{3.100b}$$

$$\boldsymbol{K}_{ji}^e = \begin{bmatrix} -\left(\frac{EA}{l}C_x{}^2 + \frac{12EI}{l^3}C_y{}^2\right) & -\left(\frac{EA}{l} - \frac{12EI}{l^3}\right)C_yC_x & \frac{6EI}{l^2}C_y \\ -\left(\frac{EA}{l} - \frac{12EI}{l^3}\right)C_yC_x & -\left(\frac{EA}{l}C_y{}^2 + \frac{12EI}{l^3}C_x{}^2\right) & -\frac{6EI}{l^2}C_x \\ -\frac{6EI}{l^2}C_y & \frac{6EI}{l^2}C_x & \frac{2EI}{l} \end{bmatrix} \tag{3.100c}$$

$$\boldsymbol{K}_{jj}^e = \begin{bmatrix} \left(\frac{EA}{l}C_x{}^2 + \frac{12EI}{l^3}C_y{}^2\right) & \left(\frac{EA}{l} - \frac{12EI}{l^3}\right)C_yC_x & \frac{6EI}{l^2}C_y \\ \left(\frac{EA}{l} - \frac{12EI}{l^3}\right)C_yC_x & \left(\frac{EA}{l}C_y{}^2 + \frac{12EI}{l^3}C_x{}^2\right) & -\frac{6EI}{l^2}C_x \\ \frac{6EI}{l^2}C_y & -\frac{6EI}{l^2}C_x & \frac{4EI}{l} \end{bmatrix} \tag{3.100d}$$

其中 $C_x = \cos\alpha, C_y = \sin\alpha$

3.3.3 结构刚度方程的形成

仿照前面杆和梁的情况,将各单元势能求和得到结构总势能,然后由结构的最小势能原理得结构的刚度方程

$$\boldsymbol{K\Delta} - \boldsymbol{F} = 0 \tag{3.101}$$

其中的结构刚度矩阵 $\boldsymbol{K}$ 和结构节点力向量 $\boldsymbol{F}$ 根据单元的定位向量直接由单元刚度矩阵和单

元节点力列阵中的元素按照“对号入座”的方法将其送到结构刚度矩阵和结构节点力向量中的相应位置上叠加即可。由前面可知，所谓定位向量，就是单元节点位移分量的编码。对两节点单元，若单元两端的节点编号为 (i,j)，在总体坐标系每个节点 3 个自由度，单元刚度矩阵为 6×6 矩阵，其定位向量为

$$\boldsymbol{\lambda}^e = \{3i-2 \quad 3i-1 \quad 3i \quad 3j-2 \quad 3j-1 \quad 3j\}^{\mathrm{T}} \tag{3.102}$$

根据上述分析，可得结构刚度矩阵和结构等效节点力列阵，处理边界条件后，便可以求解结构刚度方程了。

一般地，用有限元解刚架问题的基本步骤归纳如下：

(1)对各节点、单元进行编号，并选择结构坐标系和各单元的局部坐标系；

(2)计算各单元的等效节点荷载和综合节点荷载；

(3)计算各单元在结构坐标系下的单刚；

(4)根据各单刚子块的下标号码“对号入座”形成结构的原始总刚；

(5)引入支承条件修改原始总刚，得到结构刚度方程；

(6)求解结构刚度方程得各节点位移。

例题 3.3：试用有限元法计算图 3.19 所示刚架的节点位移。已知各杆材料相同，$E=2\times 10^8\ \mathrm{kN/m^2}$，$I=32\times 10^{-5}\ \mathrm{m^4}$，$A=1.0\times 10^{-2}\ \mathrm{m^2}$。

解：(1)将各单元和节点进行编号，并取结构坐标系和各单元局部坐标系(以各杆上的箭头表示该单元的 $\bar{x}$ 轴的正向)如图 3.19 所示。

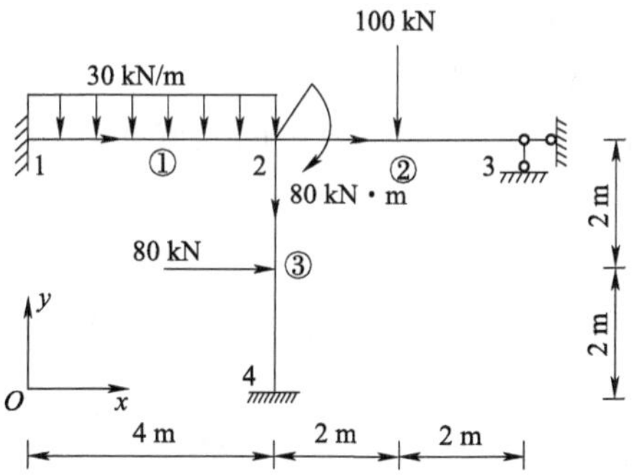

图 3.19

(2)计算各单元在结构坐标系下的单刚。

由已知数据可算出以下各值：

$$\frac{EA}{l}=\frac{2\times 10^8\times 1.0\times 10^{-2}}{4}=500\times 10^3\ \mathrm{kN/m}$$

$$\frac{12EI}{l^3}=\frac{12\times 2\times 10^8\times 32\times 10^{-5}}{4^3}=12\times 10^3\ \mathrm{kN/m}$$

$$\frac{6EI}{l^2}=24\times 10^3\ \mathrm{kN}$$

$$\frac{4EI}{l}=64\times 10^3\ \mathrm{kNm}$$

根据各单元始末端的节点号 i、j 的值，由式(3.100)可以写出各单元子块形式的单刚为

对于①、②单元，$\alpha=0, C_x=\cos\alpha=1, C_y=\sin\alpha=0$，将有关各值代入式(3.100)，可得

$$
\boldsymbol{K}^1=\boldsymbol{K}^2=10^3\left[\begin{array}{ccc|ccc}
500 & 0 & 0 & -500 & 0 & 0 \\
0 & 12 & 24 & 0 & -12 & 24 \\
0 & 24 & 64 & 0 & -24 & 32 \\
\hline
-500 & 0 & 0 & 500 & 0 & 0 \\
0 & -12 & -24 & 0 & 12 & -24 \\
0 & 24 & 32 & 0 & -24 & 64
\end{array}\right]
$$

对于③单元，$\alpha=-90^\circ, C_x=\cos\alpha=0, C_y=\sin\alpha=-1$，将各有关数值代入式(3.100)，可得

$$
\boldsymbol{K}^3=10^3\left[\begin{array}{ccc|ccc}
12 & 0 & 24 & -12 & 0 & 24 \\
0 & 500 & 0 & 0 & 500 & 0 \\
24 & 0 & 64 & -24 & 0 & 32 \\
\hline
-12 & 0 & -24 & 12 & 0 & -24 \\
0 & -500 & 0 & 0 & 500 & 0 \\
24 & 0 & 32 & -24 & 0 & 64
\end{array}\right]
$$

(3)对号入座形成总刚度矩阵。

各单元的定位向量为

$$\boldsymbol{\lambda}^1=[1\quad 2\quad 3\quad 4\quad 5\quad 6]^{\mathrm{T}}$$

$$\boldsymbol{\lambda}^2=[4\quad 5\quad 6\quad 7\quad 8\quad 9]^{\mathrm{T}}$$

$$\boldsymbol{\lambda}^3=[4\quad 5\quad 6\quad 10\quad 11\quad 12]^{\mathrm{T}}$$

依据各单元的定位向量，将各单元的刚度矩阵中的元素送到结构刚度矩阵的对应位置上叠加，得

$$
\boldsymbol{K}=10^3\times\left[\begin{array}{ccc|ccc|ccc|ccc}
500 & 0 & 0 & -500 & 0 & 0 & & & & & & \\
 & 12 & 24 & 0 & -12 & 24 & & [0] & & & [0] & \\
 & & 64 & 0 & -24 & 32 & & & & & & \\
\hline
 & & & 1012 & 0 & 24 & -500 & 0 & 0 & -12 & 0 & 24 \\
 & & & & 524 & 0 & 0 & -12 & 24 & 0 & -500 & 0 \\
 & & & & & 192 & 0 & -24 & 32 & -24 & 0 & 32 \\
\hline
 & & & & & & 500 & 0 & 0 & & & \\
 & \text{对} & & & & & & 12 & -24 & & [0] & \\
 & & & & & & & & 64 & & & \\
\hline
 & & & & & & & & & 12 & 0 & -24 \\
 & & & & \text{称} & & & & & & 500 & 0 \\
 & & & & & & & & & & & 64
\end{array}\right]
$$

(4)计算各单元的等效节点力向量并形成结构节点力向量。

各单元在局部坐标系下的等效节点力为：

$$\bar{\boldsymbol{F}}^1=\{0\quad -60\quad -40\quad 0\quad -60\quad 40\}^{\mathrm{T}}$$

$$\bar{\boldsymbol{F}}^2=\{0\quad -50\quad -50\quad 0\quad -50\quad 50\}^{\mathrm{T}}$$

$$\bar{\boldsymbol{F}}^3=\{0\quad 40\quad 40\quad 0\quad 40\quad -40\}^{\mathrm{T}}$$

根据坐标转换矩阵将其变换到整体坐标系，有

$$\boldsymbol{F}^1=\{0\quad -60\quad -40\quad 0\quad -60\quad 40\}^{\mathrm{T}}$$

$$\boldsymbol{F}^2=\{0\quad -50\quad -50\quad 0\quad -50\quad 50\}^{\mathrm{T}}$$

$$\boldsymbol{F}^3=\boldsymbol{T}^{\mathrm{T}}\bar{\boldsymbol{F}}^3=\begin{bmatrix}0&1&0&0&0&0\\-1&0&0&0&0&0\\0&0&1&0&0&0\\0&0&0&0&1&0\\0&0&0&-1&0&0\\0&0&0&0&0&1\end{bmatrix}\begin{Bmatrix}0\\40\\40\\0\\40\\-40\end{Bmatrix}=\begin{Bmatrix}40\\0\\40\\40\\0\\-40\end{Bmatrix}$$

于是，结构的等效节点荷载列向量为

$$\boldsymbol{F}=[0,-60,-40;40,-110,30;0,-50,50;40,0,-40]^{\mathrm{T}}$$

由于节点 2 上还有直接作用的节点力矩，故应将其叠加到最后的节点荷载向量中的相关位置上，即

$$\boldsymbol{F}=[0,-60,-40;40,-110,-50;0,-50,50;40,0,-40]^{\mathrm{T}}$$

于是可写出相应的结构原始刚度方程

$$10^3\times\left[\begin{array}{ccc:ccc:ccc:ccc}500&0&0&-500&0&0&&&&&&\\&12&24&0&-12&24&&[0]&&&[0]&\\&&64&0&-24&32&&&&&&\\\hdashline&&&1012&0&24&-500&0&0&-12&0&24\\&&&&524&0&0&-12&24&0&-500&0\\&&&&&192&0&-24&32&-24&0&32\\\hdashline&&&&&&500&0&0&&&\\&\text{对}&&&&&&12&-24&&[0]&\\&&&&&&&&64&&&\\\hdashline&&&&&&&&&12&0&-24\\&&&&\text{称}&&&&&&500&0\\&&&&&&&&&&&64\end{array}\right]\begin{Bmatrix}u_1\\v_1\\\phi_1\\\hdashline u_2\\v_2\\\phi_2\\\hdashline u_3\\v_3\\\phi_3\\\hdashline u_4\\v_4\\\phi_4\end{Bmatrix}=\begin{Bmatrix}0\\-60\\-40\\\hdashline 40\\-110\\-50\\\hdashline 0\\-50\\50\\\hdashline 40\\0\\-40\end{Bmatrix}$$

已知位移条件

$$\begin{Bmatrix}u_1\\v_1\\\varphi_1\end{Bmatrix}=\begin{Bmatrix}0\\0\\0\end{Bmatrix},\begin{Bmatrix}u_3\\v_3\\\varphi_3\end{Bmatrix}=\begin{Bmatrix}0\\0\\\varphi_3\end{Bmatrix},\begin{Bmatrix}u_4\\v_4\\\varphi_4\end{Bmatrix}=\begin{Bmatrix}0\\0\\0\end{Bmatrix}$$

用“乘大数法”引入边界条件，或者用手算的方法是，采用“划行划列”的方法以降低方程的个数和总刚的阶数，也即删去与 $\boldsymbol{\Delta}_1$、$\boldsymbol{\Delta}_3$、$\boldsymbol{\Delta}_4$ 中的零位移所对应的行和列，得到结构的刚度方程：

$$10^3\times\begin{bmatrix}1\,012&0&24&0\\0&524&0&24\\24&0&192&32\\0&24&32&64\end{bmatrix}\begin{Bmatrix}u_2\\v_2\\\varphi_2\\\varphi_3\end{Bmatrix}=\begin{Bmatrix}40\\-110\\-50\\50\end{Bmatrix}$$

求解结构刚度方程，得节点位移

$$\begin{Bmatrix} u_2 \\ v_2 \\ \varphi_2 \\ \varphi_3 \end{Bmatrix} = 10^{-3} \times \begin{bmatrix} 1\,012 & 0 & 24 & 0 \\ 0 & 524 & 0 & 24 \\ 24 & 0 & 192 & 32 \\ 0 & 24 & 32 & 64 \end{bmatrix}^{-1} \begin{Bmatrix} 40 \\ -110 \\ -50 \\ 50 \end{Bmatrix} = 10^{-6} \begin{Bmatrix} 50.218\ \text{m} \\ -260.515\ \text{m} \\ -450.740\ \text{rad} \\ 1\,104.333\ \text{rad} \end{Bmatrix}$$

3.3.4 几个问题的讨论

1. 已知支座位移的处理

对支座发生已知位移的情况，可由下述两种方法处理：

(1)根据已知支座位移查得各杆固端力，然后计算由此引起的等效节点荷载，其余计算与荷载作用时相同。这种方法实际上是把支座位移作为一种广义荷载处理，实用时可由计算机自动生成固端力。

(2)设某支承的位移值是已知的，对应得位移为 $\Delta_i = C_i$(包括 $C_i = 0$)。对此位移的处理可以通过把结构原始总刚中第 i 行和第 i 列对应的元素以及荷载列向量中的 P_i 值进行某些修正而达到。常用的方法由“赋大值法”和“主 1 副 0 法”(参见第 3.1.5 小节的介绍)。

2. 弹性支座的处理

结构上的弹性支座相当于在约束方向上用一个弹簧支承，它可以是约束线位移的[图 3.20(a_1),(b_1)]，也可以是约束角位移的[图 3.20(c_1)]。

设结构的第 i 个节点位移分量 Δ_i 受到弹性约束，其弹簧刚度系数为 k。则引入弹性约束的方法可分为两步进行：

第一步：撤去弹性支座，允许支座在该弹性约束方向上自由移动(如图 3.20a_2,b_2,c_2)，求出无弹性约束时的结构刚度矩阵 $\boldsymbol{K}$；

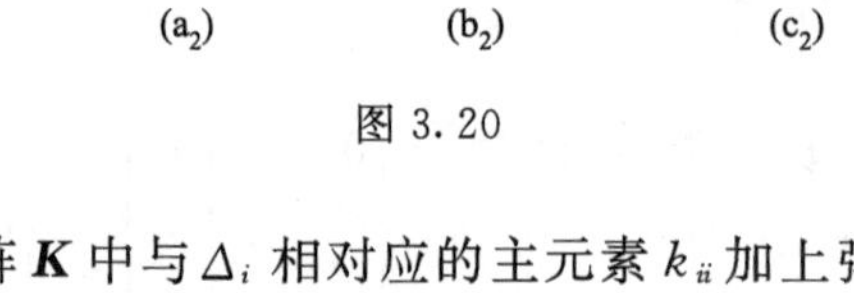

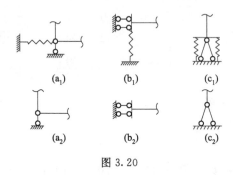

图 3.20

第二步：把结构刚度矩阵 $\boldsymbol{K}$ 中与 Δ_i 相对应的主元素 k_{ii} 加上弹簧刚度系数 k，此时结构刚度方程的第 i 个方程变为

$$k_{i1}\Delta_1 + k_{i2}\Delta_2 + \cdots + (k_{ii} + k)\Delta_i + \cdots + k_{in}\Delta_n = P_i \tag{3.103}$$

刚度矩阵和荷载列阵中的其余元素均保持不变。

通过上述步骤，即引进了弹性约束条件。

3. 内部铰节点的处理

刚架结构中常有铰节点。对此问题的处理方法之一是不把杆件在铰接端的角位移作为未知数，而引用一端刚接另一端铰支单元的单元刚度矩阵(若杆件两端均为铰接，则作为轴力单元)。使用这种方法时,需要首先建立一端刚接另一端铰接单元的刚度矩阵,然后再用和以前相同的步骤形成结构的刚度矩阵。但这样处理的结果是,结构中单元类型不统一,使得程序编制较复杂,不便处理。另一种方法是把各单元都当成两端固定梁,也就是说把杆件在铰接端的角位移也作为未知数,这样做使得各单元类型统一,各单元单刚的计算和总刚的组集都较方便,程序编制简单,且通用性强。但由于在铰节点处,各单元的杆端角位移是相互独立的,故应对其单独编号。如图 3.21 所示刚架,单元和节点位移分量编号如图示。铰节点 3 处的两个单元②和③的转角是不同的,因而该节点处会有 4 个位移分量 u_3、v_3、$\varphi_3^{(2)}$、$\varphi_3^{(3)}$,其中 $\varphi_3^{(2)}$ 和 $\varphi_3^{(3)}$ 分别为单元②和③在 3 节点处的角位移,分别对应于第 9、10 号位移分量编号。由图 3.21 可以看出,各节点的位移分量编号与节点编号 i 之间不具有 $3i-2$、$3i-1$、$3i$ 的简单对应关系。于是,在由各单元刚度矩阵组集总刚时,应根据各单元对应的实际位移分量号进行"对号入座"。

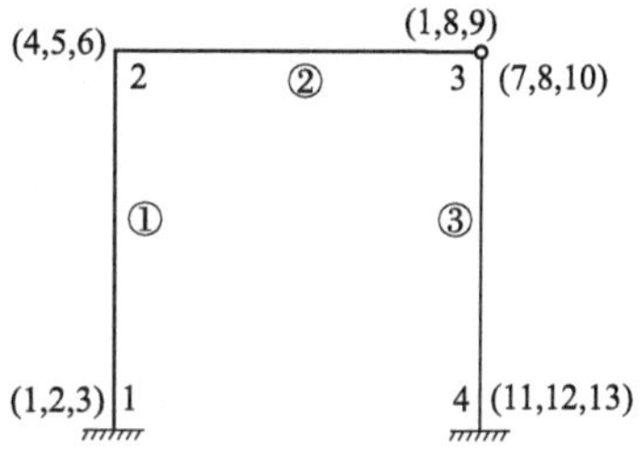

图 3.21

4. 结构刚度矩阵的压缩贮存

从前面得出的结构刚度矩阵可以看出,它不仅是对称的,而且其中含有大量的零元素,而非零元素通常集中在矩阵的主对角线附近,称为"带状区域"。结构愈大,总刚中所含的零元素愈多,带状区域愈明显。为了节约计算机内存,提高计算速度,可以利用对称性,只贮存总刚中主对角线以上半带宽区域内的元素,称为"半带宽贮存",半带宽贮存又分为等带宽二维贮存和变带宽一维贮存,这些处理方法最初的出发点是为了节省计算机的存储单元,使计算效率提高,但这样做会给程序的编制带来了极大的麻烦,在目前计算机的计算能力普遍提升的情况下,如果不是计算规模特别庞大的问题,人们很少再采用,所以这里就不详细讨论了,读者在工作中如果需要,可参阅其他有关书籍。

3.4　单元刚度矩阵的物理意义及其结构力学求法

前面利用最小势能原理导出了杆件结构的有限元方程,包括单元的平衡方程和结构的平衡方程。实际上,杆件结构有限元方程与杆件结构的力学分析之间有着密不可分的关系,单元的刚度方程和结构的刚度方程完全可以由结构力学分析而导出,有限元方法本身就是在一定程度上受杆件结构力学分析的影响而诞生的。本节从结构力学的角度来看一下刚度矩阵的物理意义和实质。

为了便于分析,我们在各单元的局部坐标系下讨论一个一般刚架单元,如图 3.22 所示,设该单元在整个结构中的单元编号为ⓔ,它连接着两个结点 i 和 j,以 i 端(也称始端)为局部坐标的原点,从 i 端指向 j 端(也称末端)的杆件方向为 $\bar{x}$ 轴正向,从 $\bar{x}$ 轴正向逆时针转 90°为 $\bar{y}$ 轴正向,则$\bar{x}i\bar{y}$称为ⓔ单元的局部坐标系。假设该单元的弹性模量为 E,横截面积为 A,惯性矩为 I,杆长为 l。注意,在结构力学中分析平面刚架时,为了简化计算,通常忽略了杆件轴向变形的影响,然而在结构矩阵分析中,若考虑结构轴向变形的影响,不仅可以提高计算精度,而且更便于程序编制,增加程序的通用性,因此,这里将考虑杆件轴向变形的影响。

在上一节中的式(3.83)曾经给出过单元在局部坐标系下的刚度方程,重写如下

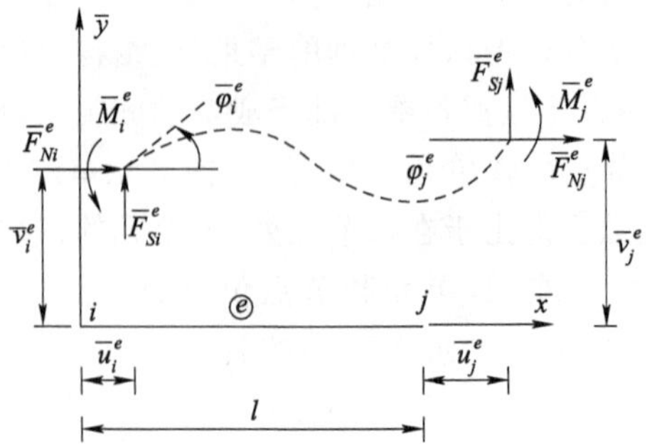

图 3.22 刚架单元的受力与变形

$$\bar{\boldsymbol{K}}^e\bar{\boldsymbol{\delta}}^e = \bar{\boldsymbol{F}}^e \tag{3.104}$$

其中

$$\bar{\boldsymbol{\delta}}^e = \{\bar{u}_i^e \quad \bar{v}_i^e \quad \bar{\varphi}_i^e \quad \bar{u}_j^e \quad \bar{v}_j^e \quad \bar{\varphi}_j^e\}^{\mathrm{T}} \tag{3.105}$$

$$\bar{\boldsymbol{F}}^e = \{\bar{F}_{\mathrm{N}i}^e \quad \bar{F}_{\mathrm{S}i}^e \quad \bar{M}_i^e \quad \bar{F}_{\mathrm{N}j}^e \quad \bar{F}_{\mathrm{S}j}^e \quad \bar{M}_j^e\}^{\mathrm{T}} \tag{3.106}$$

$$\bar{\boldsymbol{K}}^e = \left[\begin{array}{ccc:ccc} \dfrac{EA}{l} & 0 & 0 & -\dfrac{EA}{l} & 0 & 0 \\ 0 & \dfrac{12EI}{l^3} & \dfrac{6EI}{l^2} & 0 & -\dfrac{12EI}{l^3} & \dfrac{6EI}{l^2} \\ 0 & \dfrac{6EI}{l^2} & \dfrac{4EI}{l} & 0 & -\dfrac{6EI}{l^2} & \dfrac{2EI}{l} \\ \hdashline -\dfrac{EA}{L} & 0 & 0 & \dfrac{EA}{l} & 0 & 0 \\ 0 & -\dfrac{12EI}{l^3} & -\dfrac{6EI}{l^2} & 0 & \dfrac{12EI}{l^3} & -\dfrac{6EI}{l^2} \\ 0 & \dfrac{6EI}{l^2} & \dfrac{2EI}{l} & 0 & -\dfrac{6EI}{l^2} & \dfrac{4EI}{l} \end{array}\right] \tag{3.107}$$

式(3.104)中的 $\bar{\boldsymbol{\delta}}^e$ 为单元两端的节点位移向量，$\bar{\boldsymbol{F}}^e$ 为等效节点力向量，该式表明，单元 e 在特定的荷载作用下会产生特定的变形和位移，其节点位移与等效节点力具有一一对应的关系，这实质上是单元本身的属性，即杆件本身所固有的本构关系。若记单元刚度矩阵 $\bar{\boldsymbol{K}}^e$ 中第 m 行第 n 列的元素为 k_{mn}，$\bar{\boldsymbol{F}}^e$ 向量中的第 m 行元素记为 F_m，$\bar{\boldsymbol{\delta}}^e$ 向量中的第 n 行元素记为 δ_n，将单元刚度方程式(3.104)展开，其中第 m 个方程为

$$F_m = \sum_{n=1}^{6} k_{mn}\delta_n \tag{3.108}$$

若令上式中的 $\delta_n=1, \delta_s=0(s=1,2,\cdots,6;s\neq n)$，则有

$$F_m = k_{mn} \tag{3.109}$$

也就是说，k_{mn} 的物理意义即是：当仅令单元的第 n 个位移分量等于 1 而其他所有位移分量均等于零时需要在单元第 m 个位移方向施加的力(或在该方向产生的内力)。注意，杆端力和杆端位移的正负号规定：杆端轴力和剪力分别与 $\bar{x}$ 轴和 $\bar{y}$ 轴正向一致时为正，杆端弯矩以绕着杆端逆时针为正；杆端位移的正负号与杆端力相对应，均以沿着坐标轴的正方向为正。

为了更加明确单元刚度矩阵元素的物理意义，我们来考虑单元ⓔ分别沿某一个方向单独发生一个单位位移的情况，这相当于两端固定的梁的某一支座发生了单位位移，如图 3.23 所示。

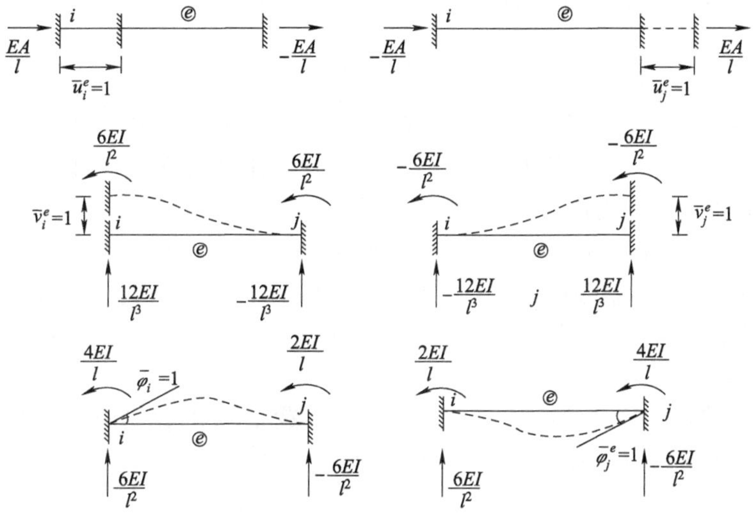

图 3.23

当单元的两端发生各种位移的复杂情况时，由叠加原理可得杆端力与杆端位移之间的关系为

$$\left.\begin{aligned}
\bar{F}^e_{Ni} &= \frac{EA}{l}\bar{u}^e_i - \frac{EA}{l}\bar{u}^e_j \\
\bar{F}^e_{Si} &= \frac{12EI}{l^3}\bar{v}^e_i + \frac{6EI}{l^2}\bar{\varphi}^e_i - \frac{12EI}{l^3}\bar{v}^e_j + \frac{6EI}{l^2}\bar{\varphi}^e_j \\
\bar{M}^e_i &= \frac{6EI}{l^2}\bar{v}^e_i + \frac{4EI}{l}\bar{\varphi}^e_i - \frac{6EI}{l^2}\bar{v}^e_j + \frac{2EI}{l}\bar{\varphi}^e_j \\
\bar{F}^e_{Nj} &= -\frac{EA}{l}\bar{u}^e_i + \frac{EA}{l}\bar{u}^e_j \\
\bar{F}^e_{Sj} &= -\frac{12EI}{l^3}\bar{v}^e_i - \frac{6EI}{l^2}\bar{\varphi}^e_i + \frac{12EI}{l^3}\bar{v}^e_j - \frac{6EI}{l^2}\bar{\varphi}^e_j \\
\bar{M}^e_j &= \frac{6EI}{l^2}\bar{v}^e_i + \frac{2EI}{l}\bar{\varphi}^e_i - \frac{6EI}{l^2}\bar{v}^e_j + \frac{4EI}{l}\bar{\varphi}^e_j
\end{aligned}\right\} \tag{3.110}$$

写成矩阵形式，就是式(3.104)。需要说明的是，杆端位移列向量和杆端力列向量必须按照式(3.105)和式(3.106)那样的排列，才能得到式(3.107)所示形式的单元刚度矩阵，若排列顺序有变，则 $\bar{\boldsymbol{K}}^e$ 中的元素位置也将随之改变。

由式(3.107)可以看出，单元刚度矩阵 $\bar{\boldsymbol{K}}^e$ 具有以下性质：

(1)对称性。由 $\bar{\boldsymbol{K}}^e$ 中元素的物理意义及反力互等定理可知，$\bar{\boldsymbol{K}}^e$ 中位于主对角线两边对称位置的两个元素是相等的，即 $k_{ij}=k_{ji}$；

(2)奇异性。由式(3.107)可见，若将 $\bar{\boldsymbol{K}}^e$ 中第 1 行(或列)的各元素与第 4 行(或列)的各对应元素相加，所得的一行(或列)的元素全部为零，这表明矩阵 $\bar{\boldsymbol{K}}^e$ 的行列式的值为零，所以 $\bar{\boldsymbol{K}}^e$ 是不可求逆的(即奇异的)。因此，若给定了杆端位移 $\bar{\boldsymbol{\delta}}^e$ 的值，可由式(3.104)求得杆端力 $\bar{\boldsymbol{F}}^e$ 的值；但

若给定了杆端力 $\bar{F}^e$ 的值，却不能由式(3.104)反求出杆端位移的值。其原因在于，我们所讨论的是一个自由单元，两端没有任何支承约束，此时杆件除了由杆端力的作用将发生弹性变形(轴向变形和弯曲变形)外，还可能发生任意的刚体位移，因此其位移解是不唯一的。

习　题

1. 设有一端($x=0$)固定另一端($x=1$)自由的等截面均质杆，$EA=1$，承担轴向分布载荷 $p(x)=x$ 作用。若假设轴向位移为 $u(x)=a_1x+a_2x^2$，试用最小势能原理求出该位移近似解，并与该问题的解析解进行比较。

2. 如图 3.24 所示的二级变截面杆左端受弹性约束，弹簧的刚度系数为 k，承担图中的分布荷载 $p_1(x)$、$p_2(x)$ 和右端集中力 F_P 作用，每段杆的尺寸和常数都在图中给出，u_1 和 u_2 为两杆段的位移函数。试根据变分原理推导杆系的平衡微分方程和力的边界条件，并推导该问题的有限元列式。

3. 图 3.25 两端固定的等截面梁承受半跨均布荷载 q 作用，设梁的弯曲刚度为 EI。试用两个三次梁单元求解梁中点处的位移，并求出内部位移场。

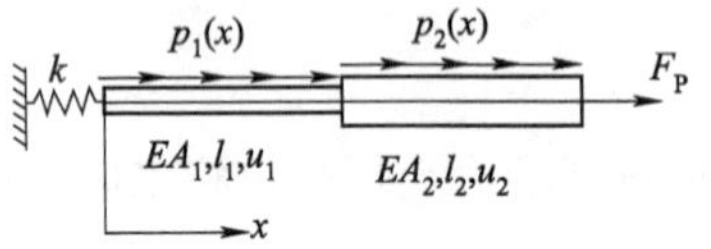

图 3.24

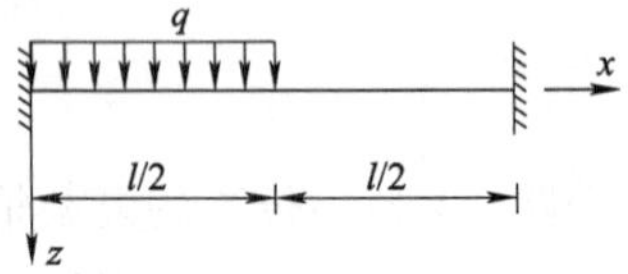

图 3.25

4. 试写出图 3.26 系统的总势能泛函，并推导出平衡条件和自然边界条件。把梁作为一个三次梁单元，写出其单元刚度矩阵和荷载列向量的表达式，并分析两个弹簧对结构刚度矩阵的影响。

5. 图 3.27 结构，AB 杆的弯曲刚度为 EI，拉压刚度为 EA，二力杆 CD 的拉压刚度为 EA，试用有限元法求梁的自由端和梁中点处的竖向位移和转角。

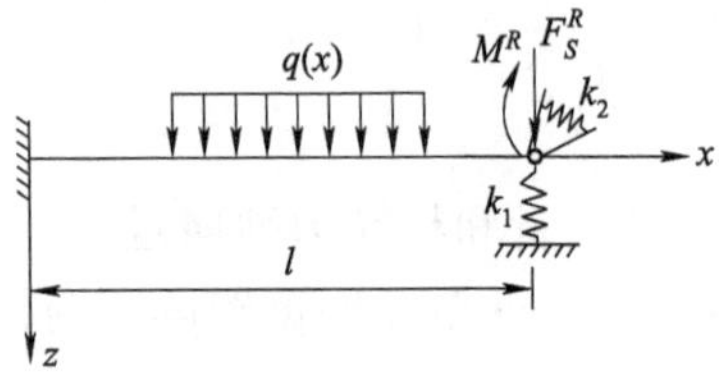

图 3.26

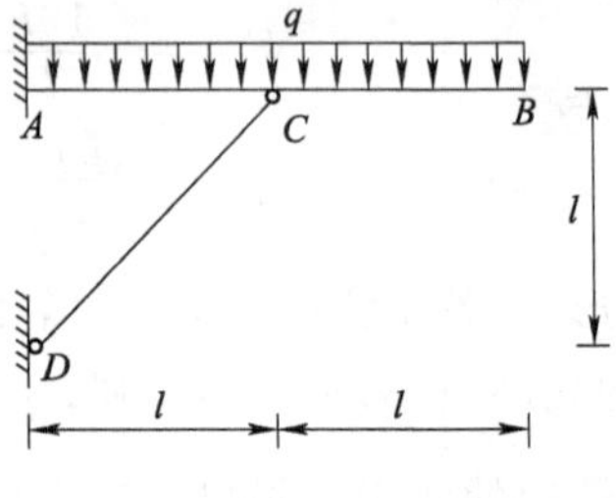

图 3.27

6. 试用有限单元法计算图 3.28 连续梁的内力，已知各单元的弯曲刚度均为 EI。

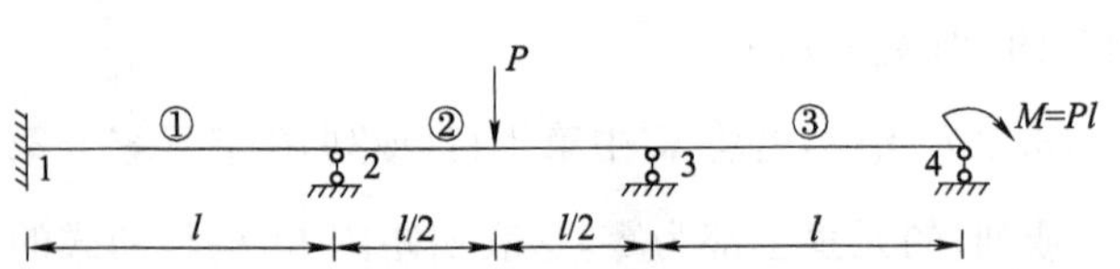

图 3.28

7. 用有限单元法计算图 3.29 刚架结构节点 1 的位移，并求出各单元的内力。已知各杆的 $E=2\times10^7\,\text{kN/m}^2$，$A=0.25\,\text{m}^2$，$I=5\times10^{-3}\,\text{m}^4$。

8. 试求图 3.30 刚架结构的等效节点荷载列阵。

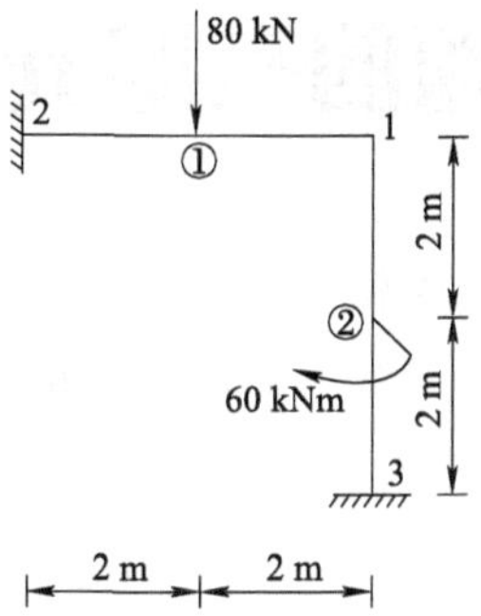

图 3.29

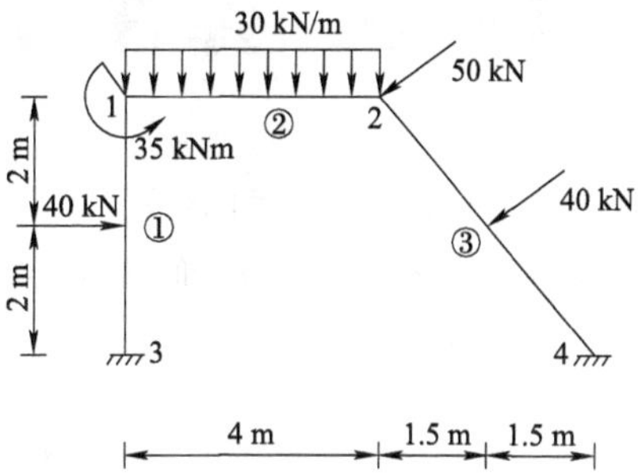

图 3.30

9. 试推导图 3.31 所示两个单元的单元刚度矩阵。(a)由两段等截面直杆组成的平面桁架单元(轴力单元)，将两段杆当作一个轴力单元，试写出该单元的单元刚度矩阵；(b)若已知杆 ij 的 i 端为刚节点而 j 端为铰节点，此时 j 端铰节点的转角可以不作为独立变量求解，试写出该单元的单元刚度矩阵。

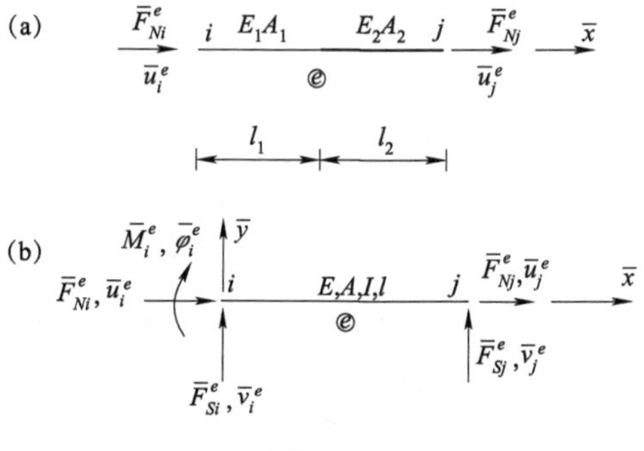

图 3.31

第 4 章　弹性力学平面问题的有限元法

本章介绍用常应变三角形单元求解弹性力学平面问题的基本理论和方法。常应变三角形单元不仅具有实际应用意义，而且有一定的典型性，能够阐述完整的有限元理论，而且可以很容易扩展到三维领域。

4.1　结构的离散化

考虑图 4.1 所示的二维连续体，它可以看作无限多个质点的集合体，因而具有无限多个自由度。为了能够进行计算，可将此弹性体简化为有限个单元组成的组合体，这些单元只在有限个节点上铰接，因此这个组合体只具有有限多个自由度，这就为计算提供了可能性。由无限多个质点的连续体转化为有限多个单元集合体的过程就称为“离散化”。在数学意义上讲，就是把微分方程的连续形式转化为代数方程组，以便于进行数值求解。

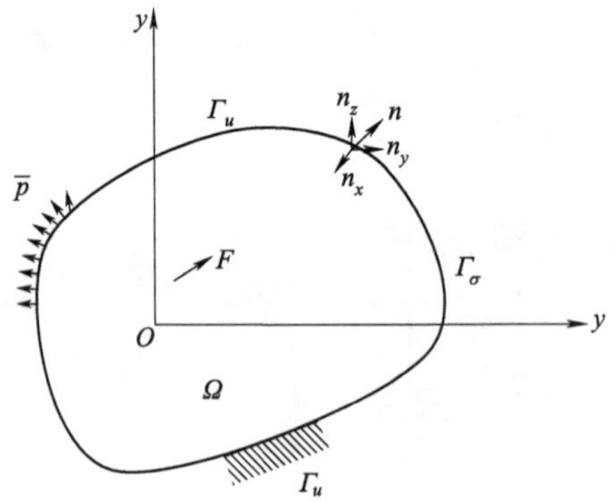

图 4.1　二维连续体

在弹性力学平面问题中用以进行离散化的单元形式有很多种，如图 4.2 所示的三节点三角形单元、四节点的矩形单元、四节点的四边形单元、六节点三角形单元、八节点矩形单元、八

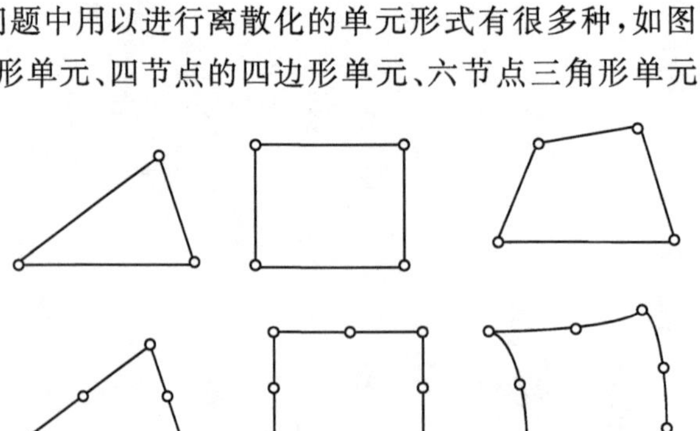

图 4.2　平面单元的几种形式

节点曲边单元等。对具体问题，可根据问题的区域形状、问题的性质等决定采用何种形式的单元。如图 4.3 所示的悬臂梁，如果将其视为二维问题，可用三节点的三角形单元将其离散。离散化时应注意：单元之间仅在节点处铰接，单元之间的力仅通过节点传递，单元的边界上没有任何连接。

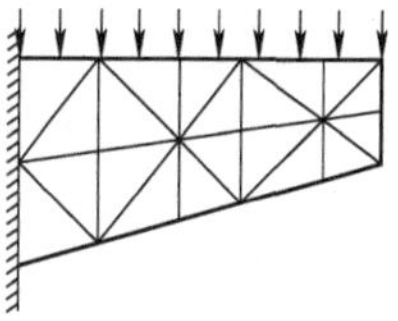

图 4.3 变截面悬臂梁的离散

4.2 单元位移模式

4.2.1 插值函数

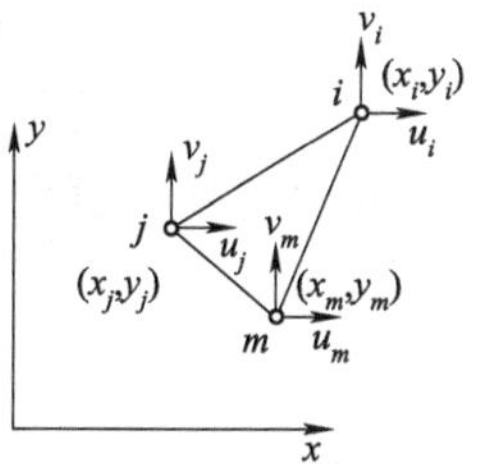

图 4.4 三节点三角形单元

图 4.4 为一典型的三节点三角形单元，三个节点的编号依次为 i,j,m，坐标分别为(x_i,y_i)，(x_j,y_j)和(x_m,y_m)，相应的节点位移分别为(u_i,v_i)，(u_j,v_j)和(u_m,v_m)。现用广义坐标法推导单元的插值函数。假设设单元的位移场为

$$\left.\begin{aligned} u &= \alpha_1 + \alpha_2 x + \alpha_3 y \\ v &= \alpha_4 + \alpha_5 x + \alpha_6 y \end{aligned}\right\} \tag{4.1}$$

其中，$\alpha_1,\alpha_2,\alpha_3,\alpha_4,\alpha_5,\alpha_6$ 称为广义坐标，下面将建立广义坐标和结点位移之间的关系，从而建立有限元分析格式。

将节点坐标和相应的节点位移代入式(4.1)，得节点位移同广义坐标之间的关系

$$\begin{Bmatrix} u_i \\ u_j \\ u_m \end{Bmatrix} = \begin{bmatrix} 1 & x_i & y_i \\ 1 & x_j & y_j \\ 1 & x_m & y_m \end{bmatrix} \begin{Bmatrix} \alpha_1 \\ \alpha_2 \\ \alpha_3 \end{Bmatrix} \tag{4.2}$$

求解上述方程，可得

$$\begin{Bmatrix} \alpha_1 \\ \alpha_2 \\ \alpha_3 \end{Bmatrix} = \frac{1}{2A} \begin{bmatrix} a_i & a_j & a_m \\ b_i & b_j & b_m \\ c_i & c_j & c_m \end{bmatrix} \begin{Bmatrix} u_i \\ u_j \\ u_m \end{Bmatrix} \tag{4.3}$$

其中

$$\left.\begin{aligned} a_i &= x_j y_m - x_m y_j \quad & b_i &= y_j - y_m \quad & c_i &= x_m - x_j \\ a_j &= x_m y_i - x_i y_m \quad & b_j &= y_m - y_i \quad & c_j &= x_i - x_m \\ a_m &= x_i y_j - x_j y_i \quad & b_m &= y_i - y_j \quad & c_m &= x_j - x_i \end{aligned}\right\} \tag{4.4}$$

$$A = \frac{1}{2}\det \begin{bmatrix} 1 & x_i & y_i \\ 1 & x_j & y_j \\ 1 & x_m & y_m \end{bmatrix} = \frac{1}{2} \begin{vmatrix} 1 & x_i & y_i \\ 1 & x_j & y_j \\ 1 & x_m & y_m \end{vmatrix} \tag{4.5}$$

为三角形的面积。

将式(4.3)代入位移表达式(4.1)中第一式，可得

$$u = [1 \quad x \quad y] \begin{Bmatrix} \alpha_1 \\ \alpha_2 \\ \alpha_3 \end{Bmatrix} = [1 \quad x \quad y] \frac{1}{2A} \begin{bmatrix} a_i & a_j & a_m \\ b_i & b_j & b_m \\ c_i & c_j & c_m \end{bmatrix} \begin{Bmatrix} u_i \\ u_j \\ u_m \end{Bmatrix}$$

$$= [N_i \quad N_j \quad N_m]\begin{Bmatrix} u_i \\ u_j \\ u_m \end{Bmatrix} \tag{4.6}$$

其中

$$N_i = \frac{1}{2A}(a_i + b_i x + c_i y) \qquad (i,j,m) \tag{4.7}$$

对于 y 方向的位移 v,采用相同的思路,可得

$$v = [N_i \quad N_j \quad N_m]\begin{Bmatrix} v_i \\ v_j \\ v_m \end{Bmatrix} \tag{4.8}$$

式中,N_i 称为 i 结点的形函数(Shape function)或插值函数(Interpolation function)。式(4.6)和式(4.8)表明,单元内任意一点的位移可以利用结点位移表示,确定结点位移后,单元的位移场即可确定。由式(4.6)和式(4.8)可以看出,y 方向位移插值函数和 x 方向的位移插值函数完全相同。将 u 和 v 的表达式写在一起,有

$$\begin{Bmatrix} u \\ v \end{Bmatrix} = \begin{bmatrix} N_i & 0 & N_j & 0 & N_m & 0 \\ 0 & N_i & 0 & N_j & 0 & N_m \end{bmatrix}\begin{Bmatrix} u_i \\ v_i \\ u_j \\ v_j \\ u_m \\ v_m \end{Bmatrix} \tag{4.9}$$

简记为

$$\boldsymbol{u} = \boldsymbol{N}\boldsymbol{\delta}^e = [\boldsymbol{N}_i \quad \boldsymbol{N}_j \quad \boldsymbol{N}_m]\begin{Bmatrix} \boldsymbol{\delta}_i \\ \boldsymbol{\delta}_j \\ \boldsymbol{\delta}_m \end{Bmatrix}^e \tag{4.10}$$

其中

$$\boldsymbol{u} = \begin{Bmatrix} u \\ v \end{Bmatrix} \tag{4.11}$$

$$\boldsymbol{N} = [\boldsymbol{N}_i \quad \boldsymbol{N}_j \quad \boldsymbol{N}_m] = \begin{bmatrix} N_i & 0 & N_j & 0 & N_m & 0 \\ 0 & N_i & 0 & N_j & 0 & N_m \end{bmatrix} \tag{4.12}$$

这里

$$\boldsymbol{N}_i = \begin{bmatrix} N_i & 0 \\ 0 & N_i \end{bmatrix} \qquad (i,j,m) \tag{4.13}$$

$$\boldsymbol{\delta}_i = \begin{Bmatrix} u_i \\ v_i \end{Bmatrix} \qquad (i,j,m) \tag{4.14}$$

其中 $\boldsymbol{N}$ 称为插值函数矩阵,$\boldsymbol{\delta}^e$ 称为节点位移列阵。

4.2.2 插值函数的性质

(1)有限元位移插值函数为无量纲,这表明了有限元方法为位移解法。

(2)三个插值函数的和等于 1,即

$$N_i + N_j + N_m = 1 \tag{4.15}$$

由式(4.7)知

$$N_i + N_j + N_m = \frac{1}{2A}[(a_i + a_j + a_m) + (b_i + b_j + b_m)x + (c_i + c_j + c_m)y]$$

由前面可知

$$\left.\begin{aligned} a_i + a_j + a_m &= x_j y_m - x_m y_j + x_m y_i - x_i y_m + x_i y_j - x_j y_i = 2A \\ b_i + b_j + b_m &= y_j - y_m + y_m - y_i + y_i - y_j = 0 \\ c_i + c_j + c_m &= x_m - x_j + x_i - x_m + x_j - x_i = 0 \end{aligned}\right\}$$

故有

$$N_i + N_j + N_m = 1$$

上述性质说明有限元插值函数能够反映刚体位移,即若三角形常应变单元每个结点位移相同,则单元内任一点的位移均为此位移,即刚体位移。

(3)插值函数在插值函数节点取单位值,在其他节点为 0,即

$$\left.\begin{aligned} N_i(x_i, y_i) &= \frac{1}{2\Delta}(a_i + b_i x_i + c_i y_i) = 1 \\ N_i(x_j, y_j) &= \frac{1}{2\Delta}(a_i + b_i x_j + c_i y_j) = 0 \\ N_i(x_m, y_m) &= \frac{1}{2\Delta}(a_i + b_i x_m + c_i y_m) = 0 \end{aligned}\right\} \tag{4.16}$$

简记为

$$N_i(x_j, y_j) = \delta_{ij} \tag{4.17}$$

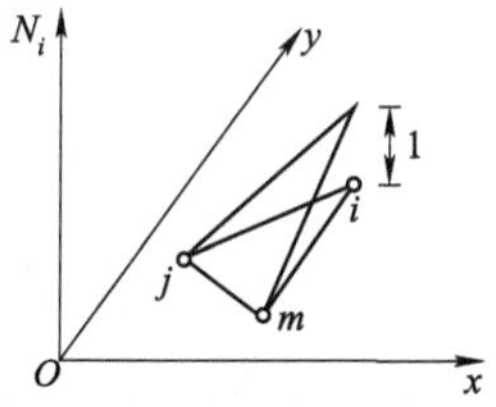

图 4.5 形函数的形状

结合插值函数的线性性质,可知,插值函数的取值在三角形单元内为一宝塔形,如图 4.5 所示。可以看到,单元位移与节点位移是协调的,节点位移将影响单元位移的大小。

(4)显然,在三角形的形心处有

$$N_i = N_j = N_m = \frac{1}{3} \tag{4.18}$$

在 ij 边和 im 边的中点处有

$$N_i = \frac{1}{2} \tag{4.19}$$

在 jm 边上的各点处有

$$N_i = 0 \tag{4.20}$$

并有

$$\iint_A N_i \mathrm{d}x\mathrm{d}y = \frac{A}{3}, \quad \int_{ij} N_i \mathrm{d}s = \frac{1}{2} l_{ij}, \quad \int_{im} N_i \mathrm{d}s = \frac{1}{2} l_{im} \tag{4.21}$$

(5)在三角形单元 ijm 的一边上,如 ij 边上

$$N_i = 1 - \frac{x - x_i}{x_j - x_i}, \quad N_j = \frac{x - x_i}{x_j - x_i}, N_m = 0 \tag{4.22}$$

事实上,ij 边的方程为

$$y = -\frac{b_m}{c_m}(x - x_i) + y_i \tag{4.23}$$

将此式代入形函数表达式

$$\begin{aligned}N_j &= \frac{1}{2A}(a_j + b_j x + c_j y)\\ &= \frac{1}{2A}\left\{a_j + b_j x + c_j\left[-\frac{b_m}{c_m}(x - x_i) + y_i\right]\right\}\\ &= \frac{1}{2A}\left\{a_j + b_j x_i + c_j y_i + b_j(x - x_i) - \frac{b_m c_j}{c_m}(x - x_i)\right\}\\ &= \frac{1}{2A}\left\{\frac{b_j c_m - b_m c_j}{c_m}(x - x_i)\right\}\end{aligned}$$

其中

$$\begin{aligned}b_j c_m - b_m c_j &= -b_j(x_i - x_j) + b_m(x_m - x_i)\\ &= b_i x_i + b_j x_j + b_m x_m = 2A\end{aligned}$$

所以有

$$N_j = \frac{x - x_i}{x_j - x_i}$$

同样

$$\begin{aligned}N_m &= \frac{1}{2A}(a_m + b_m x + c_m y)\\ &= \frac{1}{2A}\left\{a_m + b_m x + c_m\left[-\frac{b_m}{c_m}(x - x_i) + y_i\right]\right\}\\ &= \frac{1}{2A}\{a_m + b_m x_j + c_m y_j\} = 0\end{aligned}$$

自然

$$N_i = 1 - \frac{x - x_i}{x_j - x_i}$$

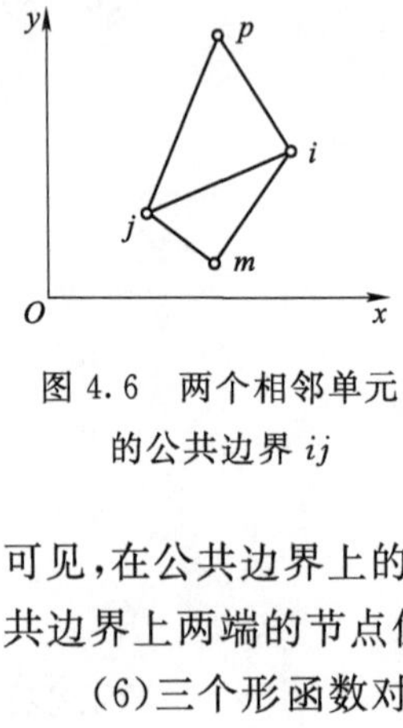

图 4.6　两个相邻单元的公共边界 ij

上面几式清楚看到，在三角形单元的某一边上的插值函数与第三个结点的坐标无关。由这个性质很容易证明，三节点三角形线性单元的位移在公共边界上是连续的。如图 4.6 所示，在两个单元的公共边 ij 上，因为

$$N_m = N_p = 0$$

因此，不论用哪个单元来计算，ij 边上的位移均为

$$\left.\begin{aligned}u(x,y) &= N_i(x,y)u_i + N_j(x,y)u_j\\ v(x,y) &= N_i(x,y)v_i + N_j(x,y)v_j\end{aligned}\right\} \tag{4.24}$$

可见，在公共边界上的位移，完全由边界上两个节点的位移及坐标所确定。而在相邻单元的公共边界上两端的节点位移和坐标是相同的，因而位移是连续的。

(6)三个形函数对笛卡尔坐标的一阶导数之和等于零，即

$$\left.\begin{aligned}\frac{\partial N_i}{\partial x} + \frac{\partial N_j}{\partial x} + \frac{\partial N_m}{\partial x} &= 0\\ \frac{\partial N_i}{\partial y} + \frac{\partial N_j}{\partial y} + \frac{\partial N_m}{\partial y} &= 0\end{aligned}\right\} \tag{4.25}$$

这一点很容易证明，此处不多言。上式可以保证单元发生刚体位移时，单元内部没有弹性变形发生。

4.3 单元刚度方程

4.3.1 单元的应变和应力

根据平面问题位移应变关系，可知

$$\{\varepsilon\}=\begin{Bmatrix}\varepsilon_x\\ \varepsilon_y\\ \gamma_{xy}\end{Bmatrix}=\begin{bmatrix}\partial_x & 0\\ 0 & \partial_y\\ \partial_y & \partial_x\end{bmatrix}\begin{Bmatrix}u\\ v\end{Bmatrix}\tag{4.26}$$

将位移场插值结果代入上式，可得

$$\begin{Bmatrix}\varepsilon_x\\ \varepsilon_y\\ \gamma_{xy}\end{Bmatrix}=\begin{bmatrix}\partial_x & 0\\ 0 & \partial_y\\ \partial_y & \partial_x\end{bmatrix}\begin{Bmatrix}u\\ v\end{Bmatrix}=\begin{bmatrix}\partial_x & 0\\ 0 & \partial_y\\ \partial_y & \partial_x\end{bmatrix}\begin{bmatrix}N_i & 0 & N_j & 0 & N_m & 0\\ 0 & N_i & 0 & N_j & 0 & N_m\end{bmatrix}\begin{Bmatrix}u_i\\ v_i\\ \vdots\\ v_m\end{Bmatrix}$$

$$=\frac{1}{2A}\begin{bmatrix}b_i & 0 & b_j & 0 & b_m & 0\\ 0 & c_i & 0 & c_j & 0 & c_m\\ c_i & b_i & c_j & b_j & c_m & b_m\end{bmatrix}\begin{Bmatrix}u_i\\ v_i\\ \vdots\\ v_m\end{Bmatrix}=[\boldsymbol{B}_i\quad \boldsymbol{B}_j\quad \boldsymbol{B}_m]\begin{Bmatrix}\boldsymbol{\delta}_i\\ \boldsymbol{\delta}_j\\ \boldsymbol{\delta}_m\end{Bmatrix}=\boldsymbol{B}\boldsymbol{\delta}^e\tag{4.27}$$

在应变表达式中，$\boldsymbol{B}$ 称为几何矩阵或应变矩阵，其表达式为

$$\boldsymbol{B}=[\boldsymbol{B}_i\quad \boldsymbol{B}_j\quad \boldsymbol{B}_m]\tag{4.28}$$

其中

$$\boldsymbol{B}_i=\frac{1}{2A}\begin{bmatrix}b_i & 0\\ 0 & c_i\\ c_i & b_i\end{bmatrix}\qquad (i,j,m)\tag{4.29}$$

由上述应变的表达式，可以看出，单元的应变为一常值，即单元各点的应变相同，因此该单元称为三角形常应变单元。

将应力应变关系代入后，可得单元的应力为

$$\boldsymbol{\sigma}=\boldsymbol{D}\boldsymbol{\varepsilon}=\boldsymbol{D}\boldsymbol{B}\boldsymbol{\delta}^e=\boldsymbol{S}\boldsymbol{\delta}^e\tag{4.30}$$

$\boldsymbol{S}$ 称为应力矩阵，其中

$$\boldsymbol{S}=[\boldsymbol{S}_i\quad \boldsymbol{S}_j\quad \boldsymbol{S}_m]\tag{4.31}$$

对平面应力问题

$$\boldsymbol{S}_i=\frac{E}{2(1-\nu^2)}\begin{bmatrix}b_i & \nu c_i\\ \nu b_i & c_i\\ \dfrac{(1-\nu)c_i}{2} & \dfrac{(1-\nu)b_i}{2}\end{bmatrix}\qquad (i,j,m)\tag{4.32}$$

对平面应变问题

$$\boldsymbol{S}_i = \frac{E(1-\nu)}{2(1+\nu)(1-2\nu)}\begin{bmatrix} b_i & \dfrac{\nu c_i}{1-\nu} \\ \dfrac{\nu b_i}{1-\nu} & c_i \\ \dfrac{(1-2\nu)c_i}{2(1-\nu)} & \dfrac{(1-2\nu)b_i}{2(1-\nu)} \end{bmatrix} \quad (i,j,m) \tag{4.33}$$

4.3.2 单元的势能及单元刚度矩阵

对于二维线弹性问题，结构的应变能为

$$\begin{aligned} U_\varepsilon &= \frac{1}{2}\iiint_V (\sigma_x\varepsilon_x + \sigma_y\varepsilon_y + \tau_{xy}\gamma_{xy})\mathrm{d}V \\ &= \frac{1}{2}\iiint_V \boldsymbol{\varepsilon}^{\mathrm{T}}\boldsymbol{\sigma}\mathrm{d}V \\ &= \frac{t}{2}\iint_A \boldsymbol{\varepsilon}^{\mathrm{T}}\boldsymbol{D}\boldsymbol{\varepsilon}\mathrm{d}A \end{aligned} \tag{4.34}$$

式中，t 为平板的厚度。

将式(4.27)和式(4.30)代入，得

$$\begin{aligned} U_\varepsilon &= \frac{1}{2}\iiint_V \boldsymbol{\varepsilon}^{\mathrm{T}}\boldsymbol{\sigma}\mathrm{d}V \\ &= \frac{t}{2}\iint_A \boldsymbol{\varepsilon}^{\mathrm{T}}\boldsymbol{D}\boldsymbol{\varepsilon}\mathrm{d}A \\ &= \frac{1}{2}\boldsymbol{\delta}^{e\mathrm{T}}\left\{t\iint_A \boldsymbol{B}^{\mathrm{T}}\boldsymbol{D}\boldsymbol{B}\mathrm{d}A\right\}\boldsymbol{\delta}^e \end{aligned} \tag{4.35}$$

记

$$\boldsymbol{K}^e = t\iint_A \boldsymbol{B}^{\mathrm{T}}\boldsymbol{D}\boldsymbol{B}\mathrm{d}A \tag{4.36}$$

则有

$$U_\varepsilon = \frac{1}{2}\boldsymbol{\delta}^{e\mathrm{T}}\boldsymbol{K}^e\boldsymbol{\delta}^e \tag{4.37}$$

外力势能为：

$$\begin{aligned} U_P &= -\left\{\iiint_V (F_x u + F_y v)\mathrm{d}V - \iint_{\Gamma_1}(p_x u + p_y v)\mathrm{d}S\right\} \\ &= -t\iint_A (F_x u + F_y v)\mathrm{d}A - t\int_\Gamma (p_x u + p_y v)\mathrm{d}\Gamma \\ &= -t\iint_A \boldsymbol{u}^{\mathrm{T}}\boldsymbol{F}\mathrm{d}A - t\int_\Gamma \boldsymbol{u}^{\mathrm{T}}\boldsymbol{p}\mathrm{d}\Gamma \end{aligned} \tag{4.38}$$

将式(4.10)代入，有

$$\begin{aligned} U_P &= -t\iint_A \boldsymbol{u}^{\mathrm{T}}\boldsymbol{F}\mathrm{d}A - t\int_\Gamma \boldsymbol{u}^{\mathrm{T}}\boldsymbol{p}\mathrm{d}\Gamma \\ &= -\boldsymbol{\delta}^{e\mathrm{T}}t\iint_A \boldsymbol{N}^{\mathrm{T}}\boldsymbol{F}\mathrm{d}A - \boldsymbol{\delta}^{e\mathrm{T}}t\int_\Gamma \boldsymbol{N}^{\mathrm{T}}\boldsymbol{p}\mathrm{d}\Gamma \\ &= -\boldsymbol{\delta}^{e\mathrm{T}}\left(t\iint_A \boldsymbol{N}^{\mathrm{T}}\boldsymbol{F}\mathrm{d}A + t\int_\Gamma \boldsymbol{N}^{\mathrm{T}}\boldsymbol{p}\mathrm{d}\Gamma\right) \end{aligned} \tag{4.39}$$

记

$$\boldsymbol{F}^e = t\iint_A \boldsymbol{N}^{\mathrm{T}} \boldsymbol{F} \mathrm{d}A + t\int_\Gamma \boldsymbol{N}^{\mathrm{T}} \boldsymbol{p} \mathrm{d}\Gamma \tag{4.40}$$

则单元的外力势能可表示为

$$U_P = -\boldsymbol{\delta}^{e^{\mathrm{T}}} \boldsymbol{F}^e \tag{4.41}$$

结构的总势能为：

$$\Pi = U_\varepsilon + U_p = \frac{1}{2}\boldsymbol{\delta}^{e^{\mathrm{T}}} \boldsymbol{K}^e \boldsymbol{\delta}^e - \boldsymbol{\delta}^{e^{\mathrm{T}}} \boldsymbol{F}^e \tag{4.42}$$

依据最小势能原理，令 $\delta\Pi = 0$ 有

$$\boldsymbol{K}^e \boldsymbol{\delta}^e = \boldsymbol{F}^e \tag{4.43}$$

此方程称作单元的刚度方程，其实质是平衡方程。$\boldsymbol{K}^e$ 即为单元刚度矩阵，由式(4.36)求得，$\boldsymbol{F}^e$ 为单元的等效节点力，由式(4.40)确定。

若将单元的节点位移向量 $\{\delta\}^e$ 和等效节点力向量 $\{\boldsymbol{F}\}^e$ 写成按节点顺序分块的形式

$$\boldsymbol{\delta}^e = \{\boldsymbol{\delta}_i^{\mathrm{T}} \quad \boldsymbol{\delta}_j^{\mathrm{T}} \quad \boldsymbol{\delta}_m^{\mathrm{T}}\}^{\mathrm{T}} \tag{4.44}$$

$$\boldsymbol{F}^e = \{\boldsymbol{F}_i^{\mathrm{T}} \quad \boldsymbol{F}_j^{\mathrm{T}} \quad \boldsymbol{F}_m^{\mathrm{T}}\}^{\mathrm{T}} \tag{4.45}$$

其中

$$\boldsymbol{\delta}_i^e = \begin{Bmatrix} u_i \\ v_i \end{Bmatrix}, \boldsymbol{F}_i^e = \begin{Bmatrix} F_{xi} \\ F_{yi} \end{Bmatrix} \qquad (i,j,m) \tag{4.46}$$

为节点位移和节点力的子向量，则 $[\boldsymbol{K}]^e$ 也可以写成分块的形式

$$\boldsymbol{K}^e = \begin{bmatrix} [\boldsymbol{K}_{ii}]^e & [\boldsymbol{K}_{ij}]^e & [\boldsymbol{K}_{im}]^e \\ [\boldsymbol{K}_{ji}]^e & [\boldsymbol{K}_{jj}]^e & [\boldsymbol{K}_{jm}]^e \\ [\boldsymbol{K}_{mi}] & [\boldsymbol{K}_{mj}]^e & [\boldsymbol{K}_{mm}]^e \end{bmatrix} \tag{4.47}$$

因为

$$\begin{aligned} \boldsymbol{K}^e &= t\iint_A \boldsymbol{B}^{\mathrm{T}} \boldsymbol{D} \boldsymbol{B} \mathrm{d}A = t\iint_A \begin{bmatrix} \boldsymbol{B}_i^{\mathrm{T}} \\ \boldsymbol{B}_j^{\mathrm{T}} \\ \boldsymbol{B}_m^{\mathrm{T}} \end{bmatrix} \boldsymbol{D} [\boldsymbol{B}_i \quad \boldsymbol{B}_j \quad \boldsymbol{B}_m] \mathrm{d}A \\ &= t\iint_A \begin{bmatrix} \boldsymbol{B}_i^{\mathrm{T}}\boldsymbol{D}\boldsymbol{B}_i & \boldsymbol{B}_i^{\mathrm{T}}\boldsymbol{D}\boldsymbol{B}_j & \boldsymbol{B}_i^{\mathrm{T}}\boldsymbol{D}\boldsymbol{B}_m \\ \boldsymbol{B}_j^{\mathrm{T}}\boldsymbol{D}\boldsymbol{B}_i & \boldsymbol{B}_j^{\mathrm{T}}\boldsymbol{D}\boldsymbol{B}_j & \boldsymbol{B}_j^{\mathrm{T}}\boldsymbol{D}\boldsymbol{B}_m \\ \boldsymbol{B}_m^{\mathrm{T}}\boldsymbol{D}\boldsymbol{B}_i & \boldsymbol{B}_m^{\mathrm{T}}\boldsymbol{D}\boldsymbol{B}_j & \boldsymbol{B}_m^{\mathrm{T}}\boldsymbol{D}\boldsymbol{B}_m \end{bmatrix} \mathrm{d}A \\ &= tA \begin{bmatrix} \boldsymbol{B}_i^{\mathrm{T}}\boldsymbol{D}\boldsymbol{B}_i & \boldsymbol{B}_i^{\mathrm{T}}\boldsymbol{D}\boldsymbol{B}_j & \boldsymbol{B}_i^{\mathrm{T}}\boldsymbol{D}\boldsymbol{B}_m \\ \boldsymbol{B}_j^{\mathrm{T}}\boldsymbol{D}\boldsymbol{B}_i & \boldsymbol{B}_j^{\mathrm{T}}\boldsymbol{D}\boldsymbol{B}_j & \boldsymbol{B}_j^{\mathrm{T}}\boldsymbol{D}\boldsymbol{B}_m \\ \boldsymbol{B}_m^{\mathrm{T}}\boldsymbol{D}\boldsymbol{B}_i & \boldsymbol{B}_m^{\mathrm{T}}\boldsymbol{D}\boldsymbol{B}_j & \boldsymbol{B}_m^{\mathrm{T}}\boldsymbol{D}\boldsymbol{B}_m \end{bmatrix} \end{aligned} \tag{4.48}$$

故

$$\boldsymbol{K}_{ij}{}^e = tA\boldsymbol{B}_i^{\mathrm{T}}\boldsymbol{D}\boldsymbol{B}_j \tag{4.49}$$

对平面应力问题，有

$$\boldsymbol{K}_{ij}^e = tA\boldsymbol{B}_i^{\mathrm{T}}\boldsymbol{D}\boldsymbol{B}_{\mathrm{j}} = \frac{1}{2A}\begin{bmatrix} b_i & 0 & c_i \\ 0 & c_i & b_i \end{bmatrix} \frac{E}{1-\nu^2}\begin{bmatrix} 1 & \nu & 0 \\ \nu & 1 & 0 \\ 0 & 0 & \dfrac{1-\nu}{2} \end{bmatrix} \frac{1}{2A}\begin{bmatrix} b_j & 0 \\ 0 & c_j \\ c_j & b_j \end{bmatrix} tA$$

$$= \frac{EtA}{4(1-\nu^2)A^2}\begin{bmatrix} b_i & \nu b_i & \frac{1-\nu}{2}c_i \\ \nu c_i & c_i & \frac{1-\nu}{2}b_i \end{bmatrix}\begin{bmatrix} b_j & 0 \\ 0 & c_j \\ c_j & b_j \end{bmatrix}$$

$$= \frac{Et}{4(1-\nu^2)A}\begin{bmatrix} b_ib_j + \frac{1-\nu}{2}c_ic_j & \nu b_ic_j + \frac{1-\nu}{2}b_jc_i \\ \nu c_ib_j + \frac{1-\nu}{2}b_ic_j & c_ic_j + \frac{1-\nu}{2}b_ib_j \end{bmatrix} \tag{4.50}$$

同样，对平面应变问题，有

$$\boldsymbol{K}_{ij}^e = \frac{E(1-\nu)t}{4(1-2\nu)(1+\nu)A}\begin{bmatrix} b_ib_j + \frac{1-2\nu}{2(1-\nu)}c_ic_j & \frac{\nu}{1-\nu}b_ic_j + \frac{1-2\nu}{2(1-\nu)}b_jc_i \\ \frac{\nu}{1-\nu}c_ib_j + \frac{1-2\nu}{2(1-\nu)}b_ic_j & c_ic_j + \frac{1-2\nu}{2(1-\nu)}b_ib_j \end{bmatrix} \tag{4.51}$$

4.3.3 单元刚度矩阵的意义和性质

由上述分析可知，单元的平衡方程写成具体的展开式为

$$\begin{bmatrix} k_{11} & k_{12} & k_{13} & k_{14} & k_{15} & k_{16} \\ k_{21} & k_{22} & k_{23} & k_{24} & k_{25} & k_{26} \\ k_{31} & k_{32} & k_{33} & k_{34} & k_{35} & k_{36} \\ k_{41} & k_{42} & k_{43} & k_{44} & k_{45} & k_{46} \\ k_{51} & k_{52} & k_{53} & k_{54} & k_{55} & k_{56} \\ k_{61} & k_{62} & k_{63} & k_{64} & k_{65} & k_{66} \end{bmatrix}\begin{Bmatrix} u_i \\ v_i \\ u_j \\ v_j \\ u_m \\ v_m \end{Bmatrix} = \begin{Bmatrix} F_{xi} \\ F_{yi} \\ F_{xj} \\ F_{yj} \\ F_{xm} \\ F_{ym} \end{Bmatrix} \tag{4.52}$$

单元刚度方程的本质是该单元在六个方向的平衡方程，即该单元发生节点位移时，其自身产生的变形所导致的单元内力必须由外面施加的节点力来平衡，或者说，这些节点位移本身就是由节点力所产生的，它们之间有着某种必然的对应关系。

若令

$$u_i = 1, v_i = u_j = v_j = u_m = v_m = 0 \tag{4.53}$$

则由式(4.52)可得

$$\{k_{11} \quad k_{21} \quad k_{31} \quad k_{41} \quad k_{51} \quad k_{61}\}^{\mathrm{T}} = \{F_{xi} \quad F_{yi} \quad F_{xj} \quad F_{yj} \quad F_{xm} \quad F_{ym}\}^{\mathrm{T}} \tag{4.54}$$

由上式可知，单元刚度矩阵中的第一列刚度系数的物理意义为：使 i 结点沿 x 方向发生单位位移，其他结点各方向的位移均为零时，需要在各方向施加的等效结点力，如图 4.7(a)所示。比如，k_{21} 即是当 $u_i=1$ 时需要在 i 结点沿 y 方向施加的节点力，k_{31} 是 $u_i=1$ 时需要在 j 节点的 x 方向施加的节点力；其他元素的物理意义与此类似，图 4.7(b)画出了当 $v_j=1$ 时在节点各方向需要施加的力，即单元刚度矩阵的第 4 列元素。这里需要说明的是，要特别注意，当令某个节点位移等于 1 时，其他位移分量必须等于零。

由单元刚度矩阵元素的物理意义知，单元刚度矩阵只取决于单元的形状、大小、方向和弹性系数，而与单元的位置无关，即不随单元坐标的平移而改变。

因为

$$\boldsymbol{K}^{e^{\mathrm{T}}} = \left\{t\iint_A \boldsymbol{B}^{\mathrm{T}}\boldsymbol{D}\boldsymbol{B}\,\mathrm{d}A\right\}^{\mathrm{T}} = t\iint_A \boldsymbol{B}^{\mathrm{T}}\boldsymbol{D}^{\mathrm{T}}\boldsymbol{B}\,\mathrm{d}A = \boldsymbol{K}^e \tag{4.55}$$

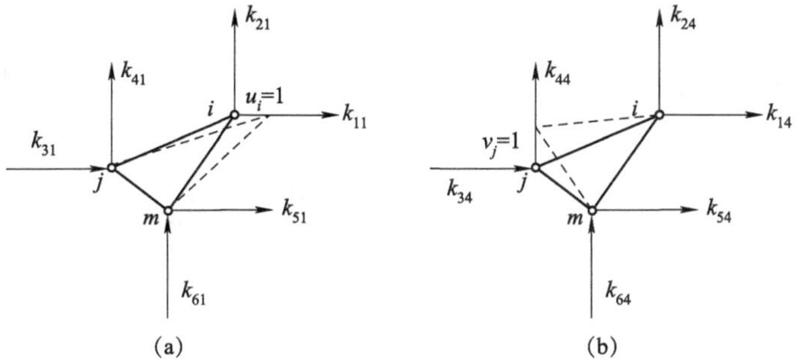

图 4.7 单元刚度矩阵元素的物理意义

故知单元刚度矩阵具有对称性。这个性质也可以由功的互等定理得到证明:假设该单元有如图 4.7 所示两种平衡状态,据功的互等定理可知,第一个状态上的外力在第二个状态的位移上所做虚功总和等于第二状态的外力在第一个状态的位移上所做的虚功的总和,即

$$k_{14}\times 1 = k_{41}\times 1$$

于是有

$$k_{14} = k_{41} \tag{4.56}$$

对其他列刚度系数进行类似的分析,可见单元的刚度矩阵是对称的。单元刚度矩阵对称从数学角度很容易证明,从物理概念上讲,单元刚度矩阵对称是功的互等定理的必然要求。

此外,单元刚度矩阵还具有奇异性,即

$$\det\boldsymbol{K}^e = 0 \tag{4.57}$$

这可以从其展开式得到验证,读者可自行验证。实际上,在单元刚度方程式(4.43)中,若已知节点位移向量 $\boldsymbol{\delta}^e$,很容易求出与此位移相对应的节点力向量 $\boldsymbol{F}^e$,但是反过来,若给定节点力向量 $\boldsymbol{F}^e$,并不能由此式求得节点位移向量 $\boldsymbol{\delta}^e$,此时 $\boldsymbol{K}^e$ 矩阵的逆矩阵是不存在的。因为单元不受约束,含有刚体位移,换句话说,单元在任何位置都可以以这种特定的形式保持平衡,因为需要维持单元平衡的节点力只与单元的变形形式有关而与刚体位移无关。可以肯定,任何包含刚体位移的单元其刚度矩阵都是奇异的。

例 4.1:如图 4.8 所示的三角形常应变单元,讨论当坐标系发生旋转之后其单元刚度矩阵有什么变化。

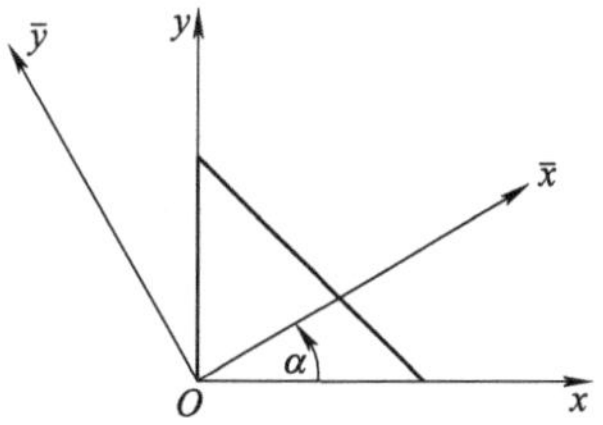

图 4.8 两种坐标系下的单元

解:如右图所示,在 xy 坐标系中,单元的应变势能表达式为

$$\Pi = \frac{1}{2}\boldsymbol{\delta}^{e\mathrm{T}}\boldsymbol{K}^e\boldsymbol{\delta}^e - \boldsymbol{\delta}^{e\mathrm{T}}\boldsymbol{F}^e$$

在新坐标系 $\bar{x}\bar{y}$ 中单元的应变能为

$$\Pi = \frac{1}{2}\bar{\boldsymbol{\delta}}^{e\mathrm{T}}\bar{\boldsymbol{K}}^e\bar{\boldsymbol{\delta}}^e - \bar{\boldsymbol{\delta}}^{e\mathrm{T}}\bar{\boldsymbol{F}}^e$$

由第 3 章知,新旧坐标系中,节点位移和节点力可具有如下的关系

$$\begin{Bmatrix}\bar{u}_i^e\\ \bar{v}_i^e\end{Bmatrix} = \begin{bmatrix}\cos\alpha & \sin\alpha\\ -\sin\alpha & \cos\alpha\end{bmatrix}\begin{Bmatrix}u_i^e\\ v_i^e\end{Bmatrix}$$

记

$$\boldsymbol{\lambda} = \begin{bmatrix} \cos\alpha & \sin\alpha \\ -\sin\alpha & \cos\alpha \end{bmatrix}$$

所以，新旧坐标系中单元结点位移向量存在如下关系

$$\bar{\boldsymbol{\delta}}^e = \begin{Bmatrix} \bar{\boldsymbol{\delta}}_i^e \\ \bar{\boldsymbol{\delta}}_j^e \\ \bar{\boldsymbol{\delta}}_m^e \end{Bmatrix} = \begin{bmatrix} \boldsymbol{\lambda} & 0 & 0 \\ 0 & \boldsymbol{\lambda} & 0 \\ 0 & 0 & \boldsymbol{\lambda} \end{bmatrix} \begin{Bmatrix} \boldsymbol{\delta}_i^e \\ \boldsymbol{\delta}_j^e \\ \boldsymbol{\delta}_m^e \end{Bmatrix} = \boldsymbol{T}\boldsymbol{\delta}^e$$

$\boldsymbol{T}$ 为坐标变换矩阵，并且是正交矩阵，于是有

$$\boldsymbol{\delta}^e = \boldsymbol{T}^{\mathrm{T}}\bar{\boldsymbol{\delta}}^e$$

所以单元的总势能可以表示为

$$\begin{aligned} \Pi &= \frac{1}{2}\boldsymbol{\delta}^{e\mathrm{T}}\boldsymbol{K}^e\boldsymbol{\delta}^e - \boldsymbol{\delta}^{e\mathrm{T}}\boldsymbol{F}^e \\ &= \frac{1}{2}\bar{\boldsymbol{\delta}}^{e\mathrm{T}}\boldsymbol{T}\boldsymbol{K}^e\boldsymbol{T}^{\mathrm{T}}\bar{\boldsymbol{\delta}}^e - \bar{\boldsymbol{\delta}}^{e\mathrm{T}}\boldsymbol{T}\boldsymbol{F}^e \end{aligned}$$

所以，新旧单元之间刚度矩阵和等效结点力之间关系为

$$\begin{cases} \bar{\boldsymbol{K}}^e = \boldsymbol{T}\boldsymbol{K}^e\boldsymbol{T}^{\mathrm{T}} \\ \bar{\boldsymbol{F}}^e = \boldsymbol{T}\boldsymbol{F}^e \end{cases}$$

或

$$\begin{cases} \boldsymbol{K}^e = \boldsymbol{T}^{\mathrm{T}}\bar{K}^e\boldsymbol{T} \\ \boldsymbol{F}^e = \boldsymbol{T}^{\mathrm{T}}\bar{\boldsymbol{F}}^e \end{cases}$$

前面讨论了坐标系旋转情况下，单元刚度矩阵的变换形式，对于坐标系平移情况下，单元刚度矩阵的变化如何，请读者自行推导。

4.3.4 等效结点力的计算

结构受力分为体力和面力两种情况，在有限元分析中，两种受力表现为等效结点力的形式，其具体计算式为

$$\boldsymbol{F}^e = t\left[\iint_A \boldsymbol{N}^{\mathrm{T}}\boldsymbol{F}\mathrm{d}A + \int_\Gamma \boldsymbol{N}^{\mathrm{T}}\boldsymbol{p}\mathrm{d}\Gamma\right] \tag{4.58}$$

其中

$$\boldsymbol{F} = \begin{Bmatrix} F_x \\ F_y \end{Bmatrix} \tag{4.59}$$

为体力（域内的力），而

$$\boldsymbol{p} = \begin{Bmatrix} p_x \\ p_y \end{Bmatrix} \tag{4.60}$$

为面力（边界上的力）。

1. 体力等效结点力的计算

对于体积力等效结点力计算采用如下公式

$$\boldsymbol{F}^e = t\iint_A \boldsymbol{N}^{\mathrm{T}}\boldsymbol{F}\mathrm{d}A = t\iint_A \begin{bmatrix} N_i & 0 \\ 0 & N_i \\ N_j & 0 \\ 0 & N_j \\ N_m & 0 \\ 0 & N_m \end{bmatrix} \begin{Bmatrix} F_x \\ F_y \end{Bmatrix} \mathrm{d}A \tag{4.61}$$

对于重力，存在如下关系

$$\begin{Bmatrix} F_x \\ F_y \end{Bmatrix} = \begin{Bmatrix} 0 \\ -\rho g \end{Bmatrix}, \quad \iint_A N_i \mathrm{d}x\mathrm{d}y = \frac{A}{3}$$

利用面积坐标积分的表达式，可得等效结点力为

$$\{F_{xi} \quad F_{yi} \quad F_{xj} \quad F_{yj} \quad F_{xm} \quad F_{ym}\}^{\mathrm{T}} = -\frac{t\rho g A}{3}\{0 \quad 1 \quad 0 \quad 1 \quad 0 \quad 1\}^{\mathrm{T}} \tag{4.62}$$

2. 面力等效结点力的计算

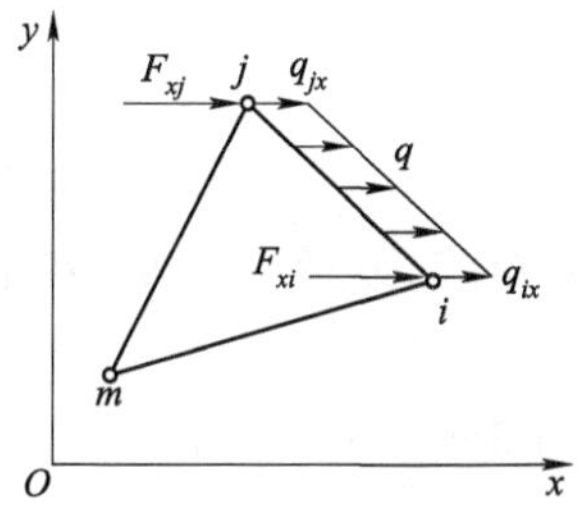

图 4.9 ij 边上面荷载的等效节点力

对于如图 4.9 所示单元，在 ij 边上受到沿 x 方向线性分布面力作用。集度为在 i 结点为 q_{xi}，在 j 结点为 q_{xj}，其等效结点力为

$$\boldsymbol{F}^e = t\int_{\Gamma_t} \boldsymbol{N}^{\mathrm{T}}\boldsymbol{p}\mathrm{d}\Gamma = t\int_{\Gamma_{ij}} \begin{bmatrix} N_i & 0 \\ 0 & N_i \\ N_j & 0 \\ 0 & N_j \\ N_m & 0 \\ 0 & N_m \end{bmatrix} \begin{Bmatrix} N_i q_{xi} + N_j q_{xj} \\ 0 \end{Bmatrix} \mathrm{d}\Gamma$$

利用上式，并根据关于形函数在单元边界积分的公式，可得等效结点力为

$$\begin{aligned} \boldsymbol{F}^e &= \{F_{xi} \quad F_{yi} \quad F_{xj} \quad F_{yj} \quad F_{xm} \quad F_{ym}\}^{\mathrm{T}} \\ &= \frac{tl_{ij}}{6}\{(2q_{xi}+q_{xj}) \quad 0 \quad (q_{xi}+2q_{xj}) \quad 0 \quad 0 \quad 0\}^{\mathrm{T}} \end{aligned} \tag{4.63}$$

若 $q_{xi}=q_{xj}=q$，则

$$\begin{aligned} \boldsymbol{F}^e &= \{F_{xi} \quad F_{yi} \quad F_{xj} \quad F_{yj} \quad F_{xm} \quad F_{ym}\}^{\mathrm{T}} \\ &= \frac{tql_{ij}}{2}\{1 \quad 0 \quad 1 \quad 0 \quad 0 \quad 0\}^{\mathrm{T}} \end{aligned} \tag{4.64}$$

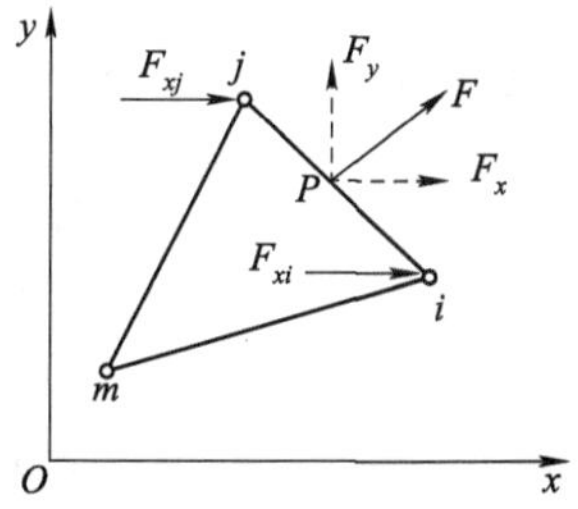

图 4.10 ij 边上集中力的等效节点力

如果在 ij 边上的某处 P 受到集中力 F 作用，可首先将 F 沿坐标轴分解为 F_x 和 F_y，如图 4.10 所示。其等效结点力为

$$\boldsymbol{F}^e = t\int_{\Gamma_t} \boldsymbol{N}^{\mathrm{T}}\boldsymbol{p}\mathrm{d}\Gamma = t\int_{\Gamma_{ij}} \begin{bmatrix} N_i & 0 \\ 0 & N_i \\ N_j & 0 \\ 0 & N_j \\ N_m & 0 \\ 0 & N_m \end{bmatrix} \begin{Bmatrix} F_x\delta(x_P, y_P) \\ F_y\delta(x_P, y_P) \end{Bmatrix} \mathrm{d}\Gamma$$

其中，$\delta(x_P, y_P)$ 为 δ 函数。根据 δ 函数的积分性质得

$$\begin{aligned}\boldsymbol{F}^e &= \{F_{xi} \quad F_{yi} \quad F_{xj} \quad F_{yj} \quad F_{xm} \quad F_{ym}\}^{\mathrm{T}} \\ &= \{F_{xi}N_i(x_P,y_P) \quad F_{yi}N_i(x_P,y_P) \quad F_{xj}N_j(x_P,y_P) \quad F_{yj}N_j(x_P,y_P) \quad 0 \quad 0\}^{\mathrm{T}}\end{aligned} \tag{4.65}$$

其中，$N_i(x_P,y_P)$为形函数 N_i 在 P 点处的值。

4.4 结构刚度方程

整体分析是将离散的单元组集在一起，近似模拟原弹性体。二维弹性力学问题的结构刚度矩阵也可以通过单元结点位移和结构结点位移间的关系建立。假设结构总共有 n 个节点，建立结构节点位移列向量和与之对应的结构节点力向量

$$\boldsymbol{\Delta} = \{u_1 \quad v_1 \quad u_2 \quad v_2 \quad \cdots \quad v_n\}^{\mathrm{T}} \tag{4.66}$$

$$\boldsymbol{F} = \{F_{x1} \quad F_{y1} \quad F_{x2} \quad F_{y2} \quad \cdots \quad F_{yn}\}^{\mathrm{T}} \tag{4.67}$$

某个单元 (e) 的结点编号为 ijm，其结点位移向量为

$$\boldsymbol{\delta}^e = \{u_i \quad v_i \quad u_j \quad v_j \quad u_m \quad v_m\}^{\mathrm{T}} \tag{4.68}$$

单元结点位移向量同结构结点位移向量之间存在着如下的关系

$$\boldsymbol{\delta}^e = \boldsymbol{G}^e\boldsymbol{\Delta} \tag{4.69}$$

$\boldsymbol{G}^e$ 为单元 (e) 的单元结点位移列阵和结构结点位移列阵之间的联系矩阵，或者叫单元 (e) 的位移提取矩阵。$\boldsymbol{G}^e$ 的形式为

$$\begin{array}{cccccccccccc} 1 & 2 & \cdots & 2i-1 & 2i & \cdots & 2j-1 & 2j & \cdots & 2m-1 & 2m & \cdots & 2n \end{array}$$

$$\boldsymbol{G}^e = \begin{bmatrix} 0 & 0 & \cdots & 1 & 0 & \cdots & 0 & 0 & \cdots & 0 & 0 & \cdots & 0 \\ 0 & 0 & \cdots & 0 & 1 & \cdots & 0 & 0 & \cdots & 0 & 0 & \cdots & 0 \\ 0 & 0 & \cdots & 0 & 0 & \cdots & 1 & 0 & \cdots & 0 & 0 & \cdots & 0 \\ 0 & 0 & \cdots & 0 & 0 & \cdots & 0 & 1 & \cdots & 0 & 0 & \cdots & 0 \\ 0 & 0 & \cdots & 0 & 0 & \cdots & 0 & 0 & \cdots & 1 & 0 & \cdots & 0 \\ 0 & 0 & \cdots & 0 & 0 & \cdots & 0 & 0 & \cdots & 0 & 1 & \cdots & 0 \end{bmatrix} \tag{4.70}$$

其中，除了指定列的个别元素外等于 1 之外，其他元素均为零。

用结构结点编号表示的单元的总势能为

$$\begin{aligned}\boldsymbol{\Pi}^e &= \frac{1}{2}\boldsymbol{\delta}^{e^{\mathrm{T}}}\boldsymbol{K}^e\boldsymbol{\delta}^e - \boldsymbol{\delta}^{e^{\mathrm{T}}}\boldsymbol{F}^e \\ &= \frac{1}{2}\boldsymbol{\Delta}^{\mathrm{T}}(\boldsymbol{G}^{e^{\mathrm{T}}}\boldsymbol{K}^e\boldsymbol{G}^e)\boldsymbol{\Delta} - \boldsymbol{\Delta}^{\mathrm{T}}\boldsymbol{G}^{e^{\mathrm{T}}}\boldsymbol{F}^e\end{aligned} \tag{4.71}$$

对每个单元均采用如上方法确定单元刚度系数在总刚中的位置后，叠加得到结构的总势能为

$$\boldsymbol{\Pi} = \frac{1}{2}\boldsymbol{\Delta}^{\mathrm{T}}\left[\sum_{e=1}^{M}(\boldsymbol{G}^{e^{\mathrm{T}}}\boldsymbol{K}^e\boldsymbol{G}^e)\Delta - \boldsymbol{G}^{e^{\mathrm{T}}}\boldsymbol{F}^e\right] \tag{4.72}$$

记

$$\boldsymbol{K} = \sum_{e=1}^{M}\left(\boldsymbol{G}^{e^{\mathrm{T}}}\boldsymbol{K}^e\boldsymbol{G}^e\right) \tag{4.73}$$

$$\boldsymbol{F} = \sum_{e=1}^{M}\boldsymbol{G}^{e^{\mathrm{T}}}\boldsymbol{F}^e \tag{4.74}$$

则

$$\boldsymbol{\Pi} = \frac{1}{2}\boldsymbol{\Delta}^{\mathrm{T}}\boldsymbol{K}\boldsymbol{\Delta} - \boldsymbol{\Delta}^{\mathrm{T}}\boldsymbol{F} \tag{4.75}$$

由最小势能原理，得结构刚度方程

$$\boldsymbol{K}\boldsymbol{\Delta} - \boldsymbol{F} = 0 \tag{4.76}$$

与梁、刚架等一维问题类似，在得到结构刚度矩阵 $\boldsymbol{K}$ 和结构节点力向量 $\boldsymbol{F}$ 的具体操作时，并不需要求出节点位移提取矩阵 $\boldsymbol{G}^e$ 并进行矩阵的乘法再叠加，而是通过引入定位向量的概念，然后依据单元的定位向量由各单元刚度矩阵的元素分别组集到总刚度矩阵的对应位置上叠加即可。

为了说明这种具体的对应关系，我们将式(4.73)中的矩阵相乘结果考察一下，不难发现 $\boldsymbol{G}^{e^{\mathrm{T}}}\boldsymbol{K}^e\boldsymbol{G}^e$ 的作用是将一个原本是 6×6 的矩阵 $\boldsymbol{K}^e$ 扩充为一个 $2n\times 2n$ 矩阵，或者说是将 6×6 的矩阵 $\boldsymbol{K}^e$ 中的 36 个元素逐一放到了一个阶数为 $2n\times 2n$ 的矩阵 $\boldsymbol{K}$ 中的某些对应位置上，例如 $\boldsymbol{K}^e$ 中第 1 行第 1 列的元素 k_{11}^e，放在 $\boldsymbol{K}$ 矩阵中的第 $2i-1$ 行 $2i-1$ 列的位置上，仔细观察不难发现，$\boldsymbol{K}^e$ 中的元素与 $\boldsymbol{K}$ 中的位置对应关系如下

$k_{11}^e \to K_{2i-1,2i-1}$，$k_{12}^e \to K_{2i-1,2i}$，$k_{13}^e \to K_{2i-1,2j-1}$，$k_{14}^e \to K_{2i-1,2j}$，$k_{15}^e \to K_{2i-1,2m-1}$，$k_{16}^e \to K_{2i-1,2m}$

$k_{21}^e \to K_{2i,2i-1}$，$k_{22}^e \to K_{2i,2i}$，$k_{23}^e \to K_{2i,2j-1}$，$k_{24}^e \to K_{2i,2j}$，$k_{25}^e \to K_{2i,2m-1}$，$k_{26}^e \to K_{2i,2m}$

$k_{31}^e \to K_{2j-1,2i-1}$，$k_{32}^e \to K_{2j-1,2i}$，$k_{33}^e \to K_{2j-1,2j-1}$，$k_{34}^e \to K_{2j-1,2j}$，$k_{35}^e \to K_{2j-1,2m-1}$，$k_{36}^e \to K_{2j-1,2m}$

$k_{41}^e \to K_{2j,2i-1}$，$k_{42}^e \to K_{2j,2i}$，$k_{43}^e \to K_{2j,2j-1}$，$k_{44}^e \to K_{2j,2j}$，$k_{45}^e \to K_{2j,2m-1}$，$k_{46}^e \to K_{2j,2m}$

$k_{51}^e \to K_{2m-1,2i-1}$，$k_{52}^e \to K_{2m-1,2i}$，$k_{53}^e \to K_{2m-1,2j-1}$，$k_{54}^e \to K_{2m-1,2j}$，$k_{55}^e \to K_{2m-1,2m-1}$，$k_{56}^e \to K_{2m-1,2m}$

$k_{61}^e \to K_{2m,2i-1}$，$k_{62}^e \to K_{2m,2i}$，$k_{63}^e \to K_{2m,2j-1}$，$k_{64}^e \to K_{2m,2j}$，$k_{65}^e \to K_{2m,2m-1}$，$k_{66}^e \to K_{2m,2m}$

实际上 $k_{st}^e(s,t=1,2,3,4,5,6)$ 在总刚中的位置完全由结点位移分量编号(结点号)来决定，为了方便，我们将这个单元的结点位移分量编码按顺序放在一个向量中，称作定位向量

$$\boldsymbol{\lambda} = \{2i-1 \quad 2i \quad 2j-1 \quad 2j \quad 2m-1 \quad 2m\}^{\mathrm{T}} \tag{4.77}$$

利用定位向量，可以很方便实现将单元刚度矩阵中的元素组集到结构总刚度矩阵中。

例 4.2：用有限单元法求解图 4.11(a)所示悬臂矩形板当自由端承受两个集中力作用下的位移和应力，设泊松比 $\nu = \dfrac{1}{3}$。

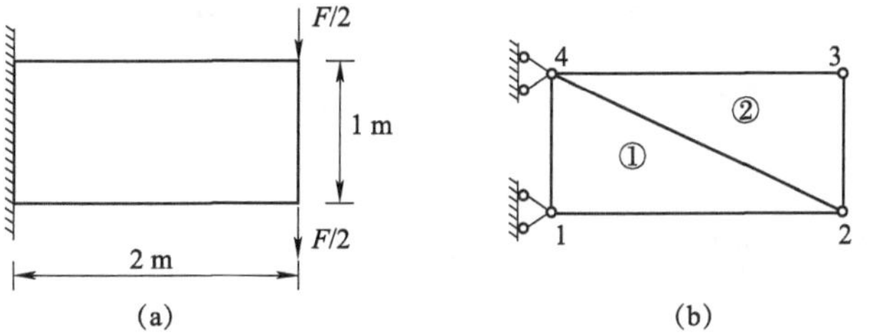

图 4.11 悬壁深梁问题及单元划分

解：将图示结构划分为 2 个常应变三角形单元，结点坐标和结点编号如图 4.11(b)所示。先来计算每个单元的单元刚度矩阵。

对单元①，将其节点顺序定义为 2—4—1，该单元三角形的面积为

$$A=\frac{1}{2}\times 1\times 2=1\ \mathrm{m}^2$$

由式(4.4)得

$$\left.\begin{array}{lll} a_i = x_j y_m - x_m y_j = 0 & b_i = y_j - y_m = 1 & c_i = x_m - x_j = 0 \\ a_j = x_m y_i - x_i y_m = 0 & b_j = y_m - y_i = 0 & c_j = x_i - x_m = 2 \\ a_m = x_i y_j - x_j y_i = ab & b_m = y_i - y_j = -1 & c_m = x_j - x_i = -2 \end{array}\right\}$$

将以上常数代入式(4.27)得应变矩阵

$$\boldsymbol{B}^1 = \frac{1}{2A}\begin{bmatrix} b_i & 0 & b_j & 0 & b_m & 0 \\ 0 & c_i & 0 & c_j & 0 & c_m \\ c_i & b_i & c_j & b_j & c_m & b_m \end{bmatrix} = \begin{bmatrix} \frac{1}{2} & 0 & 0 & 0 & -\frac{1}{2} & 0 \\ 0 & 0 & 0 & 1 & 0 & -1 \\ 0 & \frac{1}{2} & 1 & 0 & -1 & -\frac{1}{2} \end{bmatrix}$$

对平面应力单元,其弹性矩阵为

$$\boldsymbol{D} = \frac{E}{1-\nu^2}\begin{bmatrix} 1 & \nu & 0 \\ \nu & 1 & 0 \\ 0 & 0 & \frac{1-\nu}{2} \end{bmatrix} = \frac{9E}{8}\begin{bmatrix} 1 & \frac{1}{3} & 0 \\ \frac{1}{3} & 1 & 0 \\ 0 & 0 & \frac{1}{3} \end{bmatrix}$$

将①单元的应变矩阵和弹性矩阵代入式(4.48),有

$$\boldsymbol{K}^1 = t\iint_A \boldsymbol{B}^{\mathrm{T}}\boldsymbol{DB}\,\mathrm{d}A = \frac{9Et}{8}\begin{bmatrix} \frac{1}{4} & 0 & 0 & \frac{1}{6} & -\frac{1}{4} & -\frac{1}{6} \\ 0 & \frac{1}{12} & \frac{1}{6} & 0 & -\frac{1}{6} & -\frac{1}{12} \\ 0 & \frac{1}{6} & \frac{1}{3} & 0 & -\frac{1}{3} & -\frac{1}{6} \\ \frac{1}{6} & 0 & 0 & 1 & -\frac{1}{6} & -1 \\ -\frac{1}{4} & -\frac{1}{6} & -\frac{1}{3} & -\frac{1}{6} & \frac{7}{12} & \frac{1}{3} \\ -\frac{1}{6} & -\frac{1}{12} & -\frac{1}{6} & -1 & \frac{1}{3} & \frac{13}{12} \end{bmatrix}$$

对单元②,若将节点顺序定义为 4—2—3,该单元三角形的面积仍为

$$A=\frac{1}{2}\times1\times2=1\,\mathrm{m}^2$$

由式(4.4)得常数

$$\left.\begin{array}{lll} a_i = x_j y_m - x_m y_j = 2 & b_i = y_j - y_m = -1 & c_i = x_m - x_j = 0 \\ a_j = x_m y_i - x_i y_m = 2 & b_j = y_m - y_i = 0 & c_j = x_i - x_m = -2 \\ a_m = x_i y_j - x_j y_i = -2 & b_m = y_i - y_j = 1 & c_m = x_j - x_i = 2 \end{array}\right\}$$

将以上常数代入式(4.27)得应变矩阵

$$\boldsymbol{B}^2 = \frac{1}{2A}\begin{bmatrix} b_i & 0 & b_j & 0 & b_m & 0 \\ 0 & c_i & 0 & c_j & 0 & c_m \\ c_i & b_i & c_j & b_j & c_m & b_m \end{bmatrix} = \begin{bmatrix} -\frac{1}{2} & 0 & 0 & 0 & \frac{1}{2} & 0 \\ 0 & 0 & 0 & -1 & 0 & 1 \\ 0 & -\frac{1}{2} & -1 & 0 & 1 & \frac{1}{2} \end{bmatrix}$$

将(2)单元的应变矩阵和弹性矩阵代入式(4.48),有

$$\boldsymbol{K}^2 = t\iint_A \boldsymbol{B}^{\mathrm{T}}\boldsymbol{DB}\,\mathrm{d}A = \frac{9Et}{8}\begin{bmatrix} \frac{1}{4} & 0 & 0 & \frac{1}{6} & -\frac{1}{4} & -\frac{1}{6} \\ 0 & \frac{1}{12} & \frac{1}{6} & 0 & -\frac{1}{6} & -\frac{1}{12} \\ 0 & \frac{1}{6} & \frac{1}{3} & 0 & -\frac{1}{3} & -\frac{1}{6} \\ \frac{1}{6} & 0 & 0 & 1 & -\frac{1}{6} & -1 \\ -\frac{1}{4} & -\frac{1}{6} & -\frac{1}{3} & -\frac{1}{6} & \frac{7}{12} & \frac{1}{3} \\ -\frac{1}{6} & -\frac{1}{12} & -\frac{1}{6} & -1 & \frac{1}{3} & \frac{13}{12} \end{bmatrix}$$

不难发现,由于 $\boldsymbol{B}^2 = -\boldsymbol{B}^1$,因而用式(4.48)计算出的单元刚度矩阵将完全相同。

下面由单元刚度矩阵组装得到结构刚度矩阵。两个单元的定位向量由式(4.77)可得到,分别为

$$\boldsymbol{\lambda}^1 = \{2i-1 \quad 2i \quad 2j-1 \quad 2j \quad 2m-1 \quad 2m\}^{\mathrm{T}} = \{3 \quad 4 \quad 7 \quad 8 \quad 1 \quad 2\}^{\mathrm{T}}$$

$$\boldsymbol{\lambda}^2 = \{2i-1 \quad 2i \quad 2j-1 \quad 2j \quad 2m-1 \quad 2m\}^{\mathrm{T}} = \{7 \quad 8 \quad 3 \quad 4 \quad 5 \quad 6\}^{\mathrm{T}}$$

根据每个单元的定位向量,将其单元刚度矩阵中的各元素分别“对号入座”,填充到结构刚度矩阵中的对应位置上,有

$$\boldsymbol{K} = \frac{9Et}{8}\begin{bmatrix} \frac{7}{12} & \frac{1}{3} & -\frac{1}{4} & -\frac{1}{6} & 0 & 0 & -\frac{1}{3} & \frac{1}{6} \\ \frac{1}{3} & \frac{13}{12} & -\frac{1}{6} & -\frac{1}{12} & 0 & 0 & -\frac{1}{6} & -1 \\ -\frac{1}{4} & -\frac{1}{6} & \frac{7}{12} & 0 & -\frac{1}{3} & -\frac{1}{6} & 0 & \frac{1}{3} \\ -\frac{1}{6} & -\frac{1}{12} & 0 & \frac{13}{12} & -\frac{1}{6} & -1 & \frac{1}{3} & 0 \\ 0 & 0 & -\frac{1}{3} & -\frac{1}{6} & \frac{7}{12} & \frac{1}{3} & -\frac{1}{4} & -\frac{1}{6} \\ 0 & 0 & -\frac{1}{6} & -1 & \frac{1}{3} & \frac{13}{12} & -\frac{1}{6} & -\frac{1}{12} \\ -\frac{1}{3} & -\frac{1}{6} & 0 & \frac{1}{3} & -\frac{1}{4} & -\frac{1}{6} & \frac{7}{12} & 0 \\ \frac{1}{6} & -1 & \frac{1}{3} & 0 & -\frac{1}{6} & -\frac{1}{12} & 0 & \frac{13}{12} \end{bmatrix}$$

由于本题只承担集中力,故结构的节点荷载列向量为

$$\boldsymbol{F} = \left\{F_{x1} \quad F_{y1} \quad 0 \quad -\frac{F}{2} \quad 0 \quad -\frac{F}{2} \quad F_{x4} \quad F_{y4}\right\}^{\mathrm{T}}$$

注意,节点 1 和 4 为约束节点,该处的节点荷载应包含尚未知的约束反力,故在节点荷载列阵中与节点 1 和 4 相对应的节点荷载暂以符号记之。

于是结构的刚度方程(有限元方程)为

$$\frac{9Et}{8}\begin{bmatrix} \frac{7}{12} & \frac{1}{3} & -\frac{1}{4} & -\frac{1}{6} & 0 & 0 & -\frac{1}{3} & \frac{1}{6} \\ \frac{1}{3} & \frac{13}{12} & -\frac{1}{6} & -\frac{1}{12} & 0 & 0 & -\frac{1}{6} & -1 \\ -\frac{1}{4} & -\frac{1}{6} & \frac{7}{12} & 0 & -\frac{1}{3} & -\frac{1}{6} & 0 & \frac{1}{3} \\ -\frac{1}{6} & -\frac{1}{12} & 0 & \frac{13}{12} & -\frac{1}{6} & -1 & \frac{1}{3} & 0 \\ 0 & 0 & -\frac{1}{3} & -\frac{1}{6} & \frac{7}{12} & \frac{1}{3} & -\frac{1}{4} & -\frac{1}{6} \\ 0 & 0 & -\frac{1}{6} & -1 & \frac{1}{3} & \frac{13}{12} & -\frac{1}{6} & -\frac{1}{12} \\ -\frac{1}{3} & -\frac{1}{6} & 0 & \frac{1}{3} & -\frac{1}{4} & -\frac{1}{6} & \frac{7}{12} & 0 \\ \frac{1}{6} & -1 & \frac{1}{3} & 0 & -\frac{1}{6} & -\frac{1}{12} & 0 & \frac{13}{12} \end{bmatrix}\begin{Bmatrix} u_1 \\ v_1 \\ u_2 \\ v_2 \\ u_3 \\ v_3 \\ u_4 \\ v_4 \end{Bmatrix}=\begin{Bmatrix} F_{x1} \\ F_{y1} \\ 0 \\ -\frac{F}{2} \\ 0 \\ -\frac{F}{2} \\ F_{x4} \\ F_{y4} \end{Bmatrix}$$

引入约束条件 $u_1=v_1=u_4=v_4=0$，将这四个条件代入上式，并舍去方程组中的第一、二、七、八个方程，只保留第三、四、五、六个方程，实际就是将上式中的第一、二、七、八行和相应的列划去，得

$$\frac{9Et}{8}\begin{bmatrix} \frac{7}{12} & 0 & -\frac{1}{3} & -\frac{1}{6} \\ 0 & \frac{13}{12} & -\frac{1}{6} & -1 \\ -\frac{1}{3} & -\frac{1}{6} & \frac{7}{12} & \frac{1}{3} \\ -\frac{1}{6} & -1 & \frac{1}{3} & \frac{13}{12} \end{bmatrix}\begin{Bmatrix} u_2 \\ v_2 \\ u_3 \\ v_3 \end{Bmatrix}=\begin{Bmatrix} 0 \\ -\frac{F}{2} \\ 0 \\ -\frac{F}{2} \end{Bmatrix}$$

需要说明的是，在用计算机计算时，并不是这样处理约束条件的，而是采用通过修改结构刚度方程的办法（乘大数法或划零置 1 法）来实现的，这里的处理方法仅是为了手算方便而已。

解上面的方程组，可得

$$\begin{Bmatrix} u_2 \\ v_2 \\ u_3 \\ v_3 \end{Bmatrix}=\frac{F}{Et}\begin{Bmatrix} -1.5 \\ -8.42 \\ 1.88 \\ -8.99 \end{Bmatrix}$$

于是，整个结构的节点位移向量为

$$\begin{aligned} \boldsymbol{\Delta} &= \{u_1 \quad v_1 \quad u_2 \quad v_2 \quad u_3 \quad v_3 \quad u_4 \quad v_4\}^{\mathrm{T}} \\ &= \frac{F}{Et}\{0 \quad 0 \quad -1.5 \quad -8.42 \quad 1.88 \quad -8.99 \quad 0 \quad 0\}^{\mathrm{T}} \end{aligned}$$

求出节点位移之后，便可以由式(4.30)来计算每个单元的应力，注意单元①的节点顺序是按照 2－4－1 排列的，故

$$\boldsymbol{\sigma}^1 = \boldsymbol{D}\boldsymbol{B}^1\boldsymbol{\delta}^1$$

$$= \frac{9E}{8}\begin{bmatrix} 1 & \frac{1}{3} & 0 \\ \frac{1}{3} & 1 & 0 \\ 0 & 0 & \frac{1}{3} \end{bmatrix}\begin{bmatrix} \frac{1}{2} & 0 & 0 & 0 & -\frac{1}{2} & 0 \\ 0 & 0 & 0 & 1 & 0 & -1 \\ 0 & \frac{1}{2} & 1 & 0 & -1 & -\frac{1}{2} \end{bmatrix}\begin{Bmatrix} u_2 \\ v_2 \\ u_4 \\ v_4 \\ u_1 \\ v_1 \end{Bmatrix}$$

$$= \frac{9E}{8}\begin{bmatrix} 1 & \frac{1}{3} & 0 \\ \frac{1}{3} & 1 & 0 \\ 0 & 0 & \frac{1}{3} \end{bmatrix}\begin{bmatrix} \frac{1}{2} & 0 & 0 & 0 & -\frac{1}{2} & 0 \\ 0 & 0 & 0 & 1 & 0 & -1 \\ 0 & \frac{1}{2} & 1 & 0 & -1 & -\frac{1}{2} \end{bmatrix}\frac{F}{Et}\begin{Bmatrix} -1.5 \\ -8.42 \\ 0 \\ 0 \\ 0 \\ 0 \end{Bmatrix}$$

$$= \frac{F}{t}\begin{Bmatrix} -0.8438 \\ -0.2813 \\ -1.5788 \end{Bmatrix}$$

而单元②的节点顺序为 4－2－3，因而

$$\boldsymbol{\sigma}^2 = \boldsymbol{D}\boldsymbol{B}^2\boldsymbol{\delta}^2$$

$$= \frac{9E}{8}\begin{bmatrix} 1 & \frac{1}{3} & 0 \\ \frac{1}{3} & 1 & 0 \\ 0 & 0 & \frac{1}{3} \end{bmatrix}\begin{bmatrix} -\frac{1}{2} & 0 & 0 & 0 & \frac{1}{2} & 0 \\ 0 & 0 & 0 & -1 & 0 & 1 \\ 0 & -\frac{1}{2} & -1 & 0 & 1 & \frac{1}{2} \end{bmatrix}\begin{Bmatrix} u_4 \\ v_4 \\ u_2 \\ v_2 \\ u_3 \\ v_3 \end{Bmatrix}$$

$$= \frac{9E}{8}\begin{bmatrix} 1 & \frac{1}{3} & 0 \\ \frac{1}{3} & 1 & 0 \\ 0 & 0 & \frac{1}{3} \end{bmatrix}\begin{bmatrix} -\frac{1}{2} & 0 & 0 & 0 & \frac{1}{2} & 0 \\ 0 & 0 & 0 & -1 & 0 & 1 \\ 0 & -\frac{1}{2} & -1 & 0 & 1 & \frac{1}{2} \end{bmatrix}\frac{F}{Et}\begin{Bmatrix} 0 \\ 0 \\ -1.5 \\ -8.42 \\ 1.88 \\ -8.99 \end{Bmatrix}$$

$$= \frac{F}{t}\begin{Bmatrix} 0.8438 \\ -0.2888 \\ -0.4181 \end{Bmatrix}$$

对于常应变单元，单元内各点的应力都是相同的。

4.5　有限元法的收敛性

有限元法是一种数值分析近似方法，其解的精确性以及方法的收敛性至关重要。所谓精确性，是指数值解与精确解的误差到底有多少，许多科学问题都要求数值近似解有十分高的精度，有些工程问题的精度相对来说可能没有要求那么高，但也必须有误差范围。有限元方法的误差主要来自三个方面：一是有限元网格的划分所带来的误差，既然是用有限自由度问题逼近无限自由度问题，那么网格划分的精细与否必然会影响计算结果，这里所说的网格带来的误差包括单元的数目以及在单元内位移模式的阶次两种因素所带来的误差；二是在进行积分运算的时候往往不能显式表达而只能采用数值积分，数值积分也会带来误差；三是舍入误差，即大量的数值运算带来的误差。显然，要想减少有限计算的误差应该从这三个方面去考虑，首当其冲的便是网格的划分问题，从理论上讲，有限元网格划分的越多，其计算精度就越高，随着网格的增加，其计算结果越来越好，当网格趋向于无穷多的时候，有限元计算的结果应该收敛于精确解；或者当单元尺寸固定时，每个单元的自由度数(近似函数多项式的阶次)越多，有限元的解答就越趋近于精确解。

有限元的收敛条件包括如下四个方面：

(1)单元内，位移函数必须连续。多项式是单值连续函数，因此选择多项式作为位移函数，在单元内的连续性能够保证。

(2)在单元内，位移函数必须包括刚体位移项。一般情况下，单元内任一点的位移包括形变位移和刚体位移两部分。形变位移与物体形状及体积的改变相联系，因而产生应变；刚体位移只改变物体位置，不改变物体的形状和体积，即刚体位移是不产生变形的位移。空间一个物体包括三个平动位移和三个转动位移，共有六个刚体位移分量，平面问题则有两个平动位移和一个转动位移总共三个刚体位移分量。由于一个单元牵连在另一些单元上，其他单元发生变形时必将带动单元做刚体位移。当单元的几何尺寸趋于无穷小时，该单元的位移必然趋向于其刚体位移部分。由此可见，为模拟一个单元的真实位移，假定的单元位移函数必须包括刚体位移项，如果位移模式中不包含刚体位移，其计算结果就不会收敛到其真正的精确解。

(3)在单元内，位移函数必须包括常应变项。每个单元的应变状态总可以分解为不依赖于单元内各点位置的常应变和由各点位置决定的变量应变。当单元的尺寸足够小时，单元中各点的应变趋于相等，单元的变形比较均匀，因而常应变就成为应变的主要部分。为反映单元的应变状态，单元位移函数必须包括常应变项。

(4)位移函数在相邻单元的公共边界上必须协调。对一般单元而言，协调性是指相邻单元在公共节点处有相同的位移，而且沿单元边界也有相同的位移，也就是说，要保证不发生单元的相互脱离开裂和相互侵入重叠。要做到这一点，就要求函数在公共边界上能由公共节点的函数值唯一确定。对一般单元，协调性保证了相邻单元边界位移的连续性。但是，在板壳的相邻单元之间，还要求位移的一阶导数连续，只有这样，才能保证结构的应变能是有界量。总的说来，协调性是指在相邻单元的公共边界上满足位移以及其导数连续性条件。

前三条又叫完备性条件，满足完备条件的单元叫完备单元，第四条是协调性要求，满足协调性的单元叫协调单元，否则称为非协调单元。完备性要求是收敛的必要条件，四条全部满足，构成有限元法收敛的充分必要条件。

在实际应用中，要使选择的位移函数全部满足完备性和协调性要求是比较困难的，在某些情况下可以放松对协调性的要求。需要指出的是，有时非协调单元比与它对应的协调单元还要好，其原因在于近似解的性质。假定位移函数就相当于给单元施加了约束条件，使单元变形服从所加约束，这样的替代结构比真实结构更刚一些。但是，这种近似结构由于允许单元分离、重叠，使单元的刚度变软了，或者形成了(例如板单元在单元之间的挠度连续，而转角不连续时，刚节点变为铰接点）非协调单元，上述两种影响有误差相互抵消的可能，因此利用非协调单元有时也会得到很好的结果。在工程实践中，非协调元必须通过“分片试验后”才能使用，这些内容将在第五章讨论。

习 题

1. 已知某三角形单元，其节点编号为 i,j,m，其坐标依次为(2,2)，(6,3)，(5,6)。试写出其形函数 N_i,N_j,N_m，并写出单元的应变矩阵。

2. 如图 4.12 所示平面结构划分两个单元，试写出单元Ⅰ、Ⅱ、Ⅲ和Ⅳ的形函数矩阵 **N**、几何矩阵(应变矩阵)$\boldsymbol{B}$ 及单元刚度矩阵$\boldsymbol{K}^e$，并进行比较。假设泊松比 $\nu=0$。

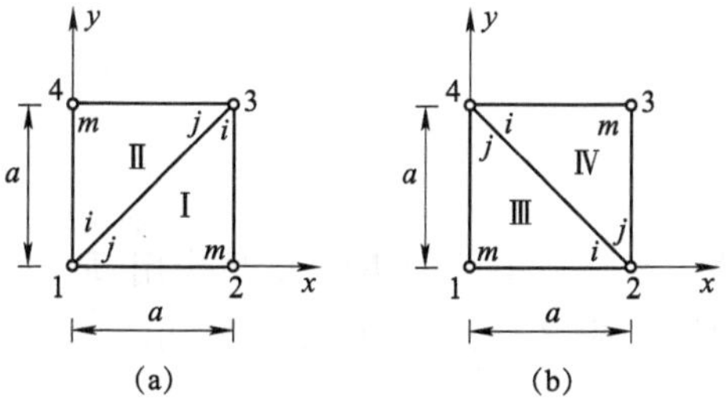

图 4.12

3. 三角形单元的荷载如图 4.13 所示，求其等效节点荷载向量。

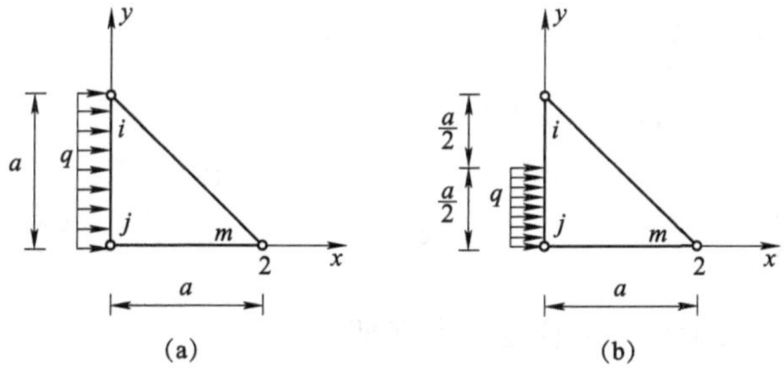

图 4.13

4. 图 4.14(a)所示平板结构，按平面应力问题计算，考虑自重及图示载荷，求节点位移及单元应力。设 $E=2.6\times10^7\ \mathrm{kN/m^2}$，$\nu=0$，容重 $\gamma=20\ \mathrm{kN/m^3}$，板厚度 $t=0.1\ \mathrm{m}$，板宽度 $a=1\ \mathrm{m}$，$P=50\ \mathrm{kN}$，$q=20\ \mathrm{kN/m^2}$，计算时按图 4.14(b)形式分割单元。

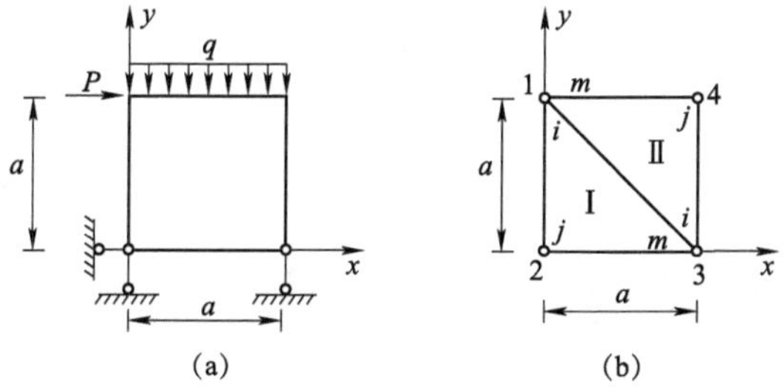

图 4.14

5. 图 4.15 所示直角三角形单元及其节点编号，若按平面应力问题计算，设泊松比 $\nu=1/6$ 试求：形函数矩阵 $\boldsymbol{N}$、几何矩阵(应变矩阵)$\boldsymbol{B}$、应力矩阵 $\boldsymbol{S}$ 及单元刚度矩阵$\boldsymbol{K}^e$。

6. 图 4.16 所示单元三角形单元，已知单元厚度为 $t=1\,\text{cm}$，各点的坐标为 $i(2,2)$，$j(6,3)$，$m(5,6)$，坐标的单位为 cm，在 jm 边上有垂直于该边的线性分布载荷，$q_j=5\,\text{kN/m}$，$q_m=4\,\text{kN/m}$。试求其等效节点荷载列阵。

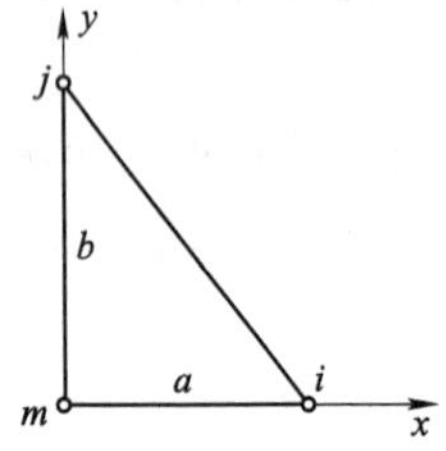

图 4.15

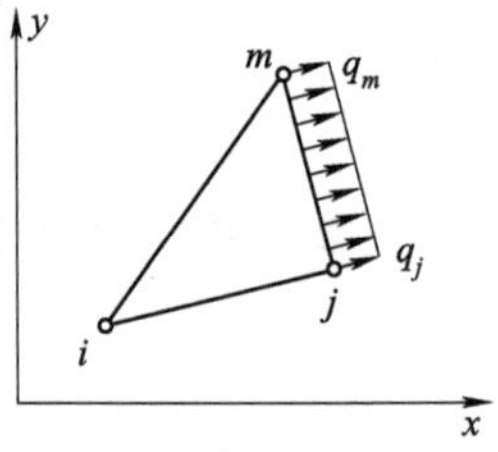

图 4.16

7. 图 4.17(a)所示两端固定梁在中间受集中力 P 作用，取 $\nu=1/6$，现按平面应力问题计算，由于问题的对称性，可取其一半结构计算，单元编号如图 4.17(b)所示。求图示结构的节点位移。

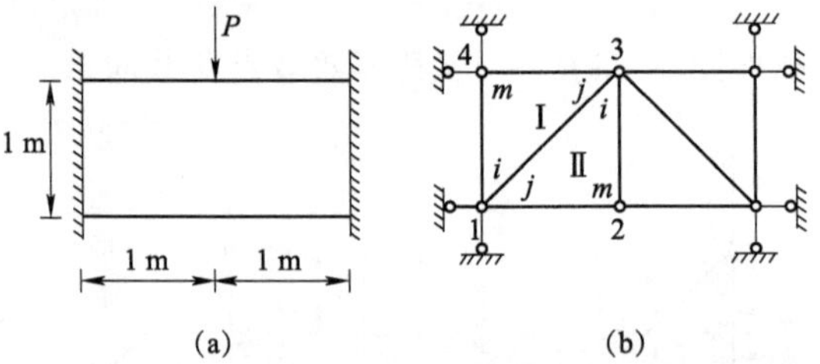

图 4.17

8. 试证明三节点三角形单元内任意一点满足：

$$N_i x_i + N_j x_j + N_m x_m = x$$

$$N_i y_i + N_j y_j + N_m y_m = y$$

第 5 章　单元构造与插值函数

5.1 引　言

有限元法包括的三个主要步骤是：结构的离散化、单元分析和整体分析。简单地说，结构的离散化就是选择合适的单元将结构离散成为有限个单元的组合体；单元分析就是建立单元的刚度方程，也即单元的节点力与节点位移之间的关系，其核心是建立单元刚度矩阵和单元的等效节点荷载向量；整体分析则是建立结构的总刚度方程，主要任务就是建立结构刚度矩阵和结构的节点荷载向量，引入边界条件后解线性方程组求得结构的节点位移向量。有限元分析的过程都是相似的，不同之处主要在于不同的单元具有不同的属性，其节点位移、节点力向量不同，单元刚度矩阵也会有不同的形式，因此，对一个给定的结构进行有限元分析时，决定性的步骤是选择适当的单元和位移插值函数。

一般说来，单元形状的选择依赖于结构或求解域的几何特点以及求解所希望的精度等多种因素，而有限元插值函数则取决于单元的几何形状、节点的数目和类型等因素。

自然界中的工程和科学中的问题多是三维域，模拟一个三维问题的单元也必须是三维单元。但由于求解的复杂性，通常在建立力学模型的时候都会引入某些假设，将问题域简化成二维甚至是一维的，以使求解起来更加容易方便，对二维问题只需要建立二维单元的模型，一维问题则只需要建立一维单元。一些常见的单元如图 5.1 所示，本书重点在于建立有限元法的概念，因此，主要介绍一维单元和二维单元，对较复杂的三维单元，请参阅有限单元法的专业书籍。

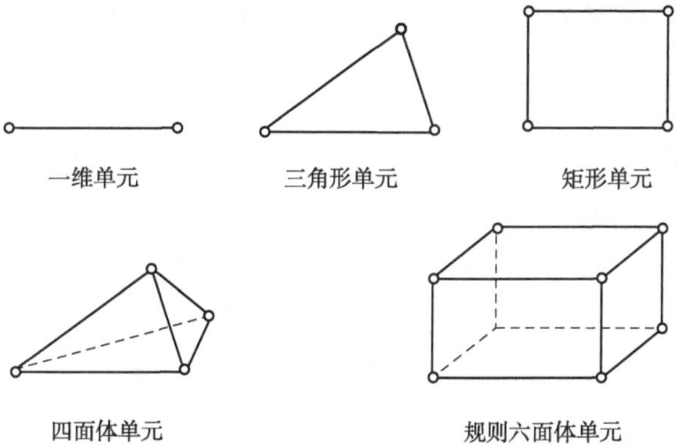

图 5.1　有限元分析中的常见单元

在有限元法中，插值函数几乎都采用不同阶次的多项式，这是因为多项式比较容易运算，而且容易满足收敛性要求。若采用多项式插值，单元内的未知场函数的线性变化可以只用单元端（或角）节点的参数来表示，但对于场函数的二次变化则必须在端（或角）节点之间的边界上适当配置边内节点,如图 5.2 所示。它的三次变化则必须在每个边上设置两个边界内节点。配置内节点的另一个原因是经常会碰到单元的边界是曲线的情况,沿边界适当的配置内节点可以构成高次多项式来描述这些曲线边界。有时一定阶次的多项式可能还需要在单元的内部配置节点,然而这些内部节点除非是考虑具体情况绝对必需的,否则是不希望的,因为这些内部节点将会增加表达格式和计算上的复杂性。

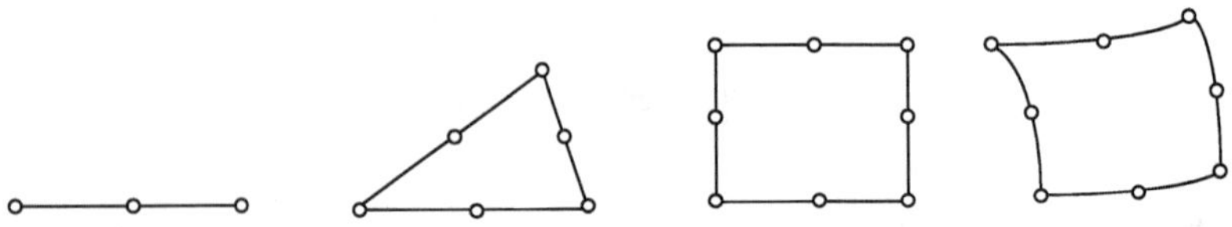

图 5.2　二次单元

单元的形式可以分为:

(1)按几何形状分:一维单元、二维单元和三维单元。

(2)按节点参数分:Lagrange 族和 Hermite 族。Lagrange 单元在插值时只需要用到场函数在单元节点上的值,而 Hermite 单元在插值的时候除了用到节点上的场函数值以外,还会用到场函数的导数在节点处的值。

5.2　一维单元

对一维问题,单元只有一种形状,就是一条线段。最简单的一维单元就是在这条线段(单元)的两端配置 2 个节点。高次单元需要在单元内部配置更多的节点,但单元只在两端节点上与其他单元相连接,其他都是内部节点。一维单元一般都是用来求解常微分方程的,人们对常微分方程已经有丰富的数值解经验,一般很少用有限元法,但是对于某些实际问题,一维有限元法仍是很典型的,例如塔形梁、分层热传导、框架结构分析等。

在有限元法中,单元的插值函数决定了单元的性态和计算的精度,所以插值函数在有限元的单元分析中有着举足轻重的作用。一般说来,为了提高精度,应尽可能使用高次多项式和使用更多的节点,但这样做会使计算规模扩大,并不一定提高经济效益,而且由于过高阶次的多项式可能会使计算出现畸形,导致计算不能得到正常结果。因此,在选择单元位移模式之前应该大致了解它与计算精度的关系,然后确定单元的节点个数和多项式的幂次。

建立形函数的方法大致有两种,一种方法是根据单元节点的个数直接写出假设位移函数的多项式形式,其中包含若干待定常数,然后根据位移函数在单元节点上的值等于节点函数值的条件建立一组线性代数方程,从而求出选定系数,这些待定系数与节点函数值有关,再将这些常数代回位移表达式,整理之后将其写成插值形式,从而得到插值函数,此即广义坐标法;另一种方法是直接将其写成插值形式,然后由插值函数的特点和性质得到插值函数,即所谓插值法,如 Lagrange 插值法和 Hermite 插值法。

5.2.1　Lagrange 单元

如果一个一维单元有 $n+1$ 个节点,其节点函数值为 $u_i(i=1,2,\cdots,n+1)$,则在该单元内的位移场可以用如下的插值函数近似描述

$$u(x)=\sum_{i=1}^{n+1}N_i(x)u_i=\sum_{i=1}^{n+1}L_i^{(n)}(x)u_i \tag{5.1}$$

其中

$$L_i^{(n)}(x)=\prod_{\substack{j=1\\j\neq i}}^{n+1}\frac{x-x_j}{x_i-x_j}\qquad(i,j=1,2,\cdots,n+1) \tag{5.2}$$

为 n 次 Lagrange 插值基函数，具有如下性质

$$L_i^{(n)}(x_j)=\delta_{ij},\sum_{i=1}^{n+1}L_i^{(n)}(x)=1 \tag{5.3}$$

这种用 Lagrange 插值函数作为形函数的单元称作是 Lagrange 单元，单元的位移插值表达式(5.1)仅包含单元的节点函数值。

在有限元计算中，为了数值计算方便，通常采用无量纲形式。如果引入无量纲坐标参数

$$\xi=\frac{x-x_1}{x_{n+1}-x_1}=\frac{x-x_1}{l} \tag{5.4}$$

ξ 称为自然坐标或局部坐标，其中 l 为单元的长度，则式(5.2)可表示为

$$L_i^{(n)}(\xi)=\prod_{\substack{j=1\\j\neq i}}^{n+1}\frac{\xi-\xi_j}{\xi_i-\xi_j}\qquad(i,j=1,2,\cdots,n+1) \tag{5.5}$$

这样可将单元的坐标区间由 $[x_1,x_{n+1}]$ 变为 $[0,1]$。

当 $n=1$ 时，$\xi_1=0,\xi_2=1$，有

$$L_1^{(1)}(\xi)=\frac{\xi-\xi_2}{\xi_1-\xi_2}=1-\xi,L_2^{(1)}(\xi)=\frac{\xi-\xi_1}{\xi_1-\xi_1}=\xi \tag{5.6}$$

当 $n=2$，且 $x_2=\dfrac{x_1+x_3}{2}$ 时，$\xi_1=0,\xi_2=1/2,\xi_3=1$，有

$$\left.\begin{aligned}L_1^{(2)}(\xi)&=\frac{(\xi-\xi_2)(\xi-\xi_3)}{(\xi_1-\xi_2)(\xi_1-\xi_3)}=2\left(\xi-\frac{1}{2}\right)(\xi-1)\\L_2^{(2)}(\xi)&=\frac{(\xi-\xi_1)(\xi-\xi_3)}{(\xi_2-\xi_1)(\xi_2-\xi_3)}=-4\xi(\xi-1)\\L_3^{(2)}(\xi)&=\frac{(\xi-\xi_1)(\xi-\xi_2)}{(\xi_3-\xi_2)(\xi_3-\xi_1)}=2\xi\left(\xi-\frac{1}{2}\right)\end{aligned}\right\} \tag{5.7}$$

如果采用另一种形式的无量纲坐标，可将局部坐标的原点取在单元的中点

$$\xi=\frac{2x-(x_1+x_{n+1})}{x_{n+1}-x_1}=\frac{2x-(x_1+x_{n+1})}{l} \tag{5.8}$$

这样可将单元的几何坐标区间由 $[x_1,x_{n+1}]$ 变为自然坐标 $[-1,1]$。

当 $n=1$ 时，$\xi_1=-1,\xi_2=1$，此时有

$$L_1^{(1)}(\xi)=\frac{1}{2}(1-\xi),L_2^{(1)}(\xi)=\frac{1}{2}(1+\xi) \tag{5.9}$$

对 $n=2,\xi_1=-1,\xi_2=0,\xi_3=1$，有

$$\left.\begin{aligned}L_1^{(2)}(\xi)&=\frac{1}{2}\xi(\xi-1)\\L_2^{(2)}(\xi)&=1-\xi^2\\L_3^{(2)}(\xi)&=\frac{1}{2}\xi(\xi+1)\end{aligned}\right\} \tag{5.10}$$

为方便今后构造其他形式的 Lagrange 单元，在此将式(5.5)表示为

$$N_i(\xi) = L_i^{(n)}(\xi) = \prod_{\substack{j=1 \\ j\neq i}}^{n+1} \frac{f_j(\xi)}{f_j(\xi_i)} \qquad (i,j = 1,2,\cdots,n+1) \tag{5.11}$$

其中，$f_j(\xi)=\xi-\xi_j$ 表示任一点 ξ 至 ξ_j 的距离，也就是 j 点坐标 $\xi=\xi_j$ 表示成方程形式 $f_j(\xi)=\xi-\xi_j=0$ 的左端项。显然，$f_j(\xi_j)=0$。$N_i=L_i^{(n)}(\xi)$的展开式中包含了除 $f_i(\xi)$ 以外的所有 $f_j(\xi)(j=1,2,\cdots,i-1,i+1,\cdots,n+1)$的因子，从而保证了 $N_i(\xi_j)=0(j\neq i)$这一条件的满足。$f_j(\xi_i)=\xi_i-\xi_j$ 是 i 点坐标代入 $f_j(\xi)$后得到的数值，这一因子引入 $L_i^{(n)}(\xi)$的分母，是为了保证 $N_i(\xi_i)=1$ 的要求。理解 $f_j(\xi)$和 $f_j(\xi_i)$的意义对今后构造其他形式的 Lagrange 单元的插值函数是非常有帮助的。

5.2.2 Hermite 单元

假定函数 $u(x)$在域内连续可导，且一阶导数也连续，若要在多个节点上既要逼近这些函数值，又要逼近它们的导数值，则不能用 Lagrange 插值，此时就需要用所谓 Hermite 插值。如果单元有 $n+1$ 个节点 $x_i(i=1,2,\cdots n+1)$，在这些节点上的函数值和一阶导数值分别为 u_i 和 u'_i，则在该单元内的位移场可以用如下的插值函数近似描述

$$\begin{aligned} u(x) &= \sum_{i=1}^{n+1}(N_i u_i + N_{i\theta} u'_i) \\ &= \sum_{i=1}^{n+1}[H_{0i}(x)u_i + H_{1i}(x)u'_i] \end{aligned} \tag{5.12}$$

式中

$$\left.\begin{aligned} H_{0i} &= \left\{1-2(\xi-\xi_i)\left[\frac{\mathrm{d}L_i(\xi)}{\mathrm{d}\xi}\right]_{\xi_i}\right\}L_i^2(\xi) \\ H_{1i} &= \frac{1}{2}l(\xi-\xi_i)L_i^2(\xi) \end{aligned}\right\} \tag{5.13}$$

称为 Hermite 插值基函数，其中

$$\xi = \frac{x-x_1}{l} \qquad (0 \leqslant \xi \leqslant 1) \tag{5.14}$$

容易验证，H_{0i}在节点 i 处取值为 1 而在其他节点处取 0，并且在所有的节点上的一阶导数均为0；H_{1i}在所有的节点上的值均为 0，其一阶导数在 i 节点上取值为 1 而在其他节点处取 0。

对具有 2 节点的一维单元($n=1$)，如果希望节点上不仅保持场函数连续，而且还保持场函数的导数连续，则单元的场函数 $u(x)$ 的 Hermite 插值为三次多项式，插值基函数为

$$\left.\begin{aligned} H_{01} &= N_1 = 1-3\xi^2+2\xi^3 \\ H_{11} &= N_{1\theta} = (\xi-2\xi^2+\xi^3)l \\ H_{02} &= N_2 = 3\xi^2-2\xi^3 \\ H_{12} &= N_{2\theta} = (\xi^3-\xi^2)l \end{aligned}\right\} \tag{5.15}$$

对具有 3 节点的一维单元($n=2$)，则单元的场函数 $u(x)$ 的 Hermite 插值为五次多项式，插值基函数为

$$\left.\begin{aligned}
H_{01} &= N_1 = \frac{1}{4}(3\xi^5 - 2\xi^4 - 5\xi^3 + 4\xi^2) \\
H_{11} &= N_{1\theta} = \frac{1}{8}l(\xi^5 - \xi^4 - \xi^3 + \xi^2) \\
H_{02} &= N_2 = \frac{1}{4}(-3\xi^5 - 2\xi^4 + 5\xi^3 + 4\xi^2) \\
H_{12} &= N_{2\theta} = \frac{1}{8}l(\xi^5 + \xi^4 - \xi^3 - \xi^2) \\
H_{03} &= N_3 = \frac{1}{4}(\xi^4 - 2\xi^3 + 1) \\
H_{13} &= N_{3\theta} = \frac{1}{2}l(\xi^5 - 2\xi^3 + \xi)
\end{aligned}\right\} \tag{5.16}$$

这样的近似场函数在节点上不仅函数值连续，而且其一阶导数、二阶导数均是连续的。

5.3　三角形单元

5.3.1　面积坐标

在第 4 章曾经讨论过三节点的三角形常应变单元，因为它能较好地模拟复杂的几何形状，在平面问题中获得了广泛应用。如同一维问题一样，我们可以用笛卡尔坐标，也可以利用无量纲的自然坐标构造插值函数。利用笛卡尔坐标构造三角形单元插值函数前面已经讨论过，为确定插值函数中的各个系数而必须要涉及矩阵求逆运算。对于高次单元，此运算非常麻烦，因此普遍采用自然坐标来直接构造一般三角形单元的插值函数，此时运算比较简单。

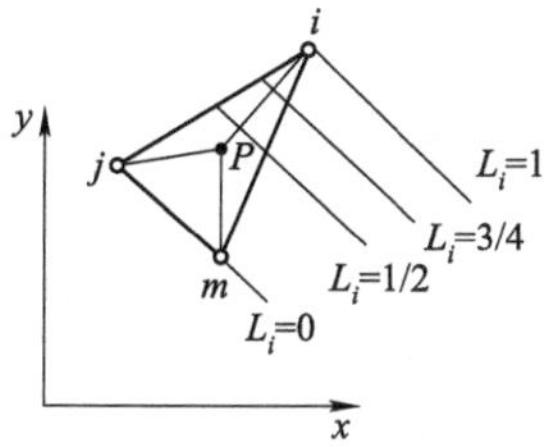

图 5.3　面积坐标

引入面积坐标的概念。图 5.3 所示的三角形单元中，任意一点 P 的位置可以用如下的三个比值来确定

$$L_i = \frac{A_i}{A}, L_j = \frac{A_j}{A}, L_m = \frac{A_m}{A} \tag{5.17}$$

式中，A 为三角形单元 ijm 的面积，A_i，A_j 和 A_m 分别是三角形 Pjm、Pmi 和 Pij 的面积。这三个面积与三角形单元的面积比称为 P 点的面积坐标。显然

$$L_i + L_j + L_m = 1 \tag{5.18}$$

这三个面积坐标不是独立的。

根据面积坐标的定义，不难看出，在平行于 jm 边的某一直线上的所有各点，都有相同的 L_i 值，这个值就等于该直线到 jm 边的距离的比值。图 5.3 中画出了 L_i 的一些等值线。而且容易看出

$$\left.\begin{array}{ll}
\text{结点 } i： & L_i = 1, L_j = 0, L_m = 0 \\
\text{结点 } j： & L_i = 0, L_j = 1, L_m = 0 \\
\text{结点 } m： & L_i = 0, L_j = 0, L_m = 1
\end{array}\right\} \tag{5.19}$$

现在推导面积坐标和笛卡尔坐标之间的关系。因为三角形 Pjm 的面积为

$$A_i = \frac{1}{2}\begin{vmatrix} 1 & x & y \\ 1 & x_j & y_j \\ 1 & x_m & y_m \end{vmatrix} = \frac{1}{2}(a_i + b_i x + c_i y)$$

于是面积坐标

$$L_i = \frac{A_i}{A} = \frac{1}{2A}(a_i + b_i x + c_i y) \tag{5.20}$$

类似地有

$$L_j = \frac{1}{2A}(a_j + b_j x + c_j y) \tag{5.21}$$

$$L_m = \frac{1}{2A}(a_m + b_m x + c_m y) \tag{5.22}$$

将式(5.20)～式(5.22)与式(4.7)对比，不难发现，前述三角形常应变单元的形函数就是面积坐标。

反过来，用 x_i, x_j, x_m 分别乘以 L_i, L_j, L_m 并求和，有

$$\begin{aligned} & L_i x_i + L_j x_j + L_m x_m \\ &= \frac{1}{2A}[(a_i + b_i x + c_i y)x_i + (a_j + b_j x + c_j y)x_j + (a_m + b_m x + c_m y)x_m] \\ &= \frac{1}{2A}[(x_i a_i + x_j a_j + x_m a_m) + (x_i b_i + x_j b_j + x_m b_m)x + (x_i c_i + x_j c_j + x_m c_m)y] \end{aligned}$$

根据行列式代数余子式展开定理(cofactor expansion, or Laplace expansion)，可知

$$\left.\begin{aligned} x_i a_i + x_j a_j + x_m a_m &= 0 \\ x_i b_i + x_j b_j + x_m b_m &= 2A \\ x_i c_i + x_j c_j + x_m c_m &= 0 \end{aligned}\right\}$$

于是有

$$x_i L_i + x_j L_j + x_m L_m = x$$

同理

$$y_i L_i + y_j L_j + y_m L_m = y$$

将以上二式写在一起，有

$$\left.\begin{aligned} x &= x_i L_i + x_j L_j + x_m L_m \\ y &= y_i L_i + y_j L_j + y_m L_m \end{aligned}\right\} \tag{5.23}$$

当引入面积坐标后，在推导单元刚度矩阵的时候需要涉及导数的转变，即将对几何坐标的导数转换为对面积坐标的导数，这时需要用到复合函数的求导法则

$$\left.\begin{aligned} \frac{\partial}{\partial x} &= \frac{\partial L_i}{\partial x}\frac{\partial}{\partial L_i} + \frac{\partial L_j}{\partial x}\frac{\partial}{\partial L_j} + \frac{\partial L_m}{\partial x}\frac{\partial}{\partial L_m} = \frac{1}{2A}\left(b_i\frac{\partial}{\partial L_i} + b_j\frac{\partial}{\partial L_j} + b_m\frac{\partial}{\partial L_m}\right) \\ \frac{\partial}{\partial y} &= \frac{\partial L_i}{\partial y}\frac{\partial}{\partial L_i} + \frac{\partial L_j}{\partial y}\frac{\partial}{\partial L_j} + \frac{\partial L_m}{\partial y}\frac{\partial}{\partial L_m} = \frac{1}{2A}\left(c_i\frac{\partial}{\partial L_i} + c_j\frac{\partial}{\partial L_j} + c_m\frac{\partial}{\partial L_m}\right) \end{aligned}\right\} \tag{5.24}$$

在计算单元刚度矩阵的积分时，可以利用下面有效的积分公式

$$\left.\begin{aligned} \iint_A L_i^\alpha L_j^\beta L_m^\gamma \mathrm{d}A &= \frac{\alpha!\beta!\gamma!}{(\alpha+\beta+\gamma+2)!}2A \\ \int_{\Gamma_{ij}} L_i^\alpha L_j^\beta \mathrm{d}l &= \frac{\alpha!\beta!}{(\alpha+\beta+1)!}l_{ij} \end{aligned}\right\} \tag{5.25}$$

5.3.2　插值函数

采用面积坐标之后，根据式(5.11)，可得到 Lagrange 型位移插值函数。

对常应变三角形单元，有

$$\left.\begin{aligned}N_i(L_i,L_j,L_m)&=L_i\\N_j(L_i,L_j,L_m)&=L_j\\N_m(L_i,L_j,L_m)&=L_m\end{aligned}\right\}\tag{5.26}$$

对具有 6 节点的二次单元，为表达方便，现将其节点号编为 1,2,3,4,5,6，称为局部节点号，其面积坐标写在节点号后面的括号里面，如图 5.4 所示。根据式(5.11)，可得到 Lagrange 型位移插值函数

$$N_i=\prod_{j=1}^{2}\frac{f_j^i(L_1,L_2,L_3)}{f_j^i(L_{1i},L_{2i},L_{3i})}\qquad(i=1,2,\cdots,6)\tag{5.27}$$

其中，$f_j^i(L_1,L_2,L_3)$和 $f_j^i(L_{1i},L_{2i},L_{3i})$赋予和三角形单元相对应的几何意义。

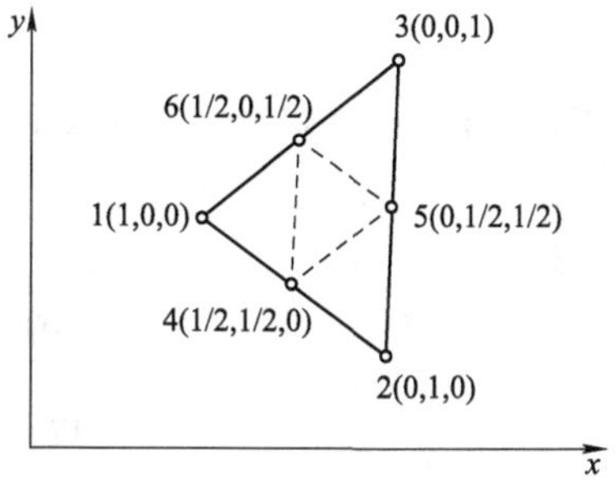

图 5.4　二次变化三角形单元的面积坐标

$f_j^i(L_1,L_2,L_3)$是通过除节点 i 以外的所有节点的两根直线的方程 $f_j^i(L_1,L_2,L_3)=0$ 的左端项。例如，当 $i=1$ 时，$f_j^1(L_1,L_2,L_3)$分别是通过节点 4,6 的直线方程 $f_1^1(L_1,L_2,L_3)=L_1-\frac{1}{2}=0$ 和通过节点 2,5,3 的直线方程 $f_2^1(L_1,L_2,L_3)=L_1=0$ 的左端项的乘积。$f_j^i(L_{1i},L_{2i},L_{3i})$中的 L_{1i},L_{2i},L_{3i}是节点 i 的面积坐标，并将它们代入到 $f_j^i(L_1,L_2,L_3)$中就得到了 $f_j^i(L_{1i},L_{2i},L_{3i})$。

$$N_1=\frac{L_1-1/2}{1/2}\cdot\frac{L_1}{1}=(2L_1-1)L_1\tag{5.28}$$

通过类似分析步骤可以得到

$$N_2=\frac{L_2-1/2}{1/2}\cdot\frac{L_2}{1}=(2L_2-1)L_2,N_3=\frac{L_3-1/2}{1/2}\cdot\frac{L_3}{1}=(2L_3-1)L_3,$$

$$N_4=\frac{L_1}{1/2}\cdot\frac{L_2}{1/2}=4L_1L_2,N_5=\frac{L_2}{1/2}\cdot\frac{L_3}{1/2}=4L_2L_3,N_6=\frac{L_3}{1/2}\cdot\frac{L_1}{1/2}=4L_3L_1$$

5.4　矩形单元

如果所研究的问题域是规则的矩形域，则采用矩形单元将比三角形单元更为方便和有效。

由于平面问题的势能泛函中位移导数的最高阶次为1,所以其位移容许函数均应满足 C_0 连续性要求,即 u,v 至少应该是连续的。

5.4.1 Lagrange 插值单元

构造矩形平面单元的形函数最简便的方法是利用一维有限元已有的成果,建立所谓的"乘积"单元。具体说来,就是把二维函数展开为两个方向的一维函数的乘积,以 $u(x,y)$ 为例,令

$$u(x,y) = X(x)Y(y) \tag{5.29}$$

式中 $X(x)$ 和 $Y(y)$ 均为一维 C_0 连续性函数。若在两个方向都采用 Lagrange 插值,则可得到二维 Lagrange 矩形单元的位移函数

$$u(x,y) = \sum_{i=1}^{m+1} X_i L_i^{(m)}(x) \sum_{j=1}^{n+1} Y_j L_j^{(n)}(y) = \sum_{i=1}^{m+1}\sum_{j=1}^{n+1} u_{ij} L_i^{(m)}(x) L_j^{(n)}(y) = \sum_{s=1}^{N} N_s u_s \tag{5.30}$$

其中,$m+1$ 和 $n+1$ 分别为 x 方向和 y 方向配置的节点数目,u_{ij} 称为广义节点位移参数,实际上,$u_{11},u_{21},u_{22},u_{12}$ 就是四个角节点在 x 方向的位移参数。$L_i^{(m)}$ 和 $L_j^{(n)}$ 为 x 方向和 y 方向的 Lagrange 插值基函数。

对图 5.5(a)所示的 4 节点矩形平面单元,假设矩形的长和宽分别为 a 和 b,为以后数值积分方便,引入无量纲坐标

$$\xi = \frac{2x - x_1 - x_2}{x_2 - x_1}, \eta = \frac{2y - y_1 - y_4}{y_4 - y_1} \tag{5.31}$$

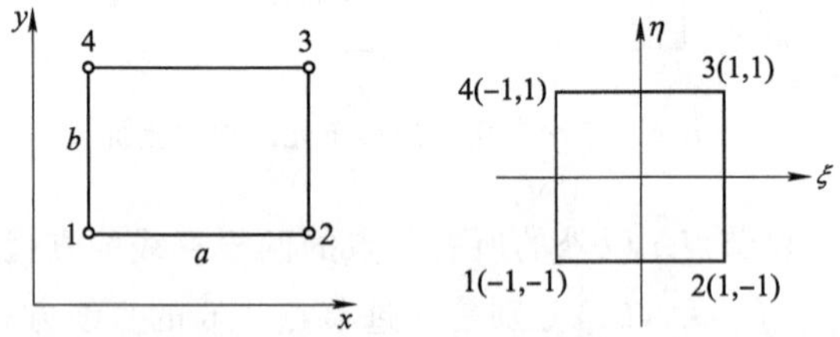

(a) 笛卡尔坐标　　(b) 自然坐标

图 5.5　四边形单元的坐标变换

将单元的长方形区域映射为图 5.5(b)所示的无量纲正方形域。如果采用 Lagrange 插值,其位移模式为

$$\left.\begin{aligned} u(\xi,\eta) &= \sum_{i=1}^{4} N_i(\xi,\eta) u_i \\ v(\xi,\eta) &= \sum_{i=1}^{4} N_i(\xi,\eta) v_i \end{aligned}\right\} \tag{5.32}$$

写成矩阵形式

$$\boldsymbol{u} = \boldsymbol{N\delta}^e \tag{5.33}$$

其中

$$\boldsymbol{u} = \begin{Bmatrix} u \\ v \end{Bmatrix} \tag{5.34}$$

$$\boldsymbol{N} = \begin{bmatrix} N_1 & 0 & N_2 & 0 & N_2 & 0 & N_2 & 0 \\ 0 & N_1 & 0 & N_2 & 0 & N_2 & 0 & N_2 \end{bmatrix} \tag{5.35}$$

$$\boldsymbol{\delta}^e = \{u_1 \quad v_1 \quad u_2 \quad v_2 \quad u_3 \quad v_3 \quad u_4 \quad v_4\}^{\mathrm{T}} \tag{5.36}$$

由式(5.30)并借助于式(5.9),可知形函数的表达式为

$$\left.\begin{aligned} N_1(\xi,\eta) &= L_1^{(1)}(\xi)L_1^{(1)}(\eta) = \frac{1}{4}(1-\xi)(1-\eta) \\ N_2(\xi,\eta) &= L_2^{(1)}(\xi)L_1^{(1)}(\eta) = \frac{1}{4}(1+\xi)(1-\eta) \\ N_3(\xi,\eta) &= L_2^{(1)}(\xi)L_2^{(1)}(\eta) = \frac{1}{4}(1+\xi)(1+\eta) \\ N_4(\xi,\eta) &= L_1^{(1)}(\xi)L_2^{(1)}(\eta) = \frac{1}{4}(1-\xi)(1+\eta) \end{aligned}\right\} \tag{5.37}$$

为简单起见,写为

$$N_i(\xi,\eta) = \frac{1}{4}(1+\xi_i\xi)(1+\eta_i\eta) \qquad (i=1,2,3,4) \tag{5.38}$$

其中,ξ_i,η_i 为第 i 个节点处的坐标值。容易验证形函数满足如下两个性质

$$N_i(\xi_j,\eta_j) = \delta_{ij}, \quad \sum_{i=1}^{4} N_i = 1 \tag{5.39}$$

可以保证该单元的完备性和协调性,该单元称为双线性单元。

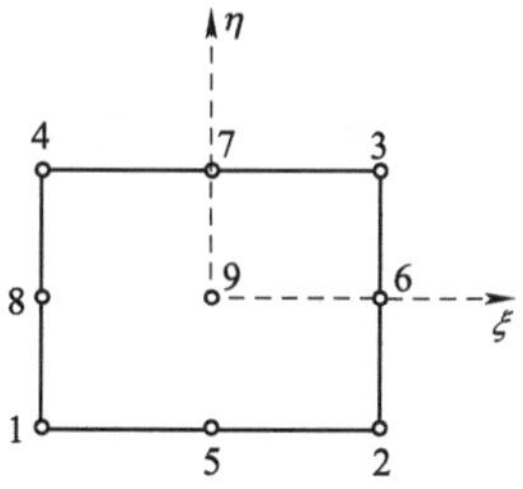

图 5.6　双二次矩形单元

如果要构造一个完备的双二次单元,即位移模式在 x 方向和 y 方向均是完备的二次函数,共需要有 9 个待定参数(节点位移),因而须设置 9 个节点,如图 5.6 所示。其位移插值形式为

$$\left.\begin{aligned} u(\xi,\eta) &= \sum_{i=1}^{9} N_i(\xi,\eta)u_i \\ v(\xi,\eta) &= \sum_{i=1}^{9} N_i(\xi,\eta)v_i \end{aligned}\right\} \tag{5.40}$$

其中的形函数为

$$N_1(\xi,\eta) = L_1^{(2)}(\xi)L_1^{(2)}(\eta) = \frac{1}{4}\xi\eta(1-\xi)(1-\eta) \tag{5.41a}$$

$$N_2(\xi,\eta) = L_3^{(2)}(\xi)L_1^{(2)}(\eta) = -\frac{1}{4}\xi\eta(1+\xi)(1-\eta) \tag{5.41b}$$

$$N_3(\xi,\eta) = L_3^{(2)}(\xi)L_3^{(2)}(\eta) = \frac{1}{4}\xi\eta(1+\xi)(1+\eta) \tag{5.41c}$$

$$N_4(\xi,\eta) = L_1^{(2)}(\xi)L_3^{(2)}(\eta) = -\frac{1}{4}\xi\eta(1-\xi)(1+\eta) \tag{5.41d}$$

$$N_5(\xi,\eta) = L_2^{(2)}(\xi)L_1^{(2)}(\eta) = -\frac{1}{2}\eta(1-\xi^2)(1-\eta) \tag{5.41e}$$

$$N_6(\xi,\eta) = L_3^{(2)}(\xi)L_2^{(2)}(\eta) = \frac{1}{2}\xi(1+\xi)(1-\eta^2) \tag{5.41f}$$

$$N_7(\xi,\eta) = L_2^{(2)}(\xi)L_3^{(2)}(\eta) = \frac{1}{2}\eta(1-\xi^2)(1+\eta) \tag{5.41g}$$

$$N_8(\xi,\eta) = L_1^{(2)}(\xi)L_2^{(2)}(\eta) = -\frac{1}{2}\xi(1-\xi)(1-\eta^2) \tag{5.41h}$$

$$N_9(\xi,\eta) = L_2^{(2)}(\xi)L_2^{(2)}(\eta) = (1-\xi^2)(1-\eta^2) \tag{5.41i}$$

5.4.2 Serendipity 单元

由前面可知，要构造高阶单元，需要在单元的内部设置节点，而有单元内部设置节点往往是人们不希望的，因为内部节点的设置不仅不能对有限元的精度有所帮助，而且计算的时候也是非常麻烦，有限元的精度只跟多项式的阶次有关。Serendipity 单元的主要思想是利用边界上的节点值来确定形函数，以克服 Lagrange 插值单元须设置内部节点的缺点，它要求单元各边上的节点数必须相等。图 5.7 为一组不同阶次的 Serendipity 单元。

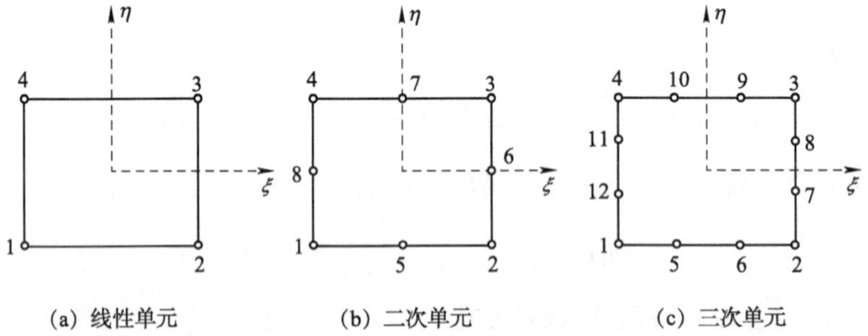

图 5.7　矩形 Serendipity 单元族

对于矩形 Serendipity 线性单元，只有四个角节点，每个边上只有两个端节点，没有内部节点，其实就是我们前面说过的双线性 Lagrange 单元，其形函数见式(5.38)。

对于二次 Serendipity 单元，除了四个角点设置节点外，每条边的中间也设置一个节点，即 8 节点单元。其形函数为

$$N_i(\xi,\eta) = \frac{1}{4}(1+\xi_i\xi)(1+\eta_i\eta)(\xi_i\xi+\eta_i\eta-1) \qquad (i=1,2,3,4) \tag{5.42a}$$

$$N_i(\xi,\eta) = \frac{1}{2}(1-\xi^2)(1+\eta\eta_i) \qquad (i=5,7) \tag{5.42b}$$

$$N_i(\xi,\eta) = \frac{1}{2}(1+\xi_i\xi)(1-\eta^2) \qquad (i=6,8) \tag{5.42c}$$

三次 Serendipity 单元共有 12 个节点，其形函数这里略去。

Serendipity 一词原意为意外惊喜地发现，Serendipity 单元的形函数最初是通过观察得出的，后来总结出系统化的方法。这里以二次单元为例说明其形函数的构造方法。

(1)对于边中节点，用一个坐标的二次、另一个坐标的一次 Lagrange 插值得到，例如节点 5 和节点 8 的形函数

$$N_5(\xi,\eta) = \frac{1}{2}(1-\xi^2)(1-\eta),\ N_8(\xi,\eta) = \frac{1}{2}(1-\xi)(1-\eta^2)$$

(2)对于角节点，形函数的建立过程由两步完成。第一步先写出其线性形函数。如节点 1，其双线性形函数为

$$\tilde{N}_1(\xi,\eta) = \frac{1}{4}(1-\xi)(1-\eta)$$

我们发现，这个函数虽然能满足 $\widetilde{N}_1(\xi_1,\eta_1)=1$，但不能完全满足 $\widetilde{N}_1(\xi_j,\eta_j)=0$，如 $\widetilde{N}_1(\xi_5,\eta_5)=\widetilde{N}_1(\xi_8,\eta_8)=1/2$，而作为插值函数的形函数必须要满足它在其他的节点上的值都为零的条件，因此，我们需要做些改变，为了使形函数在节点 5 和 8 上都为零，做如下的线性组合，令

$$N_1(\xi,\eta)=\widetilde{N}_1(\xi,\eta)-\frac{1}{2}N_5(\xi,\eta)-\frac{1}{2}N_8(\xi,\eta)$$

这样，$N_1(\xi,\eta)$ 在节点 1 处的值为 1，而在其他节点处的值就都等于零了，因而这就是 1 节点的形函数。

概括地讲，Serendipity 单元形函数的建立方法就是，边中节点的形函数就用 Lagrange 插值函数，角节点用双线性函数与边中节点形函数的适当组合。Serendipity 族与 Lagrange 族的线性单元是一致的，二次以上的单元因有无内部节点而不同。

5.5 等参元

在第 4 章中介绍的常应变三角形单元和双线性矩形单元是最简单的单元，它们共同的优点是适应性强，应用范围广，计算公式简单，概念清晰，易于被人们接受。但由于采用了线性位移的假设，导致单元的应变和应力均为常值，这显然与真实的情况是不相符合的，虽然我们可以更精细地划分网格，让单元的尺寸变得极小，使单元的应力与真实值差别很小，这也正是有限元收敛的本质所在，但是对于应力变化梯度比较大的问题如应力集中问题，这种单元的划分势必会带来较大的误差，而且过于庞大的有限元网格也会使得计算量剧增从而使有限元分析不能得心应手。为了提高精度和减少计算工作量，人们不只是选择完备的一次多项式作为位移函数，人们构造了含有二次甚至三次项多项式作为位移函数，即采用高阶单元。用它们逼近求解域比较规整的问题是比较容易的，但在工程中会有大量的问题其求解域是斜边或曲线边界，如果再用这些单元去模拟，则必然会存在着用折线代替曲线所带来的误差。为了解决这个问题，人们构造了高精度的曲边单元。

5.5.1 一维等单元

我们知道，在有限元分析中，构造单元的位移插值模式，可以利用广义坐标有限元的方法，通过将单元的位移假设为多项式通过广义坐标的线性组合，建立广义坐标和结点位移的关系，得到位移插值函数，利用最小势能原理确定单元的平衡方程；也可以采用 Lagrange 插值函数，对物理量和几何进行插值，若物理量和几何插值采用相同的插值函数，称为等参元。若物理量插值阶次高于几何插值阶次，称为亚参元，若几何插值阶次高于物理量插值阶次，称为超参元。下面以一维拉压杆为例，分别介绍上述等参数单元刚度矩阵的建立。

考虑图 5.8(a)所示的一维 2 节点单元，单元内任一点的坐标，可以利用引入无因次量 ξ 表示如下

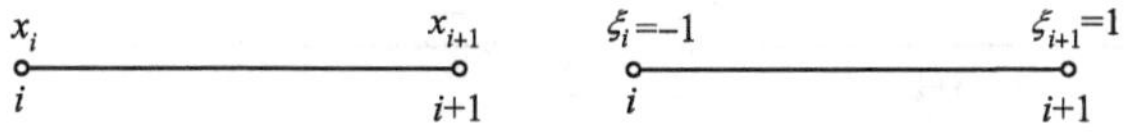

(a) 一维单元　　(b) 母单元

图 5.8　一维线性单元的线性变换

$$x = \frac{1}{2}(x_i + x_{i+1}) + \frac{1}{2}(x_{i+1} - x_i)\xi$$
$$= \frac{1}{2}(1-\xi)x_i + \frac{1}{2}(1+\xi)x_{i+1} \tag{5.43}$$

记

$$N_i = \frac{1}{2}(1-\xi), N_{i+1} = \frac{1}{2}(1+\xi) \tag{5.44}$$

则式(5.43)可写为

$$x = N_i x_i + N_{i+1} x_{i+1} = \sum_{k=i}^{i+1} N_k x_k \tag{5.45}$$

也就是说,单元内任一点的几何坐标也可以由插值的形式得到,称为几何插值。其中,N_i 和 N_{i+1}称为插值函数(形函数),x_i 和 x_{i+1} 为插值节点的坐标。其实这也就是一种坐标变换,给定一个 ξ 值就会有一个 x 值与其对应,它是将一个边长为 2 的线段,通过几何插值变换为一个长度为 $x_{i+1} - x_i$ 的单元。

如果对于该单元的位移插值,也可以采用上面和几何插值相同的插值函数,即假设位移场为

$$u = \frac{1}{2}(1-\xi)u_i + \frac{1}{2}(1+\xi)u_{i+1} = N_i u_i + N_{i+1} u_{i+1} \tag{5.46}$$

这种单元称为等参元。单元的应变表示为

$$\varepsilon = \frac{\mathrm{d}u}{\mathrm{d}x} = \frac{\mathrm{d}\{N_i u_i + N_{i+1} u_{i+1}\}}{\mathrm{d}x} = \frac{\mathrm{d}\{N_i u_i + N_{i+1} u_{i+1}\}}{\mathrm{d}\xi}\frac{\mathrm{d}\xi}{\mathrm{d}x} \tag{5.47}$$

由几何插值公式(5.45),可得:

$$\mathrm{d}x = \mathrm{d}\left\{\frac{1}{2}(1-\xi)x_i + \frac{1}{2}(1+\xi)x_{i+1}\right\} = \frac{1}{2}(x_{i+1} - x_i)\mathrm{d}\xi \tag{5.48}$$

故有

$$\frac{\mathrm{d}\xi}{\mathrm{d}x} = \frac{2}{(x_{i+1} - x_i)} = \frac{2}{l_i} \tag{5.49}$$

代入式(5.47),得到

$$\varepsilon = \frac{1}{l_i}(u_{i+1} - u_i) = \frac{1}{l_i}[-1 \quad 1]\begin{Bmatrix} u_i \\ u_{i+1} \end{Bmatrix} = \boldsymbol{B\delta}^e \tag{5.50}$$

单元的刚度矩阵为

$$\boldsymbol{K}^e = \int_0^{l_i} EA\boldsymbol{B}^{\mathrm{T}}\boldsymbol{B}\mathrm{d}x = \int_{-1}^{+1} \frac{EA}{l_i^{\ 2}}\begin{bmatrix} -1 \\ 1 \end{bmatrix}[-1 \quad 1]\frac{l_i}{2}\mathrm{d}\xi = \frac{EA}{l_i}\begin{bmatrix} 1 & -1 \\ -1 & 1 \end{bmatrix} \tag{5.51}$$

由上可知,采用无量纲变换之后,单元刚度矩阵的积分运算变成了在区间[−1,1]上对 ξ 的积分,这有利于对复杂函数进行数值积分。

下面推导二次单元,如图 5.9(a)所示一 3 节点单元,设中间节点正好在两端节点的中间,即 $x_{i+1} = \frac{x_i + x_{i+2}}{2}$。同样引入无量纲坐标 ξ,令

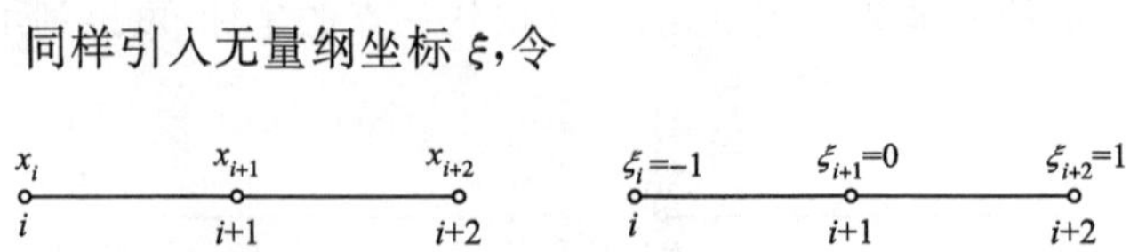

(a) 二次单元　　(b) 母单元

图 5.9　一维二次单元的线性变换

$$x = N_i x_i + N_{i+1} x_{i+1} + N_{i+2} x_{i+2} = \sum_{k=i}^{i+2} N_k x_k \tag{5.52}$$

其中

$$\left.\begin{aligned} N_i(\xi) &= \frac{1}{2}\xi(\xi-1) \\ N_{i+1}(\xi) &= 1-\xi^2 \\ N_{i+2}(\xi) &= \frac{1}{2}\xi(\xi+1) \end{aligned}\right\} \tag{5.53}$$

式(5.52)可以理解为单元内一点的几何坐标可以用插值的形式来表达,称为几何插值,$N_i(\xi)$,N_{i+1} 和 N_{i+2} 称为插值函数,其图形如图 5.10 所示。实际上这就是一种映射,将图 5.9(b)所示的长度为 2 的无量纲母单元映射为图 5.9(a)所示的长度为 $x_{i+2}-x_i$ 的几何单元。

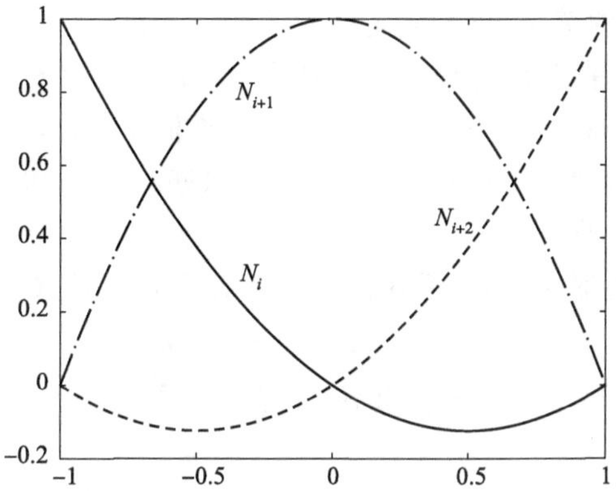

图 5.10　二次插值函数图形

单元位移可以利用结点位移进行插值,并采用与几何插值相同的形函数

$$u = \sum_{k=i}^{i+2} N_k u_k = [N_i \quad N_{i+1} \quad N_{i+2}] \begin{Bmatrix} u_i \\ u_{i+1} \\ u_{i+2} \end{Bmatrix} = \boldsymbol{N}\boldsymbol{\delta}^e \tag{5.54}$$

单元的应变为

$$\varepsilon = \frac{\partial u}{\partial x} = \frac{\partial u}{\partial \xi}\frac{\partial \xi}{\partial x} = \frac{2}{l}\left[\xi - \frac{1}{2} \quad -2\xi \quad \xi + \frac{1}{2}\right] \begin{Bmatrix} u_1 \\ u_2 \\ u_3 \end{Bmatrix} = \boldsymbol{B}\boldsymbol{\delta}^e \tag{5.55}$$

其中

$$\boldsymbol{B} = \frac{2}{l}\left[\xi - \frac{1}{2} \quad -2\xi \quad \xi + \frac{1}{2}\right] \begin{Bmatrix} u_1 \\ u_2 \\ u_3 \end{Bmatrix} \tag{5.56}$$

据此得单元的刚度矩阵为

$$\boldsymbol{K}^e = \int_{x_i}^{x_{i+2}} EA\boldsymbol{B}^{\mathrm{T}}\boldsymbol{B}\,\mathrm{d}x = \int_{-1}^{+1} EA\boldsymbol{B}^{\mathrm{T}}\boldsymbol{B}\,\frac{l}{2}\mathrm{d}\xi = \frac{EA}{3l}\begin{bmatrix} 7 & -8 & 1 \\ -8 & 16 & -8 \\ 1 & -8 & 7 \end{bmatrix} \tag{5.57}$$

5.5.2 四节点四边形等参元

在有限元分析中，提高有限元分析精度在于构造的单元能够较好地逼近或模拟物理量的变化，同时对分析区域的几何形状较好地逼近。三角形常应变单元虽然构造比较简单，但由于插值函数为线性的，单元内应变为常值，因而精度较差，同时求解区域为曲线边界时，需要较多的单元才能满足分析精度。虽然增加三角形线性应变单元的个数可以提高分析精度，但对曲线边界的模拟或逼近仍然存在困难。

为了保证单元收敛，假设的位移需满足完备性、连续性的要求，即单元能够反应刚体位移和常应变，同时根据最小势能原理，位移场需满足连续性要求，尤其是单元之间的连续问题。

等参数有限元是和广义坐标有限元相对应的构造有限元刚度矩阵的一种方法。在广义坐标有限元中，首先将单元内的位移表示为以广义坐标为未知量的多项式形式，以此为基础建立广义坐标和结点位移之间的关系，进而确定单元的插值函数或单元的形函数，从而得到单元的刚度矩阵。采用广义坐标有限元的方法，思路清晰，对于三角形单元容易实施，但广义坐标有限元在构造任意四边形(quadrilateral)单元时公式推导非常麻烦，并且在模拟曲边结构时无法较精确地实现，针对这些困难，Taig 和 Irons 分别于 1962 年和 1966 年提出了等参变换的思想，从而巧妙地解决了这一难题。

对于图 5.11 所示四边形单元，若采用广义坐标有限元的思路，假设位移为如下形式

$$\begin{cases} u = \alpha_0 + \alpha_1 x + \alpha_2 y + \alpha_3 xy \\ v = \beta_0 + \beta_1 x + \beta_2 y + \beta_3 xy \end{cases} \tag{5.58}$$

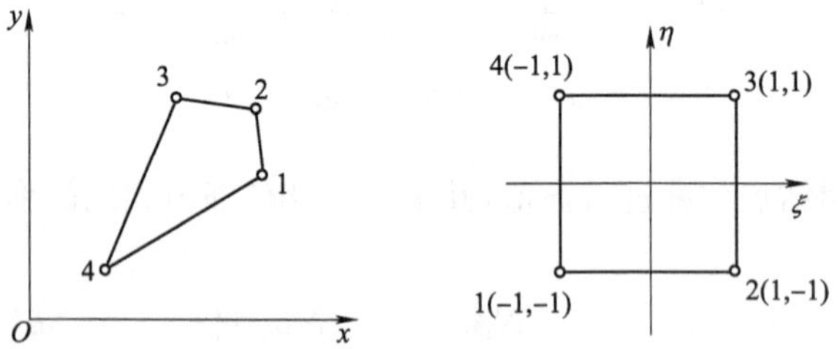

(a) 四边形单元　　(b) 母单元

图 5.11　四边形单元及其母单元

$$1$$
$$x \quad y$$
$$x^2 \quad xy \quad y^2$$
$$x^3 \quad x^2y \quad xy^2 \quad y^3$$
$$x^4 \quad x^3y \quad x^2y^2 \quad xy^3 \quad y^4$$
$$\cdots \quad \cdots \quad \cdots \quad \cdots \quad \cdots \quad \cdots \quad \cdots$$

图 5.12　Pascal 三角

在广义坐标有限元分析中，多项式的选择应满足几何各向同性，即所选择项应当关于杨辉三角形(Pascal Triangle)的轴线对称，如图 5.12 所示。在图 5.11(a)所示单元的某一边上，因为该边的方程可写为 $y=kx+b$ 的形式，所以按照式(5.58)的假设，其位移模式实际上为如下形式

$$u = d_0 + d_1 x + d_2 x^2 \tag{5.59}$$

而该边上只设有两个结点，不能唯一确定按二次规律变化的位移，因此，按广义坐标有限元的思想，不能保证整个结构有限元分析时，跨越边界的位移的连续性，也就是说，在相邻两个单元的边界上，用不同的单元插值会得到不同的位移，这显然违背了位移有限元的基本变分原理——最小势能原理的要求(Variational crime)，所以在常规有限元中，不用广义坐标有限元建立四边形有限元的刚度矩阵，这样构造的单元不满足连续

性的要求。而是采用等参变化,将四边形单元通过几何变换转化为边长为 2 的正方形母单元,依据母单元建立单元的刚度矩阵 ,这样构造的单元满足连续性的要求。

(1)插值函数的构造

针对一维单元,前面曾经讨论过,式(5.45)的几何插值是将一个长度为 2 的母单元变换成了长度为 $x_{i+1}-x_i$ 的单元,现在来讨论如何将一个边长为 2 的正方形母单元变换为任意一个四边形,如图 5.11 所示。为此,我们仿照一维单元,引入两个无量纲坐标 ξ,η,并假设有如下的几何插值

$$x=\sum_{i=1}^{4}N_i(\xi,\eta)x_i,\qquad y=\sum_{i=1}^{4}N_i(\xi,\eta)y_i \tag{5.60}$$

只要找到插值函数 $N_i(\xi,\eta)(i=1,2,3,4)$,这种对应的坐标变换关系也便找到了。下面探讨如何推导出插值函数,以对应 1 节点的插值函数 N_1 为例,它本质上是一个多项式,假设

$$N_1=\alpha_0+\alpha_1\xi+\alpha_2\eta+\alpha_3\xi\eta \tag{5.61}$$

我们知道,插值函数应满足 $N_i(\xi_j,\eta_j)=\delta_{ij}$,于是有

$$\left.\begin{aligned}N_1\big|_{\xi=-1,\eta=-1}&=\alpha_0-\alpha_1-\alpha_2+\alpha_3=1\\N_1\big|_{\xi=1,\eta=-1}&=\alpha_0+\alpha_1-\alpha_2-\alpha_3=0\\N_1\big|_{\xi=1,\eta=1}&=\alpha_0+\alpha_1+\alpha_2+\alpha_3=0\\N_1\big|_{\xi=-1,\eta=1}&=\alpha_0+\alpha_1-\alpha_2-\alpha_3=0\end{aligned}\right\} \tag{5.62}$$

解得

$$\alpha_0=\frac{1}{4},\alpha_1=-\frac{1}{4},\alpha_2=-\frac{1}{4},\alpha_3=\frac{1}{4}$$

于是得到

$$N_1=\frac{1}{4}-\frac{1}{4}\xi-\frac{1}{4}\eta+\frac{1}{4}\xi\eta=\frac{1}{4}(1-\xi)(1-\eta) \tag{5.63}$$

利用同样的方法可以得到另外三个形函数,将它们写在一起,统一写为

$$N_i=\frac{1}{4}(1+\xi_i\xi)(1+\eta_i\eta)\qquad(i=1,2,3,4) \tag{5.64}$$

其中,ξ_i 和 η_i 为第 i 个节点的自然坐标。

如果我们采用与几何插值相同的模式来构造位移插值,即假设位移模式为

$$u=\sum_{i=1}^{4}N_iu_i,\quad v=\sum_{i=1}^{4}N_iv_i \tag{5.65}$$

即所谓等参元。

(2)几何矩阵的建立和计算

将式(5.65)写成矩阵形式

$$\boldsymbol{u}=\boldsymbol{N\delta}^e \tag{5.66}$$

其中

$$\boldsymbol{u}=\begin{Bmatrix}u\\v\end{Bmatrix} \tag{5.67}$$

$$\boldsymbol{\delta}^e=\{u_1\quad v_1\quad u_2\quad v_2\quad u_3\quad v_3\quad u_4\quad v_4\}^{\mathrm{T}} \tag{5.68}$$

$$\boldsymbol{N}=\begin{bmatrix}N_1&0&N_2&0&N_3&0&N_4&0\\0&N_1&0&N_2&0&N_3&0&N_4\end{bmatrix} \tag{5.69}$$

单元的应变可表示为

$$\begin{Bmatrix}\varepsilon_x\\ \varepsilon_y\\ \gamma_{xy}\end{Bmatrix}=\begin{bmatrix}\partial_x & 0\\ 0 & \partial_y\\ \partial_y & \partial_x\end{bmatrix}\begin{Bmatrix}u\\ v\end{Bmatrix}=\begin{bmatrix}\partial_x & 0\\ 0 & \partial_y\\ \partial_y & \partial_x\end{bmatrix}\boldsymbol{N}\boldsymbol{\delta}^e=[\boldsymbol{B}_1\quad \boldsymbol{B}_2\quad \boldsymbol{B}_3\quad \boldsymbol{B}_4]\boldsymbol{\delta}^e=\boldsymbol{B}\boldsymbol{\delta}^e \tag{5.70}$$

矩阵 $\boldsymbol{B}$ 即为单元几何矩阵，或应变矩阵。其中

$$\boldsymbol{B}_i=\begin{bmatrix}N_{i,x} & 0\\ 0 & N_{i,y}\\ N_{i,y} & N_{i,x}\end{bmatrix} \tag{5.71}$$

在计算应变矩阵时，需要涉及插值函数 $N_i(\xi,\eta)(i=1,2,3,4)$ 对 x 和 y 的导数计算，而插值函数是自然坐标 ξ,η 的函数，这就需要做复合函数求导运算。在计算中，虽然很难给出 x 和 y 表示的 ξ 和 η 的表达式，但一定存在如下关系

$$\xi=\xi(x,y),\ \eta=\eta(x,y) \tag{5.72}$$

因此有

$$\left.\begin{aligned}N_{i,\xi}&=N_{i,x}x_{,\xi}+N_{i,y}y_{,\xi}\\ N_{i,\eta}&=N_{i,x}x_{,\eta}+N_{i,y}y_{,\eta}\end{aligned}\right\} \tag{5.73}$$

写成矩阵形式

$$\begin{Bmatrix}N_{i,\xi}\\ N_{i,\eta}\end{Bmatrix}=\begin{bmatrix}x_{,\xi} & y_{,\xi}\\ x_{,\eta} & y_{,\eta}\end{bmatrix}\begin{Bmatrix}N_{i,x}\\ N_{i,y}\end{Bmatrix} \tag{5.74}$$

由上式，可得

$$\begin{Bmatrix}N_{i,x}\\ N_{i,y}\end{Bmatrix}=\begin{bmatrix}x_{,\xi} & y_{,\xi}\\ x_{,\eta} & y_{,\eta}\end{bmatrix}^{-1}\begin{Bmatrix}N_{i,\xi}\\ N_{i,\eta}\end{Bmatrix} \tag{5.75}$$

矩阵

$$\boldsymbol{J}=\begin{bmatrix}x_{,\xi} & y_{,\xi}\\ x_{,\eta} & y_{,\eta}\end{bmatrix} \tag{5.76}$$

称为 Jacobi 矩阵，其逆矩阵为

$$\boldsymbol{J}^{-1}=\frac{1}{|\boldsymbol{J}|}\begin{bmatrix}y_{,\eta} & -y_{,\xi}\\ -x_{,\eta} & x_{,\xi}\end{bmatrix} \tag{5.77}$$

因为

$$\left.\begin{aligned}&N_{1,\xi}=-\frac{1}{4}(1-\eta),N_{1,\eta}=-\frac{1}{4}(1-\xi),N_{2,\xi}=\frac{1}{4}(1-\eta),N_{2,\eta}=-\frac{1}{4}(1+\xi)\\ &N_{3,\xi}=\frac{1}{4}(1+\eta),N_{3,\eta}=\frac{1}{4}(1+\xi),N_{4,\xi}=-\frac{1}{4}(1+\eta),N_{4,\eta}=\frac{1}{4}(1-\xi)\end{aligned}\right\} \tag{5.78}$$

故有

$$\left.\begin{aligned}&x_{,\xi}=\sum_{i=1}^{4}N_{i,\xi}x_i=(A+B\eta),\qquad y_{,\xi}=\sum_{i=1}^{4}N_{i,\xi}y_i=(C+D\eta)\\ &x_{,\eta}=\sum_{i=1}^{4}N_{i,\eta}x_i=(E+B\xi),\qquad y_{,\eta}=\sum_{i=1}^{4}N_{,\eta}y_i=(F+D\xi)\end{aligned}\right\} \tag{5.79}$$

其中

$$\left.\begin{aligned}A=\frac{1}{4}\sum_{i=1}^{4}\xi_i x_i,B=\frac{1}{4}\sum_{i=1}^{4}\xi_i\eta_i x_i,C=\frac{1}{4}\sum_{i=1}^{4}\xi_i y_i,\\D=\frac{1}{4}\sum_{i=1}^{4}\xi_i\eta_i y_i,E=\frac{1}{4}\sum_{i=1}^{4}\eta_i x_i,F=\frac{1}{4}\sum_{i=1}^{4}\eta_i y_i\end{aligned}\right\}\tag{5.80}$$

从以上推导可以看出，对于二维四结点等参元，其 Jacobi 行列式的值为

$$|\boldsymbol{J}|=C_0+C_1\xi+C_2\eta\tag{5.81}$$

式中

$$\left.\begin{aligned}C_0&=(AF-CE)=\frac{1}{8}[(x_4-x_2)(y_1-y_3)+(x_3-x_1)(y_4-y_2)]\\C_1&=(AD-CB)=\frac{1}{8}[(x_4-x_3)(y_2-y_1)+(x_1-x_2)(y_4-y_3)]\\C_2&=(BF-ED)=\frac{1}{8}[(x_4-x_1)(y_2-y_3)+(x_3-x_2)(y_4-y_1)]\end{aligned}\right\}\tag{5.82}$$

因为 Jacobi 行列式的值为 ξ 和 η 的线性函数，由此可以看出，只要 Jacobi 行列式的值在四个结点处均为正值，变换即为唯一的，此条件要求在笛卡尔坐标系中，四边形相邻边的夹角小于 180°。

将式(5.78)代入式(5.75)然后再代入式(5.71)，有

$$\boldsymbol{B}_i=\frac{1}{|J|}\begin{bmatrix}J_{22}\dfrac{\partial N_i}{\partial\xi}-J_{12}\dfrac{\partial N_i}{\partial\eta} & 0\\0 & -J_{21}\dfrac{\partial N_i}{\partial\xi}+J_{11}\dfrac{\partial N_i}{\partial\eta}\\-J_{21}\dfrac{\partial N_i}{\partial\xi}+J_{11}\dfrac{\partial N_i}{\partial\eta} & J_{22}\dfrac{\partial N_i}{\partial\xi}-J_{12}\dfrac{\partial N_i}{\partial\eta}\end{bmatrix}=\frac{1}{|J|}\begin{bmatrix}b_i & 0\\0 & c_i\\c_i & b_i\end{bmatrix}\tag{5.83}$$

式中，b_i 和 c_i 均为 ξ 和 η 的复杂函数，很难写出其显示的表达式。

(3)单元刚度矩阵的建立

与以前的推导类似，利用最小势能原理，便可以得到单元的刚度方程

$$\boldsymbol{K}^e\boldsymbol{\delta}^e=\boldsymbol{F}^e\tag{5.84}$$

式中，$\boldsymbol{K}^e$ 即为单元刚度矩阵，$\boldsymbol{F}^e$ 为单元的等效节点力向量，它们为

$$\boldsymbol{K}^e=t\iint_A\boldsymbol{B}^{\mathrm{T}}\boldsymbol{DB}\,\mathrm{d}A\tag{5.85}$$

$$\boldsymbol{F}^e=t\iint_A\boldsymbol{N}^{\mathrm{T}}\boldsymbol{F}\mathrm{d}A+t\int_\Gamma\boldsymbol{N}^{\mathrm{T}}\boldsymbol{p}\mathrm{d}\Gamma\tag{5.86}$$

须要说明的是，积分式中的函数都是 ξ 和 η 的函数，因而积分时应将积分区域转换到自然坐标 ξ,η 上，在母单元上积分，积分的微元 dA 应该用 ξ,η 来表示。如图 5.13 所示，假设单元内一点的矢径为 $\boldsymbol{r}$

$$\boldsymbol{r}=x\boldsymbol{i}+y\boldsymbol{j}$$

式中，$\boldsymbol{i}$ 和 $\boldsymbol{j}$ 为 x 和 y 轴方向的单位矢量。$\boldsymbol{r}$ 对自然坐标的导数为

$$\left.\begin{aligned}\frac{\partial\boldsymbol{r}}{\partial\xi}=\frac{\partial x}{\partial\xi}\boldsymbol{i}+\frac{\partial y}{\partial\xi}\boldsymbol{j}\\\frac{\partial\boldsymbol{r}}{\partial\eta}=\frac{\partial x}{\partial\eta}\boldsymbol{i}+\frac{\partial y}{\partial\eta}\boldsymbol{j}\end{aligned}\right\}$$

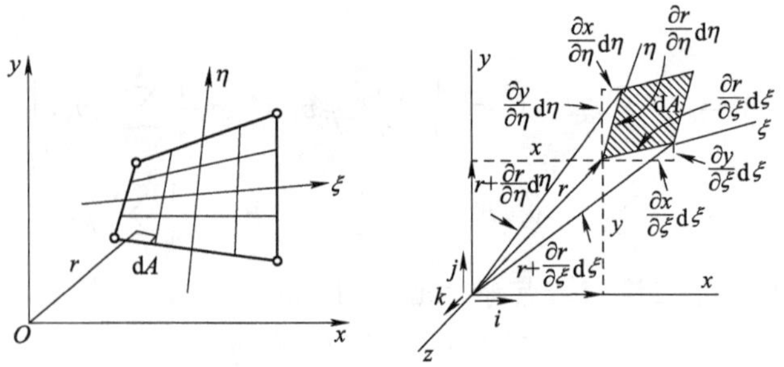

图 5.13　积分域的变换及微元

上面二式分别乘以 $d\xi$ 和 $d\eta$，便是平行四边形微元 dA 的两条邻边，于是

$$
\begin{aligned}
dA = dxdy &= |d\boldsymbol{r}_\xi \times d\boldsymbol{r}_\eta| = |(x_{,\xi}\boldsymbol{i} + y_{,\xi}\boldsymbol{j}) \times (x_{,\eta}\boldsymbol{i} + y_{,\eta}\boldsymbol{j})| d\xi d\eta \\
&= |x_{,\xi}y_{,\eta} - y_{,\xi}x_{,\eta}| d\xi d\eta = |J| d\xi d\eta
\end{aligned} \tag{5.87}
$$

将式(5.70)和式(5.87)代入式(5.85)，得

$$
\boldsymbol{K}^e = \begin{bmatrix} \boldsymbol{K}_{11}^e & \boldsymbol{K}_{12}^e & \boldsymbol{K}_{13}^e & \boldsymbol{K}_{14}^e \\ \boldsymbol{K}_{21}^e & \boldsymbol{K}_{22}^e & \boldsymbol{K}_{23}^e & \boldsymbol{K}_{24}^e \\ \boldsymbol{K}_{31}^e & \boldsymbol{K}_{32}^e & \boldsymbol{K}_{33}^e & \boldsymbol{K}_{34}^e \\ \boldsymbol{K}_{41}^e & \boldsymbol{K}_{42}^e & \boldsymbol{K}_{43}^e & \boldsymbol{K}_{44}^e \end{bmatrix} \tag{5.88}
$$

其中的子块

$$
\boldsymbol{K}_{ij}^e = t\iint_A \boldsymbol{B}_i^T \boldsymbol{D} \boldsymbol{B}_j dA = t\int_{-1}^{+1}\int_{-1}^{+1} \boldsymbol{B}_i^T \boldsymbol{D} \boldsymbol{B}_j |J| d\xi d\eta \qquad (i,j = 1,2,3,4) \tag{5.89}
$$

因为

$$
\boldsymbol{B}_i^T \boldsymbol{D} \boldsymbol{B}_j = \frac{E}{(1-\nu^2)|J|^2} \begin{bmatrix} b_i b_j + \frac{1-\nu}{2} c_i c_j & \nu b_i c_j + \frac{1-\nu}{2} b_j c_i \\ \nu c_i b_j + \frac{1-\nu}{2} b_i c_j & c_i c_j + \frac{1-\nu}{2} b_i b_j \end{bmatrix} \tag{5.90}
$$

所以在形成四边形单元的刚度矩阵时，须计算如下形式的积分

$$
\int_{-1}^{+1}\int_{-1}^{+1} \frac{P(\xi,\eta)}{|J|} d\xi d\eta = \int_{-1}^{+1}\int_{-1}^{+1} \frac{P(\xi,\eta)}{C_0 + C_1\xi + C_2\eta} d\xi d\eta \tag{5.91}
$$

上述积分属于有理式积分，解析结果难于确定，因此在等参元分析中，刚度矩阵一般采用数值积分求得，一般采用代数精度较高的 Gauss-Legendre 数值积分方法。

(4)等效节点力的计算

将式(5.87)代入式 (5.86)，得

$$
\boldsymbol{F}^e = t\iint_A \boldsymbol{N}^T \boldsymbol{F} dA + t\int_\Gamma \boldsymbol{N}^T \boldsymbol{p} d\Gamma = t\int_{-1}^{+1}\int_{-1}^{+1} \boldsymbol{N}^T \boldsymbol{F} |J| d\xi d\eta + t\int_\Gamma \boldsymbol{N}^T \boldsymbol{p} d\Gamma \tag{5.92}
$$

1)体力的等效节点力计算

设单元中作用有单位体积力 $\boldsymbol{F} = \{F_x \quad F_y\}^T$，则其等效节点力为

$$
\begin{aligned}
\boldsymbol{F}^e &= t\int_{-1}^{+1}\int_{-1}^{+1} \boldsymbol{N}^T \boldsymbol{F} |J| d\xi d\eta \\
&= t\int_{-1}^{+1}\int_{-1}^{+1} \begin{bmatrix} N_1 & 0 & N_2 & 0 & N_3 & 0 & N_4 & 0 \\ 0 & N_1 & 0 & N_2 & 0 & N_3 & 0 & N_4 \end{bmatrix}^T \begin{Bmatrix} F_x \\ F_y \end{Bmatrix} |J| d\xi d\eta
\end{aligned} \tag{5.93}
$$

若单元受到均布向下的体力作用，即

$$\begin{Bmatrix} F_x \\ F_y \end{Bmatrix} = -\rho g \begin{Bmatrix} 0 \\ 1 \end{Bmatrix} \tag{5.94}$$

则有

$$\boldsymbol{F}^e = \{0 \quad F_y^1 \quad 0 \quad F_y^2 \quad 0 \quad F_y^3 \quad 0 \quad F_y^4\}^{\mathrm{T}} \tag{5.95}$$

其中

$$F_y^i = -\rho g t \int_{-1}^{+1}\int_{-1}^{+1} N_i \, |J| \, \mathrm{d}\xi \mathrm{d}\eta = -\rho g t \int_{-1}^{+1}\int_{-1}^{+1} \frac{1}{4}(1+\xi_i\xi)(1+\eta_i\eta) \, |J| \, \mathrm{d}\xi \mathrm{d}\eta \tag{5.96}$$

上式计算结果为

$$F_y^i = -\rho g t \left(C_0 + \frac{1}{3}\xi_i C_1 + \frac{1}{3}\eta_i C_2\right) \qquad (i = 1,2,3,4) \tag{5.97}$$

2)表面力的等效节点力计算

如果在单元的某边上作用有分布力 $q(x,y)$，可首先将其沿 x 和 y 轴方向分解为 $q_x(x,y)$ 和 $q_y(x,y)$，然后利用式(5.86)进行计算

$$\boldsymbol{F}^e = t\int_\Gamma \boldsymbol{N}^{\mathrm{T}} \boldsymbol{p} \, \mathrm{d}\Gamma = t\int_\Gamma \begin{bmatrix} N_1 & 0 & N_2 & 0 & N_3 & 0 & N_4 & 0 \\ 0 & N_1 & 0 & N_2 & 0 & N_3 & 0 & N_4 \end{bmatrix}^{\mathrm{T}} \begin{Bmatrix} q_x \\ q_y \end{Bmatrix} \mathrm{d}\Gamma \tag{5.98}$$

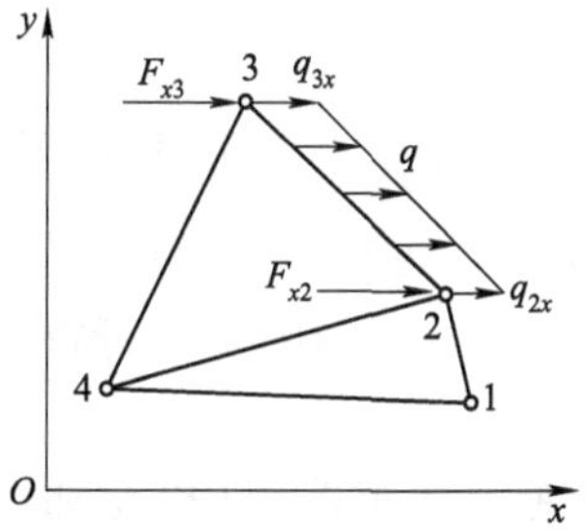

图 5.14　23 边上面荷载的等效节点力

例如对于图 5.14 所示单元，在 23 边上受到沿 x 方向线性分布面力作用，集度在 2 结点为 q_{x2}，在 3 结点为 q_{x3}，注意到在 23 边上有 $N_1 = N_4 = 0$，则其等效结点力为

$$\boldsymbol{F}^e = t\int_{\Gamma_{23}} \begin{bmatrix} 0 & 0 \\ 0 & 0 \\ N_2 & 0 \\ 0 & N_2 \\ N_3 & 0 \\ 0 & N_3 \\ 0 & 0 \\ 0 & 0 \end{bmatrix} \begin{Bmatrix} N_2 q_{x2} + N_3 q_{x3} \\ 0 \end{Bmatrix} \mathrm{d}\Gamma$$

换成对 ξ,η 的积分，有

$$\boldsymbol{F}^e = t\int_{\Gamma_{23}} \begin{bmatrix} 0 & 0 \\ 0 & 0 \\ N_2 & 0 \\ 0 & N_2 \\ N_3 & 0 \\ 0 & N_3 \\ 0 & 0 \\ 0 & 0 \end{bmatrix} \begin{Bmatrix} N_2 q_{x2} + N_3 q_{x3} \\ 0 \end{Bmatrix} |J|_{23} \, \mathrm{d}\eta \tag{5.99}$$

其中，$|J|_{23}$ 为 Jacobi 行列式在 23($\xi=1$)边上的值，注意到在 23($\xi=1$)边上有

$$N_2 = \frac{1}{2}(1-\eta); N_3 = \frac{1}{2}(1+\eta), \ |J|_{23} = \frac{1}{2} l_{23} \tag{5.100}$$

因而

$$\int_{-1}^{+1} N_2^2 \mathrm{d}\eta = \frac{2}{3}, \qquad \int_{-1}^{+1} N_3^2 \mathrm{d}\eta = \frac{2}{3}, \qquad \int_{-1}^{+1} N_2 N_3 \mathrm{d}\eta = \frac{1}{3}$$

故等效节点力列阵为

$$\boldsymbol{F}^e = \frac{1}{6} t l_{23} \{0 \quad 0 \quad 2q_{x2} + q_{x3} \quad 0 \quad q_{x2} + 2q_{x3} \quad 0 \quad 0 \quad 0\}^{\mathrm{T}} \tag{5.101}$$

3)集中力的等效节点力计算

设单元内某点 C 处有集中力 F 作用，将其分解为 F_x 和 F_y，如图 5.15 所示。由此移到节点处的等效节点力向量为

$$\boldsymbol{F}^e = \boldsymbol{N}_C^{\mathrm{T}} \boldsymbol{F} \tag{5.102}$$

利用形函数的矩阵表达式，可将式(5.94)改写为

$$\boldsymbol{F}^e = \{F_{x1} \quad F_{y1} \quad F_{x2} \quad F_{y2} \quad F_{x3} \quad F_{y3} \quad F_{x4} \quad F_{y4}\}^{\mathrm{T}} \tag{5.103}$$

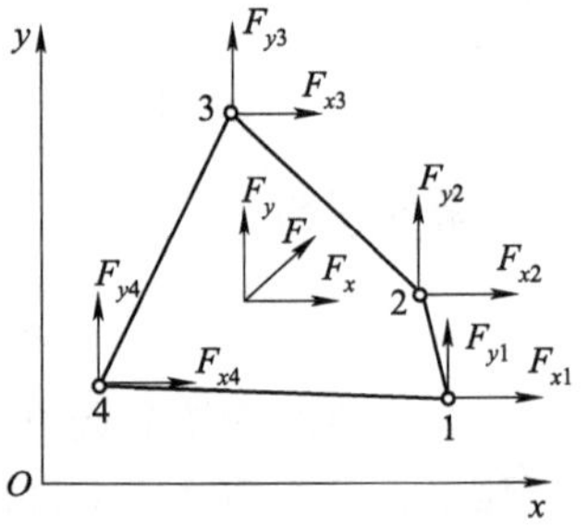

图 5.15　集中力的等效节点力

其中

$$F_{xi} = N_i(x_C, y_C) F_x, F_{yi} = N_i(x_C, y_C) F_y \qquad (i = 1,2,3,4) \tag{5.104}$$

$N_i(x_C, y_C)$为形函数在 C 处的值。注意，形函数是以 ξ 和 η 表示的函数，这时可利用坐标变换式

$$x_C = \sum_{i=1}^{4} N_i(\xi,\eta) x_i, \qquad y_C = \sum_{i=1}^{4} N_i(\xi,\eta) y_i \tag{5.105}$$

将 C 点坐标和 4 个节点的坐标代入上式，得到两个关于 ξ 和 η 的二元二次方程，解这组二元二次方程组，得到和荷载作用点 C 相对应的局部自然坐标 ξ_C 和 η_C，再代入式(5.104)，即可得到集中力在 4 个节点上的等效节点力。

例 5.1：图 5.16(a)所示四边形单元，采用四结点等参元建立其刚度矩阵，母单元如图 5.16(b)所示，完成如下工作：

(1)确定等参变换的 Jacobi 矩阵和 Jacobi 行列式；

(2)计算形函数(shape function)的导数 $\frac{\partial N_i}{\partial x}, \frac{\partial N_i}{\partial y}$ 。

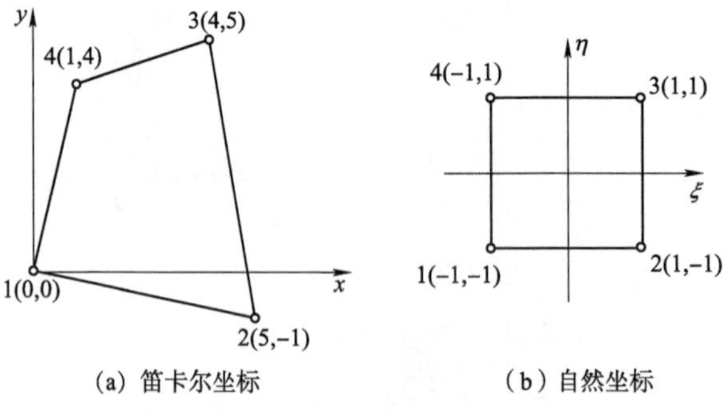

图 5.16　四边形单元的坐标变换

解:(1)确定等参变换的Jacobi矩阵和Jacobi行列式

$$[J]=\begin{bmatrix} x_{,\xi} & y_{,\xi} \\ x_{,\eta} & y_{,\eta} \end{bmatrix}=\begin{bmatrix} J_{11} & J_{12} \\ J_{21} & J_{22} \end{bmatrix}$$

其中

$$J_{11}=x_{,\xi}=\sum N_{i,\xi}x_i=(A+B\eta);\qquad J_{12}=y_{,\xi}=\sum N_{i,\xi}y_i=(C+D\eta)$$

$$J_{21}=x_{,\eta}=\sum N_{i,\eta}x_i=(E+B\xi);\qquad J_{22}=y_{,\eta}=\sum N_{,\eta}y_i=(F+D\xi)$$

式中的系数

$$A=\frac{1}{4}\sum \xi_i x_i;B=\frac{1}{4}\sum \xi_i\eta_i x_i;C=\frac{1}{4}\sum \xi_i y_i;$$

$$D=\frac{1}{4}\sum \xi_i\eta_i y_i;E=\frac{1}{4}\sum \eta_i x_i;F=\frac{1}{4}\sum \eta_i y_i$$

将各节点坐标代入,有

$$\left.\begin{aligned}
A&=\frac{1}{4}\sum \xi_i x_i=\frac{1}{4}(-x_1+x_2+x_3-x_4)=\frac{8}{4}\\
B&=\frac{1}{4}\sum \xi_i\eta_i x_i=\frac{1}{4}(x_1-x_2+x_3-x_4)=-\frac{2}{4}\\
C&=\frac{1}{4}\sum \xi_i y_i=\frac{1}{4}(-y_1+y_2+y_3-y_4)=0\\
D&=\frac{1}{4}\sum \xi_i\eta_i y_i=\frac{1}{4}(y_1-y_2+y_3-y_4)=\frac{2}{4}\\
E&=\frac{1}{4}\sum \eta_i x_i=\frac{1}{4}(-x_1-x_2+x_3+x_4)=0\\
F&=\frac{1}{4}\sum \eta_i y_i=\frac{1}{4}(-y_1-y_2+y_3+y_4)=\frac{10}{4}
\end{aligned}\right\}$$

故

$$[J]=\frac{1}{4}\begin{bmatrix} (8-2\eta) & 2\eta \\ -2\xi & (10+2\xi) \end{bmatrix}$$

$$\det[J]=\frac{1}{4^2}[(8-2\eta)(10+2\xi)+4\xi\eta]=\frac{1}{4}(20+4\xi-5\eta)=5+\xi-\frac{5}{4}\eta$$

(2)计算形函数(shape function)的导数

因为

$$\begin{Bmatrix} N_{i,\xi} \\ N_{i,\eta} \end{Bmatrix}=\begin{bmatrix} x_{,\xi} & y_{,\xi} \\ x_{,\eta} & y_{,\eta} \end{bmatrix}\begin{Bmatrix} N_{i,x} \\ N_{i,y} \end{Bmatrix}$$

故

$$\begin{Bmatrix} N_{i,x} \\ N_{i,y} \end{Bmatrix}=\begin{bmatrix} x_{,\xi} & y_{,\xi} \\ x_{,\eta} & y_{,\eta} \end{bmatrix}^{-1}\begin{Bmatrix} N_{i,\xi} \\ N_{i,\eta} \end{Bmatrix}=\frac{1}{20+4\xi-5\eta}\begin{bmatrix} 10+2\xi & -2\eta \\ 2\xi & 8-2\eta \end{bmatrix}\begin{Bmatrix} N_{i,\xi} \\ N_{i,\eta} \end{Bmatrix}$$

而

$$\begin{Bmatrix} N_{i,\xi} \\ N_{i,\eta} \end{Bmatrix}=\frac{1}{4}\begin{Bmatrix} \xi_i(1+\eta_i\eta) \\ \eta_i(1+\xi_i\xi) \end{Bmatrix}$$

所以

$$\begin{Bmatrix} N_{i,x} \\ N_{i,y} \end{Bmatrix} = \frac{1}{4(20+4\xi-5\eta)} \begin{Bmatrix} \xi_i(10+2\xi)(1+\eta_i\eta)-2\eta_i\eta(1+\xi_i\xi) \\ 2\xi_i\xi(1+\eta_i\eta)+\eta_i(8-2\eta)(1+\xi_i\xi) \end{Bmatrix}$$

5.5.3 八节点四边形曲边等参元(Serendipity element)

1. 插值函数的构造及单元的特性矩阵

等参元不仅用在任意直线四边形中，更重要的是它可以构造适用性更广的曲边四边单元。图 5.17(a)表示一个八节点曲边四边形的实际单元，为了导出其位移插值形函数，可以取一个八节点正方形单元作为母单元，如图 5.17(b)所示。这个母单元的位移函数可取为

$$u=\sum_{i=1}^{8}N_iu_i,\quad v=\sum_{i=1}^{8}N_iv_i \tag{5.106}$$

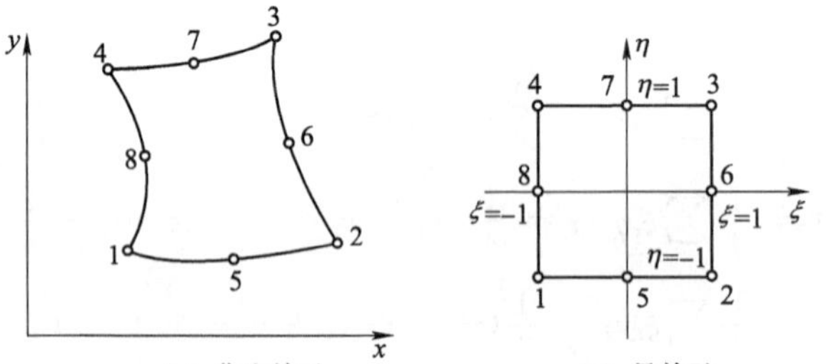

图 5.17 八节点四边形曲边等参元

插值函数可用广义坐标法导出，如对 N_1，可假设

$$N_1(\xi,\eta)=\alpha_0+\alpha_1\xi+\alpha_2\eta+\alpha_3\xi^2+\alpha_4\xi\eta+\alpha_5\eta^2+\alpha_6\xi^2\eta+\alpha_7\xi\eta^2 \tag{5.107}$$

N_1 应该满足如下的条件

$$\left.\begin{aligned} &N_1(-1,-1)=1,N_1(1,-1)=0,N_1(1,1)=0,N_1(-1,1)=0 \\ &N_1(0,-1)=0,N_1(1,0)=0,N_1(0,1)=0,N_1(-1,0)=0 \end{aligned}\right\} \tag{5.108}$$

将式(5.107)代入式(5.108)中的各个方程，得到 8 个关于 $\alpha_0,\alpha_1,\cdots,\alpha_7$ 的方程式，解之得到这 8 个待定系数，再代回式(5.107)，便得到了插值函数 N_1，其他 7 个插值函数可仿此得出

$$\left.\begin{aligned} &N_1=(1-\xi)(1-\eta)(-\xi-\eta-1)/4 \\ &N_2=(1+\xi)(1-\eta)(\xi-\eta-1)/4 \\ &N_3=(1+\xi)(1+\eta)(\xi+\eta-1)/4 \\ &N_4=(1-\xi)(1+\eta)(-\xi+\eta-1)/4 \\ &N_5=(1-\xi^2)(1-\eta)/2 \quad N_6=(1+\xi)(1-\eta^2)/2 \\ &N_7=(1-\xi^2)(1+\eta)/2 \quad N_8=(1-\xi)(1-\eta^2)/2 \end{aligned}\right\} \tag{5.109}$$

将式中的 8 个形函数稍加整理合并，可以用统一的公式写出

$$\begin{aligned} N_i=&(1+\xi_i\xi)(1+\eta_i\eta)(\xi_i\xi+\eta_i\eta-1)\xi_i^2\eta_i^2/4+ \\ &(1-\xi^2)(1+\eta_i\eta)(1-\xi_i^2)\eta_i^2/2+(1-\eta^2)(1+\xi_i\xi)(1-\eta_i^2)\xi_i^2/2 \end{aligned} \tag{5.110}$$

仿照 4 节点四边形等参元，如果采用与位移插值函数相同的形函数作几何变换，令

$$x=\sum_{i=1}^{8}N_ix_i,\quad y=\sum_{i=1}^{8}N_iy_i \tag{5.111}$$

这个映射将母单元的四条直边变换为实际单元的四条曲边。以 152 边为例，在该边上有

$$N_1\big|_{152}=\frac{1}{2}(1-\xi)-\frac{1}{2}(1-\xi^2)=-\frac{1}{2}(1-\xi)\xi,N_5\big|_{152}=(1-\xi^2),$$

$$N_2\big|_{152}=\frac{1}{2}(1+\xi)-\frac{1}{2}(1-\xi^2)=\frac{1}{2}(1+\xi)\xi$$

几何插值为

$$\left.\begin{aligned}x&=\sum_{i=1}^{8}N_ix_i=\frac{1}{2}\xi(\xi-1)x_1+(1-\xi^2)x_5+\frac{1}{2}\xi(\xi+1)x_2\\y&=\sum_{i=1}^{8}N_iy_i=\frac{1}{2}\xi(\xi-1)y_1+(1-\xi^2)y_5+\frac{1}{2}\xi(\xi+1)y_2\end{aligned}\right\}\tag{5.112}$$

该式相当于一个参数方程，可以消去 ξ，得到一个关于 x,y 的二次方程，这就是一条二次曲线（抛物线），该抛物线通过 1,5,2 三个节点，并由这三个节点的坐标唯一确定。可见式(5.111)能够把母单元中的一条直线边映射为实际单元中的一条二次曲线边界。所以曲边单元同样可以转换到局部坐标系中进行计算。

前面讨论了八结点等参变换，因为平面八结点变换比较繁杂，下面我们通过一维曲线的变换，说明八结点等参变换的一些要求。假设我们通过等参变换逼近如下抛物线

$$y=1-x^2,\qquad x\in[-1,+1]$$

若采用 3 个插值点 $x_1=-1,x_2=0,x_3=1$，三个点的插值函数分别为

$$N_1=\frac{1}{2}\xi(\xi-1),N_2=(1-\xi^2),N_3=\frac{1}{2}\xi(1+\xi)$$

采用如下的插值

$$\left.\begin{aligned}x&=\sum_{i=1}^{3}N_ix_i=\frac{1}{2}\xi(\xi-1)x_1+(1-\xi^2)x_2+\frac{1}{2}\xi(1+\xi)x_3\\y&=\sum_{i=1}^{3}N_iy_i=\frac{1}{2}\xi(\xi-1)y_1+(1-\xi^2)y_2+\frac{1}{2}\xi(1+\xi)y_3\end{aligned}\right\}$$

来模拟，得到的结果就是原来的抛物线，若采用 3 个插值点 $x_1=-1,x_2=0.5,x_3=1$ 来插值模拟，则插值结果与原来的抛物线相差较大，如图 5.18 所示。由此可见，要保证变换的精度较高，对于中间结点的选取要有一定限制，即尽量在两个端点的中间，这也是八结点等参元的要求。从理论上讲，要保证参数平面和 Catesian 坐标之间的变换位移必须保证 Jacobi 行列式值

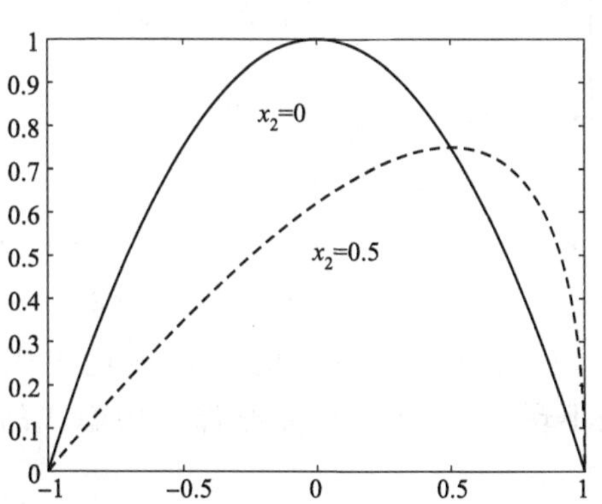

图 5.18 插值点的选择

不为零，在有限元程序设计中，应当予以验证。

为描述简便，现将式(5.106)写成矩阵形式

$$\boldsymbol{u} = \boldsymbol{N}\boldsymbol{\delta}^{e} \tag{5.113}$$

其中

$$\boldsymbol{u} = \begin{Bmatrix} u \\ v \end{Bmatrix} \tag{5.114}$$

$$\boldsymbol{\delta}^{e} = \{u_1 \quad v_1 \quad \cdots \quad u_8 \quad v_8\}^{\mathrm{T}} \tag{5.115}$$

$$\boldsymbol{N} = [N_1\boldsymbol{I} \quad N_2\boldsymbol{I} \quad N_3\boldsymbol{I} \quad N_4\boldsymbol{I} \quad N_5\boldsymbol{I} \quad N_6\boldsymbol{I} \quad N_7\boldsymbol{I} \quad N_8\boldsymbol{I}] \tag{5.116}$$

$\boldsymbol{I}$ 是二阶单位矩阵

$$\boldsymbol{I} = \begin{bmatrix} 1 & 0 \\ 0 & 1 \end{bmatrix}$$

单元的应变可表示为

$$\begin{Bmatrix} \varepsilon_x \\ \varepsilon_y \\ \gamma_{xy} \end{Bmatrix} = \begin{bmatrix} \partial_x & 0 \\ 0 & \partial_y \\ \partial_y & \partial_x \end{bmatrix} \begin{Bmatrix} u \\ v \end{Bmatrix} = \begin{bmatrix} \partial_x & 0 \\ 0 & \partial_y \\ \partial_y & \partial_x \end{bmatrix} \boldsymbol{N}\boldsymbol{\delta}^{e} = [\boldsymbol{B}_1 \quad \boldsymbol{B}_2 \quad \cdots \quad \boldsymbol{B}_8]\boldsymbol{\delta}^{e} = \boldsymbol{B}\boldsymbol{\delta}^{e} \tag{5.117}$$

矩阵 $\boldsymbol{B}$ 即为单元几何矩阵，或应变矩阵。其中

$$\boldsymbol{B}_i = \begin{bmatrix} N_{i,x} & 0 \\ 0 & N_{i,y} \\ N_{i,y} & N_{i,x} \end{bmatrix} \qquad (i = 1,2,\cdots,8) \tag{5.118}$$

依据势能最小原理，可以导出该单元的刚度矩阵

$$\boldsymbol{K}^{e} = \begin{bmatrix} \boldsymbol{K}_{11}^{e} & \boldsymbol{K}_{12}^{e} & \cdots & \boldsymbol{K}_{18}^{e} \\ \boldsymbol{K}_{21}^{e} & \boldsymbol{K}_{22}^{e} & \cdots & \boldsymbol{K}_{28}^{e} \\ \vdots & \vdots & \ddots & \vdots \\ \boldsymbol{K}_{81}^{e} & \boldsymbol{K}_{82}^{e} & \cdots & \boldsymbol{K}_{88}^{e} \end{bmatrix} \tag{5.119}$$

其中的子块

$$\boldsymbol{K}_{ij}^{e} = t\iint_A \boldsymbol{B}_i^{\mathrm{T}}\boldsymbol{D}\,\boldsymbol{B}_j\,\mathrm{d}A = t\int_{-1}^{+1}\int_{-1}^{+1} \boldsymbol{B}_i^{\mathrm{T}}\boldsymbol{D}\,\boldsymbol{B}_j\,|J|\,\mathrm{d}\xi d\eta \qquad (i,j = 1,2,\cdots,8) \tag{5.120}$$

对平面应力情形

$$\boldsymbol{B}_i^{\mathrm{T}}\boldsymbol{D}\,\boldsymbol{B}_j = \frac{E}{1-\nu^2}\begin{bmatrix} N_{i,x}N_{j,x} + \frac{1-\nu}{2}N_{i,y}N_{j,y} & \nu N_{i,x}N_{j,y} + \frac{1-\nu}{2}N_{i,y}N_{j,x} \\ \nu N_{i,y}N_{j,x} + \frac{1-\nu}{2}N_{i,x}N_{j,y} & N_{i,y}N_{j,y} + \frac{1-\nu}{2}N_{i,x}N_{j,x} \end{bmatrix}$$

$$(i,j = 1,2,\cdots,8) \tag{5.121}$$

由于插值函数 $N_i(\xi,\eta)(i=1,2,\cdots,8)$ 是自然坐标 ξ,η 的函数，当需要求对 x 和 y 的导数时，就需要做复合函数求导运算，这些运算涉及 Jacobi 矩阵的求逆以及行列式的计算等，这些都是极其复杂的表达式，一般很难用显式的方式表达出来，因而想用显式方式把式(5.120)的积分计算出来是不现实的，实际计算时都会用隐式的方式直接用数值积分进行计算。

下面简要说一下等效节点力的计算公式。

(1)体力的等效节点力计算

设单元中作用有单位体积力 $\boldsymbol{F}=\{F_x \quad F_y\}^{\mathrm{T}}$,则其等效节点力向量为

$$\boldsymbol{F}^e = t\int_{-1}^{+1}\int_{-1}^{+1}\boldsymbol{N}^{\mathrm{T}}\boldsymbol{F}|J|\mathrm{d}\xi\mathrm{d}\eta = t\int_{-1}^{+1}\int_{-1}^{+1}\boldsymbol{N}^{\mathrm{T}}\begin{Bmatrix}F_x\\F_y\end{Bmatrix}|J|\mathrm{d}\xi\mathrm{d}\eta \tag{5.122}$$

如写成子向量的形式,其中

$$\boldsymbol{F}_i^{\,e} = t\int_{-1}^{+1}\int_{-1}^{+1}N_i\begin{Bmatrix}F_x\\F_y\end{Bmatrix}|J|\mathrm{d}\xi\mathrm{d}\eta \qquad (i=1,2,\cdots,8) \tag{5.123}$$

(2)表面力的等效节点力计算

如果在单元的某边上作用有分布力 $q(x,y)$,可首先将其沿 x 和 y 轴方向分解为 $q_x(x,y)$ 和 $q_y(x,y)$,即 $\boldsymbol{p}=\{q_x \quad q_y\}^{\mathrm{T}}$,然后等效节点力子向量为

$$\boldsymbol{F}_i^{\,e} = t\int_{\Gamma}N_i\begin{Bmatrix}q_x\\q_y\end{Bmatrix}\mathrm{d}\Gamma \qquad (i=1,2,\cdots,8) \tag{5.124}$$

如果所给出的单位表面力是以沿着曲线边界的法向和切向力的形式给出,即 $\boldsymbol{p}=\{\sigma \quad \tau\}^{\mathrm{T}}$,运用上式就不太方便了,它可以适当地加以改写。现在规定法向力以向外法线方向为正,切向力以沿单元边界前进使单元保持在左侧为正,于是,不难得到关系式

$$\left.\begin{aligned}q_x(x,y) &= \tau\frac{\mathrm{d}x}{\mathrm{d}\Gamma}+\sigma\frac{\mathrm{d}y}{\mathrm{d}\Gamma}\\ q_y(x,y) &= \tau\frac{\mathrm{d}y}{\mathrm{d}\Gamma}-\sigma\frac{\mathrm{d}x}{\mathrm{d}\Gamma}\end{aligned}\right\} \tag{5.125}$$

把上式代入式(5.124),就可将第一类曲线积分化为第二类曲线积分形式

$$\boldsymbol{F}_i^{\,e} = t\int_{\Gamma}N_i\begin{Bmatrix}\tau\mathrm{d}x+\sigma\mathrm{d}y\\ \tau\mathrm{d}y-\sigma\mathrm{d}x\end{Bmatrix} \qquad (i=1,2,\cdots,8) \tag{5.126}$$

例如若 Γ 是图 5.17 的 374 边,则

$$\boldsymbol{F}_i^{\,e} = -t\int_{-1}^{1}N_i\begin{Bmatrix}\tau x_{,\xi}+\sigma y_{,\xi}\\ \tau y_{,\xi}-\sigma x_{,\xi}\end{Bmatrix}\mathrm{d}\xi \qquad (i=3,7,4) \tag{5.127}$$

(3)集中力的等效节点力计算

设单元内某点 C 处有集中力 F 作用,将其分解为 F_x 和 F_y。由此移到节点处的等效节点力向量为

$$\boldsymbol{F}^e = \boldsymbol{N}_C^{\mathrm{T}}\boldsymbol{F} \tag{5.128}$$

利用形函数的矩阵表达式,可将式(5.102)改写为

$$\boldsymbol{F}_i^{\,e} = \begin{Bmatrix}F_{x1}\\F_{y1}\end{Bmatrix}^e = N_i(x_C,y_C)\begin{Bmatrix}F_x\\F_y\end{Bmatrix} \qquad (i=1,2,\cdots,8) \tag{5.129}$$

2. 单元的完备性和协调性

由于插值形函数在单元内部是连续的,因而单元内部的协调性不必多言,我们主要讨论单元边界上的协调性。由于相邻单元的交界线,是由线上的三个节点坐标唯一确定的,因此在交界线上的形函数是相同的,又注意到交界线上的位移只与边上节点的位移有关而与其他节点位移无关(事实上只要在形函数中用 -1 或 $+1$ 代入 ξ 或 η 就可以由式(5.106)看出),因此,交界线上的位移由该交界线上的节点位移所唯一确定,故单元之间的协调性得到满足。

因为八节点等参元的位移模式中已经包含有常数项和一次项，所以单元的完备性同样得到了满足。

5.5.4 等参变换的条件

1. 线性单元

由微积分知识我们知道，两个坐标系之间一一对应变换的条件是 Jacobi 行列式的值不等于零。等参变换作为一种坐标变换也必须服从这个条件，这点从式(5.87)的意义也可以看得很清楚，如果 $|J|=0$，则 Cartersian 坐标中的面积微元就会等于零，即自然坐标中的面积微元对应于 Cartersian 坐标系中的一点，这种变换显然不是一一对应的。另外，若 $|J|=0$，则 Jacobi 矩阵的逆矩阵是不存在的，所以两个坐标系中的偏导数转换关系式(5.75)就不能成立，因而坐标转换无法实现。

在有限元中，该如何防止 $|J|=0$ 的情况出现呢？以二维情况为例，由式(5.87)知

$$dA = dxdy = |J|d\xi d\eta \tag{5.130}$$

另一方面，在 Cartersian 坐标系中的面积微元可直接表示成

$$dA = |d\boldsymbol{\xi}\times d\boldsymbol{\eta}| = |d\boldsymbol{\xi}||d\boldsymbol{\eta}|\sin(d\boldsymbol{\xi},d\boldsymbol{\eta}) \tag{5.131}$$

于是

$$|J| = \frac{|d\boldsymbol{\xi}||d\boldsymbol{\eta}|\sin(d\boldsymbol{\xi},d\boldsymbol{\eta})}{d\xi d\eta} \tag{5.132}$$

可见，只要上式分子中的任一项为零，就会导致$|J|=0$，因此在 Cartersian 坐标系中划分单元时，要注意避免出现这三种情况的发生。$|d\boldsymbol{\xi}|=0$ 或 $|d\boldsymbol{\eta}|=0$ 的情况比较容易发现和避免，因为这种情况实际上对应着两点退化为一点(重合)了，如图 5.19(a)、(b)所示，图 5.19(a)中节点 2 和 3 重合，在该处有 $|d\boldsymbol{\eta}|=0$，图 5.19(b)中，节点 3 和 4 重合，在该处必有 $|d\boldsymbol{\xi}|=0$，因此，在划分四边形单元的时候，不能让两个节点重合，即不允许将四边形退化为一个三角形。图 5.19(c)中的四边形内角有大于 180°的情况，如 234 边中 23 边和 34 边的夹角，此时会出现在 3 节点处有 $\sin(d\boldsymbol{\xi},d\boldsymbol{\eta})<0$，但在 1,2,4 节点处 $\sin(d\boldsymbol{\xi},d\boldsymbol{\eta})>0$，而在单元内 $\sin(d\boldsymbol{\xi},d\boldsymbol{\eta})$ 是连续变化的，所以单元内必然有使 $\sin(d\boldsymbol{\xi},d\boldsymbol{\eta})=0$ 的点存在，使得 $d\boldsymbol{\xi}$ 与 $d\boldsymbol{\eta}$ 共线，从而导致 $|J|=0$，这是由于单元过分歪曲造成的，一般说来，四边形单元不允许单元的四个内角大于或等于 180°，甚至不应接近 180°，否则 $|J|=0$。顺便指出，在等参图形变换过程中，还必须要保证 $|J|>0$，即 $\sin(d\boldsymbol{\xi},d\boldsymbol{\eta})>0$，也就是要求在 Cartersian 坐标系中的单元必须是凸形的而不能够是凹形的，当 $|J|<0$ 时，其意义是将大于 180°内角附近的图形由右手坐标系变换成左手坐标系，因而整个图形的变换就不一致了。

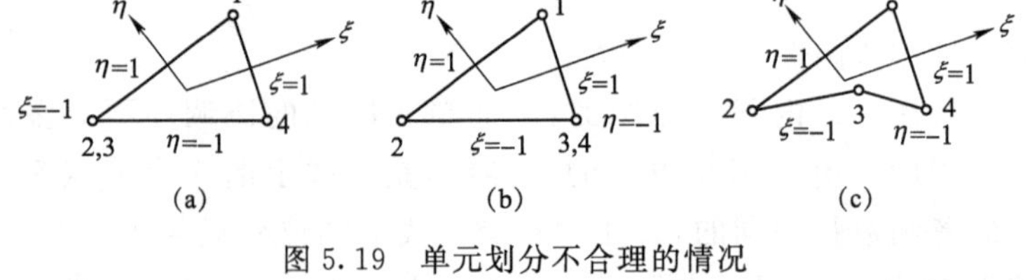

图 5.19 单元划分不合理的情况

例 5.2：图 5.20(a)所示矩形域划分成三个四边形线性单元，七个节点，如图 5.20(a)所示。求每个单元 Jacobi 行列式的值。

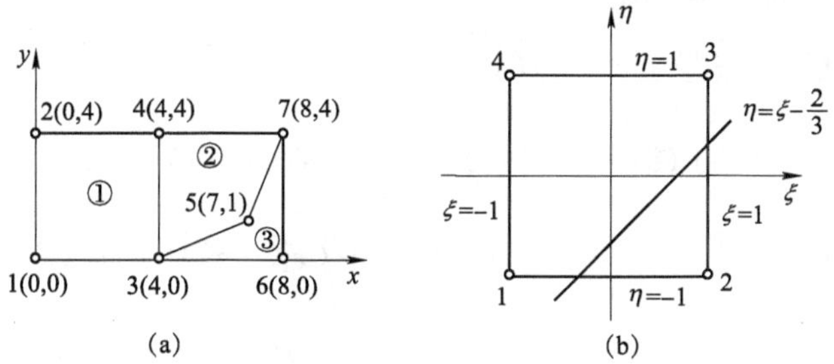

图 5.20 三个线性四边形单元的图形变换

解:这三个单元形状各不相同,①单元为凸形单元,节点编号按逆时针顺序 1342;②单元为凸形单元,节点顺序按顺时针顺序 3475;③单元为凹形单元,节点编号按逆时针顺序 7536。根据四边形四节点单元等参变换的公式及四个形函数,求出 Jacobi 矩阵的元素如下:

对①单元,由式(5.74)

$$C_0=\frac{1}{8}[(x_4-x_2)(y_1-y_3)+(x_3-x_1)(y_4-y_2)]$$

$$=\frac{1}{8}[(0-4)(0-4)+(4-0)(4-0)]=4$$

$$C_1=\frac{1}{8}[(x_4-x_3)(y_2-y_1)+(x_1-x_2)(y_4-y_3)]$$

$$=\frac{1}{8}[(0-4)(0-0)+(0-4)(0-0)]=0$$

$$C_2=\frac{1}{8}[(x_4-x_1)(y_2-y_3)+(x_3-x_2)(y_4-y_1)]$$

$$=\frac{1}{8}[(0-0)(0-4)+(4-4)(4-0)]=0$$

于是

$$|\boldsymbol{J}|=C_0+C_1\xi+C_2\eta=4>0$$

对②单元,同样由式(5.74)

$$C_0=\frac{1}{8}[(x_4-x_2)(y_1-y_3)+(x_3-x_1)(y_4-y_2)]$$

$$=\frac{1}{8}[(7-4)(0-4)+(8-4)(1-4)]=-3$$

$$C_1=\frac{1}{8}[(x_4-x_3)(y_2-y_1)+(x_1-x_2)(y_4-y_3)]$$

$$=\frac{1}{8}[(7-8)(4-0)+(4-4)(1-4)]=-\frac{1}{2}$$

$$C_2=\frac{1}{8}[(x_4-x_1)(y_2-y_3)+(x_3-x_2)(y_4-y_1)]$$

$$=\frac{1}{8}[(7-4)(4-4)+(8-4)(1-0)]=\frac{1}{2}$$

于是

$$|\boldsymbol{J}|=C_0+C_1\xi+C_2\eta=\frac{1}{2}(-\xi+\eta-6)<0$$

对③单元,同样由式(5.74)得

$$C_0=\frac{1}{8}[(x_4-x_2)(y_1-y_3)+(x_3-x_1)(y_4-y_2)]$$

$$=\frac{1}{8}[(8-7)(4-0)+(4-8)(0-1)]=1$$

$$C_1=\frac{1}{8}[(x_4-x_3)(y_2-y_1)+(x_1-x_2)(y_4-y_3)]$$

$$=\frac{1}{8}[(8-4)(1-4)+(8-7)(0-0)]=-\frac{3}{2}$$

$$C_2=\frac{1}{8}[(x_4-x_1)(y_2-y_3)+(x_3-x_2)(y_4-y_1)]$$

$$=\frac{1}{8}[(8-8)(1-0)+(4-7)(0-4)]=\frac{3}{2}$$

于是有

$$|\boldsymbol{J}|=C_0+C_1\xi+C_2\eta$$

$$=\frac{3}{2}\left(-\xi+\eta+\frac{2}{3}\right)$$

由此可知,①单元的$|\boldsymbol{J}|$处处大于零,②单元的$|\boldsymbol{J}|$处处小于零,③单元的$|\boldsymbol{J}|$则有正有负。对③单元而言,当$|\boldsymbol{J}|=0$时有

$$-\xi+\eta+\frac{2}{3}=0$$

这实际上是一条直线,如图5.20(b)所示,在这条直线的左上方$|\boldsymbol{J}|>0$,在这条直线的右下方则$|\boldsymbol{J}|<0$,这表明,在母单元中这条直线的右下方部分被映射到Cartersian坐标xy平面上时会跑到实际单元的边界外区域。这说明,要保证等参图形变换是正确唯一的,就必须使$|\boldsymbol{J}|>0$,为此,实际单元必须是外凸的。对②单元,由于总有$|\boldsymbol{J}|<0$,母单元也会被映射到实际单元的界外,因此,节点的编号顺序必须是逆时针方向而不能是顺时针方向的。

2. 二次单元

在5.5.3节中提到过,对八节点等参元(二次元),要保证变换的精度较高,对于中间结点的选取要有一定限制,即尽量在两个端点的中间,这也是八结点等参元的要求。实际上,当中间节点距端部节点的距离小于单元边长的四分之一时,Jacobi行列式的值就会变成负值。

5.6 非协调元

5.6.1 非协调元的收敛性与计算精度

4节点四边形双线性单元有时会产生一种附加的剪切变形。由于坐标和位移的线性插值,要求单元的每个边在变形过程中始终保持直线。对于承受弯曲作用的单元,单元的剪切变形与实际的变形不符。这是因为单元的线性位移模式造成附加的虚假剪切变形所致,这种现象称为“剪切闭锁”或“剪切寄生”,如图5.21所示,当单元的y方向尺寸与x方向尺寸之比很小时,寄生的剪切变形将对应很大的弯矩,也就是说,单元具有很大的抗弯刚度,单元的弯曲刚度过大,会导致计算的位移值偏小。

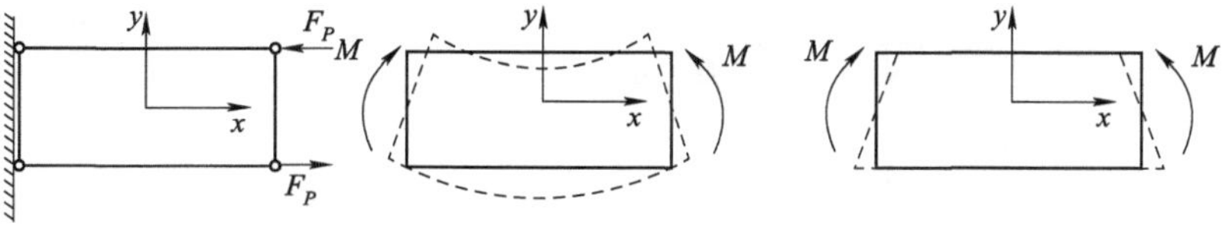

(a) 一单元悬壁梁　(b) 实际变形　(c) 单元的变形

图 5.21 四节点四边形单元剪切自锁

为消除剪切闭锁现象，可引入非协调模式的单元，非协调元位移模式是改善等参元性能的一个重要步骤。现考虑在一个 4 节点双线性单元的位移插值公式中加入一些附加项，即

$$\left.\begin{aligned} u &= \sum_{i=1}^{4} N_i u_i + \alpha_1(1-\xi^2) + \alpha_2(1-\eta^2) \\ v &= \sum_{i=1}^{4} N_i v_i + \alpha_3(1-\xi^2) + \alpha_4(1-\eta^2) \end{aligned}\right\} \tag{5.133}$$

式中，$N_i(\xi,\eta)(i=1,2,3,4)$为 4 节点双线性单元的一般形式的形函数，$\alpha_1,\alpha_2,\alpha_3,\alpha_4$ 为附加的内部自由度。对于矩形单元，附加自由度的引入可以允许单元产生一个常弯矩。这样一个 4 节点的二维单元就具有了 12 个自由度，而且 $\alpha_1,\alpha_2,\alpha_3,\alpha_4$ 与节点无关。为了把单元的刚度矩阵(或自由度)降为 8 阶，可用静力凝聚法(static condensation method)消去附加自由度，这等价于单元的总势能对变量 $\alpha_1,\alpha_2,\alpha_3,\alpha_4$ 求极小值。

将式(5.133)写成矩阵形式

$$\boldsymbol{u} = \boldsymbol{N}\boldsymbol{\delta}^e + \bar{\boldsymbol{N}}\boldsymbol{\alpha}^e \tag{5.134}$$

其中

$$\boldsymbol{u} = \begin{Bmatrix} u \\ v \end{Bmatrix},$$

$$\boldsymbol{\delta}^e = \{u_1 \quad v_1 \quad u_2 \quad v_2 \quad u_3 \quad v_3 \quad u_4 \quad v_4\}^{\mathrm{T}},$$

$$\boldsymbol{\alpha}^e = \{\alpha_1 \quad \alpha_2 \quad \alpha_3 \quad \alpha_4\}^{\mathrm{T}}$$

$$\boldsymbol{N} = \begin{bmatrix} N_1 & 0 & N_2 & 0 & N_3 & 0 & N_4 & 0 \\ 0 & N_1 & 0 & N_2 & 0 & N_3 & 0 & N_4 \end{bmatrix}$$

$$\bar{\boldsymbol{N}} = \begin{bmatrix} 1-\xi^2 & 1-\eta^2 & 0 & 0 \\ 0 & 0 & 1-\xi^2 & 1-\eta^2 \end{bmatrix}$$

代入几何关系，得单元应变

$$\begin{Bmatrix} \varepsilon_x \\ \varepsilon_y \\ \gamma_{xy} \end{Bmatrix} = \begin{bmatrix} \partial_x & 0 \\ 0 & \partial_y \\ \partial_y & \partial_x \end{bmatrix} \begin{Bmatrix} u \\ v \end{Bmatrix} = \begin{bmatrix} \partial_x & 0 \\ 0 & \partial_y \\ \partial_y & \partial_x \end{bmatrix} \boldsymbol{N}\boldsymbol{\delta}^e + \begin{bmatrix} \partial_x & 0 \\ 0 & \partial_y \\ \partial_y & \partial_x \end{bmatrix} \bar{\boldsymbol{N}}\boldsymbol{\alpha}^e$$

$$= \boldsymbol{B}\boldsymbol{\delta}^e + \bar{\boldsymbol{B}}\boldsymbol{\alpha}^e \tag{5.135}$$

将应变代入单元的势能泛函并由最小势能原理，得

$$\begin{bmatrix} \boldsymbol{K}_{\delta\delta}{}^e & \boldsymbol{K}_{\delta\alpha}{}^e \\ \boldsymbol{K}_{\alpha\delta}{}^e & \boldsymbol{K}_{\alpha\alpha}{}^e \end{bmatrix} \begin{Bmatrix} \boldsymbol{\delta}^e \\ \boldsymbol{\alpha}^e \end{Bmatrix} = \begin{Bmatrix} \boldsymbol{F}_\delta{}^e \\ \boldsymbol{F}_\alpha{}^e \end{Bmatrix} \tag{5.136}$$

其中

$$\left.\begin{aligned}
\boldsymbol{K}_{\delta\delta}^{e} &= t\iint_{A}\boldsymbol{B}^{\mathrm{T}}\boldsymbol{D}\boldsymbol{B}\,\mathrm{d}A\\
\boldsymbol{K}_{\delta\alpha}^{e} &= \boldsymbol{K}_{\alpha\delta}{}^{e} = t\iint_{A}\boldsymbol{B}^{\mathrm{T}}\boldsymbol{D}\bar{\boldsymbol{B}}\,\mathrm{d}A\\
\boldsymbol{K}_{\alpha\alpha}^{e} &= t\iint_{A}\bar{\boldsymbol{B}}^{\mathrm{T}}\boldsymbol{D}\bar{\boldsymbol{B}}\,\mathrm{d}A\\
\boldsymbol{F}_{\delta}^{e} &= t\iint_{A}\boldsymbol{N}^{\mathrm{T}}\boldsymbol{F}\mathrm{d}A + t\int_{\Gamma}\boldsymbol{N}^{\mathrm{T}}\boldsymbol{p}\,\mathrm{d}\Gamma\\
\boldsymbol{F}_{\alpha}^{e} &= t\iint_{A}\bar{\boldsymbol{N}}^{\mathrm{T}}\boldsymbol{F}\mathrm{d}A + t\int_{\Gamma}\bar{\boldsymbol{N}}^{\mathrm{T}}\boldsymbol{p}\,\mathrm{d}\Gamma
\end{aligned}\right\}\tag{5.137}$$

式中，$\boldsymbol{K}_{\delta\delta}^{e}$ 即是常规双线性四边形单元的单元刚度矩阵。

由于附加内部自由度 $\boldsymbol{\alpha}^e$ 与节点自由度 $\boldsymbol{\delta}^e$ 无关，所以，可以从式(5.136)的第二式将内部自由度 $\boldsymbol{\alpha}^e$ 用节点自由度 $\boldsymbol{\delta}^e$ 表示

$$\boldsymbol{\alpha}^e = (\boldsymbol{K}_{\alpha\alpha}^{e})^{-1}(\boldsymbol{F}_{\alpha}^{e} - \boldsymbol{K}_{\alpha\delta}^{e}\boldsymbol{\delta}^e)\tag{5.138}$$

再将上式代入式(5.136)的第一式，消去内部自由度，有

$$\boldsymbol{K}^e\boldsymbol{\delta}^e = \boldsymbol{F}^e\tag{5.139}$$

式中

$$\left.\begin{aligned}
\boldsymbol{K}^e &= \boldsymbol{K}_{\delta\delta}^{e} - \boldsymbol{K}_{\delta\alpha}^{e}(\boldsymbol{K}_{\alpha\alpha}^{e})^{-1}\boldsymbol{K}_{\alpha\delta}^{e}\\
\boldsymbol{F}^e &= \boldsymbol{F}_{\delta}^{e} - \boldsymbol{K}_{\delta\alpha}^{e}(\boldsymbol{K}_{\alpha\alpha}^{e})^{-1}\boldsymbol{F}_{\alpha}^{e}
\end{aligned}\right\}\tag{5.140}$$

式(5.140)即为包含附加项的单元刚度矩阵和节点荷载向量，它们是在原刚度矩阵和荷载向量的基础上增加修订项得到的，称之为修正的单元刚度矩阵和修正的节点荷载向量。上述消除内部自由度的过程称为静力凝聚。经凝聚后，单元的自由度仍与原四边形单元的自由度相同，以后的分析计算就如同原双线性单元的计算。

因为在位移插值时加入了附加项，使得位移插值模式与单元的几何插值模式不同，因此，会导致单元之间会出现位移不协调，如图 5.22 所示。这个单元是 Wilson 首先提出的，因而得名 Wilson 非协调元或 Q6 元。显然，这种非协调元不满足有限元的收敛准则。

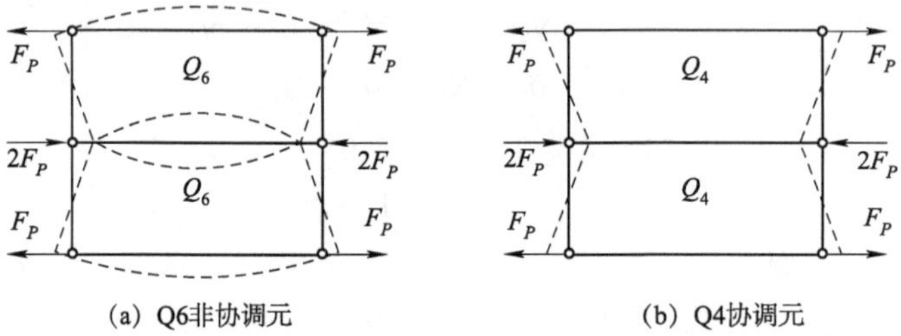

(a) Q6非协调元　　(b) Q4协调元

图 5.22　Q6 非协调元与 Q4 协调元的变形模式

然而可以证明，对于 C_0 型问题，如果单元尺寸不断缩小的极限情况下，能够保证位移的连续性或恢复位移的连续性，则非协调元的解仍收敛于精确解。我们知道常应变条件能自动地保证位移的连续性，只要保证能满足常应变的要求，则位移的连续性就得到保证了。

为了检验采用非协调元的任意网格划分能否满足位移连续性的要求，常需要进行所谓“分片检验”(Patch test)，若能通过分片检验，则解的收敛性就得到了保证，它是判断收敛性

的充分必要条件。分片检验是 Irons 教授根据直观判断提出来的，现已证明这是有数学依据的，它是用来对单元进行收敛性检验的一个法宝。在有限元方法求解板壳一类的结构时，位移是广义的，常常包括普通的线位移和转角，这时单元之间的协调性就不仅要求位移是连续的，而且要求位移的一阶导数也是连续的，对这种问题，要构造出完全协调的单元是非常困难的，人们设计了许多非协调元，判断单元收敛与否就靠分片检验，分片检验的意义也正在于此。

同时不要以为非协调元即使通过了分片检验证明是收敛的，也不会具有好的计算精度。实践证明，有些收敛的非协调元精度甚至比协调元还高，这是因为有限元用有限多个节点的离散网格来代替无限多个质点的连续体，模型过于“刚化”的本质。当采用非协调元时，单元之间可以开裂、重叠、褶皱，模型变得相对更“柔软”了些，这在一定程度上会优化了计算结果。

5.6.2 分片检验

考虑任意的单元片，如图 5.23 所示，其中至少有一个节点是完全被单元包围的，如节点 i。在该节点处的平衡方程为

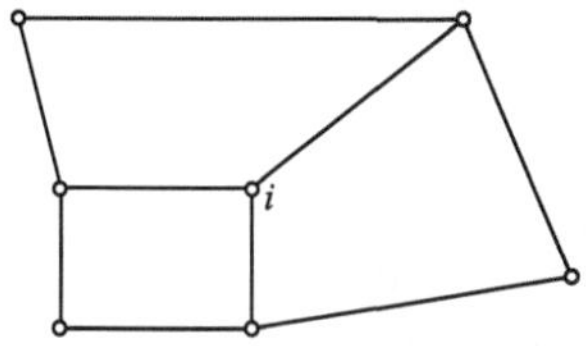

图 5.23 单元片

$$\sum_{e=1}^{m}(K_{ij}\boldsymbol{\delta}_j^e - F_i^e) = 0 \tag{5.141}$$

式中，m 是单元片包含的单元数。

分片检验(patch test)是指，当赋予单元片各个节点以常值位移时，校验式(5.141)是否满足。如果能满足，则认为通过分片检验，也就是单元能满足常应变要求，因此当单元尺寸不断缩小时，有限元解能收敛于精确解。

例如在平面问题中，与常应变相应的位移是线性位移，即

$$\left.\begin{aligned} u &= \lambda_0 + \lambda_1 x + \lambda_2 y \\ v &= \lambda_3 + \lambda_4 x + \lambda_5 y \end{aligned}\right\} \tag{5.142}$$

赋予各节点以与常应变相应的位移，即令节点位移为

$$\left.\begin{aligned} u_j &= \lambda_0 + \lambda_1 x_j + \lambda_2 y_j \\ v_j &= \lambda_3 + \lambda_4 x_j + \lambda_5 y_j \end{aligned}\right\} \tag{5.143}$$

由平面问题的平衡方程可知，与常应变状态相应的荷载条件为体力等于零，同时在节点 i 也不能有集中力(包括面积力的等效力)，否则不满足平衡方程，因此，$\boldsymbol{F}_i^e$ 也必须为零，所以此时通过分片检验的要求是，当赋予节点以式(5.143)所示的位移时，下式成立

$$\sum_{e=1}^{m}\boldsymbol{K}_{ij}\boldsymbol{\delta}_j^e = 0 \tag{5.144}$$

如果该式不能成立，即是说当单元各节点具有与常应变状态相对应的位移时，节点 i 不能满足平衡方程。必须在该节点处施加一定的外荷载，即给节点以某种约束，才能维持平衡。这说明这种非协调单元不能满足常应变的要求，因而不能通过分片试验，故这种非协调元不能保证收敛。为满足常应变的要求这种非协调元在节点 i 必须施加必要的约束力，该约束力所做的功等于单元交界面上位移不协调而引起的附加应变能。

分片检验的另一种提法是，当分片的边界节点赋予与常应变相应的位移时，求解方程式

(5.141)得到内部节点 i 的位移与常应变状态相一致,则认为通过分片检验。例如要考察一个平面弯曲梁单元是否通过分片检验,可取若干个平面弯曲梁单元组成的结构,给边界结点处施加完备的位移场,内部结点的力设为零。若所求得的内部结点位移和完备的位移场的结果一致,则认为该单元通过分片检验。对如图 5.24 所示的两个平面弯曲梁单元,可施加如下完备的位移场

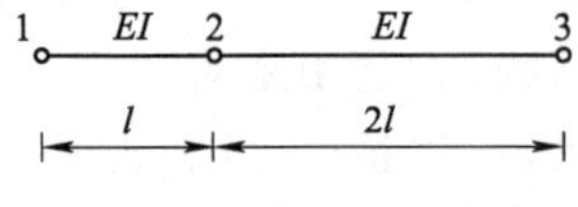

图 5.24　梁单元的分片检验

$$w = a + bx + cx^2 \tag{5.145}$$

两个单元的单元刚度矩阵分别为

$$\boldsymbol{K}^1 = \frac{EI}{l^3}\begin{bmatrix} 12 & 6l & -12 & 6l \\ 6l & 4l^2 & -6l & 2l^2 \\ -12 & -6l & 12 & -6l \\ 6l & 2l^2 & -6l & 4l^2 \end{bmatrix}$$

$$\boldsymbol{K}^2 = \frac{EI}{8l^3}\begin{bmatrix} 12 & 12l & -12 & 12l \\ 12l & 16l^2 & -12l & 8l^2 \\ -12 & -12l & 12 & -12l \\ 12l & 8l^2 & -12l & 16l^2 \end{bmatrix}$$

组集成结构刚度矩阵,有

$$\boldsymbol{K} = \frac{EI}{8l^3}\begin{bmatrix} 96 & 48l & -96 & 48l & 0 & 0 \\ 48l & 32l^2 & -48l & 16l^2 & 0 & 0 \\ -96 & -48l & 96+12 & -48l+12l & -12 & 12l \\ 48l & 16l^2 & -48l+12l & 32l^2+16l^2 & -12l & 8l^2 \\ 0 & 0 & -12 & -12l & 12 & -12l \\ 0 & 0 & 12l & 8l^2 & -12l & 16l^2 \end{bmatrix}$$

当施加式(5.137)的位移场时,杆件两端的节点位移参数为

$$\begin{Bmatrix} w_1 \\ \theta_1 \\ w_3 \\ \theta_3 \end{Bmatrix} = \begin{Bmatrix} a \\ b \\ a+3bl+9cl^2 \\ b+6cl \end{Bmatrix}$$

由结构刚度方程

$$\frac{EI}{8l^3}\begin{bmatrix} 96 & 48l & -96 & 48l & 0 & 0 \\ 48l & 32l^2 & -48l & 16l^2 & 0 & 0 \\ -96 & -48l & 96+12 & -48l+12l & -12 & 12l \\ 48l & 16l^2 & -48l+12l & 32l^2+16l^2 & -12l & 8l^2 \\ 0 & 0 & -12 & -12l & 12 & -12l \\ 0 & 0 & 12l & 8l^2 & -12l & 16l^2 \end{bmatrix}\begin{Bmatrix} w_1 \\ \theta_1 \\ w_2 \\ \theta_2 \\ w_3 \\ \theta_3 \end{Bmatrix} = \begin{Bmatrix} 0 \\ 0 \\ 0 \\ 0 \\ 0 \\ 0 \end{Bmatrix}$$

可以求得中间节点的位移参数,将上式的中间两个方程以子块的形式展开,有

$$\begin{bmatrix} 108 & -36l \\ -36l & 48l^2 \end{bmatrix}\begin{Bmatrix} w_2 \\ \theta_2 \end{Bmatrix} = -\begin{bmatrix} -96 & -48l \\ 48l & 16l^2 \end{bmatrix}\begin{Bmatrix} w_1 \\ \theta_1 \end{Bmatrix} - \begin{bmatrix} -12 & 12l \\ -12l & 8l^2 \end{bmatrix}\begin{Bmatrix} w_3 \\ \theta_3 \end{Bmatrix}$$

解得

$$\begin{Bmatrix} w_2 \\ \theta_2 \end{Bmatrix}=-\frac{1}{3\,888L^2}\begin{bmatrix} 48l^2 & 36l \\ 36l & 108 \end{bmatrix}\begin{bmatrix} -96 & -48l \\ 48l & 16l^2 \end{bmatrix}\begin{Bmatrix} w_1 \\ \theta_1 \end{Bmatrix}-\frac{1}{3\,888l^2}\begin{bmatrix} 48l^2 & 36l \\ 36l & 108 \end{bmatrix}\begin{bmatrix} -12 & 12l \\ -12l & 8l^2 \end{bmatrix}\begin{Bmatrix} w_3 \\ \theta_3 \end{Bmatrix}$$

将节点 1 和 3 的数值代入,有

$$-\frac{1}{3\,888L^2}\begin{bmatrix} 48l^2 & 36l \\ 36l & 108 \end{bmatrix}\begin{bmatrix} -96 & -48l \\ 48l & 16l^2 \end{bmatrix}\begin{Bmatrix} w_1 \\ \theta_1 \end{Bmatrix}=\frac{1}{3\,888l}\begin{Bmatrix} 2\,880al+1\,728bl^2 \\ -1\,728a \end{Bmatrix}$$

$$-\frac{1}{3\,888l^2}\begin{bmatrix} 48l^2 & 36l \\ 36l & 108 \end{bmatrix}\begin{bmatrix} -12 & 12l \\ -12l & 8l^2 \end{bmatrix}\begin{Bmatrix} w_3 \\ \theta_3 \end{Bmatrix}$$

$$=-\frac{1}{3\,888l}\begin{Bmatrix} -1\,008l(a+3bl+9cl^2)+864l^2(b+6cl) \\ -1\,728(a+3bl+9cl^2)+1\,296l(b+6cl) \end{Bmatrix}$$

可以求得

$$\begin{Bmatrix} w_2 \\ \theta_2 \end{Bmatrix}=\begin{Bmatrix} a+bl+bl^2 \\ b+2bl \end{Bmatrix}$$

可见,由有限元法求得的内部节点位移与施加的位移场是一致的。于是我们认为,该单元通过分片试验。

可以证明,前面讨论的 Wilson 非协调元,当网格划分是矩形或平行四边形时,是能够通过分片检验的,但当网格是任意四边形时,一般不能通过分片检验,必须做一定的处理才行。

5.7 矩形薄板非协调单元

平板在工程中有很多应用,如房建工程中的屋面和墙体。在受到垂直于板面的荷载作用下,平板将主要产生弯曲变形。当板的厚度比其面内尺寸小很多时,可认为板弯曲时沿厚度方向不可压缩,如果假设板的挠度远远小于板的厚度,则可以认为薄板在弯曲变形时中面上各点没有面内方向的位移,即中面不可伸长和缩短,板的中面法线在变形后仍然保持为直线。利用上述假设将板的弯曲问题简化为一个二维问题,且全部应力和应变均可用路面的挠度来表示,该问题称为薄板的小挠度问题。

5.7.1 薄板小挠度问题的基本理论

如图 5.25 所示的薄板,以板的中面为 xy 平面,z 轴垂直于板的中面竖直向下,假设板中面上各点的挠度为 $w(x,y)$。按照薄板小挠度理论的基本假设,板内各点的位移具有如下形式

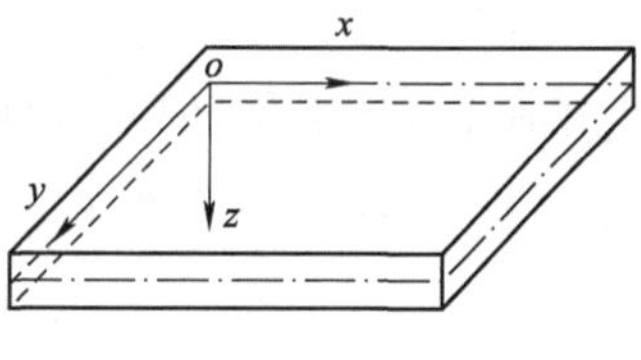

图 5.25 薄板的坐标系

$$\left.\begin{aligned} u &=-z\frac{\partial w}{\partial x} \\ v &=-z\frac{\partial w}{\partial y} \\ w &= w(x,y) \end{aligned}\right\} \tag{5.146}$$

式中,u,v,w 是板内任意一点沿坐标轴 x,y,z 方向的位移分量。

利用几何方程,可以得到板内各点的应变

$$\boldsymbol{\varepsilon}=\begin{Bmatrix}\varepsilon_x\\ \varepsilon_y\\ \gamma_{xy}\end{Bmatrix}=\begin{Bmatrix}\dfrac{\partial u}{\partial x}\\ \dfrac{\partial v}{\partial y}\\ \dfrac{\partial u}{\partial y}+\dfrac{\partial v}{\partial x}\end{Bmatrix}=-z\begin{Bmatrix}\dfrac{\partial^2 w}{\partial x^2}\\ \dfrac{\partial^2 w}{\partial y^2}\\ 2\dfrac{\partial^2 w}{\partial x\partial y}\end{Bmatrix} \tag{5.147}$$

如果定义

$$\boldsymbol{\kappa}=\left\{-\frac{\partial^2 w}{\partial x^2}\quad -\frac{\partial^2 w}{\partial y^2}\quad -2\frac{\partial^2 w}{\partial x\partial y}\right\}^{\mathrm{T}} \tag{5.148}$$

式中，$-\dfrac{\partial^2 w}{\partial x^2}$，$-\dfrac{\partial^2 w}{\partial y^2}$，$-2\dfrac{\partial^2 w}{\partial x\partial y}$分别为板的曲率和扭率。则式(5.147)可写为

$$\boldsymbol{\varepsilon}=z\boldsymbol{\kappa} \tag{5.149}$$

根据薄板的假设，板内各点的应力为

$$\boldsymbol{\sigma}=\boldsymbol{D\varepsilon}=z\boldsymbol{D\kappa} \tag{5.150}$$

式中

$$\boldsymbol{D}=\frac{E}{1-\nu^2}\begin{bmatrix}1 & \nu & 0\\ \nu & 1 & 0\\ 0 & 0 & \dfrac{1-\nu}{2}\end{bmatrix} \tag{5.151}$$

是平板的弹性矩阵，它与平面应力问题的弹性矩阵完全相同。

由平板的理论知道，若取微元 $t\mathrm{d}x\mathrm{d}y$，那么板边上的应力在板的截面上可以合成为弯矩和扭矩

$$\boldsymbol{M}=\int_{-t/2}^{t/2}\boldsymbol{\sigma}z\,\mathrm{d}z=\frac{t^3}{12}\boldsymbol{D\kappa}=\begin{Bmatrix}M_x\\ M_y\\ M_{xy}\end{Bmatrix} \tag{5.152}$$

式中，t 为板的厚度。比较式(5.150)和式(5.152)，可以得到用内力矩表示的平板应力

$$\boldsymbol{\sigma}=\frac{12z}{t^3}\boldsymbol{M} \tag{5.153}$$

由以上公式可以看到，平板中面的挠度 $w(x,y)$ 如果已知，则板中的位移、应变和应力均可由前述公式求得，因此，中面挠度 $w(x,y)$ 可作为基本未知量。

如果板面上承受有分布荷载 $q(x,y)$ 和若干集中力，则板的总势能泛函为

$$\begin{aligned}\Pi=U_\varepsilon+W&=\frac{1}{2}\iiint_V\boldsymbol{\varepsilon}^{\mathrm{T}}\boldsymbol{\sigma}\mathrm{d}V-\iint_A qw\,\mathrm{d}x\mathrm{d}y-\sum_{i=1}^{n}F_iw_i\\ &=\frac{1}{2}\frac{t^3}{12}\iint_A\boldsymbol{\kappa}^{\mathrm{T}}\boldsymbol{D\kappa}\,\mathrm{d}x\mathrm{d}y-\iint_A qw\,\mathrm{d}x\mathrm{d}y-\sum_{i=1}^{n}F_iw_i\end{aligned} \tag{5.154}$$

5.7.2 四节点矩形板单元

将平板中面划分为一系列的矩形单元，得到一个离散的系统以代替原来的平板，这些单元仅在节点上相互连接。为保持在节点上的挠度及其斜率的连续性，必须把挠度 w 及其在 x 和 y 方向的一阶偏导数指定为节点位移参数(广义位移)，通常将某一节点 i 的位移列阵写作

$$\boldsymbol{\delta}_i=\begin{Bmatrix}w_i\\ \theta_{xi}\\ \theta_{yi}\end{Bmatrix}=\begin{Bmatrix}w_i\\ w_{i,y}\\ -w_{i,x}\end{Bmatrix} \tag{5.155}$$

其中，挠度的正向以指向 z 轴正向为正，转角的正向用右手螺旋法则确定，如图 5.26 所示。$w_{i,y}$ 为节点 i 处的 $\dfrac{\partial w}{\partial y}$ 的值，经此类推。

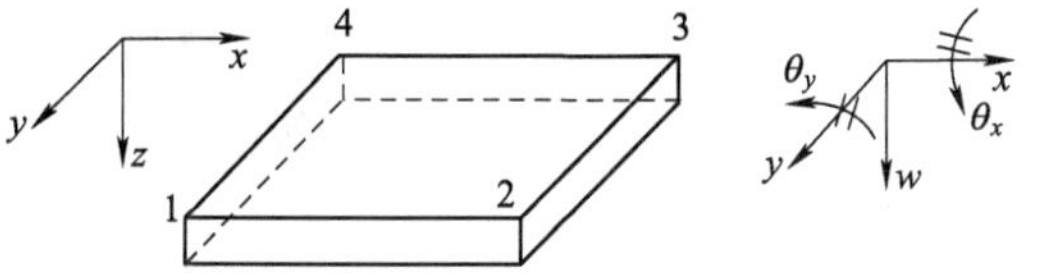

图 5.26　四节点矩形薄板单元

与 $\boldsymbol{\delta}_i$ 相对应的节点力列阵记为

$$\boldsymbol{F}_i=\begin{Bmatrix}P_i\\ M_{xi}\\ M_{yi}\end{Bmatrix} \tag{5.156}$$

式中，弯矩的正向也遵循右手螺旋法则。注意，这里的 M_{xi} 和 M_{yi} 是节点 i 处的弯矩值，其含意与式(5.152)中的单位中面宽度弯矩不同。由于单元总共有 4 个节点，每个节点有 3 个位移参数，因此该单元总共有 12 个节点位移参数，故我们应选择含有 12 个待定参数的多项式作为容许位移函数

$$\begin{aligned}w(x,y)=&\alpha_0+\alpha_1x+\alpha_2y+\alpha_3x^2+\alpha_4xy+\alpha_5y^2+\alpha_6x^3+\\&\alpha_7x^2y+\alpha_8xy^2+\alpha_9y^3+\alpha_{10}x^3y+\alpha_{11}xy^3\end{aligned} \tag{5.157}$$

在矩形单元的每条边上，挠度 w 分别是 x 和 y 的三次函数，它正好可由此边两端的四个位移参数完全确定，因而挠度 w 是协调的。但在每条边上 $\dfrac{\partial w}{\partial n}$（法向导数）是 x 和 y 的三次函数，而在此边两端总共只有两个参数与 $\dfrac{\partial w}{\partial n}$ 有关，因而在每条边上 $\dfrac{\partial w}{\partial n}$ 可能是不协调的。所以这种单元是一种部分协调元。

式(5.157)中的前三项代表了板中面的一个刚体平动和两个刚体转动；第四项到第六项保证板的两个曲率和扭率为常量，这相当于常应变状态，因此，位移模式(5.157)满足完备性条件。

为以后数值计算方便，通常引入无量纲坐标

$$\xi=\frac{2x-x_1-x_2}{x_2-x_1},\qquad \eta=\frac{2y-y_1-y_4}{y_4-y_1} \tag{5.158}$$

或

$$x=\frac{x_1+x_2}{2}+\frac{x_2-x_1}{2}\xi,\qquad y=\frac{y_1+y_4}{2}+\frac{y_4-y_1}{2}\eta \tag{5.159}$$

这实际上是一种映射，将单元的长方形区域映射为一个无量纲的正方形域，如图 5.27 所示。把式(5.159)代入式(5.157)并整理得

$$\begin{aligned}w=&\beta_0+\beta_1\xi+\beta_2\eta+\beta_3\xi^2+\beta_4\xi\eta+\beta_5\eta^2+\beta_6\xi^3+\\&\beta_7\xi^2\eta+\beta_8\xi\eta^2+\beta_9\eta^3+\beta_{10}\xi^3\eta+\beta_{11}\xi\eta^3\end{aligned} \tag{5.160}$$

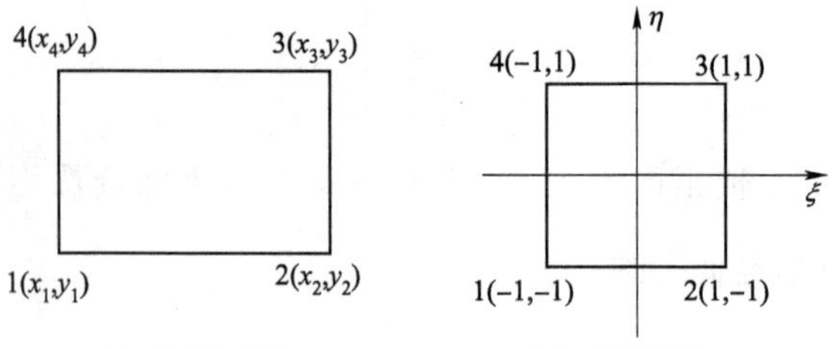

(a) 笛卡尔坐标　　(b) 自然坐标

图 5.27　单元坐标变换

按上式可算出板的转角为

$$\begin{aligned}\theta_x &= \frac{\partial w}{\partial y} = \frac{\partial w}{b\partial \eta} \\ &= \frac{1}{b}(\beta_2 + \beta_4\xi + 2\beta_5\eta + \beta_7\xi^2 + 2\beta_8\xi\eta + 3\beta_9\eta^2 + \beta_{10}\xi^3 + 3\beta_{11}\xi\eta^2)\end{aligned} \tag{5.161}$$

$$\begin{aligned}\theta_y &= -\frac{\partial w}{\partial x} = -\frac{\partial w}{a\partial \xi} \\ &= -\frac{1}{a}(\beta_1 + 2\beta_3\xi + \beta_4\eta + 3\beta_6\xi^2 + 2\beta_7\xi\eta + \beta_8\eta^2 + 3\beta_{10}\xi^2\eta + \beta_{11}\eta^3)\end{aligned} \tag{5.162}$$

其中

$$a = \frac{x_2 - x_1}{2}, \quad b = \frac{y_4 - y_1}{2} \tag{5.163}$$

将矩形单元的四个节点坐标(ξ_i，η_i)和节点位移参数 w_i，θ_{xi}，θ_{yi} 代入式(5.160)、式(5.161)和式(5.162)，即可得到关于 12 个待定参数 $\beta_0 \sim \beta_{11}$ 的联立方程组，由此可以用 12 个节点位移参数 w_i，θ_{xi}，θ_{yi}($i=1,2,3,4$) 表示的参数 $\beta_0 \sim \beta_{11}$，再将这些参数代入式(5.160)得

$$\begin{aligned} w &= \sum_{i=1}^{4}(N_i w_i + N_{xi}\theta_{xi} + N_{yi}\theta_{yi}) \\ &= \sum_{i=1}^{4}\boldsymbol{N}_i\boldsymbol{\delta}_i \\ &= \boldsymbol{N}\boldsymbol{\delta}^e \end{aligned} \tag{5.164}$$

其中

$$\boldsymbol{N} = [\boldsymbol{N}_1 \quad \boldsymbol{N}_2 \quad \boldsymbol{N}_3 \quad \boldsymbol{N}_4], \boldsymbol{N}_i = [N_i \quad N_{xi} \quad N_{yi}] \tag{5.165}$$

$$\boldsymbol{\delta}^e = \{\boldsymbol{\delta}_1^{\mathrm{T}} \quad \boldsymbol{\delta}_2^{\mathrm{T}} \quad \boldsymbol{\delta}_3^{\mathrm{T}} \quad \boldsymbol{\delta}_4^{\mathrm{T}}\}^{\mathrm{T}}, \boldsymbol{\delta}_i^{\mathrm{T}} = \{w_i \quad \theta_{xi} \quad \theta_{yi}\} \tag{5.166}$$

式中，插值函数为

$$\left.\begin{aligned} N_i &= \frac{1}{8}(1+\xi_i\xi)(1+\eta_i\eta)(2+\xi_i\xi+\eta_i\eta-\xi^2-\eta^2) \\ N_{xi} &= -\frac{1}{8}b\eta_i(1+\xi_i\xi)(1+\eta_i\eta)^2(1-\eta_i\eta) \\ N_{yi} &= \frac{1}{8}a\xi_i(1+\xi_i\xi)^2(1+\eta_i\eta)(1-\eta_i\eta) \end{aligned}\right\} \tag{5.167}$$

在结点 i 处有

$$N_i = \frac{\partial N_{xi}}{\partial y} = -\frac{\partial N_{yi}}{\partial x} = 1$$

$$N_{xi} = N_{yi} = \frac{\partial N_i}{\partial y} = \frac{\partial N_i}{\partial x} = 0$$

在其他节点上，N_i，N_{xi}，N_{yi} 及其对 x 和 y 的一阶导数均等于零。薄板这些形函数的性质与平面问题单元的形函数是类似的。在求得了单元的形函数之后，推导其单元刚度矩阵和荷载向量就与以前一样。将式(5.167)代入式(5.164)再代入几何方程式(5.149)，得

$$\begin{aligned}\boldsymbol{\varepsilon} &= \boldsymbol{B}\boldsymbol{\delta}^e \\ &= [\boldsymbol{B}_1 \quad \boldsymbol{B}_2 \quad \boldsymbol{B}_3 \quad \boldsymbol{B}_4]\boldsymbol{\delta}^e\end{aligned} \tag{5.168}$$

式中

$$\boldsymbol{B}_i = -z\begin{bmatrix}\boldsymbol{N}_{i,xx} \\ \boldsymbol{N}_{i,yy} \\ 2\boldsymbol{N}_{i,xy}\end{bmatrix} = -z\begin{bmatrix}\boldsymbol{N}_{i,\xi\xi}/a^2 \\ \boldsymbol{N}_{i,\eta\eta}/b^2 \\ 2\boldsymbol{N}_{i,\xi\eta}/ab\end{bmatrix} = -\frac{z}{ab}\begin{bmatrix}\frac{b}{a}\boldsymbol{N}_{i,\xi\xi} \\ \frac{a}{b}\boldsymbol{N}_{i,\eta\eta} \\ 2\boldsymbol{N}_{i,\xi\eta}\end{bmatrix} \tag{5.169}$$

由式(5.165)和式(5.167)可以求得

$$-\frac{b}{a}\boldsymbol{N}_{i,\xi\xi} = \frac{1}{4}\left[3\frac{b}{a}\xi_i\xi(1+\eta_i\eta) \quad 0 \quad b\xi_i(1+3\xi_i\xi)(1+\eta_i\eta)\right]$$

$$-\frac{a}{b}\boldsymbol{N}_{i,\eta\eta} = \frac{1}{4}\left[3\frac{a}{b}\eta_i\eta(1+\xi_i\xi) \quad -a\eta_i(1+\xi_i\xi)(1+3\eta_i\eta) \quad 0\right]$$

$$-2\boldsymbol{N}_{i,\xi\eta} = \frac{1}{4}\left[\xi_i\eta_i(3\xi^2+3\eta^2-4) \quad -b\xi_i(3\eta^2+2\eta_i\eta-1) \quad a\eta_i(3\xi^2+2\xi_i\xi-1)\right]$$

式中，记号 $\boldsymbol{N}_{i,xx}$ 和 $\boldsymbol{N}_{i,\xi\xi}$ 分别表示 $\frac{\partial^2 \boldsymbol{N}_i}{\partial x^2}$ 和 $\frac{\partial^2 \boldsymbol{N}_i}{\partial \xi^2}$ 等等。将式(5.168)代入式 (5.149)得到曲率和扭率向量，再代入板的势能泛函，由最小势能原理可导出板单元的平衡方程

$$\boldsymbol{K}^e\boldsymbol{\delta}^e = \boldsymbol{F}^e \tag{5.170}$$

其中单元刚度的形式矩阵为

$$\boldsymbol{K}^e = \begin{bmatrix}\boldsymbol{K}_{11} & \boldsymbol{K}_{12} & \boldsymbol{K}_{13} & \boldsymbol{K}_{14} \\ \boldsymbol{K}_{21} & \boldsymbol{K}_{22} & \boldsymbol{K}_{23} & \boldsymbol{K}_{24} \\ \boldsymbol{K}_{31} & \boldsymbol{K}_{32} & \boldsymbol{K}_{33} & \boldsymbol{K}_{34} \\ \boldsymbol{K}_{41} & \boldsymbol{K}_{42} & \boldsymbol{K}_{43} & \boldsymbol{K}_{44}\end{bmatrix} \tag{5.171}$$

其中的子块

$$\begin{aligned}\boldsymbol{K}_{ij} &= \frac{t^3}{12}\iint_A \boldsymbol{B}_i^{\mathrm{T}}\boldsymbol{D}\,\boldsymbol{B}_j\,\mathrm{d}x\mathrm{d}y \\ &= \frac{t^3}{12}ab\int_{-1}^{1}\int_{-1}^{1}\boldsymbol{B}_i^{\mathrm{T}}\boldsymbol{D}\,\boldsymbol{B}_j\,\mathrm{d}\xi\mathrm{d}\eta\end{aligned} \tag{5.172}$$

将几何矩阵式(5.169)和弹性矩阵式(5.151)代入式(5.172)中，完成积分运算可得单元刚度矩阵子矩阵的具体形式为

$$\boldsymbol{K}_{ij} = \begin{bmatrix}a_{11} & a_{12} & a_{13} \\ a_{21} & a_{22} & a_{23} \\ a_{31} & a_{32} & a_{33}\end{bmatrix} \tag{5.173}$$

其中的九个元素显式如下

$$a_{11}=3H\left[15\left(\frac{b^2}{a^2}\xi_i\xi_j+\frac{a^2}{b^2}\eta_i\eta_j\right)+\left(14-4\nu+5\frac{b^2}{a^2}+5\frac{a^2}{b^2}\right)\xi_i\xi_j\eta_i\eta_j\right]$$

$$a_{12}=-3Hb\left[\left(2+3\nu+5\frac{a^2}{b^2}\right)\xi_i\xi_j\eta_i+15\frac{a^2}{b^2}\eta_i+5\nu\xi_i\xi_j\eta_j\right]$$

$$a_{13}=3Ha\left[\left(2+3\nu+5\frac{b^2}{a^2}\right)\xi_i\eta_i\eta_j+15\frac{b^2}{a^2}\xi_i+5\nu\xi_j\eta_i\eta_j\right]$$

$$a_{21}=-3Hb\left[\left(2+3\nu+5\frac{a^2}{b^2}\right)\xi_i\xi_j\eta_j+15\frac{a^2}{b^2}\eta_i+5\nu\xi_i\xi_j\eta_i\right]$$

$$a_{22}=Hb^2\left[2(1-\nu)(3+5\eta_i\eta_j)\xi_i\xi_j+5\frac{a^2}{b^2}(3+\xi_i\xi_j)(3+\eta_i\eta_j)\right]$$

$$a_{23}=-15H\nu ab(\xi_i+\xi_j)(\eta_i+\eta_j)$$

$$a_{31}=3Ha\left[\left(2+3\nu+5\frac{b^2}{a^2}\right)\xi_j\eta_i\eta_j+15\frac{a^2}{b^2}\xi_j+5\nu\xi_i\eta_i\eta_j\right]$$

$$a_{32}=-15H\nu ab(\xi_i+\xi_j)(\eta_i+\eta_j)$$

$$a_{33}=Ha^2\left[2(1-\nu)(3+5\xi_i\xi_j)\eta_i\eta_j+5\frac{b^2}{a^2}(3+\xi_i\xi_j)(3+\eta_i\eta_j)\right]$$

式中

$$H=\frac{D}{60ab},\qquad D=\frac{Et^3}{12(1-\nu^2)}$$

如果平板受横向分布荷载 q 作用，则等效节点力为

$$\{F_i\}^e=ab\int_{-1}^{1}\int_{-1}^{1}q\,\mathbf{N}_i^{\mathrm{T}}\,\mathrm{d}\xi\mathrm{d}\eta\qquad(i=1,2,3,4)\tag{5.174}$$

习　题

1. 对于图 5.28 所示的均布载荷和线性分布载荷，计算二次杆单元等效结点力向量。

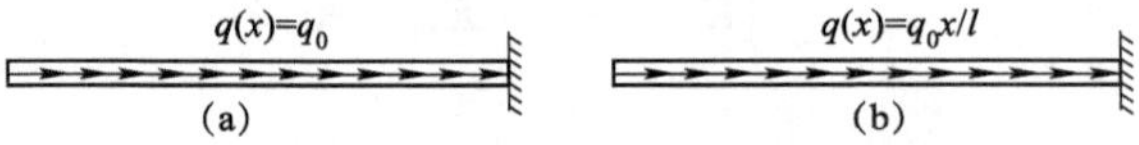

图 5.28

2. 证明一维 Lagrange 单元的插值函数满足 $\sum_{i=1}^{n}N_i=1$，n 是节点数。

3. 图 5.29 所示四节点四边形等参单元，试计算 $\frac{\partial N_1}{\partial x}$ 和 $\frac{\partial N_2}{\partial y}$ 在 Q 点处的值，已知 Q 点的自然坐标为 $\left(\frac{1}{2},\frac{1}{2}\right)$。

4. 图 5.30 所示二次四边形等参数单元，试计算 $\frac{\partial N_1}{\partial x}$ 和 $\frac{\partial N_2}{\partial y}$ 在 Q 点处的值，已知 Q 点的自然坐标为 $\left(\frac{1}{2},\frac{1}{2}\right)$。

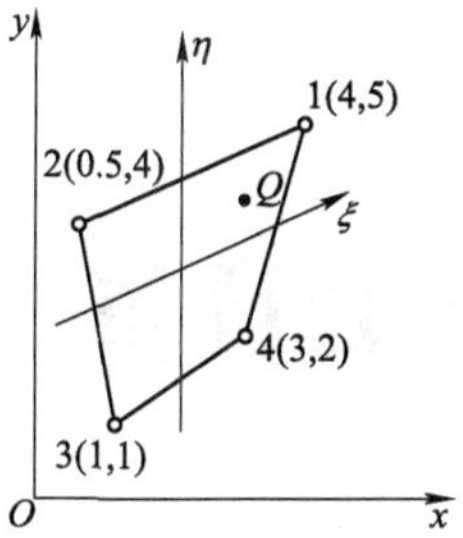

图 5.29

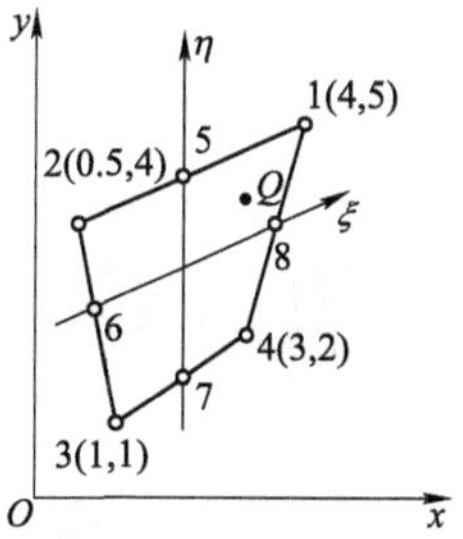

图 5.30

5. 写出图 5.31 所示四节点等参元的坐标变换式。

6. 已知图 5.32 所示单元的弹性模量为 E,泊松比为 ν,单元厚度 $t=1$。按平面应力问题计算,试写出该单元的下列特性。

(1)坐标变换式;(2)应变矩阵;(3)应力矩阵;(4)单元刚度矩阵。

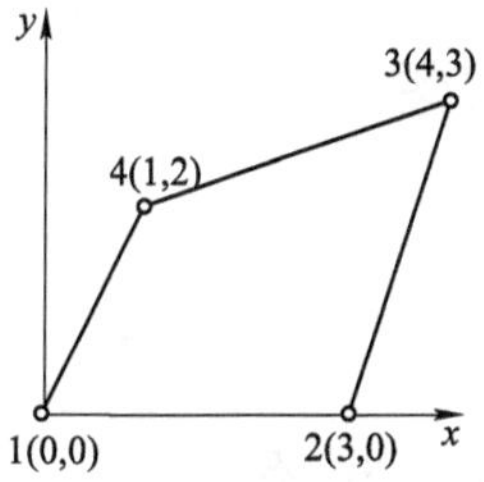

图 5.31

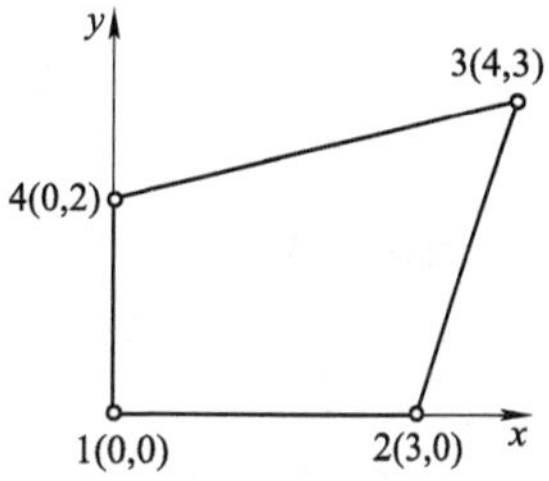

图 5.32

第 6 章　数值积分及应力计算

在有限元分析时，通常需要进行单元内的体积分或面积分。对于等参元来说，由于插值函数是用自然坐标来表达的，所以等参元的一切积分计算都是在自然坐标系中规则的母单元内进行的。由于被积函数的复杂性，即使能把它们显式地表达出来进行积分运算也是相当麻烦的，有些甚至是不可能积分出来的，何况多数情况下根本就不可能把被积函数显式表达出来，因此，对这些积分通常都用近似的数值积分来代替函数积分。数值积分的方法有很多种，积分精度也不统一，其中应用较多的是 Gauss 积分，本章介绍数值积分的思想并对一些数值积分方法进行简要描述，主要对 Gauss 积分方法进行阐述。

6.1　数值积分的基本思想

考虑如下的定积分

$$I = \int_a^b f(x)\mathrm{d}x \tag{6.1}$$

如果能够找到 $f(x)$ 的原函数 $F(x)$，则依据 Newton-Leibniz 公式，有

$$I = F(b) - F(a) \tag{6.2}$$

但实际上，相当多的问题都是无法找到原函数的，而且很多情况下，甚至函数 $f(x)$ 本身我们都无法找到其解析表达式，仅有一些个离散点处函数值，所以，有必要研究数值积分问题。

积分中值定理告诉我们，在积分区间 $[a,b]$ 内存在一点 ξ，使

$$\int_a^b f(x)\mathrm{d}x = f(\xi)(b-a) \tag{6.3}$$

这就是说，底为 $(b-a)$ 高为 $f(\xi)$ 的一个矩形的面积恰好就等于要求的那个曲边梯形的面积，只不过 ξ 的值未知，因而也难以准确计算出 $f(\xi)$ 的值。我们将 $f(\xi)$ 称为区间 $[a,b]$ 上的平均高度。之样，只要提供一种平均高度的算法，相应地就可以得到一种数值积分的方法。

最简单的，便是取区间中点的函数值来计算，即

$$\int_a^b f(x)\mathrm{d}x = f\left(\frac{b-a}{2}\right)(b-a) \tag{6.4}$$

所谓“中矩形公式”，或者取两端点处函数值的平均值来作为 $f(\xi)$，即

$$\int_a^b f(x)\mathrm{d}x = \frac{f(a)+f(b)}{2}(b-a) \tag{6.5}$$

所谓“梯形公式”。这样做很简单，但同时也很粗糙。更一般地，我们可以在区间 $[a,b]$ 上选择若干节点 x_i $(i=1,2,\cdots,n+1)$，然后用 $f(x_i)$ 加权平均作为平均高度 $f(\xi)$ 的近似值，构造出如下形式的求积公式

$$\int_a^b f(x)\mathrm{d}x = \sum_{i=1}^{n+1} A_i f(x_i) \tag{6.6}$$

式中，x_i 称为求积节点，A_i 称为求积系数或节点 x_i 的权值，权值的选取只与节点坐标 x_i 有关而与被积函数的具体形式无关。

数值求积是一种近似方法，为保证精度，我们自然希望求积公式能对“尽可能多”的函数准确成立，通常用能精确满足求积公式的多项式的次数来描述积分的精度，即所谓代数精度。如果某个求积公式对任意次数小于或等于 m 的多项式均能精确成立，但对 $m+1$ 次多项式就不一定准确，我们就称该求积公式具有 m 次代数精度。不难验证，中矩形公式和梯形公式均具有一次代数精度。

为了构造出形如式(6.6)的积分公式，原则上是确定 x_i 和 A_i 的代数问题。设给定一组节点

$$a \leqslant x_1 < x_2 < \cdots < x_{n+1} \leqslant b$$

且已知函数 $f(x)$ 在这些节点上的值 $f(x_i)$ $(i=1,2,\cdots,n+1)$，作插值函数 $L^{(n)}(x)$，取积分

$$I_n = \int_a^b L^{(n)}(x)\mathrm{d}x$$

作为积分 $I=\int_a^b f(x)\mathrm{d}x$ 的近似值，这样构造出的求积公式为

$$I_n = \int_a^b L^{(n)}(x)\mathrm{d}x = \sum_{i=1}^{n+1} A_i f(x_i) \tag{6.7}$$

式中的求积系数 A_i 由 Lagrange 插值基函数 $L_i^{(n)}(x)$ 积分求得

$$A_i = \int_a^b L_i^{(n)}(x)\mathrm{d}x \tag{6.8}$$

这种形式的积分公式称为插值型积分公式，它具有 n 次代数精度。

6.2 一维数值积分

6.2.1 Newton-Cotes 积分

设将积分区间 $[a,b]$ 划分为 n 等分，每份步长为 $h=\dfrac{b-a}{n}$，选取等距节点 $x_i=a+(i-1)h$，构造出的插值型求积公式

$$I_n = (b-a)\sum_{i=1}^{n+1} C_i^{(n)} f(x_i) \tag{6.9}$$

称作 Newton-Cotes 积分公式，其中 $C_i^{(n)}$ 为 n 阶 Newton-Cotes 求积系数。引入变换

$$x = a + th$$

则有

$$C_i^{(n)} = \frac{h}{b-a}\int_0^n \prod_{\substack{j=1\\ j\neq i}}^{n+1} \frac{t-j+1}{i-j}\mathrm{d}t = \frac{(-1)^{n-i+1}}{n(i-1)!(n-i+1)!}\int_0^n \prod_{\substack{j=1\\ j\neq i}}^{n+1}(t-j+1)\mathrm{d}t \tag{6.10}$$

由于是多项式的积分，Newton-Cotes 系数的计算不会遇到实质性的困难。当 $n=1$ 时

$$C_1^{(1)} = C_2^{(1)} = \frac{1}{2}$$

这时，求积公式就是我们熟悉的梯形公式(6.5)。当 $n=2$ 时，按式(6.10)，Newton-Cotes 系数为

$$\left.\begin{aligned} C_1^{(2)} &= \frac{1}{4}\int_0^2 (t-1)(t-2)\mathrm{d}t = \frac{1}{6} \\ C_2^{(2)} &= -\frac{1}{2}\int_0^2 (t)(t-2)\mathrm{d}t = \frac{4}{6} \\ C_3^{(2)} &= \frac{1}{4}\int_0^2 (t)(t-1)\mathrm{d}t = \frac{1}{6} \end{aligned}\right\}$$

相应的求积公式为

$$I = \frac{b-a}{6}\left[f(a) + 4f\left(\frac{a+b}{2}\right) + f(b)\right] \tag{6.11}$$

称为 Simpson 积分公式。

表 6.1 给出了各阶 Newton-Cotes 积分系数。一般说来，n 阶 Newton-Cotes 积分需要 $n+1$ 个积分点，$n+1$ 个积分点构造的插值函数是 n 次多项式，因而具有 n 次代数精度。但可以证明，当 n 为偶数时 Newton-Cotes 积分具有 $n+1$ 次代数精度，因而在实际运用时，都是采用偶数阶积分。另外我们发现，当 $n>8$ 时，求积系数出现了负值，这会导致数值积分不再是稳定的。

表 6.1 Newton-Cotes 积分系数

积分阶数 n	$C_1^{(n)}$	$C_2^{(n)}$	$C_3^{(n)}$	$C_4^{(n)}$	$C_5^{(n)}$	$C_6^{(n)}$	$C_7^{(n)}$	$C_8^{(n)}$	$C_9^{(n)}$
1	$\frac{1}{2}$	$\frac{1}{2}$							
2	$\frac{1}{6}$	$\frac{4}{6}$	$\frac{1}{6}$						
3	$\frac{1}{8}$	$\frac{3}{8}$	$\frac{3}{8}$	$\frac{1}{8}$					
4	$\frac{7}{90}$	$\frac{32}{90}$	$\frac{12}{90}$	$\frac{32}{90}$	$\frac{7}{90}$				
5	$\frac{19}{288}$	$\frac{75}{288}$	$\frac{50}{288}$	$\frac{50}{288}$	$\frac{75}{288}$	$\frac{19}{288}$			
6	$\frac{41}{840}$	$\frac{216}{840}$	$\frac{27}{840}$	$\frac{272}{840}$	$\frac{27}{840}$	$\frac{216}{840}$	$\frac{41}{840}$		
7	$\frac{751}{17\,280}$	$\frac{3\,577}{17\,280}$	$\frac{1\,323}{17\,280}$	$\frac{2\,989}{17\,280}$	$\frac{2\,989}{17\,280}$	$\frac{1\,323}{17\,280}$	$\frac{3\,577}{17\,280}$	$\frac{751}{17\,280}$	
8	$\frac{989}{28\,350}$	$\frac{5\,888}{28\,350}$	$-\frac{928}{28\,350}$	$\frac{10\,496}{28\,350}$	$-\frac{4\,540}{28\,350}$	$\frac{10\,496}{28\,350}$	$-\frac{928}{28\,350}$	$\frac{5\,888}{28\,350}$	$\frac{989}{28\,350}$

Newton-Cotes 积分对于被积函数等间距取样的情况是比较合适的。但是在有限元分析中，常常需要计算单元内任意指定点的被积函数值，这些点往往不符合等距积分的情况，因而用 Newton-Cotes 积分便会遇到麻烦。此时可以通过优化积分点位置的方法进一步提高积分的精度，即在给定积分点数目的情况下更合理地安排积分点的位置以达到更高的数值积分精度。Gauss 积分就是这种积分方法中常用的一种，在有限远分析中被广泛采用。

6.2.2 Gauss 积分

在机械型求积公式(6.6)中，如果积分点的位置 x_i 和加权系数 A_i 都让我们选择，则有 $2n+2$ 个待定参数，现在我们讨论如何选择 x_i 和 A_i 的问题。首先定义一个 $n+1$ 次多项式

$$P(x) = \prod_{i=1}^{n+1}(x - x_i) \tag{6.12}$$

其中的 x_i 由下式确定

$$\int_a^b x^{i-1}P(x)\mathrm{d}x = 0 \qquad (i = 1,2,\cdots n+1) \tag{6.13}$$

由以上二式可见，$P(x)$ 具有如下性质：

(1) $P(x_i)=0$；

(2) $P(x)$ 与 $1,x,x^2,\cdots,x^n$ 在 $[a,b]$ 上正交。

由此可见，$n+1$ 个积分点的位置 x_i 由在求积域内与 $1,x,x^2,\cdots,x^n$ 正交的 $n+1$ 次多项式 $P(x)$ 构成的方程(6.13)式确定。

假设被积函数 $f(x)$ 由下式模拟逼近

$$f(x)\approx\sum_{i=1}^{n+1}L_i^{(n)}(x)f(x_i)+\sum_{i=1}^{n+1}\beta_i x^{i-1}P(x)\qquad(i=1,2,\cdots,n+1)\tag{6.14}$$

式中，$L_i^{(n)}(x)$ 即 n 阶 Lagrange 插值基函数

$$L_i^{(n)}(x)=\prod_{\substack{j=1\\j\neq i}}^{n+1}\frac{x-x_j}{x_i-x_j}\qquad(i=1,2,\cdots,n+1)\tag{6.15}$$

式(6.14)为一 $2n+1$ 次多项式。如果用式(6.14)的右端在 $[a,b]$ 上积分作为函数 $f(x)$ 积分的近似值，则有

$$\int_a^b f(x)\mathrm{d}x\approx\sum_{i=1}^{n+1}\int_a^b L_i^{(n)}(x)f(x_i)\mathrm{d}x+\sum_{i=1}^{n+1}\int_a^b\beta_i x^{i-1}P(x)\mathrm{d}x$$

注意到式(6.13)，于是有

$$\int_a^b f(x)\mathrm{d}x\approx\sum_{i=1}^{n+1}\int_a^b L_i^{(n)}(x)f(x_i)\mathrm{d}x=\sum_{i=1}^{n+1}A_i f(x_i)\tag{6.16}$$

式中

$$A_i=\int_a^b L_i^{(n)}(x)\mathrm{d}x\tag{6.17}$$

这样的积分称为 Gauss 积分，用式(6.13)确定的积分点 x_i 称为 Gauss 点。式(6.16)和式(6.17)与式(6.7)和式(6.8)形式上完全一样，但二者有实质的不同，区别在于：

(1)Gauss 积分中，用来逼近函数 $f(x)$ 的近似函数并不是 n 次多项式，而是 $2n+1$ 次多项式，虽然系数 β_i 未知。

(2)积分点 x_i 并不是等间距分布的，而是由式(6.13)所确定的。

正因为逼近函数 $f(x)$ 的近似函数实质上是 $2n+1$ 次多项式，因而这样的数值积分公式具有 $2n+1$ 次代数精度，也就是说，对次数不超过 $2n+1$ 次的多项式，积分公式(6.16)都是精确的。

为了计算出 Gauss 积分积分点的位置和 Gauss 求积系数，可将函数 $f(x)$ 的积分区间作一变换，令

$$x=\frac{b-a}{2}t+\frac{b+a}{2}$$

积分区间便可以由 $[a,b]$ 变换到 $[-1,1]$ 上，这里为了简便，不妨就认为 $a=-1$，$b=1$，此时，Gauss 积分公式(6.16)为

$$\int_{-1}^1 f(x)\mathrm{d}x=\sum_{i=1}^{n+1}A_i f(x_i)\tag{6.18}$$

例 6.1:求两点 Gauss 积分的积分点及其积分权系数。

解:设有二次多项式

$$P(x)=(x-x_1)(x-x_2)$$

令

$$\int_{-1}^{1} x^{i-1} P(x) \mathrm{d}x = 0 \qquad (i = 1,2)$$

即

$$\left.\begin{aligned} \int_{-1}^{1} P(x)\mathrm{d}x = \int_{-1}^{1}(x-x_1)(x-x_2)\mathrm{d}x = 0 \\ \int_{-1}^{1} xP(x)\mathrm{d}x = \int_{-1}^{1} x(x-x_1)(x-x_2)\mathrm{d}x = 0 \end{aligned}\right\}$$

积分整理得

$$\left.\begin{aligned} \frac{2}{3} + 2x_1x_2 = 0 \\ -\frac{2}{3}(x_1+x_2) = 0 \end{aligned}\right\}$$

求解得

$$x_1 = -\frac{\sqrt{3}}{3}, x_2 = \frac{\sqrt{3}}{3}$$

积分权系数可由式(6.17)求得，对两点 Lagrange 插值的基函数分别为

$$L_1^{(2)}(x) = \frac{x-x_2}{x_1-x_2} = -\frac{\sqrt{3}}{2}x + \frac{1}{2}$$

$$L_2^{(2)}(x) = \frac{x-x_1}{x_2-x_1} = \frac{\sqrt{3}}{2}x + \frac{1}{2}$$

代入式(6.17)，有

$$A_1 = \int_a^b L_1^{(2)}(x)\mathrm{d}x = 1$$

$$A_2 = \int_a^b L_2^{(2)}(x)\mathrm{d}x = 1$$

于是两点 Gauss 积分公式为

$$\int_{-1}^{1} f(x)\mathrm{d}x = f\left(-\frac{\sqrt{3}}{3}\right) + f\left(\frac{\sqrt{3}}{3}\right)$$

由于 Legendre 多项式是在区间 [－1,1] 上正交的，即

$$\int_{-1}^{1} P_i(x)P_j(x)\mathrm{d}x = 0 \ (i \neq j) \tag{6.19}$$

因此，Gauss 积分点实际上就是 Legendre 多项式的零点。n 阶 Legendre 多项式是如下 Legendre 方程的解

$$\frac{\mathrm{d}}{\mathrm{d}x}\left[(1-x^2)\frac{\mathrm{d}P_n(x)}{\mathrm{d}x}\right] + n(n+1)P_n(x) = 0 \tag{6.20}$$

上式的解答为

$$\begin{aligned} &P_0(x) = 1, P_1(x) = x, P_2(x) = \frac{3x^2-1}{2}, P_3(x) = \frac{5x^3-3x}{2}, \\ &P_4(x) = \frac{35x^4-30x^2+3}{8}, \cdots\cdots, P_{n+1} = \frac{1}{2^n n!}\frac{\mathrm{d}^n}{\mathrm{d}x^n}\{(x^2-1)^n\} \end{aligned} \tag{6.21}$$

表 6.2 给出了各阶 Gauss 积分的积分点位置及积分权系数

表 6.2 Gauss 积分点坐标及权重系数

积分点数	积分点坐标 x_i	权重系数 A_i
1	0	2
2	−0.57735,+0.57735	1,1
3	−0.77459 ,0,+0.77459	0.55555,0.88888, 0.55555
4	−0.86113,−0.33998,0.33998,0.86113	0.34785,0.65214,0.65214,0.34785
5	−0.90617,−0.53846,0,0.53846,0.90617	0.23692,0.47862,0.56888,0.47862,0.23692
6	−0.93246,−0.66120,−0.23861,0.23861,0.66120,0.93246	0.17132,0.36076,0.46791,0.46791,0.36076,0.17132

例 6.2:分别用两点 Newton-Cotes 公式和两点 Gauss 公式求函数 $f(x)=x^2+x+1$ 在区间 $[-1,1]$ 的积分,并与精确解比较。

解:用两点 Newton-Cotes 公式

$$\int_{-1}^{1} f(x)\mathrm{d}x \approx \frac{f(-1)+f(1)}{2}(1+1)=(1+3)=4$$

如采用如上两点 Gauss 数值积分计算

$$\int_{-1}^{+1} f(x)\mathrm{d}x \approx \sum_{i=1}^{2} A_i f(x_i)=\left\{\left(-\frac{1}{\sqrt{3}}\right)^2+\left(-\frac{1}{\sqrt{3}}\right)+1\right\}\times 1 + \left\{\left(\frac{1}{\sqrt{3}}\right)^2+\left(\frac{1}{\sqrt{3}}\right)+1\right\}\times 1=\frac{8}{3}$$

该积分的精确值为

$$\int_{-1}^{1} f(x)\mathrm{d}x=\int_{-1}^{1}(x^2+x+1)\mathrm{d}x=\frac{8}{3}$$

我们发现,Gauss 积分求得的结果与精确解完全一致,这是因为被积函数为二次多项式,而两点 Gauss 公式本身就具有二次代数精度。由此可以看出,采用两个 Gauss 积分点,可以精确确定二阶多项式积分,这表明了采用非等距插值点的优势。

6.3 二维 Gauss 数值积分

6.3.1 四边形 Gauss 积分

上述一维 Gauss 积分方法完全可以用于求解二维或三维域问题。可以仿照解析方法计算重积分的方法进行分层积分,即对一个变量积分时,另一个变量当作是常数,这样便可以得到高维问题的数值积分。这里只对二维问题进行描述。

设有二重积分

$$I=\int_{-1}^{1}\int_{-1}^{1} f(x,y)\mathrm{d}x\mathrm{d}y \tag{6.22}$$

首先对 x 进行积分,认为 y 为常数,有

$$I_1=\int_{-1}^{1} f(x,y)\mathrm{d}x=\sum_{j=1}^{n} A_j f(x_j,y)$$

然后用同样的方法对 y 积分,此时认为 x 为常数,故有

$$I=\int_{-1}^{1}\left[\int_{-1}^{1}f(x,y)\mathrm{d}x\right]\mathrm{d}y=\int_{-1}^{1}\left[\sum_{j=1}^{n}A_jf(x_j,y)\right]\mathrm{d}y=\sum_{i=1}^{m}A_i\sum_{j=1}^{n}A_jf(x_j,y_i)$$

将上式整理，得

$$I=\int_{-1}^{1}\left[\int_{-1}^{1}f(x,y)\mathrm{d}x\right]\mathrm{d}y=\sum_{i=1}^{m}\sum_{j=1}^{n}A_iA_jf(x_j,y_i)=\sum_{i=1}^{m}\sum_{j=1}^{n}A_{ij}f(x_j,y_i) \tag{6.23}$$

式(6.23)便是二维 Gauss 积分公式，式中 $A_{ij}=A_iA_j$，而 A_i 就是一维 Gauss 积分的权重系数。m、n 是每个坐标方向的积分点个数，一般情况下，通常选择两个方向的积分点数相等，即 $m=n$。注意式中的编号是在 x 方向和 y 方向单独编号的，如果对二维平面节点采用统一的一维编号，则上式可改写为

$$I=\int_{-1}^{1}\left[\int_{-1}^{1}f(x,y)\mathrm{d}x\right]\mathrm{d}y=\sum_{i=1}^{N}A_if(x_i,y_i) \tag{6.24}$$

由于此时数值积分在两个方向都具有 $2n-1$ 次代数精度，也就是说，如果 $f(x,y)=\sum_{i,j=1}^{n}a_{ij}x^jy^i$，且 $i,j\leqslant 2n-1$，那么积分式(6.24)将给出精确积分结果。表 6.3 给出了二维四边形域 Gauss 积分的积分点坐标及权重系数。

表 6.3 Gauss 积分点坐标及权重系数

单元	积分点数	积分点坐标		权重系数 A_i
		x_i	y_i	
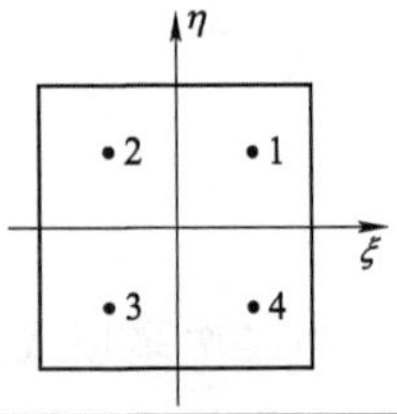	4	$\pm\sqrt{\frac{1}{3}}$	$\pm\sqrt{\frac{1}{3}}$	1
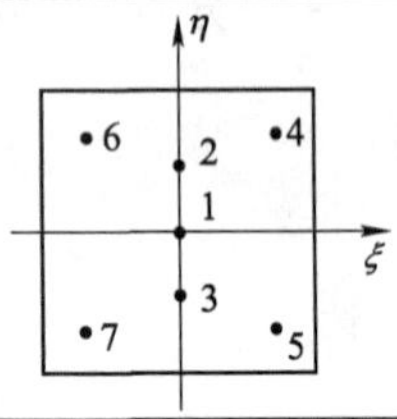	7	0 0 $\pm\sqrt{\frac{3}{5}}$	0 $\pm\sqrt{\frac{14}{15}}$ $\mp\sqrt{\frac{1}{3}}$	8/7 20/63 20/63
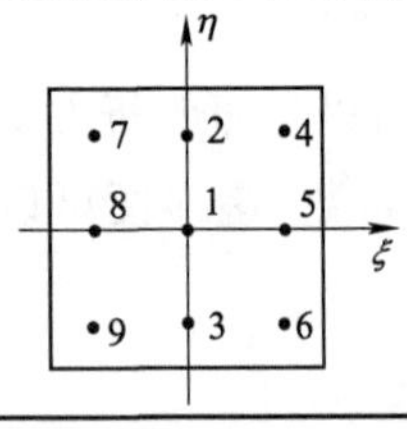	9	0 0 $\pm\sqrt{\frac{3}{5}}$ $\pm\sqrt{\frac{3}{5}}$	0 $\pm\sqrt{\frac{3}{5}}$ 0 $\pm\sqrt{\frac{3}{5}}$	64/81 40/81 40/81 25/81

例 6.3：利用 2×2 Gauss 积分计算图 5.16(a)所示四边形单元 $\iint_A\frac{\partial N_1}{\partial x}\cdot\frac{\partial N_2}{\partial y}\mathrm{d}A$ 的值。

解：由第 5 章的例题 5.1 知

$$\begin{Bmatrix}N_{i,x}\\N_{i,y}\end{Bmatrix}=\frac{1}{4(20+4\xi-5\eta)}\begin{Bmatrix}\xi_i(10+2\xi)(1+\eta_i\eta)-2\eta_i\eta(1+\xi_i\xi)\\2\xi_i\xi(1+\eta_i\eta)+\eta_i(8-2\eta)(1+\xi_i\xi)\end{Bmatrix}$$

将 $\xi_1 = 0, \eta_1 = 0$ 和 $\xi_2 = 1, \eta_2 = -1$ 代入，有

$$N_{1,x} = \frac{-1}{4(20+4\xi-5\eta)}[(10+2\xi)(1-\eta)-2\eta(1-\xi)]$$

$$N_{2,y} = \frac{1}{4(20+4\xi-5\eta)}[2\xi(1-\eta)-(8-2\eta)(1+\xi)]$$

$$\det[J] = \frac{1}{4^2}[(8-2\eta)(10+2\xi)+4\xi\eta] = \frac{1}{4}(20+4\xi-5\eta) = 5+\xi-\frac{5}{4}\eta$$

于是

$$\iint_A N_{1,x}N_{2,y}\mathrm{d}A = \int_{-1}^{+1}\int_{-1}^{+1} N_{1,x}N_{2,y} \mid J \mid \mathrm{d}\xi\mathrm{d}\eta$$

$$= \sum_{i=1}^{4} N_{1,x}(\xi_i,\eta_i)N_{2,y}(\xi_i,\eta_i)A_i = \frac{122\,731}{487\,884} = 0.251\,56$$

6.3.2　三角形 Gauss 积分

在三角形单元中，自然坐标是面积坐标，这显然与四边形单元的积分不同，具体说来有两点不同：(1)三角形单元的母单元建立在 0～1 的第一类自然坐标系上，即常用的面积坐标 $L_i(i=1,2,3)$，其中有一个不独立；(2)积分限中含有变量本身。因此积分具有如下形式

$$I = \iint_A f(L_1,L_2,L_3)\mathrm{d}x\mathrm{d}y = 2A\int_0^1\int_0^{1-L_2} f(L_1,L_2,L_3)\mathrm{d}L_1\mathrm{d}L_2 \qquad (6.25)$$

其 Gauss 积分公式为

$$I = 2A\int_0^1\int_0^{1-L_2} f(L_1,L_2,L_3)\mathrm{d}L_1\mathrm{d}L_2 = 2A\sum_{i=1}^{n} A_i f(L_{1i},L_{2i},L_{3i}) \qquad (6.26)$$

式中，A 是三角形单元的面积，A_i 是求积权重系数。表 6.4 给出了三角形积分点坐标和加权系数。

表 6.4　三角形域 Gauss 积分点坐标及权重系数

单元	积分点数	积分点坐标		权重系数 A_i
		L_{1i}	L_{2i}	
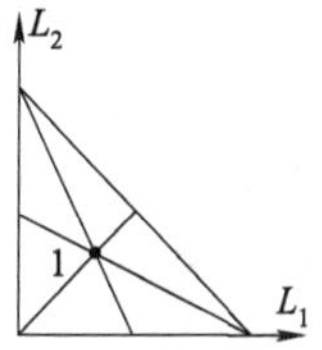	1	$\frac{1}{3}$	$\frac{1}{3}$	$\frac{1}{2}$
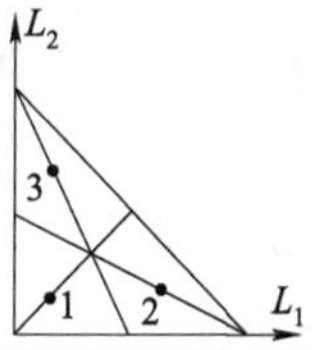	3	$\frac{1}{6}$ $\frac{2}{3}$ $\frac{1}{6}$	$\frac{1}{6}$ $\frac{1}{6}$ $\frac{2}{3}$	$\frac{1}{6}$ $\frac{1}{6}$ $\frac{1}{6}$
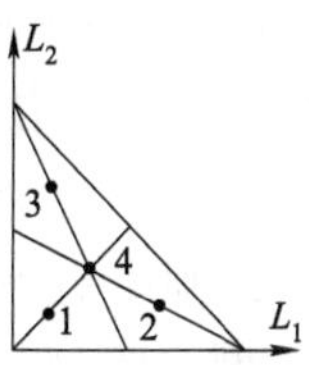	4	$\frac{1}{5}$ $\frac{3}{5}$ $\frac{1}{5}$ $\frac{1}{3}$	$\frac{1}{5}$ $\frac{1}{5}$ $\frac{3}{5}$ $\frac{1}{3}$	$\frac{25}{96}$ $\frac{25}{96}$ $\frac{25}{96}$ $-\frac{27}{96}$

6.4 数值积分阶次的选择

当在等参元计算中必须进行数值积分时，如何选择数值积分的阶次将直接影响计算的精度、计算工作量以及计算的费用，如果选择不当，可能会耗时巨大也得不到希望的结果，甚至导致计算失败。

选择积分阶次的原则如下：

1. 保证积分的精度

以一维问题单元刚度矩阵的为例，如果插值函数 $\boldsymbol{N}$ 是 p 次多项式，微分算子 L（求应变矩阵 $\boldsymbol{B}$）中的导数最高阶次为 m，则有限元得到的近似能量是 $2(p-m)$ 次多项式。如果被积函数是 $2(p-m)$ 次多项式时（对于等参元假设 $|J|$ 为常数），为保证积分的精度，应选择 Gauss 积分的阶次为 $n=p-m+1$，这时可以精确积分到 $2(p-m)+1$ 次多项式，可以达到精确积分刚度矩阵的要求。

对二维问题，如果插值函数是 p 次完全多项式，由上述可知，此时若采用 $n\times n$ 阶 Gauss 积分，其中 $n=p-m+1$，未必能达到精确积分的精度，因为此时二维单元刚度矩阵的被积函数并不是 $2(p-m)$ 次多项式，而是比它更高阶的多项式。其原因是：二维单元的插值函数，如果 p 次多项式是完全的，但插值函数中通常还包含高于 p 次的非完全的项数，另外，对于一般的等参元，单元刚度矩阵积分函数中还包含有 Jacobi 行列式的值 $|J|$，而 $|J|$ 并非常数，它是自然坐标的函数，只有当子单元的形状十分规则和简单时 $|J|$ 才有可能是常数，所以，这也会增加被积函数的阶次。因此，要精确积分，就必须使 $n>p-m+1$，但要具体确定积分的阶次（积分点数）是比较困难的。

对二维三角形单元，如果采用三节点的线性插值，刚度矩阵的被积函数是常数，因此只需要一个积分点就可以了。如果是二次三角形单元，单元刚度矩阵中的被积函数项是 2 次多项式，可选 3 点 Gauss 积分。对于四节点四边形单元，插值函数是双线性的，即对 ξ 和 η 两个方向的插值都是线性的，但包含有 $\xi\eta$ 的乘积项，因而应变矩阵 $\boldsymbol{B}$ 中仅是 ξ 和 η 的一次函数，而单元刚度矩阵除了两个 $\boldsymbol{B}$ 相乘以外，还有包含 ξ 和 η 的 Jacobi 行列式的值 $|J|$，所以被积函数是 ξ 和 η 的 3 次的多项式，因此，可采用 2×2 阶 Gauss 积分。这样选取的积分点是保证不损失精度的最优积分点，因此取过多的积分点是不必要的。在很多情况下，采用少于精确积分阶次的 Gauss 点往往能给出更好的结果，这是因为：

（1）精确积分常常是由插值函数中非完全项的最高次幂要求，而决定有限元精度的是完全多项式的幂次，这些非完全的最高次方往往不能提高精度，反而带来不好的影响。取较低阶的 Gauss 积分，使积分精度正好保证完全多项式方次的要求，而不包括更高次的非完全项，其实是相当于用一种新的插值函数来代替原来的插值函数，从而改善了单元的精度。

（2）有限元法是建立在最小势能原理基础上的一种数值方法，其解答具有下限性质，也就是说，假设的位移函数并不是真实的位移函数，这相当于人为的增大了结构的刚度，使得结构的势能变大，导致有限元计算的位移结果偏小。如果采用更多的积分点进行积分，会加剧结构过于刚化的情形从而使得计算结果更加糟糕，因为附加的 Gauss 点捕捉的是刚度矩阵中更高次的项，这些高次项能抵抗低次项所不能抵抗的变形，因而使单元刚性化加剧。所以采用更多的积分点除了增加计算量以外，积分的高精度经常导致有限元解答的低精度。采用低阶积分则降低了单元刚度，因为高阶变形模式的应变能没被计入，这对有限元结果是有利的，它补偿了假设位移模式过刚所带来的影响。

2. 保证刚度矩阵非奇异

但另一方面，采用太少的 Gauss 积分点可能会导致更坏的结果，例如计算不稳定、伪奇异模式、零能模式、沙漏模式等。如果一个或多个变形模式恰好在所有的 Gauss 点上应变为零，不稳定就发生了，我们必须把 Gauss 点当作应变感应器，如果 Gauss 点在某种变形模式下没有应变，由此导出的单元刚度矩阵对那种变形方式就没有抵抗力，此时，单元刚度矩阵会变成奇异矩阵。

图 6.1(a)是 4 个 4 节点 4 边形单元，我们假设该结构发生图 6.1(b)的位移模式，此时，$u=cxy$，$v=0$，其中 c 是常数，图中的黑色小圆点为积分点。很容易验证，在积分点上有 $\varepsilon_x=\varepsilon_y=\gamma_{xy}=0$。同样，对应于 6.1(c)的位移模式，$u=0$，$v=cxy$，在积分点上亦有 $\varepsilon_x=\varepsilon_y=\gamma_{xy}=0$。对应于 6.1(d)的位移模式，$u=cy(1-x)$，$v=cx(y-1)$，在积分点上仍有 $\varepsilon_x=\varepsilon_y=\gamma_{xy}=0$。Gauss 点没有应变因而就没有应变能，当然也就没有应力，有限元模型可能对启动这种位移模式的荷载没有任何抵抗力，不管结构怎么施加荷载，总刚度矩阵是奇异的。这种位移模式称为“零能模态”，它们很少单独出现，常常跟合理的位移模式重叠在一起，这就让我们难以识别它们。

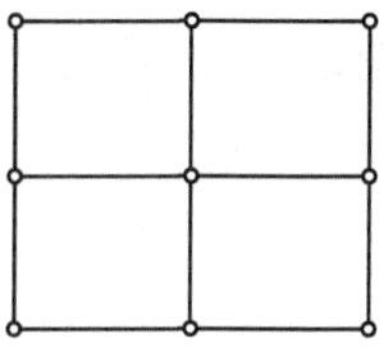

(a) 没有变形的四节点四边形单元

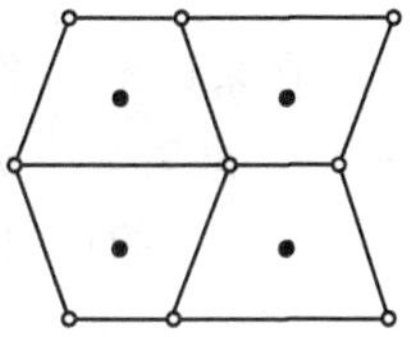

(b) 不稳定位移模式

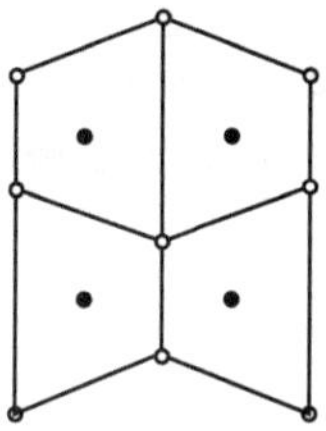

(c) 不稳定位移模式

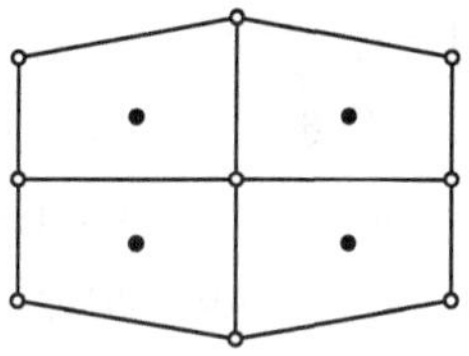

(d) 不稳定位移模式

图 6.1　四节点四边形单元不稳定位移模

又比如一个平面 8 节点四边形二次单元具有不稳定的例子，如图 6.2 所示。假设单元的位移为

$$\left.\begin{aligned} u &= cx(y^2-1/3) \\ v &= -cy(x^2-1/3) \end{aligned}\right\}$$

应变为

$$\begin{Bmatrix} \varepsilon_x \\ \varepsilon_y \\ \gamma_{xy} \end{Bmatrix} = \begin{Bmatrix} c(y^2-1/3) \\ -c(x^2-1/3) \\ 0 \end{Bmatrix}$$

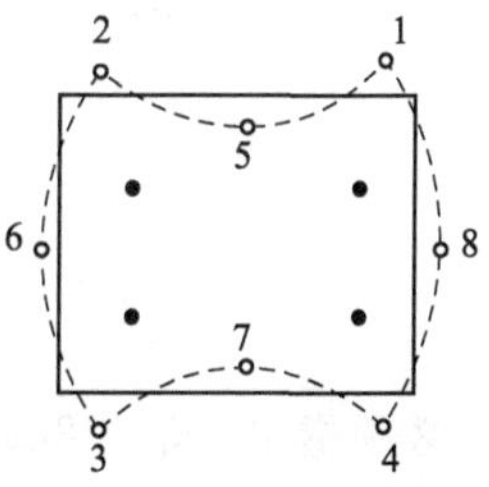

图 6.2　8 节点四边形单元的不稳定位移模式

如果采用 4 点(2×2)Gauss 积分，很容易验证，上述位移场在 Gauss 积分点上($x,y=\pm\sqrt{1/3}$) 所有的应变都等于零。因为在形成单元刚度矩阵时，Gauss 点代表了这个单元，因此单元对这个特殊位移模式完全没有抵抗力，此时单元处于“零能模态”。

零能模态是一种和实际情况不一致的情况，对弹性变形，应当存在应变能，但实际计算应变能为零。但零能模态也给有限元分析带来了很大方便，例如提高效率，有效解决剪切自锁问题，对于初接触有限元的设计人员，不建议使用零能模态。

现在我们来考察单元刚度矩阵用 Gauss 积分时的秩，因为

$$\boldsymbol{K}^e = t\int_{-1}^{+1}\int_{-1}^{+1}\boldsymbol{B}^{\mathrm{T}}\boldsymbol{D}\boldsymbol{B}\mid J\mid \mathrm{d}\xi d\eta = t\sum_{k=1}^{n}(\boldsymbol{B}^{\mathrm{T}}\boldsymbol{D}\boldsymbol{B}\mid J\mid)_k \tag{6.27}$$

其中，n 为积分点个数。我们知道，应变矩阵 $\boldsymbol{B}$ 是 $d\times n_f$ 阶的，d 是应变分量的个数，n_f 为单元的节点自由度总数。一般情况下有 $d<n_f$，因此应变矩阵 $\boldsymbol{B}$ 的秩为 d。根据矩阵相乘和相加的基本规则知，单元刚度矩阵$\boldsymbol{K}^e$ 的秩应小于等于 nd，如果结构的元总数为 m，那么结构刚度矩阵的秩必小于等于 mnd，若系统总的独立自由度数为 N，则结构刚度矩阵 $\boldsymbol{K}$ 的阶数为 $N\times N$，显然，结构刚度矩阵 $\boldsymbol{K}$ 非奇异的必要条件是

$$mnd\geqslant N \tag{6.28}$$

该式表明，假如未知位移变量的总个数超过了积分点能提供的独立关系数，矩阵 $\boldsymbol{K}$ 必是奇异的。

为了说明上述论点，现在来讨论二维弹性力学问题，采用线性和二次单元并分别选用 1 点和 4 点 2×2 的 Gauss 积分。此时应变分量的个数 $d=3$，每个节点有 2 个自由度，结构总自由度数 N 等于 2 倍结点总数减去约束自由度，而且在每个积分点上有 3 个独立的“应变关系”可用，因此，全部独立关系数是 Gauss 积分点总数的 3 倍。

在图 6.3(a)中，采用的是两个 4 节点线性单元，系统的总自由度数为 $N=6\times2-3=9$，若采用 1 点 Gauss 积分，$mnd=2\times1\times3=6$，显然 $N>mnd$，因此系统的总刚度矩阵必然是奇异的，而如果采用 2×2 的 Gauss 积分，则 $mnd=2\times4\times3=24$，此时 $N<mnd$，系统总刚度矩阵为非奇异的；在图 6.3(b)中，采用的是两个 8 节点二次单元，系统的总自由度数为 $N=13\times2-3=23$，若采用 1 点 Gauss 积分，$mnd=2\times1\times3=6$，故 $N>mnd$，结构刚度矩阵奇异，若采用 2×2 的 Gauss 积分，则 $mnd=2\times4\times3=24$，则 $N<mnd$，结构的刚矩阵是非奇异的。

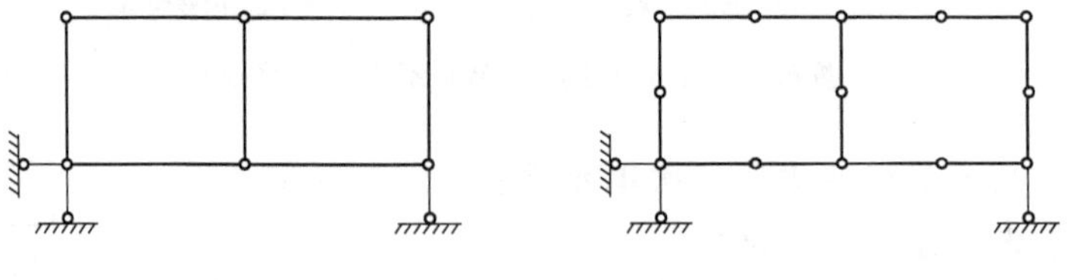

(a) 四节点线性单元　　(b) 8节点二次单元

图 6.3　二维网格系统刚度矩阵奇异性检查

必须指出，式(6.28)给出的仅仅是系统总刚度矩阵非奇异的必要条件而非充分条件。这是由于所有 Gauss 点的应变分量所提供的关系式可能不是完全独立的，所以即使式(6.28)成立，系统的刚度矩阵也有可能仍然是奇异的。这时系统的解答中可能包含虚假的零能位移模

式，从而使得整个解答失去意义，或者因为刚度矩阵奇异导致求解不可进行下去。系统刚度矩阵非奇异的严格证明是求解系统刚度矩阵的特征值，如果不出现对应于刚体位移模式的零特征值，则刚度矩阵的非奇异性得到保证。

在实际操作时，选择一个合适的积分点方案并不是简单的事情，它一方面要考虑提高积分点个数以试图达到刚度矩阵的精确积分，另一方面又要考虑缩减积分点数以提高应力计算的结果，这二者因素都必须要考虑，而它们又是相互矛盾的，这就要求我们根据具体问题来作不同的选择，有时候需要试验多次才能得到较为理想的结果。综合这些因素，表 6.5 给出了二维等参元推荐采用的积分点数。

表 6.5　二维等参元推荐采用的 Gauss 积分点数

单元种类	最优积分点数	最高积分点数
4 节点矩形单元	2×2	2×2
4 节点四边形单元	2×2	3×3
8 节点矩形单元	2×2	3×3
8 节点曲边单元	3×3	4×4

6.5　等参元的应力计算

位移计算是有限元分析的首要任务，但有限元分析的终归目的是要分析结构的应力分布情况，因此，求解单元的应力并进行应力分析是必不可少的环节。由弹性力学不难知道应力与应变以及位移之间的关系，对平面问题，由第 4 章式(4.30)知

$$\boldsymbol{\sigma}=\boldsymbol{D\varepsilon}=\boldsymbol{DB\delta}^e \tag{6.29}$$

按理，只要我们求得了单元的节点位移向量 $\boldsymbol{\delta}^e$，由此式便可以求得单元上任意一点的应力分量，但事实上用这样的办法求得的应力分量在某些点上的精度是非常差的。我们知道，有限元方法是基于最小势能原理的一种位移方法，以结点位移作为基本求解变量，应变计算是以对位移场的求导而得到的。在数值方法中，求导计算通常会使精度发生损失，尤其是节点处，得到的应力结果精度是最差的，而节点处的应力又恰恰是工程中我们所最关心的。因此，有必要讨论单元应变和应力计算的方法以谋求较高的精度。可以证明，在某些点应变存在超收敛性，这些应变超收敛点一般为 Gauss 积分点。有限元应变和应力的计算通常都是以超收敛点的应变和应力作为基础，通过外推法得到结点处的应变和应力。下面以一维问题为例对应变超收敛点进行说明。

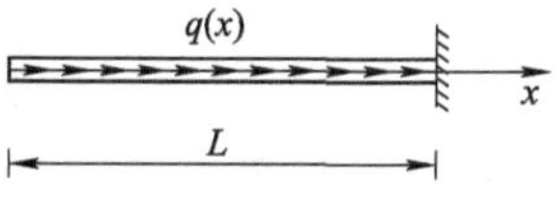

图 6.4　轴向受载的悬壁杆

图 6.4 所示受线性分布载荷作用的均质杆件，设杆的横截面积 A 和弹性模量 E 为常数，杆件长度为 L，所受载荷为

$$q(x)=\frac{q_0}{L}x$$

其控制微分方程为：

$$\frac{\mathrm{d}}{\mathrm{d}x}\left(EA\,\frac{\mathrm{d}u}{\mathrm{d}x}\right)+\frac{q_0}{L}x=0$$

积分两次，有

$$u(x)=-\frac{q_0x^3}{6LEA}+\frac{Cx}{EA}+D$$

考虑边界条件

$$EA\left.\frac{\mathrm{d}u}{\mathrm{d}x}\right|_{x=0}=0,\ u|_{x=L}=0$$

求得积分常数后，可得问题的解析解答为

$$u=-\frac{q_0(x^3-L^3)}{6EAL}$$

若采用有限元求解，设采用二次一维杆单元求解，单元的插值函数为

$$N_1=\frac{1}{2}\xi(\xi-1);N_2=(1-\xi^2);N_3=\frac{1}{2}\xi(\xi+1)$$

刚度矩阵为

$$\boldsymbol{K}^e=\frac{L}{2}\int_L EA\boldsymbol{B}^{\mathrm{T}}\boldsymbol{B}\mathrm{d}\xi=\frac{EA}{3L}\begin{bmatrix}7&-8&1\\-8&16&-8\\1&-8&7\end{bmatrix}$$

等效结点力为

$$\begin{aligned}\boldsymbol{F}&=\frac{L}{2}\int_{-1}^{+1}\boldsymbol{N}^{\mathrm{T}}\boldsymbol{p}\mathrm{d}\xi\\&=\frac{L}{2}\int_{-1}^{+1}\begin{Bmatrix}\frac{1}{2}\xi(\xi-1)\\1-\xi^2\\\frac{1}{2}\xi(\xi+1)\end{Bmatrix}\left\{\frac{1}{2}(1+\xi)q_0\right\}\mathrm{d}\xi=\frac{q_0L}{6}\begin{Bmatrix}0\\2\\1\end{Bmatrix}\end{aligned}$$

结构的刚度方程为

$$\frac{EA}{3L}\begin{bmatrix}7&-8&1\\-8&16&-8\\1&-8&7\end{bmatrix}\begin{Bmatrix}u_1\\u_2\\u_3\end{Bmatrix}=\frac{q_0L}{6}\begin{Bmatrix}0\\2\\1\end{Bmatrix}$$

引入边界条件 $u_3=0$，将第三个方程舍去，得

$$\frac{EA}{3L}\begin{bmatrix}7&-8\\-8&16\end{bmatrix}\begin{Bmatrix}u_1\\u_2\end{Bmatrix}=\frac{q_0L}{6}\begin{Bmatrix}0\\2\end{Bmatrix}$$

解得节点位移

$$\begin{Bmatrix}u_1\\u_2\end{Bmatrix}=\frac{q_0L^2}{2\times48EA}\begin{bmatrix}16&8\\8&7\end{bmatrix}\begin{Bmatrix}0\\2\end{Bmatrix}=\frac{q_0L^2}{48EA}\begin{Bmatrix}8\\7\end{Bmatrix}$$

原结构的位移场为

$$\begin{aligned}u_{\mathrm{FEM}}&=N_1u_1+N_2u_2+N_3u_3\\&=\frac{q_0L^2}{48EA}\{4\xi(\xi-1)+7(1-\xi^2)\}\\&=\frac{q_0L^2}{48EA}(7-4\xi-3\xi^2)\end{aligned}$$

为便于比较，现将解析解的坐标也采用无量纲坐标，即令

$$x=N_1x_1+N_2x_2+N_3x_3=\frac{1}{2}(1+\xi)L$$

将解析解中的 x 换成 ξ，有

$$u_{\text{Exact}} = -\frac{q_0(x^3 - L^3)}{6EAL} = -\frac{q_0 L^2 \left[(1+\xi)^3 - 8\right]}{48EA}$$

令

$$\tilde{u}_{\text{FEM}} = \frac{48EA}{qL^2} u_{\text{FEM}}, \quad \tilde{u}_{\text{Exact}} = \frac{48EA}{qL^2} u_{\text{Exact}}$$

图 6.5(a)给出了无量纲位移的有限元解和精确解的对比情况，我们发现有限元解与精确解的误差并不大。

(a) 无量纲位移解　　　　　　(b) 无量纲应变解

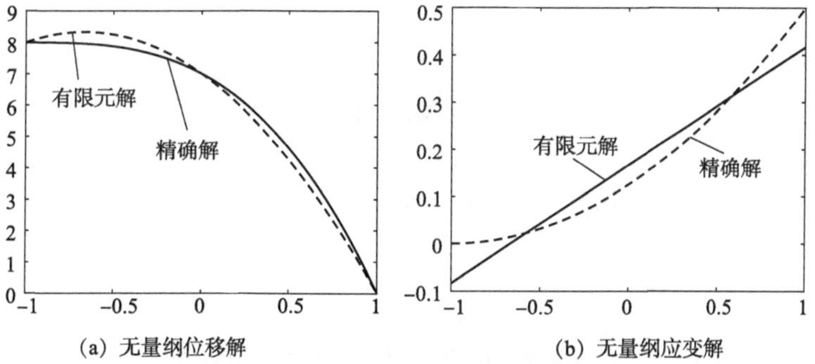

图 6.5　轴向受力杆的有限元解与精确解比较

下面比较一下单元的应变情况。因为

$$\varepsilon = \frac{\partial u}{\partial x} = \frac{\partial u}{\partial \xi} \cdot \frac{\partial \xi}{\partial x} = \frac{2}{L} \cdot \frac{\partial u}{\partial \xi}$$

所以

$$\varepsilon_{\text{Exact}} = -\frac{q_0 x^2}{2L \cdot EA} = -\frac{q_0 L (1+\xi)^2}{8EA}$$

$$\varepsilon_{\text{FEM}} = \frac{2q_0 L}{48EA}(-4 - 6\xi) = -\frac{q_0 L}{12EA}(2 + 3\xi)$$

无量纲化，令

$$\tilde{\varepsilon}_{\text{Exact}} = -\frac{EA\varepsilon_{\text{Exact}}}{q_0 L} = \frac{(1+\xi)^2}{8}$$

$$\tilde{\varepsilon}_{\text{FEM}} = -\frac{EA\varepsilon_{\text{FEM}}}{q_0 L} = \frac{1}{12}(2 + 3\xi)$$

它们的对比情况如图 6.5(b)所示。由图中可以看出，有限元计算的应变在某些点上和精确结果一致。仔细分析，令

$$\tilde{\varepsilon}_{\text{Exact}} = \tilde{\varepsilon}_{\text{FEM}}$$

即

$$\frac{(1+\xi)^2}{8} = \frac{1}{12}(2 + 3\xi)$$

可以解得

$$\xi = \pm \frac{1}{\sqrt{3}}$$

这恰好就是两点 Gauss 积分的积分点。因此，在 Gauss 积分点上，有限元计算的应变具有最好的精度，当然在 Gauss 点上应力也具有最好的精度。

既然在 Gauss 点上应力具有最佳的精度，在有限元的应力计算时，我们可以以 Gauss 点上的应力为基础，在单元内进行线性插值从而得到单元内的应力场。对一维问题，假设两个 Gauss 点处的应力分别为 σ_{I} 和 σ_{II}，采用新的坐标系，令

$$s=\sqrt{3}\xi$$

两个 Gauss 点的新坐标为±1，则单元的应力场为

$$\sigma=\frac{1-s}{2}\sigma_{\mathrm{I}}+\frac{1+s}{2}\sigma_{\mathrm{II}}$$

三个节点处的应力为

$$\begin{Bmatrix}\sigma_1\\\sigma_2\\\sigma_3\end{Bmatrix}=\frac{1}{2}\begin{bmatrix}1+\sqrt{3} & 1-\sqrt{3}\\1 & 1\\1-\sqrt{3} & 1+\sqrt{3}\end{bmatrix}\begin{Bmatrix}\sigma_{\mathrm{I}}\\\sigma_{\mathrm{II}}\end{Bmatrix}$$

对二维问题，令

$$s=\sqrt{3}\xi,\ t=\sqrt{3}\eta$$

使四个 Gauss 点的新坐标为(±1,±1)，由此可得单元的应力场为

$$\begin{aligned}\sigma=&\frac{1}{4}(1-s)(1-t)\sigma_{\mathrm{I}}+\frac{1}{4}(1+s)(1-t)\sigma_{\mathrm{II}}\\&+\frac{1}{4}(1+s)(1+t)\sigma_{\mathrm{III}}+\frac{1}{4}(1-s)(1+t)\sigma_{\mathrm{IV}}\end{aligned}$$

四个角结点在 st 坐标系中的坐标为 $(\pm\sqrt{3},\pm\sqrt{3})$，因此，四个节点处的应力为

$$\begin{Bmatrix}\sigma_1\\\sigma_2\\\sigma_3\\\sigma_4\end{Bmatrix}=\frac{1}{4}\begin{bmatrix}(1+\sqrt{3})^2 & -2 & 2(1-\sqrt{3})^2 & -2\\-2 & (1+\sqrt{3})^2 & -2 & 2(1-\sqrt{3})^2\\2(1-\sqrt{3})^2 & -2 & 2(1+\sqrt{3})^2 & -2\\-2 & 2(1-\sqrt{3})^2 & -2 & 2(1+\sqrt{3})^2\end{bmatrix}\begin{Bmatrix}\sigma_{\mathrm{I}}\\\sigma_{\mathrm{II}}\\\sigma_{\mathrm{III}}\\\sigma_{\mathrm{IV}}\end{Bmatrix}$$

习　题

1. 设有函数 $f(\xi)=2\xi+\xi^3+4\xi^4$，试用三点 Gauss 数值积分计算 $\int_{-1}^{1}f(\xi)\mathrm{d}\xi$ 的值，并与精确值比较。

2. 设有被积函数 $f(\xi,\eta)=\xi+\eta+\xi\eta+\xi^2+\eta^2$，试用双向两点 Gauss 数值积分计算 $\int_{-1}^{1}\int_{-1}^{1}f(\xi,\eta)\mathrm{d}\xi\mathrm{d}\eta$ 的值，并与精确值比较。

3. 对于一维问题二阶单元，其单元刚度矩阵为

$$\boldsymbol{K}^e=\int_0^l EA\boldsymbol{B}^{\mathrm{T}}\boldsymbol{B}\mathrm{d}x=\int_{-1}^{+1}\frac{4EA}{l^2}\begin{bmatrix}\xi-\frac{1}{2}\\-2\xi\\\xi+\frac{1}{2}\end{bmatrix}\begin{bmatrix}\xi-\frac{1}{2} & -2\xi & \xi+\frac{1}{2}\end{bmatrix}\frac{l}{2}\mathrm{d}\xi$$

试采用二阶 Gauss 积分计算上述单元刚度矩阵。

4. 证明如图 6.6 所示的单元变形模式在 2×2 Gauss 积分点上的应变为零，节点位移假定为 $-u_1=u_3=u_5=-u_7=v_1=v_3=-v_5=-v_7=1$，$-u_4=u_8=-v_2=v_6=\frac{1}{2}$，$u_2=u_6=v_4=v_8=0$。为什么会产生这种情况？应该如何改进？

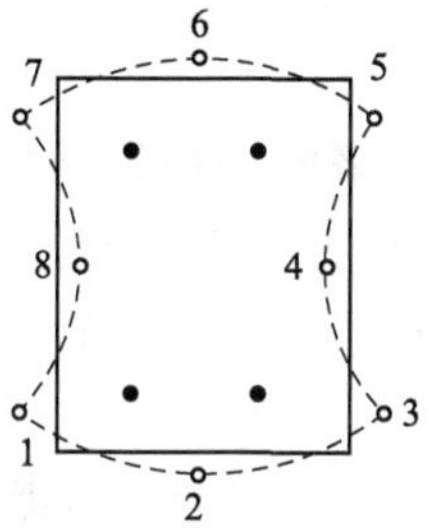

图 6.6

第7章　边界元方法

边界元法是在有限元法之后发展起来的一种较精确有效的方法，又称边界积分方程——边界元法，它以定义在边界上的边界积分方程为控制方程，通过对边界进行离散插值，化为代数方程组求解。它与有限元法相比，由于降低了问题的维数，因而显著降低了自由度数，边界的离散也比区域的离散方便得多，可用较简单的单元准确地模拟边界形状，最终得到阶数较低的线性代数方程组。又由于它利用微分算子的解析的基本解作为边界积分方程的核函数，而具有解析与数值相结合的特点，通常具有较高的精度。特别是对于边界变量变化梯度较大的问题，如应力集中问题，或边界变量出现奇异性的裂纹问题，边界元法被公认为比有限元法更加精确高效。由于边界元法所利用的微分算子基本解能自动满足无限远处的条件，因而边界元法特别便于处理无限域以及半无限域问题。边界元法的主要缺点是它的应用以存在相应微分算子的基本解为前提，对于非均匀介质等问题难以应用，故其适用范围远不如有限元法广泛，而且通常由它建立的求解代数方程组的系数阵是非对称满阵，对解题规模产生较大限制。对一般的非线性问题，由于在方程中会出现域内积分项，从而部分抵消了边界元法只要离散边界的优点。

对于具有复杂边界的力学边值问题，直接求解可同时满足域内控制微分方程和边界约束条件的解是极其困难的，但求出只满足域内微分方程的基本解就容易得多，边界元方法恰好体现了这种求解思想。利用边界元法求解物理问题的三个步骤是：求出域内微分算子的基本解；根据格林公式或加权残数方程或虚功原理建立边界积分方程；对边界积分方程进行离散求解。与常规的有限元法相比，边界元法尤其适用于分析半无限域、无限域、边界裂纹和应力集中等特殊问题。本章主要介绍边界元方法的基本概念、求基本解的方法和边界离散技术等基本问题，并简要总结其优缺点。

7.1　边界元求解方法的基本思想

考虑图7.1所示的弹性地基梁，假设梁的弯曲刚度为 EI，长度为 l，弹性地基的刚度系数为 k，承受竖直向下的分布荷载 q 作用。根据经典梁的理论，梁在图示坐标系下的控制微分方程为

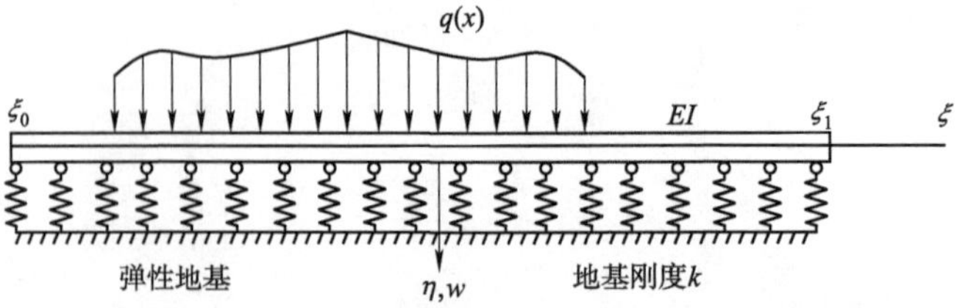

图7.1　弹性地基上的细长梁

$$EI\frac{\mathrm{d}^4w}{\mathrm{d}\xi^4}+kw=q,\ \xi_0\leqslant\xi\leqslant\xi_1 \tag{7.1}$$

式中，w 为梁的挠度。为简单起见，我们对上式无量纲化，引入无量纲参数

$$x=\frac{\xi-\xi_0}{l},\ u=\frac{EI}{kl^4}w,\ f=\frac{q}{k} \tag{7.2}$$

其中，$l=\xi_1-\xi_0$，ξ_0、ξ_1 为梁端点处的坐标。为简单起见，设常数 $\frac{EI}{kl^4}=1$，于是得到无量纲微分方程

$$\frac{\mathrm{d}^4u}{\mathrm{d}x^4}+u=f,\ 0\leqslant x\leqslant 1 \tag{7.3}$$

方程(7.3)的等效积分形式为

$$\int_0^1(u''''+u-f)v\mathrm{d}x=0 \tag{7.4}$$

式中，v 为权函数。对该式进行分部积分四次，将域内积分表达式中对函数 u 的四阶导数转化到对函数 v 的四阶导数上，得

$$\int_0^1[uv''''+(u-f)v]\mathrm{d}x+(u'''v-u''v'+u'v''-uv''')\Big|_0^1=0 \tag{7.5}$$

为便于描述，将式(7.5)改写为一般的形式

$$\int_\Omega[uv''''+(u-f)v]\mathrm{d}\Omega+\int_{\partial\Omega}[u'''v-u''v'+u'v''-uv''']\mathrm{d}s=0 \tag{7.6}$$

式中，Ω 表示求解域，$\partial\Omega$ 表示域 Ω 的边界。

若选择权函数 v 为方程

$$v''''=\delta(x-\zeta),\ -\infty<(x,\zeta)<\infty \tag{7.7}$$

的解，则式(7.6)变为

$$\begin{aligned}&u(\zeta)+\int_\Omega[(u(x)-f)]v(x,\zeta)\mathrm{d}\Omega+\\&\int_{\partial\Omega}[u'''(x)v(x,\zeta)-u''(x)v'(x,\zeta)+u'(x)v''(x,\zeta)-u(x)v'''(x,\zeta)]\mathrm{d}s=0\end{aligned} \tag{7.8}$$

式中，$\delta(x-\zeta)$ 为 Dirac Delta 函数，它表示在 ζ 点处作用一个单位集中力时的分布荷载，而 $v(x-\zeta)$ 即为该单位力作用时在点 x 处产生的横向位移，式(7.7)的解也称作基本解。因为试函数 $u(x)$ 出现在域 Ω 及其边界 $\partial\Omega$ 和积分内，故式(7.8)称为场——边界积分方程。因为式(7.8)的变量 ζ 在 Ω 及 $\partial\Omega$ 上都是成立的，所以将式(7.8)对 ζ 求偏导仍有意义，并可将求导运算和积分运算互换顺序，即有

$$\begin{aligned}&\frac{\partial u(\zeta)}{\partial\zeta}+\int_\Omega[u(x)-f]\frac{\partial v(x,\zeta)}{\partial\zeta}\mathrm{d}\Omega+\\&\int_{\partial\Omega}\left[u'''(x)\frac{\partial v(x,\zeta)}{\partial\zeta}-u''(x)\frac{\partial v'(x,\zeta)}{\partial\zeta}+u'(x)\frac{\partial v''(x,\zeta)}{\partial\zeta}-u(x)\frac{\partial v'''(x,\zeta)}{\partial\zeta}\right]\mathrm{d}s=0\end{aligned} \tag{7.9}$$

注意，式中的 $()'$ 表示对 x 求导数。式(7.9) 的变量 ζ 在 Ω 及 $\partial\Omega$ 上也都是成立的。式(7.8)和式(7.9)构成了求解未知量 u 及其导数 u'、u'' 和 u''' 的两个积分方程，其中在 Ω 包含 u 的积分，而在 $\partial\Omega$ 包含 u、u'、u'' 和 u''' 的积分。在梁这类四阶微分方程控制的问题中，在边界上的每一点四个量 u、u'、u'' 和 u''' 必须给定两个，所以在 $\partial\Omega$ 上的每一点可以产生两个方程。然而在计算式(7.8)和式(7.9)的域积分时，在 Ω 内包含所选数目的积分点上未知变量 $u(x)$，我们

只需要在 Ω 内的这些点上对方程式(7.8)和式(7.9)进行配点，就能得到与 Ω 内积分点数一样多的补充方程。这种方法称为场——边界元法。

如果我们选取权函数 v 为方程

$$v'''' + v = \delta(x-\zeta),\ -\infty < (x,\zeta) < \infty \tag{7.10}$$

的基本解，则式(7.6)变为

$$\begin{aligned} & u(\zeta) - \int_{\Omega} f v(x,\zeta)\mathrm{d}\Omega + \\ & \int_{\partial\Omega} [u'''(x)v(x,\zeta) - u''(x)v'(x,\zeta) + u'(x)v''(x,\zeta) - u(x)v'''(x,\zeta)]\mathrm{d}s = 0 \end{aligned} \tag{7.11}$$

式中，未知函数 u 及其导数 u'、u'' 和 u''' 仅出现在边界积分中。把式(7.11)对 ζ 求偏导有

$$\begin{aligned} & \frac{\partial u(\zeta)}{\partial \zeta} - \int_{\Omega} f \frac{\partial v(x,\zeta)}{\partial \zeta}\mathrm{d}\Omega + \\ & \int_{\partial\Omega} \left[u'''(x)\frac{\partial v(x,\zeta)}{\partial \zeta} - u''(x)\frac{\partial v'(x,\zeta)}{\partial \zeta} + u'(x)\frac{\partial v''(x,\zeta)}{\partial \zeta} - u(x)\frac{\partial v'''(x,\zeta)}{\partial \zeta}\right]\mathrm{d}s = 0 \end{aligned} \tag{7.12}$$

式(7.11)和式(7.12)对变量 ζ 在 Ω 及 $\partial\Omega$ 上也都是成立的。当式(7.11)和式(7.12)中 ζ 取到边界 $\partial\Omega$ 上时，所得的方程只包含 $\partial\Omega$ 上的未知函数 u 及其导数 u'、u'' 和 u'''，正因为此，当 ζ 取到边界 $\partial\Omega$ 上时，称方程式(7.11)和式(7.12)为边界积分方程，这两个边界积分方程在每个边界点上可以产生包含两个未知量的两个方程，这两个未知量是每个边界点上四个量 u、u'、u'' 和 u''' 中的任意两个，而对于所给的每个边值问题，在每个边界点上四个量 u、u'、u'' 和 u''' 中的另外两个是给定的。因此，采用代数方法求解边界积分方程的方法称为边界积分方程——边界元法，简称边界元法。只要由式(7.11)和式(7.12)求出所有边界值后，我们就可以利用式(7.11)和式(7.12)计算任何内部点 ζ 处的 u 和 u'，这只需计算 Ω 内及 $\partial\Omega$ 上已知函数的积分。

在无限空间域 $-\infty < x < \infty$ 中，求解满足微分方程式(7.7)的基本解比求解式(7.10)的基本解要简单些，所以，下面首先求解微分方程式(7.7)的基本解。因为函数 v 在所给问题的实际边界上不需要满足任何边界条件，我们可以在无限域内求解微分方程式(7.7)，使之满足下列虚设的边界条件

$$v(x,\zeta) = v''(x,\zeta) = 0,\ 在\ x = \zeta \pm r\ 处 \tag{7.13}$$

式中，r 是任意与 ζ 无关的常数，如图 7.2 所示。对变量作置换，令

$$\rho = x - \zeta \tag{7.14}$$

则方程式(7.7)及虚设边界条件式(7.13)变为

$$v''''(\rho) = \delta(\rho) \tag{7.15}$$

$$v(\pm r) = v''(\pm r) = 0 \tag{7.16}$$

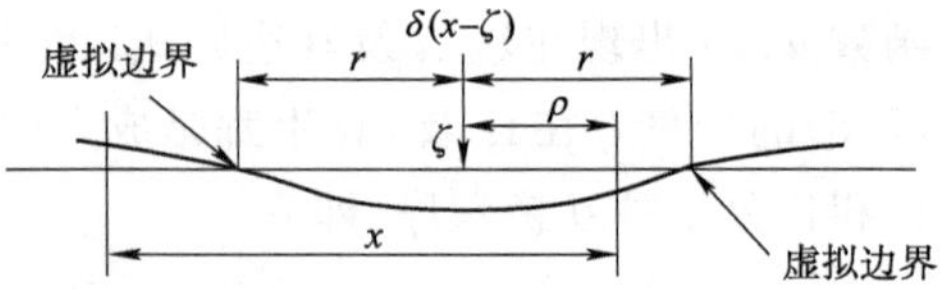

图 7.2　微分方程(7.7)的虚拟边界

对式(7.15)积分两次，得

$$v'''(\rho) = \int \delta(\rho)\mathrm{d}\rho = \frac{1}{2}\mathrm{sgn}(\rho) + C \tag{7.17}$$

$$v''(\rho) = \int \left(\frac{1}{2}\mathrm{sgn}(\rho) + C\right)\mathrm{d}\rho = \frac{1}{2}\mid\rho\mid + C\rho + D \tag{7.18}$$

由边界条件 $v''(\pm r) = 0$ 得，$C = 0$，$D = -\frac{1}{2}r$。对式(7.18)再积分两次，有

$$v'(\rho)=\int\left(\frac{1}{2}\mid\rho\mid-\frac{1}{2}r\right)\mathrm{d}\rho=\frac{1}{4}\mid\rho\mid\rho-\frac{1}{2}r\rho+E \tag{7.19}$$

$$v(\rho)=\int\left(\frac{1}{4}\mid\rho\mid\rho-\frac{1}{2}r\rho+E\right)\mathrm{d}\rho=\frac{1}{12}\mid\rho\mid\rho^2-\frac{1}{4}r\rho^2+E\rho+F \tag{7.20}$$

由边界条件 $v(\pm r)=0$ 可确定，$E=0$，$D=\frac{1}{6}r^3$。于是，在无限空间域 $-\infty<x<\infty$ 上满足虚设边界条件的微分方程 $v''''(\rho)=\delta(\rho)$ 的基本解为

$$v(\rho)=\frac{1}{12}(\mid\rho\mid-3r)\rho^2+\frac{1}{6}r^3 \tag{7.21}$$

或

$$v(x,\zeta)=\frac{1}{12}(\mid x-\zeta\mid-3r)(x-\zeta)^2+\frac{1}{6}r^3 \tag{7.22}$$

$$v'(x,\zeta)=\frac{1}{4}\mid x-\zeta\mid(x-\zeta)-\frac{1}{2}r(x-\zeta) \tag{7.23}$$

$$v''(x,\zeta)=\frac{1}{2}\mid x-\zeta\mid-\frac{1}{2}r \tag{7.24}$$

$$v'''(x,\zeta)=\frac{1}{2}\mathrm{sgn}(x-\zeta) \tag{7.25}$$

当 $x\to\zeta$ 时，v，v'，v'' 和 v''' 都是有限的，应该注意，在二维和三维问题中，当场点趋于源点时，基本解会出现奇异性。

根据常微分方程的理论，同样可以求得微分方程式 $v''''+v=\delta(x-\zeta)$ 的基本解为

$$\begin{aligned}v(x,\zeta)=&-\frac{1}{2\sqrt{2}}\mathrm{e}^{-(x-\zeta)/\sqrt{2}}\left(\sin\left|\frac{x-\zeta}{\sqrt{2}}\right|+\cos\left|\frac{x-\zeta}{\sqrt{2}}\right|\right)\\&-\frac{1}{2\sqrt{2}}\mathrm{e}^{(x-\zeta)/\sqrt{2}}\left(\sin\left|\frac{x-\zeta}{\sqrt{2}}\right|+\cos\left|\frac{x-\zeta}{\sqrt{2}}\right|\right)\end{aligned} \tag{7.26}$$

下面详细说明边界元法。考虑无弹性地基的经典梁，其静力问题的控制微分方程为

$$u''''=f \tag{7.27}$$

并采用在无限域满足方程

$$v''''(x,\zeta)=\delta(x-\zeta) \tag{7.28}$$

的解作为权函数 v。这个问题的边界积分方程与弹性地基梁的边界积分方程式(7.8)和式(7.9)相类似，只要在方程式(7.8)和式(7.9)中删除与地基反力相对应的项就可以了，于是边界积分方程为

$$\begin{aligned}&u(\zeta)-\int_{\Omega}fv(x,\zeta)\mathrm{d}\Omega+\\&\int_{\partial\Omega}[u'''(x)v(x,\zeta)-u''(x)v'(x,\zeta)+u'(x)v''(x,\zeta)-u(x)v'''(x,\zeta)]\mathrm{d}s=0\end{aligned} \tag{7.29}$$

$$\begin{aligned}&\frac{\partial u(\zeta)}{\partial\zeta}-\int_{\Omega}f\frac{\partial v(x,\zeta)}{\partial\zeta}\mathrm{d}\Omega+\\&\int_{\partial\Omega}\left[u'''(x)\frac{\partial v(x,\zeta)}{\partial\zeta}-u''(x)\frac{\partial v'(x,\zeta)}{\partial\zeta}+u'(x)\frac{\partial v''(x,\zeta)}{\partial\zeta}-u(x)\frac{\partial v'''(x,\zeta)}{\partial\zeta}\right]\mathrm{d}s=0\end{aligned} \tag{7.30}$$

下面举例说明利用边界元法求解方程式(7.29)和式(7.30)的过程。为说明问题，现假设

梁的边界条件为左端为固定、右端铰支，且铰支端的竖向位移为 Δ_B，如图 7.3 所示，设其抗弯刚度 $EI=1$。梁的边界条件如下

$$\left.\begin{aligned}u(0)=0,u'(0)=0\\u''(l)=0,u(l)=\Delta_B\end{aligned}\right\}\tag{7.31}$$

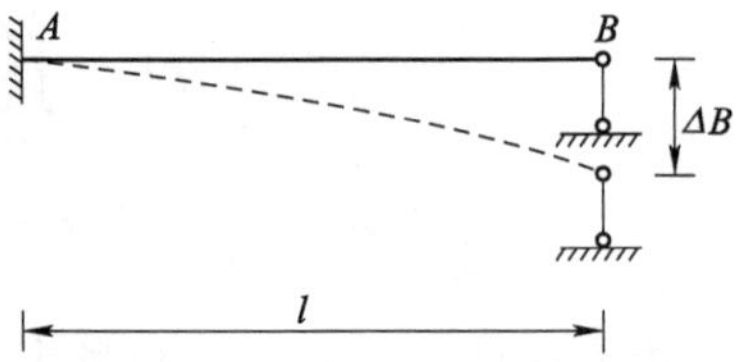

图 7.3　截面均匀的细长梁

对梁这样的一维问题，在边界 $\partial\Omega$ 上只有两个端点，边界已自然地离散为两个单元，即 $x=0$ 和 $x=l$ 两个单元(两个端点)。令

$$\left.\begin{aligned}v^*(x,\zeta)=v(x,\zeta),\theta^*(x,\zeta)=\frac{\mathrm{d}v(x,\zeta)}{\mathrm{d}x},\\m^*(x,\zeta)=-\frac{\mathrm{d}^2v(x,\zeta)}{\mathrm{d}x^2},s^*(x,\zeta)=-\frac{\mathrm{d}^3v(x,\zeta)}{\mathrm{d}x^3}\end{aligned}\right\}\tag{7.32}$$

$$\theta(x)=\frac{\mathrm{d}u(x)}{\mathrm{d}x},m(x)=-\frac{\mathrm{d}^2u(x)}{\mathrm{d}x^2},s(x)=-\frac{\mathrm{d}^3u(x)}{\mathrm{d}x^3}\tag{7.33}$$

则边界方程式(7.29)变为

$$u(\zeta)=\int_0^1 fv^*(x,\zeta)\mathrm{d}x-[-sv^*+m\theta^*-\theta m^*+us^*]\Big|_0^l\tag{7.34}$$

或

$$\begin{aligned}u(\zeta)=\int_0^1 fv^*\mathrm{d}x+[s(l)v^*(l,\zeta)-s(0)v^*(0,\zeta)-m(l)\theta^*(l,\zeta)+m(0)\theta^*(0,\zeta)]+\\[\theta(l)m^*(l,\zeta)-\theta(0)m^*(0,\zeta)-u(l)s^*(l,\zeta)+u(0)s^*(0,\zeta)]\end{aligned}\tag{7.35}$$

而式(7.30)变为

$$\begin{aligned}\theta(\zeta)=\frac{\partial u(\zeta)}{\partial\zeta}=\int_0^1 f\frac{\partial v^*(x,\zeta)}{\partial\zeta}\mathrm{d}x\\-\left[-s(x)\frac{\partial v^*(x,\zeta)}{\partial\zeta}+m(x)\frac{\partial v^{*\prime}(x,\zeta)}{\partial\zeta}+u'(x)\frac{\partial v^{*\prime\prime}(x,\zeta)}{\partial\zeta}-u(x)\frac{\partial v^{*\prime\prime\prime}(x,\zeta)}{\partial\zeta}\right]\Bigg|_0^l\end{aligned}\tag{7.36}$$

即

$$\begin{aligned}\theta(\zeta)=\int_0^1 f\frac{\partial v^*(x,\zeta)}{\partial\zeta}\mathrm{d}x+\\s(l)\frac{\partial v^*(l,\zeta)}{\partial\zeta}-s(0)\frac{\partial v^*(0,\zeta)}{\partial\zeta}-m(l)\frac{\partial\theta^*(l,\zeta)}{\partial\zeta}+m(0)\frac{\partial\theta^*(0,\zeta)}{\partial\zeta}+\\\theta(l)\frac{\partial m^*(l,\zeta)}{\partial\zeta}-\theta(0)\frac{\partial m^*(0,\zeta)}{\partial\zeta}-u(l)\frac{\partial s^*(l,\zeta)}{\partial\zeta}+u(0)\frac{\partial s^*(0,\zeta)}{\partial\zeta}\end{aligned}\tag{7.37}$$

式中

$$\frac{\partial v^*(x,\zeta)}{\partial\zeta}=-\frac{1}{4}\mid x-\zeta\mid(x-\zeta)+\frac{1}{2}r(x-\zeta)\tag{7.38}$$

$$\frac{\partial\theta^*(x,\zeta)}{\partial\zeta}=-\frac{1}{2}\mid x-\zeta\mid+\frac{1}{2}r\tag{7.39}$$

$$\frac{\partial m^*(x,\zeta)}{\partial\zeta}=\frac{1}{2}\mathrm{sgn}(x-\zeta)\tag{7.40}$$

$$\frac{\partial s^*(x,\zeta)}{\partial\zeta}=0\tag{7.41}$$

将 ζ 点取到边界点上，在 A 点 $\zeta=0+\varepsilon$，在 B 点 $\zeta=l-\varepsilon$，这里 ε 为一小量，利用式(7.35)和式(7.37)，便将边界上的量与载荷联系起来。写成矩阵形式，有

$$\begin{Bmatrix} u(l) \\ u(0) \\ \theta(l) \\ \theta(0) \end{Bmatrix}=\begin{bmatrix} v^*(l,l) & -v^*(0,l) & -\theta^*(l,l) & \theta^*(0,l) \\ v^*(l,0) & -v^*(0,0) & -\theta^*(l,0) & \theta^*(0,0) \\ v^{*\prime}(l,l) & -v^{*\prime}(0,l) & -\theta^{*\prime}(l,l) & \theta^{*\prime}(0,l) \\ v^{*\prime}(l,0) & -v^{*\prime}(0,0) & -\theta^{*\prime}(l,0) & \theta^{*\prime}(0,0) \end{bmatrix}\begin{Bmatrix} s(l) \\ s(0) \\ m(l) \\ m(0) \end{Bmatrix}-$$

$$\begin{bmatrix} s^*(l,l) & -s^*(0,l) & -m^*(l,l) & m^*(0,l) \\ s^*(l,0) & -s^*(0,0) & -m^*(l,0) & m^*(0,0) \\ s^{*\prime}(l,l) & -s^{*\prime}(0,l) & -m^{*\prime}(l,l) & m^{*\prime}(0,l) \\ s^{*\prime}(l,0) & -s^{*\prime}(0,0) & -m^{*\prime}(l,0) & m^{*\prime}(0,0) \end{bmatrix}\begin{Bmatrix} u(l) \\ u(0) \\ \theta(l) \\ \theta(0) \end{Bmatrix}+\begin{Bmatrix} \int_0^1 v^*(x,l)f(x)\mathrm{d}x \\ \int_0^1 v^*(x,0)f(x)\mathrm{d}x \\ \int_0^1 v^{*\prime}(x,l)f(x)\mathrm{d}x \\ v^{*\prime}(x,0)f(x)\mathrm{d}x \end{Bmatrix} \tag{7.42}$$

上述四个方程把梁的 8 个边界值(每一端的 u,θ,m,s) 和给定的梁内分布荷载集度 $f(x)$ 相互联系起来。在一个定解问题中，通常给定梁的 4 个边界量，利用上面这一组方程便可以求得其余 4 个边界量。由式(7.42)可以看到，这个方程组中的系数矩阵都是基本解 v^* 及其导数在边界上的值，因此只需要将边界点坐标代入即可。现考虑图 7.3 所示的超静定梁问题，为简单起见，假定 $f(x)=0$，即梁上没有载荷，仅有支座 B 的下沉 Δ_B，将边界条件(7.31)式代入式(7.42)并重新排列和简化，则(7.42)式变为

$$\begin{bmatrix} v^*(l,l) & -v^*(0,l) & \theta^*(0,l) & m^*(l,l) \\ v^*(l,0) & -v^*(0,0) & \theta^*(0,0) & m^*(l,0) \\ v^{*\prime}(l,l) & -v^{*\prime}(0,l) & \theta^{*\prime}(0,l) & m^{*\prime}(l,l)-1 \\ v^{*\prime}(l,0) & -v^{*\prime}(0,0) & \theta^{*\prime}(0,0) & m^{*\prime}(l,0) \end{bmatrix}\begin{Bmatrix} s(l) \\ s(0) \\ m(0) \\ \theta(l) \end{Bmatrix}=\begin{Bmatrix} [1+s^*(l,l)]\Delta_B \\ s^*(l,0)\Delta_B \\ s^{*\prime}(l,l)\Delta_B \\ s^{*\prime}(l,0)\Delta_B \end{Bmatrix} \tag{7.43}$$

将 $r=l$ 代入式(7.22)～式(7.25)和式(7.38)～式(7.41)，并将它们代入式(7.43)后得

$$\frac{1}{12}\begin{bmatrix} 2l^3 & 0 & 3l^2 & 6l \\ 0 & -2l^3 & 0 & 0 \\ 0 & 3l^2 & 0 & -6 \\ 3l^2 & 0 & 6l & 6 \end{bmatrix}\begin{Bmatrix} s(l) \\ s(0) \\ m(0) \\ \theta(l) \end{Bmatrix}=\frac{1}{2}\begin{Bmatrix} \Delta_B \\ -\Delta_B \\ 0 \\ 0 \end{Bmatrix} \tag{7.44}$$

解得

$$s(l)=\frac{3}{l^3}\Delta_B,s(0)=\frac{3}{l^3}\Delta_B,m(0)=-\frac{3}{l^2}\Delta_B,\theta(l)=\frac{3}{2l}\Delta_B \tag{7.45}$$

所得结果与结构力学或材料力学的精确解结果是一致的。求得四个边界值之后，连同已知的四个边界条件，梁的八个边界量就完全知道了，再利用式(7.35)和式(7.37)就可以求出梁内任意一点处的挠度 $u(\zeta)$ 和转角 $\theta(\zeta)$，同时也可以求得该处的弯矩 $m(\zeta)$ 和剪力 $s(\zeta)$。

综上所述，边界元法求解的基本思路是：首先寻找问题的基本解，然后通过用基本解作为权函数消除控制微分方程的残值的方法，建立与原问题等价的边界积分方程，将问题的求解域降维，最后再设法在边界上离散求解。由上面的例子可以看到，对一维问题，采用边界元法求解没有任何优势，这里研究一维问题的目的仅在于阐明边界元法的一些基本概念和求解过程，

使读者从物理意义上对边界元法的实质有所了解，以便为深入学习和研究二维或三维问题的边界元法奠定基础。

一般说来，科学和工程中的许多问题，都是以微分方程定解问题的形式提出来的，即

$$\left.\begin{array}{ll} A(u)+Q=0 & \text{在 } \Omega \text{ 内} \\ B_1(u)=\bar{u} & \text{在 } \Gamma_u \text{ 上} \\ B_2(u)=\bar{q} & \text{在 } \Gamma_\sigma \text{ 上} \end{array}\right\} \tag{7.46}$$

其中，u 为场函数，Q 为源函数，$\bar{u}$ 为边界上的已知场函数值（位移边界），$\bar{q}$ 为边界上已知的场函数的导数值（应力边界）。A,B_1,B_2 是线性微分算子（或矩阵）。上述问题控制微分方程的等效积分形式（或域内残值方程）为

$$\int_\Omega v[A(u)+Q]\mathrm{d}\Omega=0 \tag{7.47}$$

其中，函数 v 是任意函数。假设 A 是二阶自伴随算子，对上式第一项通过两次分部积分，直到二阶对称算子 A 转加到权函数 v 上为止，于是有

$$\int_\Omega v[A(u)]\mathrm{d}\Omega=\int_\Gamma B_2(u)B_1(v)\mathrm{d}\Gamma-\int_\Gamma B_1(u)B_2(v)\mathrm{d}\Gamma+\int_\Omega uA(v)\mathrm{d}\Omega \tag{7.48}$$

若选择权函数 v 为方程

$$A(v)+\delta(x-\zeta)=0 \tag{7.49}$$

的解 v^*（基本解），则式(7.47)变为

$$\int_\Gamma B_2(u)B_1(v^*)\mathrm{d}\Gamma-\int_\Gamma B_1(u)B_2(v^*)\mathrm{d}\Gamma-u(\zeta)+\int_\Omega Qv^*\mathrm{d}\Omega=0 \tag{7.50}$$

这里 x 和 ζ 分别代表场点和源点，基本解 v^* 则是场点和源点的函数。式(7.50)中待求函数 u 只出现在边界积分式中，而不出现在域内积分中，故式(7.50)就是一个边界积分方程，该式在边界和域内均是成立的，它就是著名的 Somigliana 等式。式(7.50)对位势问题和其他弹性力学问题都适用。

7.2 二维位势问题的边界元法

工程中的许多问题都可以归结为 Laplace 方程或 Poisson 方程的边值问题，如稳定热传导问题、弹性杆的扭转问题、电磁场问题等。由于 Laplace 方程或 Poisson 方程统称为位势方程，故由 Laplace 方程或 Poisson 方程控制的边值问题也称为位势问题。以 Poisson 问题为例，其控制微分方程为

$$\nabla^2 u+f=0 \qquad \text{在 } \Omega \text{ 内} \tag{7.51}$$

其边界条件可分为三类

$$\text{Dirichlet 问题：} u=\bar{u} \qquad \text{在 } \Gamma \text{ 上} \tag{7.52}$$

$$\text{Neumann 问题：} \frac{\partial u}{\partial n}=\bar{q} \qquad \text{在 } \Gamma \text{ 上} \tag{7.53}$$

$$\text{Robin 问题：} au+b\frac{\partial u}{\partial n}=\bar{c} \qquad \text{在 } \Gamma \text{ 上} \tag{7.54}$$

边界单元法就是把微分方程的定解问题转化为边界积分方程，然后再在边界上离散求解。建立边界积分方程是实现边界元方法的关键步骤，在这个过程中，微分方程的基本解起着重要

的作用。下面先以二维位势问题为例，先求解问题的基本解，然后用不同的方法建立边界积分方程，最后简要介绍边界离散求解的实施过程。

7.2.1 基本解

对这类含有算子 ∇^2 的问题，用极坐标可以方便地获得基本解。算子 ∇^2 的基本解 v^* 应满足方程

$$\nabla^2 v^*(x,\zeta)+\delta(x-\zeta)=0 \tag{7.55}$$

由于算子 ∇^2 和函数 $\delta(x-\zeta)$ 在坐标平移和平面旋转下形式不变，因此，这里仅考虑依赖矢径 $r=|x|=\sqrt{x_1^2+x_2^2}$ 的基本解 $v^*(r)$。方程(7.55)的极坐标形式为

$$\frac{1}{r}\cdot\frac{\mathrm{d}}{\mathrm{d}r}\left(r\frac{\mathrm{d}v^*}{\mathrm{d}r}\right)+\delta(r)=0 \tag{7.56}$$

对上式在圆域 $|x|\leqslant r$ 内积分得

$$2\pi\frac{\mathrm{d}}{\mathrm{d}r}\left(r\frac{\mathrm{d}v^*}{\mathrm{d}r}\right)+1=0 \tag{7.57}$$

因此

$$v^*(r)=-\frac{1}{2\pi}\ln r=\frac{1}{2\pi}\ln\frac{1}{r} \tag{7.58}$$

式中，r 为源点 ζ 和场点 x 之间的距离。

7.2.2 边界积分方程

由式(7.50)可直接得到适合域内和边界的积分方程，即

$$\int_\Gamma \frac{\partial u}{\partial n}v^*\mathrm{d}\Gamma-\int_\Gamma u\frac{\partial v^*}{\partial n}\mathrm{d}\Gamma-u(\zeta)+\int_\Omega fv^*\mathrm{d}\Omega=0 \tag{7.59}$$

式中，$v^*(x,\zeta)$ 为基本解，x 和 ζ 分别代表场点和源点。

为了从式(7.59)得到边界积分方程，需要把源点 ζ 移到边界上，这会导致 $r=|x-\zeta|$ 可能会等于零，基本解的形式决定了积分方程(7.59)式是奇异的。在把式(7.59)变为边界积分方程时，为了避免奇异性，在边界 Γ 上的 x 点处以 x 为中心作半径为 ε 的小圆弧 Γ_ε 与原边界相交，假设原问题的边界在 x 点附近由这个小圆弧代替，如图 7.4 所示。小圆弧 Γ_ε 与原边界构成了一个新的区域 $\Omega+\Omega_\varepsilon$，此时，点 x 可以看作是域 $\Omega+\Omega_\varepsilon$ 的内点，于是方程(7.59)变为

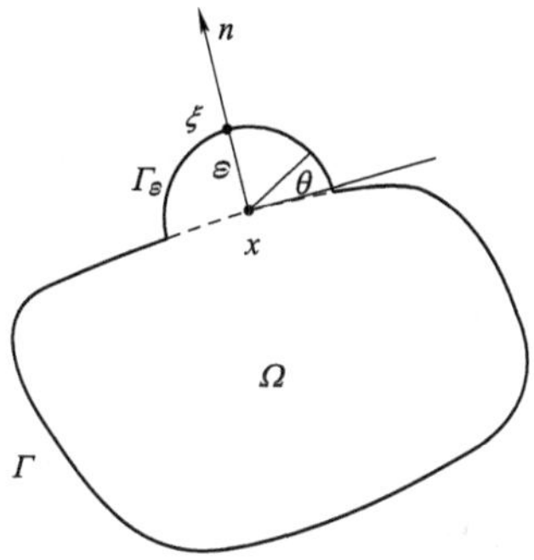

图 7.4 奇异点处理方法

$$\int_{\Gamma-2\varepsilon+\Gamma_\varepsilon}\frac{\partial u}{\partial n}v^*\mathrm{d}\Gamma-\int_{\Gamma-2\varepsilon+\Gamma_\varepsilon}u\frac{\partial v^*}{\partial n}\mathrm{d}\Gamma-u(\zeta)+\int_{\Omega+\Omega_\varepsilon}fv^*\mathrm{d}\Omega=0 \tag{7.60}$$

当 $\varepsilon\to 0$ 时，$\Omega_\varepsilon\to 0$，因此在 2ε 这段边界的积分可以忽略不计，而在 Γ_ε 上的积分可由积分中值定理将其变换为

$$A=\lim_{\varepsilon\to 0}\int_{\Gamma_\varepsilon}u\frac{\partial v^*}{\partial n}\mathrm{d}\Gamma=u\lim_{\varepsilon\to 0}\int_{\Gamma_\varepsilon}\frac{\partial v^*}{\partial n}\mathrm{d}\Gamma \tag{7.61}$$

$$B=\lim_{\varepsilon\to 0}\int_{\Gamma_\varepsilon}\frac{\partial u}{\partial n}v^*\mathrm{d}\Gamma=\frac{\partial u}{\partial n}\lim_{\varepsilon\to 0}\int_{\Gamma_\varepsilon}v^*\mathrm{d}\Gamma \tag{7.62}$$

将基本解(7.58)式代入,有

$$A = u\lim_{\varepsilon\to 0}\int_{\Gamma_\varepsilon}\frac{\partial v^*}{\partial n}\mathrm{d}\Gamma = u\lim_{\varepsilon\to 0}\int_{\Gamma_\varepsilon}\frac{\partial}{\partial n}\left(\frac{1}{2\pi}\ln\frac{1}{r}\right)\mathrm{d}\Gamma \tag{7.63}$$

$$B = \frac{\partial u}{\partial n}\lim_{\varepsilon\to 0}\int_{\Gamma_\varepsilon}v^*\,\mathrm{d}\Gamma = \frac{\partial u}{\partial n}\lim_{\varepsilon\to 0}\int_{\Gamma_\varepsilon}\left(\frac{1}{2\pi}\ln\frac{1}{r}\right)\mathrm{d}\Gamma \tag{7.64}$$

式中,n 为Γ_ε 的外法线方向,$r=\varepsilon$,$\mathrm{d}\Gamma_\varepsilon=\varepsilon\mathrm{d}\theta$,$0\leqslant\theta\leqslant\alpha$,$\alpha$ 为 x 点两侧边界切线之间的夹角。由于 n 和 r 的方向相同,因此

$$A = u\lim_{\varepsilon\to 0}\int_{\Gamma_\varepsilon}\frac{\partial}{\partial n}\left(\frac{1}{2\pi}\ln\frac{1}{r}\right)\mathrm{d}\Gamma = u\lim_{\varepsilon\to 0}\int_0^\alpha\int_{\Gamma_\varepsilon}\left(-\frac{1}{2\pi\varepsilon}\right)\varepsilon\,\mathrm{d}\theta = -\frac{1}{2\pi}\alpha u \tag{7.65}$$

$$B = \frac{\partial u}{\partial n}\lim_{\varepsilon\to 0}\int_0^\alpha\left(-\frac{1}{2\pi}\right)(\ln\varepsilon)\varepsilon\mathrm{d}\theta = 0 \tag{7.66}$$

这样,当 $\varepsilon\to 0$ 时,式(7.60)变为

$$\int_\Gamma\frac{\partial u}{\partial n}v^*\,\mathrm{d}\Gamma - \int_\Gamma u\frac{\partial v^*}{\partial n}\mathrm{d}\Gamma - \left(1-\frac{\alpha}{2\pi}\right)u(\zeta) + \int_\Omega f v^*\,\mathrm{d}\Omega = 0 \tag{7.67}$$

令 $c=1-\dfrac{\alpha}{2\pi}$,其值取决于 x 点两侧边界切线之间的夹角 α,即

$$c=\begin{cases}1, & x\in\Omega(\alpha=0)\\ 1/2, & x\in\text{光滑}\ \Gamma(\alpha=\pi)\\ \beta/2\pi, & x\in\Gamma\ \text{且为角点}(\beta=2\pi-\alpha)\\ 0, & x\notin\Omega+\Gamma(\alpha=2\pi)\end{cases} \tag{7.68}$$

则式(7.67)可写为

$$\int_\Gamma\frac{\partial u}{\partial n}v^*\,\mathrm{d}\Gamma - \int_\Gamma u\frac{\partial v^*}{\partial n}\mathrm{d}\Gamma - cu(\zeta) + \int_\Omega f v^*\,\mathrm{d}\Omega = 0 \tag{7.69}$$

对于第一边值问题(Dirichlet 问题),因为在边界上有 $u=\bar{u}$,故式(7.69)变为

$$\int_\Gamma\frac{\partial u}{\partial n}v^*\,\mathrm{d}\Gamma - \int_\Gamma \bar{u}\frac{\partial v^*}{\partial n}\mathrm{d}\Gamma - c\bar{u} + \int_\Omega f v^*\,\mathrm{d}\Omega = 0 \tag{7.70}$$

这是关于第二边值 $\dfrac{\partial u}{\partial n}$ 的第一类 Fredholm 积分方程,式中,v^* 为核函数,$\dfrac{\partial u}{\partial n}$ 是未知函数。对于第二边值问题(Neumann 问题),因为在边界上有 $\dfrac{\partial u}{\partial n}=\bar{q}$,故式(7.69)变为

$$\int_\Gamma\bar{q}v^*\,\mathrm{d}\Gamma - \int_\Gamma u\frac{\partial v^*}{\partial n}\mathrm{d}\Gamma - cu + \int_\Omega f v^*\,\mathrm{d}\Omega = 0 \tag{7.71}$$

这是关于第一边值 u 的第二类 Fredholm 积分方程,式中,$\dfrac{\partial v^*}{\partial n}$ 为核函数,u 是未知函数。对于第三边值问题(Robin 问题),因为在边界上有 $au+b\dfrac{\partial u}{\partial n}=\bar{c}$,故式(7.69)变为

$$\int_\Gamma\frac{\bar{c}}{b}v^*\,\mathrm{d}\Gamma - \int_\Gamma u\left(\frac{a}{b}v^* + \frac{\partial v^*}{\partial n}\right)\mathrm{d}\Gamma - cu + \int_\Omega f v^*\,\mathrm{d}\Omega = 0 \tag{7.72}$$

式(7.70)、式(7.71)和式(7.72)即为三类边界条件下 Poisson 方程的边界积分方程。

推导边界积分方程,也可以直接用 Green 公式。由 Gauss 公式

$$\int_\Omega\nabla\cdot F\mathrm{d}\Omega = \int_\Gamma n\cdot F\mathrm{d}\Gamma \tag{7.73}$$

式中,F 为一矢量函数,∇为梯度算子,n 为单位外法线矢量。设函数 ϕ,Ψ 及其所有一阶偏导

数在闭域 Ω 内连续并有二阶偏导数，在式(7.73)中令 $F=\Psi\nabla\phi$，即得

$$\int_{\Omega}(\Psi\nabla^2\phi+\nabla\Psi\cdot\nabla\phi)\mathrm{d}\Omega=\int_{\Gamma}\Psi\nabla\phi\cdot n\mathrm{d}\Gamma=\int_{\Gamma}\Psi\frac{\partial\phi}{\partial n}\mathrm{d}\Gamma \tag{7.74}$$

这就是 Green 第一等式。在上式中将 ϕ 和 Ψ 互换，并将所得的等式与式(7.74)相减，得

$$\int_{\Omega}(\Psi\nabla^2\phi-\phi\nabla^2\Psi)\mathrm{d}\Omega=\int_{\Gamma}(\Psi\nabla\phi-\phi\nabla\Psi)\cdot n\mathrm{d}\Gamma=\int_{\Gamma}\left(\Psi\frac{\partial\phi}{\partial n}-\Psi\frac{\partial\phi}{\partial n}\right)\mathrm{d}\Gamma \tag{7.75}$$

这便是 Green 第二等式。

若令 $\Psi=v^*=\dfrac{1}{2\pi}\ln\dfrac{1}{r}$ 为 Laplace 算子的基本解，并取 $\phi=u$，则由式(7.75)可得

$$\int_{\Omega}(v^*\nabla^2u-u\nabla^2v^*)\mathrm{d}\Omega=\int_{\Gamma}\left(v^*\frac{\partial u}{\partial n}-u\frac{\partial v^*}{\partial n}\right)\mathrm{d}\Gamma \tag{7.76a}$$

注意基本解的性质并注意 $\nabla^2u=-f$，于是上式变为

$$-\int_{\Omega}v^*f\mathrm{d}\Omega+u=\int_{\Gamma}\left(v^*\frac{\partial u}{\partial n}-u\frac{\partial v^*}{\partial n}\right)\mathrm{d}\Gamma \tag{7.76b}$$

显然，这与式(7.59)完全相同。

7.2.3 边界积分方程的离散

建立问题的边界积分方程之后，便可以在边界上进行离散求解，形成所谓的边界单元。对于二维问题，边界单元就是一段弧线(曲线或直线)，其插值方法与常规的一维杆单元类似；对三维问题，边界可能是曲面或平面，但可以用平面单元近似处理。值得指出的是，基本解函数是已知的，在边界积分方程中这些函数不需要离散。现在我们考虑离散二维 Poisson 方程的边界积分方程式(7.69)。

假设问题域如图 7.5 所示，在其边界上将边界 Γ 划分为 n 个一维弧线单元，常用的一维单元类型有常值单元、线性单元和二次单元等，常值单元即是假设单元的位移为常数，每个单元只需要一个节点，该节点通常设置在单元的几何中心，如图 7.5(a)所示；线性单元即是假设单元的位移模式在单元内为线性形式，它需要两个节点的位移值，故线性单元有两个节点(端部节点)，如图 7.5(b)所示；二次单元由于假设位移在单元内呈二次分布，故每个单元需要三个节点(两个端部节点和一个内节点)，如图 7.5(c)所示。图中的阿拉伯数字表示节点号，带圈的阿拉伯数字表示单元号。

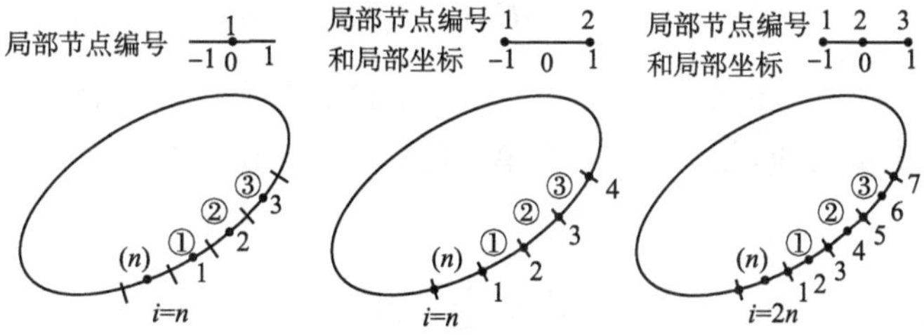

(a) 常值单元　(b) 线性单元　(c) 二次单元

图 7.5　边界单元的单元号、节点号和局部坐标示意图

方程式(7.69)的离散形式为

$$\sum_{j=1}^{n}\int_{\Gamma_j}\frac{\partial u}{\partial n}v^*\mathrm{d}\Gamma-\sum_{j=1}^{n}\int_{\Gamma_j}u\frac{\partial v^*}{\partial n}\mathrm{d}\Gamma-c_iu_i+\sum_{k=1}^{m}\int_{\Omega_k}fv^*\mathrm{d}\Omega=0 \tag{7.77}$$

式中，Γ_j 为第 j 个单元的边界。为了计算式(7.69)中 fv^* 的面积分，可将求解域 Ω 划分为 m 个积分单元，在每个单元内利用数值积分进行计算。这里须说明，这些域内划分的单元与边界单元没有任何关系，它只是为了计算已知函数 fv^* 的积分而设置的背景网格。下面以线性单元为例来说明单元系数矩阵的计算和组装过程。用线性单元离散函数 u 及 $\dfrac{\partial u}{\partial n}$，为便于书写，记 $\dfrac{\partial u}{\partial n}=q$，则有

$$u(\xi)=[N_1 \quad N_2]\begin{Bmatrix}u_1\\u_2\end{Bmatrix},\ q(\xi)=[N_1 \quad N_2]\begin{Bmatrix}q_1\\q_2\end{Bmatrix} \tag{7.78}$$

式中，N_1 及 N_2 即为一维等应变单元的形函数，ξ 为局部坐标，其原点位于单元的几何中心处。式(7.77)的第一项线积分为

$$\int_{\Gamma_j} qv^*\,\mathrm{d}\Gamma=\int_{\Gamma_j}[N_1 \quad N_2]v^*\,\mathrm{d}\Gamma\begin{Bmatrix}q_1\\q_2\end{Bmatrix}=[g_{ij}^1 \quad g_{ij}^2]\begin{Bmatrix}q_1\\q_2\end{Bmatrix} \tag{7.79}$$

其中

$$g_{ij}^1=\int_{\Gamma_j}N_1v^*\,\mathrm{d}\Gamma,\ g_{ij}^2=\int_{\Gamma_j}N_2v^*\,\mathrm{d}\Gamma \tag{7.80}$$

g_{ij}^t 为结点 i 与第 j 个单元的局部节点 t 之间的相互影响系数。同理，式(7.77)的第二项线积分为

$$\int_{\Gamma_j}u\frac{\partial v^*}{\partial n}\mathrm{d}\Gamma=\int_{\Gamma_j}[N_1 \quad N_2]\frac{\partial v^*}{\partial n}\mathrm{d}\Gamma\begin{Bmatrix}u_1\\u_2\end{Bmatrix}=[h_{ij}^1 \quad h_{ij}^2]\begin{Bmatrix}u_1\\u_2\end{Bmatrix} \tag{7.81}$$

式中

$$h_{ij}^1=\int_{\Gamma_j}N_1\frac{\partial v^*}{\partial n}\mathrm{d}\Gamma,\ h_{ij}^2=\int_{\Gamma_j}N_2\frac{\partial v^*}{\partial n}\mathrm{d}\Gamma \tag{7.82}$$

对于任何类型的单元，只有当源点和场点在同一单元时才会出现奇异积分，否则积分都是常规的，用普通 Gauss 积分即可计算。对于常值单元，单元的编号和节点的编号是相同的，当源点号 i 与单元号 j 相等时，数值积分是奇异的。对于线性单元，当源点与任何一个单元两个结点之一重合时，都将面临奇异积分。

将式(7.79)和式(7.81)代入式(7.77)，将相邻单元的公共节点进行叠加组装，得

$$\sum_{j=1}^{n}G_{ij}Q_j-\sum_{j=1}^{n}\hat{H}_{ij}U_j-c_iu_i+B_i=0 \tag{7.83}$$

式中，B_i 是与源点 i 相对应的面积分结果。若单元和节点均按逆时针方向编号，对任意源点 i，$\hat{H}_{ij}$ 包括第 $j-1$ 个单元的 $h_{i,j-1}^2$ 和第 j 个单元的 h_{ij-1}^1，类似方法也适用于 G_{ij}。式(7.83)还可以写为

$$\sum_{j=1}^{n}H_{ij}U_j-\sum_{j=1}^{n}G_{ij}Q_j=B_i \tag{7.84}$$

式中，U_j 和 Q_j 为边界整体独立节点参数，而

$$H_{ij}=\begin{cases}\hat{H}_{ij}, & i\neq j\\ \hat{H}_{ij}+c_i, & i=j\end{cases} \tag{7.85}$$

将点 i 取遍所有节点，则

$$\boldsymbol{HU}-\boldsymbol{GQ}=\boldsymbol{B} \tag{7.86}$$

在式(7.86)中引入已知的边界 u 和 q 值，把未知量放在方程左侧并用 $\boldsymbol{X}$ 表示，则有

$$\boldsymbol{AX}=\boldsymbol{F} \tag{7.87}$$

式(7.87)与一般的有限元方法的代数平衡方程在形式上是相同的。

下面讨论如何求得矩阵 $\boldsymbol{H}$ 和 $\boldsymbol{G}$ 中的元素。定义单元局部坐标 ξ，其原点位于单元的几何中心，且单元两端的坐标为 -1 和 $+1$。单元线坐标与局部坐标的关系为

$$\Gamma=\frac{1}{2}(1+\xi)l$$

其中，l 为单元的长度。由于 Poisson 问题的基本解为

$$v^*(r)=-\frac{1}{2\pi}\ln r=\frac{1}{2\pi}\ln\frac{1}{r}$$

故知

$$\frac{\partial v^*}{\partial n}=\frac{\partial v^*}{\partial r}\cdot\frac{\partial r}{\partial n}=-\frac{1}{2\pi r}\cdot\frac{\partial r}{\partial n}$$

式中，r 为场点和源点之间的距离。若用 l_j 表示第 j 个单元的长度，令源点坐标为 (x_i, y_i)，考虑第 j 个单元，则

$$r_{ij}=\sqrt{(x_i-x)^2+(y_i-y)^2}$$

表示源点 i 到单元 Γ_j 上任意一点 (x, y) 的距离，并且

$$\frac{\partial r}{\partial n}=\frac{h_{ij}}{r_{ij}}\operatorname{sgn}\left(\frac{\partial r}{\partial n}\right)$$

式中，h_{ij} 为源点 i 到单元 Γ_j 的垂直距离。令 (x_1, y_1) 和 (x_2, y_2) 为单元 Γ_j 两端点的坐标，若 $x_2\neq x_1$，单元 Γ_j 近似的直线方程为

$$y=y_1+k(x-x_1)$$

其中 $k=\dfrac{y_2-y_1}{x_2-x_1}$ 为直线单元 Γ_j 的斜率。于是，源点 (x_i, y_i) 到直线单元 Γ_j 的垂直距离为

$$h_{ij}=|\,k(x_i-x_1)-(y_i-y_1)\,|\,/\sqrt{k^2+1}$$

当 $x_2=x_1$ 时，有

$$h_{ij}=|\,x_i-x_1\,|$$

而 $\dfrac{\partial r}{\partial n}$ 的正负号由源点 (x_i, y_i) 到节点 (x_1, y_1) 的矢量 $\boldsymbol{r}_1$ 和源点 (x_i, y_i) 到节点 (x_2, y_2) 的矢量 $\boldsymbol{r}_2$ 的矢量积来断定，即

$$\boldsymbol{r}_1=\boldsymbol{i}(x_i-x_1)+\boldsymbol{j}(y_i-y_1)$$
$$\boldsymbol{r}_2=\boldsymbol{i}(x_i-x_2)+\boldsymbol{j}(y_i-y_2)$$
$$\boldsymbol{r}_1\times\boldsymbol{r}_2=\boldsymbol{k}c$$

式中

$$c=(x_i-x_1)(y_i-y_2)-(x_i-x_2)(y_i-y_1)$$

于是有

$$\operatorname{sgn}\left(\frac{\partial r}{\partial n}\right)=\operatorname{sgn}(c)$$

为了方便利用 Gauss 积分，r_{ij} 中的坐标 x 和 y 需用 ξ 替换，利用坐标插值

$$x=\sum_{i=1}^{2}N_i x_i,\quad y=\sum_{i=1}^{2}N_i y_i$$

其中，线性单元的插值函数为

$$N_1 = \frac{1}{2}(1-\xi),\quad N_2 = \frac{1}{2}(1+\xi)$$

根据上面这些公式，计算矩阵 $\boldsymbol{H}$ 和 $\boldsymbol{G}$ 中的元素。

1. 常值单元

$$\hat{H}_{ij} = \int_{\Gamma_j} \frac{\partial v^*}{\partial n}\mathrm{d}\Gamma = -\int_{-1}^{1} \frac{1}{2\pi r_{ij}} \cdot \frac{\partial r}{\partial n} \cdot \frac{l_j}{2}\mathrm{d}\xi = -\frac{l_j h_{ij}}{4\pi r_{ij}}\mathrm{sgn}\left(\frac{\partial r}{\partial n}\right)\int_{-1}^{1} \frac{1}{r_{ij}^2}\mathrm{d}\xi$$

$$G_{ij} = \int_{\Gamma_j} v^*\,\mathrm{d}\Gamma = \frac{l_j}{4\pi}\int_{-1}^{1} \ln\frac{1}{r_{ij}}\mathrm{d}\xi$$

在计算 G_{ii} 时，$r_{ii} = \frac{1}{2}l_i\mid\xi\mid$，因此

$$G_{ii} = \int_{\Gamma_i} v^*\,\mathrm{d}\Gamma = \frac{l_i}{4\pi}\int_{-1}^{1} \ln\left(\frac{2}{l_i\xi}\right)\mathrm{d}\xi = \frac{l_i}{2\pi}\left(\ln\frac{2}{l_i}+1\right)$$

2. 线性单元

$$h_{ij}^1 = \int_{\Gamma_j} N_1 \frac{\partial v^*}{\partial n}\mathrm{d}\Gamma = \int_{-1}^{1} \frac{1}{2}(1-\xi)\frac{\partial v^*}{\partial r} \cdot \frac{\partial r}{\partial n} \cdot \frac{l_j}{2}\mathrm{d}\xi = -\frac{l_j h_{ij}}{8\pi}\mathrm{sgn}\left(\frac{\partial r}{\partial n}\right)\int_{-1}^{1}(1-\xi)\frac{1}{r_{ij}^2}\mathrm{d}\xi$$

$$h_{ij}^2 = \int_{\Gamma_j} N_2 \frac{\partial v^*}{\partial n}\mathrm{d}\Gamma = \int_{-1}^{1} \frac{1}{2}(1+\xi)\frac{\partial v^*}{\partial r} \cdot \frac{\partial r}{\partial n} \cdot \frac{l_j}{2}\mathrm{d}\xi = -\frac{l_j h_{ij}}{8\pi}\mathrm{sgn}\left(\frac{\partial r}{\partial n}\right)\int_{-1}^{1}(1+\xi)\frac{1}{r_{ij}^2}\mathrm{d}\xi$$

$$g_{ij}^1 = \int_{\Gamma_j} N_1 v^*\,\mathrm{d}\Gamma = \int_{-1}^{1} \frac{1}{2}(1-\xi)\frac{1}{2\pi}\ln\frac{1}{r} \cdot \frac{l_j}{2}\mathrm{d}\xi = \frac{l_j}{8\pi}\int_{-1}^{1}(1-\xi)\ln\frac{1}{r_{ij}}\mathrm{d}\xi$$

$$g_{ij}^2 = \int_{\Gamma_j} N_2 v^*\,\mathrm{d}\Gamma = \int_{-1}^{1} \frac{1}{2}(1+\xi)\frac{1}{2\pi}\ln\frac{1}{r} \cdot \frac{l_j}{2}\mathrm{d}\xi = \frac{l_j}{8\pi}\int_{-1}^{1}(1+\xi)\ln\frac{1}{r_{ij}}\mathrm{d}\xi$$

当源点位于单元的节点 1 时，$r_{ii} = \frac{1}{2}l_i\mid 1+\xi\mid$，因此

$$g_{ii}^1 = \int_{\Gamma_i} N_1 v^*\,\mathrm{d}\Gamma = \frac{l_i}{8\pi}\int_{-1}^{1}(1-\xi)\ln\frac{2}{l_i(1+\xi)}\mathrm{d}\xi = \frac{l_i}{4\pi}(1.5-\ln l_i)$$

$$g_{ii}^2 = \int_{\Gamma_i} N_2 v^*\,\mathrm{d}\Gamma = \frac{l_i}{8\pi}\int_{-1}^{1}(1+\xi)\ln\frac{2}{l_i(1+\xi)}\mathrm{d}\xi = \frac{l_i}{4\pi}(0.5-\ln l_i)$$

当 $i>1$ 时，有

$$g_{i,i-1}^1 = \int_{\Gamma_{i-1}} N_1 v^*\,\mathrm{d}\Gamma = \frac{l_{i-1}}{8\pi}\int_{-1}^{1}(1-\xi)\ln\frac{2}{l_{i-1}(1-\xi)}\mathrm{d}\xi = \frac{l_{i-1}}{4\pi}(0.5-\ln l_{i-1})$$

$$g_{i,i-1}^2 = \int_{\Gamma_{i-1}} N_2 v^*\,\mathrm{d}\Gamma = \frac{l_{i-1}}{8\pi}\int_{-1}^{1}(1+\xi)\ln\frac{2}{l_{i-1}(1-\xi)}\mathrm{d}\xi = \frac{l_{i-1}}{4\pi}(0.5-\ln l_{i-1})$$

当 $i=1$ 时，有

$$g_{i,n}^1 = \int_{\Gamma_n} N_1 v^*\,\mathrm{d}\Gamma = \frac{l_n}{8\pi}\int_{-1}^{1}(1-\xi)\ln\frac{2}{l_n(1-\xi)}\mathrm{d}\xi = \frac{l_n}{4\pi}(0.5-\ln l_n)$$

$$g_{i,n}^2 = \int_{\Gamma_n} N_2 v^*\,\mathrm{d}\Gamma = \frac{l_n}{8\pi}\int_{-1}^{1}(1+\xi)\ln\frac{2}{l_n(1-\xi)}\mathrm{d}\xi = \frac{l_n}{4\pi}(1.5-\ln l_n)$$

当源点位于单元的节点 2 时，有关的计算方法相同，这里略去。

7.3 弹性力学平面问题的边界元法

对于弹性力学问题的边界积分方程，尽管仍然可以用前面介绍的加权残量法或 Green 等

式来建立,但此时用功的互等定理(Betti 定理)来建立边界积分方程会更加简便,所以在此先对弹性力学的 Betti 定理作个简要介绍。

7.3.1 Betti 定理

考虑同一弹性体的两种受力平衡状态:$f_i^{(1)}$ 和 $p_i^{(1)}$ 引起的位移 $u_i^{(1)}$,以及 $f_i^{(2)}$ 和 $p_i^{(2)}$ 引起的位移 $u_i^{(2)}$,其中 $f_i^{(1)}$ 表示第一状态沿 i 方向的体力,$p_i^{(1)}$ 为第一状态沿 i 方向的面力,$u_i^{(1)}$ 为第一状态 i 方向的位移。根据变形体系的虚功原理,应有第一状态的外力在第二状态的位移上所做的虚功等于第一状态的内力在第二状态的变形上所做的虚功,即

$$\int_\Omega f_i^{(1)} u_i^{(2)} \mathrm{d}\Omega + \int_\Gamma p_i^{(1)} u_i^{(2)} \mathrm{d}\Gamma = \int_\Omega \sigma_{ij}^{(1)} \varepsilon_{ij}^{(2)} \mathrm{d}\Omega \tag{7.88}$$

同样,第二状态的外力在第一状态的位移上所做的虚功等于第二状态的内力在第一状态的变形上所做的虚功,即

$$\int_\Omega f_i^{(2)} u_i^{(1)} \mathrm{d}\Omega + \int_\Gamma p_i^{(2)} u_i^{(1)} \mathrm{d}\Gamma = \int_\Omega \sigma_{ij}^{(2)} \varepsilon_{ij}^{(1)} \mathrm{d}\Omega \tag{7.89}$$

对线性弹性体而言,应力应变关系由式(2.34)知为

$$\sigma_{ij} = D_{ijkl} \varepsilon_{kl} \tag{7.90}$$

将式(7.90)代入式(7.88)和式(7.89),有

$$\int_\Omega f_i^{(1)} u_i^{(2)} \mathrm{d}\Omega + \int_\Gamma p_i^{(1)} u_i^{(2)} \mathrm{d}\Gamma = \int_\Omega D_{ijkl} \varepsilon_{kl}^{(1)} \varepsilon_{ij}^{(2)} \mathrm{d}\Omega \tag{7.91}$$

$$\int_\Omega f_i^{(2)} u_i^{(1)} \mathrm{d}\Omega + \int_\Gamma p_i^{(2)} u_i^{(1)} \mathrm{d}\Gamma = \int_\Omega D_{ijkl} \varepsilon_{kl}^{(2)} \varepsilon_{ij}^{(1)} \mathrm{d}\Omega \tag{7.92}$$

因为应力张量和应变张量以及弹性张量均是对称张量,故以上二式的右边是相等的,故有

$$\int_\Omega f_i^{(1)} u_i^{(2)} \mathrm{d}\Omega + \int_\Gamma p_i^{(1)} u_i^{(2)} \mathrm{d}\Gamma = \int_\Omega f_i^{(2)} u_i^{(1)} \mathrm{d}\Omega + \int_\Gamma p_i^{(2)} u_i^{(1)} \mathrm{d}\Gamma \tag{7.93}$$

即:第一状态的外力在第二状态的位移上所做的虚功等于第二状态的外力在第一状态的位移上所做的虚功。这便是功的互等定理,即所谓 Betti 定理。

7.3.2 边界积分方程和基本解

现在来考虑一弹性体受有体力 f_i 和面力 p_i,在这些外力作用下引起的位移 u_i;为应用功的互等定理,现假设有另外一个虚设的受力平衡状态为该弹性体在某一点 ζ 处受有某个方向的单位集中力 $f_{ki}^*(\zeta,x)=\delta(x-\zeta)\delta_{ki}$,其中下标 k 表示在源点 ζ 处作用一个 x_k 方向的单位力,δ_{ki} 为 Kronecker Delta 符号,该单位力引起的位移记作 u_i^*。根据 Betti 定理有

$$\begin{aligned}&\int_\Omega f_{ki}^*(\zeta,x) u_i(x) \mathrm{d}\Omega + \int_\Gamma p_{ki}^*(\zeta,x) u_i(x) \mathrm{d}\Gamma \\ &= \int_\Omega f_i(x) u_{ki}^*(\zeta,x) \mathrm{d}\Omega + \int_\Gamma p_i(x) u_{ki}^*(\zeta,x) \mathrm{d}\Gamma\end{aligned} \tag{7.94}$$

式中,面力包括主动施加的面力和某些约束的力,由于虚拟状态中仅施加了一个单位力,故 p_{ki}^* 实际上就是虚拟状态中表面约束反力。根据 δ 函数的性质,上式积分可写为

$$\begin{aligned}\delta_{ki} u_i(\zeta) = &\int_\Omega f_i(x) u_{ki}^*(\zeta,x) \mathrm{d}\Omega + \\ &\int_\Gamma p_i(x) u_{ki}^*(\zeta,x) \mathrm{d}\Gamma - \int_\Gamma p_{ki}^*(\zeta,x) u_i(x) \mathrm{d}\Gamma\end{aligned} \tag{7.95}$$

式(7.95)对域内和边界上任意点都是成立的,就是 Somigliana 等式。

式(7.95)的导出和求解是依赖于虚设状态的位移解 u_i^* 和面力 p_{ki}^* 事先已知的基础之上的,为求解式 (7.95),必须先求出这个解,这个虚拟的问题称为 Kelvin 问题,其三维弹性力学的基本方程组的张量形式为

$$\sigma_{ij,j}^* + \delta(x-\zeta)\cdot\delta_{ki} = 0 \tag{7.96}$$

式中,$i,j,k=1,2,3$。式(7.96)的位移和面力基本解分别为

$$u_{ki}^*(\zeta,x) = \frac{(1+\nu)}{8\pi E(1-\nu)r}[(3-4\nu)\delta_{ki} + r_{,i}r_{,k}] \tag{7.97}$$

$$p_{ki}^*(\zeta,x) = -\frac{1}{8\pi(1-\nu)r^2}\left\{[(1-2\nu)\delta_{ki}+3r_{,k}r_{,i}]\frac{\partial r}{\partial n} - (1-2\nu)(r_{,k}n_i - r_{,i}n_k)\right\} \tag{7.98}$$

式中,r 为源点 ζ 和场点 x 之间的距离,$r_{,k}=\dfrac{\partial r}{\partial x_k}$,$n_k$ 为边界外法线的方向余弦。对二维问题 $(i,j,k=1,2)$,基本解为

$$u_{ki}^*(\zeta,x) = \frac{(1+\nu)}{4\pi E(1-\nu)}\left[(3-4\nu)\ln\left(\frac{1}{r}\right)\delta_{ki} + r_{,i}r_{,k}\right] \tag{7.99}$$

$$p_{ki}^*(\zeta,x) = -\frac{1}{4\pi(1-\nu)r}\left\{[(1-2\nu)\delta_{ki}+2r_{,k}r_{,i}]\frac{\partial r}{\partial n} - (1-2\nu)(r_{,k}n_i - r_{,i}n_k)\right\} \tag{7.100}$$

如果把源点移到边界上,用与上一节相同的方法,从式(7.95)便可得到边界积分方程

$$\begin{aligned} c_{ki}u_i(\zeta) = &\int_\Omega f_i(x)u_{ki}^*(\zeta,x)\mathrm{d}\Omega + \\ &\int_\Gamma p_i(x)u_{ki}^*(\zeta,x)\mathrm{d}\Gamma - \int_\Gamma p_{ki}^*(\zeta,x)u_i(x)\mathrm{d}\Gamma \end{aligned} \tag{7.101}$$

式中

$$c_{ki} = \lim_{\varepsilon\to 0}\int_{\Gamma_\varepsilon} p_{ki}^*(\zeta,x)\mathrm{d}\Gamma \tag{7.102}$$

Γ_ε 是为把不满足 Gauss 公式应用条件的奇异点从积分域中除去而作的以 ζ 点为中心以 ε 为半径的球面(二维问题时为圆弧)。不难验证,对光滑边界,$c_{ki}=\dfrac{1}{2}\delta_{ki}$。在实际计算中,一般也不单独计算这一系数,而是把它和相邻单元的奇异积分加在一起利用简单特解代入方程间接算出,这里不详述。

7.3.3 边界积分方程的离散

弹性力学问题边界积分方程的离散化方法与位势问题是相同的。把方程(7.101)式改写为

$$c_i u_i(\zeta) + \int_\Gamma p_{ki}^*(\zeta,x)u_i(x)\mathrm{d}\Gamma = \int_\Gamma p_i(x)u_{ki}^*(\zeta,x)\mathrm{d}\Gamma + \int_\Omega f_i(x)u_{ki}^*(\zeta,x)\mathrm{d}\Omega \tag{7.103}$$

上式中的 i 表示第 i 方向,以二维平面问题为例,$i=1,2$,下面就以二维问题为例来说明边界方程的离散。引入函数向量

$$\boldsymbol{u}_i = \begin{Bmatrix} u_1 \\ u_2 \end{Bmatrix}_i,\ \boldsymbol{p}_i = \begin{Bmatrix} p_1 \\ p_2 \end{Bmatrix}_i,\ \boldsymbol{f}_i = \begin{Bmatrix} f_1 \\ f_2 \end{Bmatrix}_i \tag{7.104}$$

这里的 i 表示的是第 i 个节点。其中，$\boldsymbol{u}_i$、$\boldsymbol{p}_i$ 和 $\boldsymbol{f}_i$ 分别是某一点 i 处的位移函数向量、面力函数向量和外荷载(体力)函数向量，向量中元素的下标 1 和 2 分别表示 x 方向和 y 方向。定义如下两个核函数矩阵

$$\boldsymbol{u}^* = \begin{bmatrix} u_{11}^* & u_{12}^* \\ u_{21}^* & u_{22}^* \end{bmatrix}, \boldsymbol{p}^* = \begin{bmatrix} p_{11}^* & p_{12}^* \\ p_{21}^* & p_{22}^* \end{bmatrix} \tag{7.105}$$

利用式(7.104)和式(7.105)将式(7.103)写成矩阵形式

$$\boldsymbol{c}_i \boldsymbol{u}_i + \int_\Gamma \boldsymbol{p}^* \boldsymbol{u} \mathrm{d}\Gamma = \int_\Gamma \boldsymbol{u}^* \boldsymbol{p} \mathrm{d}\Gamma + \int_\Omega \boldsymbol{u}^* \boldsymbol{f} \mathrm{d}\Omega \tag{7.106}$$

把边界 Γ 划分为 n 个线单元，在每个单元内对位移和面力进行插值。如果采用二节点线性单元，则有

$$\boldsymbol{u} = \boldsymbol{N}\boldsymbol{u}^e = \begin{bmatrix} N_1 & 0 & N_2 & 0 \\ 0 & N_1 & 0 & N_2 \end{bmatrix} \begin{Bmatrix} \boldsymbol{u}_1 \\ \boldsymbol{u}_2 \end{Bmatrix} \tag{7.107}$$

$$\boldsymbol{p} = \boldsymbol{N}\boldsymbol{p}^e = \begin{bmatrix} N_1 & 0 & N_2 & 0 \\ 0 & N_1 & 0 & N_2 \end{bmatrix} \begin{Bmatrix} \boldsymbol{p}_1 \\ \boldsymbol{p}_2 \end{Bmatrix} \tag{7.108}$$

式中，$\boldsymbol{u}^e$ 和 $\boldsymbol{p}^e$ 分别为单元的节点位移列向量和节点面力列向量。把式(7.107)和式(7.108)代入式(7.106)，得

$$\boldsymbol{c}_i \boldsymbol{u}_i + \sum_{e=1}^{n} \left(\int_{\Gamma_e} \boldsymbol{p}^* \boldsymbol{N} \mathrm{d}\Gamma \right) \boldsymbol{u}^e = \sum_{e=1}^{n} \left(\int_{\Gamma_e} \boldsymbol{u}^* \boldsymbol{N} \mathrm{d}\Gamma \right) \boldsymbol{p}^e + \sum_{m=1}^{M} \int_{\Omega_m} \boldsymbol{u}^* \boldsymbol{f} \mathrm{d}\Omega \tag{7.109}$$

式中，M 是为计算域内积分 $\int_\Omega \boldsymbol{u}^* \boldsymbol{f} \mathrm{d}\Omega$ 而划分的背景单元的单元数，它与边界单元 n 无关。对任意一个单元，有

$$\int_{\Gamma_e} \boldsymbol{p}^* \boldsymbol{N} \mathrm{d}\Gamma = [\bar{\boldsymbol{h}}_{i1} \quad \bar{\boldsymbol{h}}_{i2}] \tag{7.110}$$

$$\int_{\Gamma_e} \boldsymbol{u}^* \boldsymbol{N} \mathrm{d}\Gamma = [\bar{\boldsymbol{g}}_{i1} \quad \bar{\boldsymbol{g}}_{i2}] \tag{7.111}$$

其中

$$\bar{\boldsymbol{h}}_{i1} = \int_{-1}^{1} \begin{bmatrix} p_{11}^* & p_{12}^* \\ p_{21}^* & p_{22}^* \end{bmatrix} N_1 G \mathrm{d}\xi, \bar{\boldsymbol{h}}_{i2} = \int_{-1}^{1} \begin{bmatrix} p_{11}^* & p_{12}^* \\ p_{21}^* & p_{22}^* \end{bmatrix} N_2 G \mathrm{d}\xi \tag{7.112}$$

$$\bar{\boldsymbol{g}}_{i1} = \int_{-1}^{1} \begin{bmatrix} u_{11}^* & u_{12}^* \\ u_{21}^* & u_{22}^* \end{bmatrix} N_1 G \mathrm{d}\xi, \bar{\boldsymbol{g}}_{i2} = \int_{-1}^{1} \begin{bmatrix} u_{11}^* & u_{12}^* \\ u_{21}^* & u_{22}^* \end{bmatrix} N_2 G \mathrm{d}\xi \tag{7.113}$$

式中的 G 为在不同坐标系下边界微元的比值。因为线微元的关系为

$$\mathrm{d}\Gamma = \sqrt{\left(\frac{\mathrm{d}x}{\mathrm{d}\xi}\right)^2 + \left(\frac{\mathrm{d}y}{\mathrm{d}\xi}\right)^2} \mathrm{d}\xi = G \mathrm{d}\xi$$

而

$$x = \sum_{i=1}^{2} N_i(\xi) x_i, y = \sum_{i=1}^{2} N_i(\xi) y_i$$

$$N_1 = \frac{1}{2}(1-\xi), N_2 = \frac{1}{2}(1+\xi)$$

故可求得

$$G = \frac{1}{2}\sqrt{(x_2 - x_1)^2 + (y_2 - y_1)^2} \tag{7.114}$$

对任意节点 i，把单元组装在一起，方程式(7.109)具有形式

$$\boldsymbol{c}_i\boldsymbol{u}_i+[\hat{\boldsymbol{h}}_{i1}\quad\hat{\boldsymbol{h}}_{i2}\quad\cdots\quad\hat{\boldsymbol{h}}_{iI}]\begin{Bmatrix}\boldsymbol{u}_1\\ \boldsymbol{u}_2\\ \vdots\\ \boldsymbol{u}_I\end{Bmatrix}=[\boldsymbol{g}_{i1}\quad\boldsymbol{g}_{i2}\quad\cdots\quad\boldsymbol{g}_{iI}]\begin{Bmatrix}\boldsymbol{p}_1\\ \boldsymbol{p}_2\\ \vdots\\ \boldsymbol{p}_I\end{Bmatrix}+\bar{\boldsymbol{f}}_i \tag{7.115}$$

式中，I 为边界元模型总结点数。若采用的单元是二节点线性单元，因为每个节点连接两个单元[参见图 7.5(b)]，因此有

$$\left.\begin{aligned}\hat{\boldsymbol{h}}_{ij}&=\bar{\boldsymbol{h}}_{i2}\big|_{e=j-1}+\bar{\boldsymbol{h}}_{i1}\big|_{e=j},\quad \hat{\boldsymbol{h}}_{i1}=\bar{\boldsymbol{h}}_{i2}\big|_{e=n}+\bar{\boldsymbol{h}}_{i1}\big|_{e=1}\\ \boldsymbol{g}_{ij}&=\bar{\boldsymbol{g}}_{i2}\big|_{e=j-1}+\bar{\boldsymbol{g}}_{i1}\big|_{e=j},\quad \boldsymbol{g}_{i1}=\bar{\boldsymbol{g}}_{i2}\big|_{e=n}+\bar{\boldsymbol{g}}_{i1}\big|_{e=1}\end{aligned}\right\} \tag{7.116}$$

式中，$j=2,3,\cdots,n$ 为节点号(对二节点线性单元，单元号与节点号一致)。令式(7.115)取遍所有节点，得

$$\boldsymbol{HU}=\boldsymbol{GP}+\boldsymbol{F} \tag{7.117}$$

式中，边界节点位移列向量 $\boldsymbol{U}$、面力列向量 $\boldsymbol{P}$ 和总节点荷载列向量 $\boldsymbol{F}$ 分别为

$$\boldsymbol{U}=\{\boldsymbol{u}_1^{\mathrm{T}}\quad\boldsymbol{u}_2^{\mathrm{T}}\quad\cdots\quad\boldsymbol{u}_n^{\mathrm{T}}\}^{\mathrm{T}} \tag{7.118}$$

$$\boldsymbol{P}=\{\boldsymbol{p}_1^{\mathrm{T}}\quad\boldsymbol{p}_2^{\mathrm{T}}\quad\cdots\quad\boldsymbol{p}_n^{\mathrm{T}}\}^{\mathrm{T}} \tag{7.119}$$

$$\boldsymbol{F}=\{\bar{\boldsymbol{f}}_1^{\mathrm{T}}\quad\bar{\boldsymbol{f}}_2^{\mathrm{T}}\quad\cdots\quad\bar{\boldsymbol{f}}_n^{\mathrm{T}}\}^{\mathrm{T}} \tag{7.120}$$

而系数矩阵 $\boldsymbol{H}$ 和 $\boldsymbol{G}$ 均为 $2n\times 2n$ 阶矩阵，其中的子块为

$$\boldsymbol{H}_{ij}=\begin{cases}\hat{\boldsymbol{h}}_{ij}, & i\neq j\\ \hat{\boldsymbol{h}}_{ij}+c_iI, & i=j\end{cases},\boldsymbol{G}_{ij}=\boldsymbol{g}_{ij} \tag{7.121}$$

在式(7.117)中引入面力和位移边界条件，用 $\boldsymbol{X}$ 表示所有的未知量，则有

$$\boldsymbol{AX}=\boldsymbol{F} \tag{7.122}$$

式中的系数矩阵 $\boldsymbol{A}$ 是满阵并且通常情况下是非对称矩阵。实际计算时，式(7.121) 中 c_i 不用确定，而是用以下方法直接得到对角子矩阵$\boldsymbol{H}_{ii}$。令物体产生单位刚体位移，应有

$$\boldsymbol{HI}=0 \tag{7.123}$$

其中

$$\boldsymbol{I}=\begin{bmatrix}1&0&1&0&\cdots&1&0\\0&1&0&1&\cdots&0&1\end{bmatrix}^{\mathrm{T}} \tag{7.124}$$

因此必有

$$\boldsymbol{H}_{ii}=-\sum_{\substack{j=1\\j\neq i}}^{n}\boldsymbol{H}_{ij} \tag{7.125}$$

对无限大区域，应有

$$\boldsymbol{H}_{ii}=\begin{bmatrix}1&0\\0&1\end{bmatrix}-\sum_{\substack{j=1\\j\neq i}}^{n}\boldsymbol{H}_{ij} \tag{7.126}$$

根据式(7.122)求得边界上的位移和面力之后，如果还关心域内的位移和应力，则可根据式(7.95)计算出域中内位移，再根据几何关系和本构关系求得应力。需要说明的是，用这种方法计算得到的靠近边界附近点的应力精度较差，这是因为越靠近边界积分接近奇异。如果关心边界应力，可用其他简单方法计算，这里不做讨论。

习　题

1. 利用梁的基本解分别求出两端简支和两端固定梁在满跨均布荷载作用下的边界未知物理量。

2. 给定一个矩形域，其一边固定另外三边自由。设与固定边相对的自由边作用有平行于该边(沿着该边方向)的均布荷载。试利用边界元法求解该问题，并将所得结果与有限元的结果进行比较(采用双线性矩形单元)。

3. 设有一厚壁圆筒承受均匀内压 q，其内外表面的边界条件分别为

$$\sigma_r\,|_{r=a} = -q, \sigma_r\,|_{r=b} = 0$$

该问题可以简化为平面应变问题，其的弹性力学解答为

$$\sigma_r = \frac{a^2 q}{b^2 - a^2}\left(1 - \frac{b^2}{r^2}\right), \sigma_\theta = \frac{a^2 q}{b^2 - a^2}\left(1 + \frac{b^2}{r^2}\right)$$

$$u_r = \frac{a^2 q}{E(b^2 - a^2)}\left[(1-\nu)r + (1+\nu)\frac{b^2}{r}\right]$$

试用边界元法对该问题进行计算，并与精确解进行比较。考虑到问题的对称性，该问题可取出 1/4 模型计算，如图 7.6 所示。

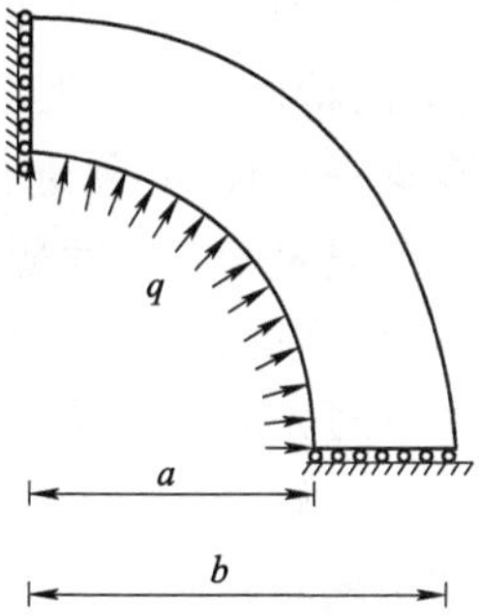

图 7.6

4. 设有一厚壁圆筒，其内外半径分别为 a 和 b，热传导系数为常数，无内热源且内外表面温度均匀。该问题的温度场由下述微分方程控制

$$\frac{1}{r}\cdot\frac{\mathrm{d}}{\mathrm{d}r}\left(r\frac{\mathrm{d}T}{\mathrm{d}r}\right) = 0$$

其解析解为

$$T(r) = T_a + \frac{T_b - T_a}{\ln(b/a)}\ln(r/a)$$

试用边界元法进行计算，并与解析解进行比较。

第8章 无网格法

8.1 无网格法概述

20世纪50年代产生的有限单元法(FEM)是数值计算领域的一个里程碑。它的最大优点是通用性好,计算程序规范,几乎无所不能地被应用于许多领域,而且处理复杂几何形状的问题非常容易,因此在工程领域得到了广泛的应用,目前涉及大多数固体及结构的实际工程问题均可利用商业化的FEM软件包进行求解。然而,FEM也有其固有的弱点,即依赖于一个预先定义的通过节点连接在一起的网格或者单元信息。下面列出一些它的局限性:一是形成网格时的计算成本太高。FEM划分网格是先决条件,完全由计算机自动生成的网格有时会影响FEM分析的质量,而人工划分网格又需要大量的时间花费。二是应力精度低。由于FEM公式中假设的位移场是分片连续的,故由此得到的应力在单元边界上通常是不连续的。在后处理阶段需要某些特殊技术以提高其应力的精确度。三是自适应分析困难。目前FEM分析的一个新要求是确保解的精确度,为实现这一目标,必须进行所谓"自适应分析",即根据解的精度重新划分网格,这样的网格生成器目前只限于二维问题,自动生成三维的六面体网格在技术上难以实现。另外,即使能获得这样的自适应网格,对三维问题的网格重生,每一步的计算成本也是相当高的,更何况自适应分析要求对先后不同阶段的网格之间的场变量进行"映射",这种映射操作不仅增加计算成本,而且导致求解精度恶化。四是某些特殊问题的局限性。例如大变形问题,单元的畸变大大影响求解精度。裂纹扩展问题,由于裂纹扩展的路径是任意而复杂的,其与单元的初始界面不能重合而造成模拟的困难,难以包含大量裂纹材料的破坏过程。FEM基于连续力学,要求单元本身不能解体,即一个单元要么存在要么消失,这通常导致有限元无法正确表示破坏路径。故对非线性问题以及路径相关问题可能产生严重误差。产生这一问题的根源在于有限元系统方程的形成阶段利用了单元或网格信息,为克服这些困难,自然产生了在数值处理过程中摆脱单元或者网格的想法,无网格法的概念便逐渐形成。

无网格法(Mfree)是在建立整个问题域的系统方程时不需要利用预先定义好的网格信息进行离散的方法。它是利用一组散布在域中以及边界上的节点表示该问题域和其边界,这些散布的节点称为场节点,它们并不构成网格,即不需要任何事先定义的节点连接信息用于构造场变量未知函数的插值或近似表达式。对Mfree法的最低要求是:不需要利用事先定义的网格对场变量进行插值或近似。对理想Mfree法的要求是:在求解一个任意几何形状的、由偏微分方程和边界条件决定的问题时,其整个求解过程均不需要划分网格。许多Mfree法已经取得了良好的应用效果,并显示了将成为一种强有力数值分析工具的巨大潜力。然而该方法还处于发展初期,有许多技术问题有待解决。无网格法以散点信息作为计算要素,在计算模型构建时无需构造复杂的网格信息。相比于以有限元法为代表的传统网格类方法,无网格法具有诸多竞争优势。一是具有数值实施上的便利性,用散点进行离散要容易得多,尤其对3D问题而言，散点离散具有明显的便捷性。二是无网格法的近似函数通常是高阶连续的，保证了应力结果在全局的光滑性，无需进行额外的光顺化后处理。三是容易实现自适应分析，散点的局部增删和全局重构很容易实现，在计算收敛性校验和移动边界问题中具有明显优势。四是具有求解的灵活性，无网格法避免了对网格的依赖，也就无需担心网格畸变效应，因此容易处理大变形、断裂、冲击与爆炸等一些特殊问题。五是对物质对象描述的普适性，“点”是最基本的几何元素，容易实现对天文星系、原子晶体、生物细胞等物质结构的直接描述。因此，无网格法作为一种易于实施、具有更广泛适用性的数值求解技术，被学者们誉为新一代计算方法。

无网格法从20世纪末开始兴起，是21世纪初以来计算力学领域研究最为活跃、进展最为显著的计算方法分支。它突破了传统有限元法基于网格划分的限制，在分析高速冲击、金属加工成型、动态裂纹扩展、流固耦合等涉及特大变形、网格畸变和自适应分析等问题方面具有突出的优势，现已成为国内外计算力学界的研究热点。该方法的计算流程基本上和传统有限元法相同，仅是在对结构离散和构建插值形函数时略有不同，图8.1给出了有限元法和无网格法两者的求解过程对比情况，可以看出：两者在生成网格阶段出现差异。有限元法需要划分有一定形状的单元，单元之间用节点相互连接，位移插值是在单元内利用单元的节点信息进行构造，而无网格法不需要划分单元，只是利用局部的一些离散点的信息构造插值函数。FEM采用预定义的单元构造形函数，各单元的形函数是相同的，而Mfree通常仅基于局部节点构造形函数，特殊计算点处的形函数可随该点的变化而变化。在总体离散系统方程建立之后，两者的后续过程基本相似。

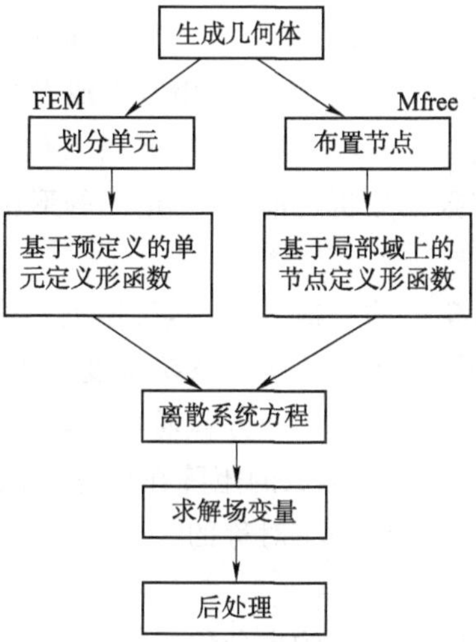

图8.1　FEM和Mfree流程图

下面我们通过讨论与有限元法主要区别的方式介绍Mfree法的分析步骤。

步骤1：问题域的离散

在有限元法中，问题域是通过一些具有一定形状的单元（如三角形单元）离散的，将问题域看作是一些离散的单元仅在节点上连接，单元间不允许有重叠或间隙，如图8.2(a)所示，网格划分过程将产生单元连接信息用于建立随后的系统方程。网格生成是有限元法前处理的重要环节，具有一个完全自动的网格生成器是最理想的，但遗憾的是目前还没有这样可以适应一般用途的全自动网格生成器。而在无网格法中，我们在问题域内和边界上自由布置一些节点（称为场节点），如图 8.2(b)所示，节点的密度取决于要求的精度及可用的计算资源，节点的分布可以是均匀也可以是非均匀的，由于在 Mfree 中可采用自适应算法，因而最终节点的布置方式可由程序自动地加以控制和调整，从而使节点的最初布置方式不是那么重要了。

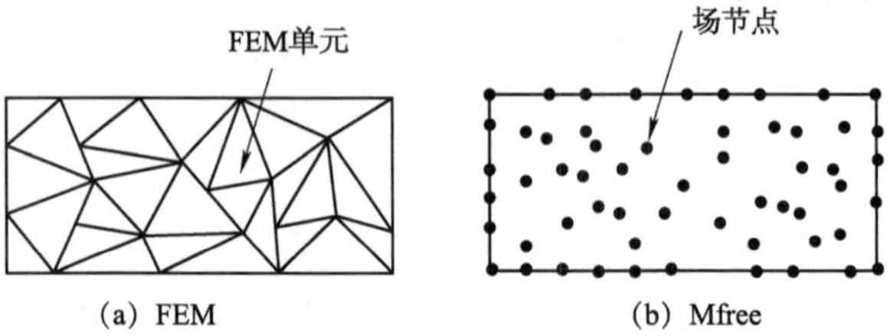

图 8.2　用 FEM 和 Mfree 方法对结构离散

步骤 2：位移插值

在有限元法中，是在每一个单元内利用该单元的节点信息进行位移插值的，插值函数的阶次与结点自由度有关。但在 Mfree 中，由于不存在网格，问题域中任一点 $x(x,y)$（二维问题）处的场变量 $u(x,y)$ 需利用该点附近局部支持域中的场节点的函数值进行插值，即

$$u(\boldsymbol{x}) = \sum_{i=1}^{n} N_i(\boldsymbol{x}) u_i = \boldsymbol{N}^{\mathrm{T}}(\boldsymbol{x}) \boldsymbol{U}_{\mathrm{S}} \tag{8.1}$$

n 是计算点 $\boldsymbol{x}$ 附近支持域内的节点个数，u_i 为节点 i 处的函数值，$N_i(\boldsymbol{x})$是点 $\boldsymbol{x}$ 支持域中节点 i 的形函数，局部支持域以外的节点函数值不被采用，因而也可认为支持域以外的节点处的插值函数等于零。点 $\boldsymbol{x}$ 的局部支持域中的节点数用于决定或近似该点处的函数值，不同的计算点的支持域的形状、大小都可以不同，通常采用圆形或者矩形。而有限元法的形函数则须借助预定义的单元来构造，事实上，当采用自然坐标系时，以自然坐标表示的同类型的所有单元的形函数是相同的，在进行有限元分析之前，各类单元的形函数早已经事先确定了。

步骤 3：形成结构刚度方程

有限元法中，是先建立各自单元的平衡方程，然后依据每个单元的定位向量（实际上就是各单元的节点位移信息）“对号入座”形成结构的系统刚度方程的。而在 Mfree 法中，应用形函数以及系统的方程可形成离散点的方程，这些方程通常可表示为节点矩阵形式，并由此组装成整个问题域的总体刚度方程。Mfree 法形成的矩阵在稀疏、带状方面与有限元类似，但根据所采用的方法不同，结构刚度矩阵有可能是不对称的。

步骤 4：求解总体系统方程

这一点与有限元法完全相同，在引入约束条件后，可用数值方法求解线性代数方程组。由于刚度矩阵有可能是非对称的，所以求解方程组的时候可能会略有麻烦，这点可借助非对称矩阵系统的求解器。

无网格方法(Mesh-less method)是在数值计算中不需要生成网格，而是按照一些任意分布的坐标点构造插值函数离散控制方程，就可方便地模拟各种复杂形状的物理场。根据公式导出方法分类，基于等效积分形式的无网格法：有全局的，也有局部的，全局形式的有无单元 Galerkin 法(EFG)法、径向基点插值法(RPIM)、再生核粒子法(RKPM)；局部形式的有局部 Petrov-Galerkin 法、局部径向基点插值法等。基于配点技术的无网格法：通过配点技术在场节点上直接将控制方程和边界条件离散，如任意网格的有限差分法、Mfree配点法、有限点法。基于等效积分形式和配点技术相结合的无网格法。根据函数近似方法分类：基于移动最小二乘近似的无网格法：无单元 Galerkin 法、无网格局部 Petrov-Galerkin 法。基于积分形式近似的无网格法：光滑粒子流体动力学(SPH)法、再生核心粒子法(RKPM)。基于点插值的无网格法：多项式基型和径向基型。基于其他近似方法的无网格法：hp 云法、单位分解法。根据域表示方法分类：域型无网格法、边界型无网格法。

该法大致可分成两类：一类是以 Lagrange 方法为基础的粒子法(Particle method)，如光滑粒子流体动力学(Smoothed particle hydrodynamics，简称 SPH)法，和在其基础上发展的运动粒子半隐式(Moving-particle semi-implicit，简称 MPS)法等；另一类是以 Euler 方法为基础的无格子法(Gridless methods)，如无格子 Euler/N-S 算法(Gridless Euler/Navier-Stokes solution algorithm)和无单元 Galerkin 法(Element free Galerkin，简称 EFG)等。无网格方法中比较常见的还有径向基函数方法(Radious Basis Function)，主要使用某径向基函数的组合来逼近原函数。以上方法中，无网格 Galerkin 法成为目前影响最大、应用最广的无网格计算方法，现有的 LS-dyna，Abaqus，Radioss 等商业软件都加入了该方法的计算模块。

8.2 基本概念

考虑多维或多场等物理问题，假设由如下的微分方程(组)和边界条件控制

$$\left.\begin{aligned} \boldsymbol{A}(\boldsymbol{u}) &= 0 \quad 在\ \Omega\ 内 \\ \boldsymbol{B}(\boldsymbol{u}) &= 0 \quad 在\ \Gamma\ 上 \end{aligned}\right\} \tag{8.1}$$

式中，$\boldsymbol{u}$ 为场函数，$\boldsymbol{A}$，$\boldsymbol{B}$ 是线性微分算子矩阵。$\boldsymbol{B}$ 中包含常数以及对坐标的导数，即边界条件中包含 Newmman 型和 Chachy 型两类边界条件。上述问题的等效积分形式为

$$\int_{\Omega} \boldsymbol{v}^{\mathrm{T}} \boldsymbol{A}(\boldsymbol{u}) \mathrm{d}\Omega + \int_{\Gamma} \bar{\boldsymbol{v}}^{\mathrm{T}} \boldsymbol{B}(\boldsymbol{u}) d\Gamma = 0 \tag{8.2}$$

式中，$\boldsymbol{v}$ 和 $\bar{\boldsymbol{v}}$ 是任意权函数矩阵。

对于复杂问题，无法求得式(8.1)的精确解，而只能寻求近似解。设 $\boldsymbol{u}$ 可以表示成一组已知函数$\boldsymbol{\varphi}_i$ 的线性组合，即

$$\boldsymbol{u} = \sum_{i=1}^{n} \boldsymbol{\varphi}_i^{\mathrm{T}} a_i \tag{8.3}$$

式中，$\boldsymbol{\varphi}_i$ 为 Ritz 基函数向量，a_i 为待定系数或称 Ritz 基坐标。由于 $\boldsymbol{u}$ 不能精确满足式(8.1)，因此为了得到最佳近似解，令其加权残值之和为零，即由式(8.2)得

$$\int_{\Omega} \boldsymbol{v}^{\mathrm{T}} \boldsymbol{R}(\boldsymbol{u}) \mathrm{d}\Omega + \int_{\Gamma} \bar{\boldsymbol{v}}^{\mathrm{T}} \bar{\boldsymbol{R}}(\boldsymbol{u}) d\Gamma = 0 \tag{8.4}$$

式中，$\boldsymbol{R}(\boldsymbol{u}) = \boldsymbol{A}(\boldsymbol{u})$，$\bar{\boldsymbol{R}}(\boldsymbol{u}) = \boldsymbol{B}(\boldsymbol{u})$ 分别为域内和边界残值向量。虽然 $\boldsymbol{v}$ 和 $\bar{\boldsymbol{v}}$ 是任意权函数，但在实际应用时，我们不可能也不必要在式(8.4)中取无穷多个任意的权函数。与试函数的表达类似，可将权函数写为已知基函数的组合，即

$$\boldsymbol{v} = \sum_{j=1}^{m} \boldsymbol{\psi}_j^{\mathrm{T}} b_j, \ \bar{\boldsymbol{v}} = \sum_{j=1}^{m} \bar{\boldsymbol{\psi}}_j^{\mathrm{T}} b_j \tag{8.5}$$

其中，$m \geqslant n$。将式(8.5)代入式(8.4)，注意到系数 b_j 的任意性，于是有

$$\int_{\Omega}\boldsymbol{\psi}_j^{\mathrm{T}}\boldsymbol{R}(\boldsymbol{u})\mathrm{d}\Omega+\int_{\Gamma}\bar{\boldsymbol{\psi}}_j^{\mathrm{T}}\bar{\boldsymbol{R}}(\boldsymbol{u})\mathrm{d}\Gamma=0 \tag{8.6}$$

式(8.6)给出了 m 个方程,用于求解 n 个待定系数 a_i。如果 $m>n$,则方程组是超定的,需要借助最小二乘法求解。对(8.6)式分部积分,得

$$\int_{\Omega}\boldsymbol{C}\,\boldsymbol{\psi}_j^{\mathrm{T}}\boldsymbol{D}(\boldsymbol{u})\mathrm{d}\Omega+\int_{\Gamma}\boldsymbol{E}\,\bar{\boldsymbol{\psi}}_j^{\mathrm{T}}\boldsymbol{F}(\boldsymbol{u})\mathrm{d}\Gamma=0 \tag{8.7}$$

其中,算子矩阵 $\boldsymbol{C}$ 和 $\boldsymbol{D}$ 的微分阶次比 $\boldsymbol{A}$ 低,算子矩阵 $\boldsymbol{E}$ 和 $\boldsymbol{F}$ 的微分阶次比 $\boldsymbol{B}$ 低。式(8.7)为式(8.1)的等效积分形式的弱形式,它降低了对函数 $\boldsymbol{u}$ 的连续性要求,却提高了对权函数 $\boldsymbol{\psi}_j$ 和 $\bar{\boldsymbol{\psi}}_j$ 的连续性要求。

在经典的加权残值法中,试函数是定义在整个求解域上的,类似于经典的 Ritz 法,这给定义在复杂不规则区域上的微分方程的求解带来很大困难。如果采用紧支试函数(类似于有限单元法中仅在单元内假设试函数)作为加权残值法的试函数,则可得到紧支试函数加权残值法,其系数矩阵为稀疏矩阵。

人们通常根据式(8.6)或式(8.7)来构造各种无网格法的求解格式。在紧支试函数加权残值法中,选择不同的权函数和试函数,就构成了不同的近似方法。只要试函数是在离散点的邻域构造的,则由加权残值法导出的各种近似方法就都称为无网格法。

8.3 无网格法的形函数

有限元法中的近似插值函数是在单元上构造的。无网格法中的试函数通常是在离散点(或结点)的邻域内构造的。不失一般性,下面针对二维问题 x 方向的试函数 $\bar{u}(x)$ 进行讨论。我们试图象有限元方法一样,将位移函数 $u(x)$ 用某些离散点的函数值插值来近似表达,即

$$u(\boldsymbol{x})\approx\bar{u}(\boldsymbol{x})=\sum_{i=1}^{n}N_iu_i \tag{8.8}$$

其中,N_i 为插值形函数,u_i 为节点位移值,n 为求解域中的节点数。形函数 $N_i(\boldsymbol{x})$ 为定义在节点邻域(支持域)内的函数,在支持域外等于零。在二维问题中,一般支持域为圆域或矩形域,与求解域 Ω 相比,支持域是一个小的子域,并且可以相互重叠。这一点是与有限单元法不同的,有限元法的单元是不能够重叠的。无网格法中的支持域通常是紧支的(compactly supported),而且可以重叠。因此,一般情况下 $\bar{u}(\boldsymbol{x}_i)\neq u_i$,即 $N_i(\boldsymbol{x}_j)\neq\delta_{ij}$,这给施加位移(本质)边界条件带来了困难。而在有限元法中有 $\bar{u}(\boldsymbol{x}_i)=u_i$,即 $N_i(\boldsymbol{x}_j)=\delta_{ij}$。

无网格法中有许多构造结点形函数的紧支近似函数,如多项式点插值法(PIM)、径向基函数法、移动最小二乘法等。这里对这几种主要的构造形函数的方法进行介绍。

8.3.1 多项式点插值法

假设在计算点 $\boldsymbol{x}$ 附近的位移近似为

$$\bar{u}(\boldsymbol{x})=\sum_{i=1}^{m}p_i(\boldsymbol{x})a_i=\boldsymbol{p}^{\mathrm{T}}\boldsymbol{a} \tag{8.9}$$

其中,$p_i(x)$ 为多项式基函数,它是在空间坐标上给定的单项式,m 为单项式的个数,a_i 为待定系数。对一维问题,其线性基函数和二次基函数分别为

$$\boldsymbol{p}^{\mathrm{T}}(\boldsymbol{x})=\{1\quad x\}\qquad p=1,m=2 \tag{8.10}$$

$$\boldsymbol{p}^{\mathrm{T}}(\boldsymbol{x}) = \{1 \quad x \quad x^2\} \qquad p = 2, m = 3 \tag{8.11}$$

对二维问题,其线性基函数和二次完备基函数分别为

$$\boldsymbol{p}^{\mathrm{T}}(\boldsymbol{x}) = \{1 \quad x \quad y\} \qquad p = 1, m = 3 \tag{8.12}$$

$$\boldsymbol{p}^{\mathrm{T}}(\boldsymbol{x}) = \{1 \quad x \quad y \quad x^2 \quad xy \quad y^2\} \qquad p = 2, m = 6 \tag{8.13}$$

完备的 p 阶多项式可由一般形式表示为

$$\boldsymbol{p}^{\mathrm{T}}(\boldsymbol{x}) = \{1 \quad x \quad x^2 \quad \cdots \quad x^{p-1} \quad x^p\} \qquad (\text{一维}) \tag{8.14}$$

$$\boldsymbol{p}^{\mathrm{T}}(\boldsymbol{x}) = \{1 \quad x \quad y \quad x^2 \quad xy \quad y^2 \quad \cdots \quad x^p \quad y^p\} \quad (\text{二维}) \tag{8.15}$$

为求解待定系数 a_i,须形成计算点 $\boldsymbol{x}$ 的支持域,在这个支持域中包含 n 个场节点,在这 n 个点处,令插值公式成立,有

$$\left.\begin{aligned}
\bar{u}(\boldsymbol{x}_1) &= \sum_{i=1}^{m} p_i(\boldsymbol{x}_1) a_i = u(\boldsymbol{x}_1) = u_1 \\
\bar{u}(\boldsymbol{x}_2) &= \sum_{i=1}^{m} p_i(\boldsymbol{x}_2) a_i = u(\boldsymbol{x}_2) = u_2 \\
&\cdots\cdots \\
\bar{u}(\boldsymbol{x}_n) &= \sum_{i=1}^{m} p_i(\boldsymbol{x}_n) a_i = u(\boldsymbol{x}_n) = u_n
\end{aligned}\right\} \tag{8.16}$$

写成矩阵形式,有

$$\boldsymbol{P}_{n\times m}\, \boldsymbol{a}_{m\times 1} = \boldsymbol{U}_{n\times 1} \tag{8.17}$$

其中,

$$\boldsymbol{U} = \{u_1 \quad u_2 \quad \cdots \quad u_n\}^{\mathrm{T}} \tag{8.18}$$

$$\boldsymbol{a} = \{a_1 \quad a_2 \quad \cdots \quad a_m\}^{\mathrm{T}} \tag{8.19}$$

$$\boldsymbol{P} = \begin{bmatrix}
p_1(\boldsymbol{x}_1) & p_2(\boldsymbol{x}_1) & p_3(\boldsymbol{x}_1) & \cdots & p_m(\boldsymbol{x}_1) \\
p_1(\boldsymbol{x}_2) & p_2(\boldsymbol{x}_2) & p_3(\boldsymbol{x}_2) & \cdots & p_m(\boldsymbol{x}_2) \\
p_1(\boldsymbol{x}_3) & p_2(\boldsymbol{x}_3) & p_3(\boldsymbol{x}_3) & \cdots & p_m(\boldsymbol{x}_3) \\
\vdots & \vdots & \vdots & \ddots & \vdots \\
p_1(\boldsymbol{x}_n) & p_2(\boldsymbol{x}_n) & p_3(\boldsymbol{x}_n) & & p_m(\boldsymbol{x}_n)
\end{bmatrix} \tag{8.20}$$

$\boldsymbol{P}$ 即所谓的力矩矩阵。在传统的点插值方法中,应当令 $m = n$,此时上式为方阵,如此便可求得

$$\boldsymbol{a} = \boldsymbol{P}^{-1}\boldsymbol{U} \tag{8.21}$$

再代回插值近似公式(8.9),有

$$\bar{u}(\boldsymbol{x}) = \boldsymbol{p}^{\mathrm{T}}\, \boldsymbol{P}^{-1}\boldsymbol{U} = \sum_{i=1}^{n} N_i(\boldsymbol{x}) u_i = \boldsymbol{N}^{\mathrm{T}}(\boldsymbol{x})\boldsymbol{U} \tag{8.22}$$

式中,

$$\boldsymbol{N}^{\mathrm{T}}(\boldsymbol{x}) = \boldsymbol{p}^{\mathrm{T}}\, \boldsymbol{P}^{-1} = \{N_1(\boldsymbol{x}) \quad N_2(\boldsymbol{x}) \quad \cdots \quad N_n(\boldsymbol{x})\} \tag{8.23}$$

即为插值函数向量,$N_i(\boldsymbol{x})$ 为支持域中对应节点 i 的形函数。上述形函数的求导非常容易,因为点插值形函数为多项式形式,故其 l 阶导数为

$$\frac{\partial^l \boldsymbol{N}^{\mathrm{T}}(\boldsymbol{x})}{\partial \boldsymbol{x}^l} = \frac{\partial^l \boldsymbol{p}^{\mathrm{T}}}{\partial \boldsymbol{x}^l} \boldsymbol{P}^{-1} \tag{8.24}$$

PIM 形函数具有以下性质:

(1)一致性。PIM 形函数的一致性是说,它能确保 PIM 形函数能够再生包含在形函数的基函数之中的单项式。为验证该性质,假设一由下式表示的物理场

$$f(\boldsymbol{x}) = \sum_{j=1}^{k} p_j(\boldsymbol{x})b_j, k \leqslant m \tag{8.25}$$

式中的 $p_j(\boldsymbol{x})$ 为包含在式(8.9)中的单项式。这样的场总可以用式(8.9)表示为

$$f(\boldsymbol{x}) = \sum_{j=1}^{m} p_j(\boldsymbol{x})a_j = \boldsymbol{p}^{\mathrm{T}}(\boldsymbol{x})\boldsymbol{a} = \boldsymbol{p}^{\mathrm{T}}(\boldsymbol{x})\begin{Bmatrix} b_1 \\ \vdots \\ b_k \\ 0 \\ \vdots \\ 0 \end{Bmatrix} \tag{8.26}$$

利用 $\boldsymbol{x}$ 支持域中的 n 个节点($n = m$),我们可以求出节点函数值向量

$$U = \begin{Bmatrix} f(\boldsymbol{x}_1) \\ f(\boldsymbol{x}_2) \\ \vdots \\ f(\boldsymbol{x}_k) \\ f(\boldsymbol{x}_{k+1}) \\ \vdots \\ f(\boldsymbol{x}_n) \end{Bmatrix} = \begin{bmatrix} p_1(\boldsymbol{x}_1) & p_2(\boldsymbol{x}_1) & p_3(\boldsymbol{x}_1) & p_4(\boldsymbol{x}_1) & p_5(\boldsymbol{x}_1) & \cdots & p_m(\boldsymbol{x}_1) \\ p_1(\boldsymbol{x}_2) & p_2(\boldsymbol{x}_2) & p_3(\boldsymbol{x}_2) & p_4(\boldsymbol{x}_2) & p_5(\boldsymbol{x}_2) & \cdots & p_m(\boldsymbol{x}_2) \\ \vdots & \vdots & \vdots & \vdots & \vdots & \ddots & \vdots \\ p_1(\boldsymbol{x}_k) & p_2(\boldsymbol{x}_k) & p_3(\boldsymbol{x}_k) & p_4(\boldsymbol{x}_k) & p_5(\boldsymbol{x}_k) & \cdots & p_m(\boldsymbol{x}_k) \\ p_1(\boldsymbol{x}_{k+1}) & p_2(\boldsymbol{x}_{k+1}) & p_3(\boldsymbol{x}_{k+1}) & p_4(\boldsymbol{x}_{k+1}) & p_5(\boldsymbol{x}_{k+1}) & \cdots & p_m(\boldsymbol{x}_{k+1}) \\ \vdots & \vdots & \vdots & \vdots & \vdots & \ddots & \vdots \\ p_1(\boldsymbol{x}_n) & p_2(\boldsymbol{x}_n) & p_3(\boldsymbol{x}_n) & p_4(\boldsymbol{x}_n) & p_5(\boldsymbol{x}_n) & \cdots & p_m(\boldsymbol{x}_n) \end{bmatrix} \begin{Bmatrix} b_1 \\ b_2 \\ \vdots \\ b_k \\ 0 \\ \vdots \\ 0 \end{Bmatrix} \tag{8.27}$$

将式(8.27)代入式(8.22),可以得到下式

$$\bar{u}(\boldsymbol{x}) = \boldsymbol{N}^{\mathrm{T}}(\boldsymbol{x})\boldsymbol{U} = \boldsymbol{p}^{\mathrm{T}}\boldsymbol{P}^{-1}\boldsymbol{P}\boldsymbol{a} = \boldsymbol{p}^{\mathrm{T}}\boldsymbol{a} = \sum_{j=1}^{k} p_j(\boldsymbol{x})b_j \tag{8.28}$$

以上证明了由 PIM 插值可以精确再生由式(8.9)所给出的任意多项式场函数,只要该场函数被包含在其 PIM 形函数的基函数之中。上述分析总是成立的,只要其力矩矩阵 $\boldsymbol{P}$ 是可逆的以保证系数 $\boldsymbol{a}$ 的唯一解。

(2)再生性。将多项式型 PIM 形函数的一致性证明加以延伸即可得出结论:PIM 形函数可再生包含在其基函数当中的任意函数(不一定是多项式)。

(3)线性独立性。PIM 形函数在支持域上是线性独立的,只有这些基函数是线性独立的,才能保证力矩矩阵 $\boldsymbol{P}$ 的可逆性。

(4)δ 函数性。由于其形函数是通过节点值的方法建立的,故拥有 Kroneckerδ 函数性质,即

$$N_i(\boldsymbol{x}_j) = \begin{cases} 1, i = j \\ 0, i \neq j \end{cases} \tag{8.29}$$

(5)单位分解性。如果基函数中包含常数,则 N_i 具有单位分解性,即

$$\sum_{i=1}^{n} N_i(\boldsymbol{x}) = 1 \tag{8.30}$$

该性质可以通过 PIM 形函数的再生性方便地导出。对于给定的常量场 $u(\boldsymbol{x}) = c$,我们有

$$u(\boldsymbol{x}) = \sum_{i=1}^{n} N_i(\boldsymbol{x})u_i = c\sum_{i=1}^{n} N_i(\boldsymbol{x}) = c \tag{8.31}$$

由上式很容易得到式(8.30)。

(6)线性再生性。该性质也可以通过 PIM 形函数的再生性方便地导出。给定一个线性场 $u(\boldsymbol{x}) = c\boldsymbol{x}$，有

$$u(\boldsymbol{x}) = \sum_{i=1}^{n} N_i(\boldsymbol{x}) u_i = c \sum_{i=1}^{n} N_i(\boldsymbol{x})\, \boldsymbol{x}_i = c\boldsymbol{x} \tag{8.32}$$

故有

$$\sum_{i=1}^{n} N_i(\boldsymbol{x})\, \boldsymbol{x}_i = \boldsymbol{x} \tag{8.33}$$

(7)紧支性。PIM 形函数是由紧支域中的节点构造出的，在 Mfree 法中，紧支域外的任意点处的函数值均为零。

(8)相容性。在应用 PIM 形函数时，如使用局部支持域，则全局上的相容性将不能保证，即当节点移出或进入支持域时，其场函数的近似式是不连续的。在使用紧支域插值但应用全局弱形式构造 Mfree 的整体方程时，需要格外注意这个问题，而对于应用强式或局部弱形式构造 Mfree 的整体方程，则全局相容性满足与否将不是问题。

在 $m \neq n$ 时，式(8.17)便无法求解，此时我们可以利用加权最小二乘法(WLS)来确定待定系数，通常使 $m < n$。定义目标函数

$$J = \sum_{i=1}^{n} \hat{W}_i \left[\bar{u}(\boldsymbol{x}_i) - u_i\right]^2 \tag{8.34}$$

式中，$\hat{W}_i$ 为支持域中与节点 i 的函数值相对应的加权系数，u_i 为位于 $\boldsymbol{x}_i$ 处的节点位移参数。J 取驻值的条件是

$$\frac{\partial J}{\partial \boldsymbol{a}} = 0 \tag{8.35}$$

由此得到 $\boldsymbol{a}$ 与节点位移向量 $\boldsymbol{U}$ 的关系式

$$\boldsymbol{P}_{m\times n}^{\mathrm{T}} \hat{\boldsymbol{W}}_{n\times n} \boldsymbol{P}_{n\times m} \boldsymbol{a}_{m\times 1} = \boldsymbol{P}_{m\times n}^{\mathrm{T}} \hat{\boldsymbol{W}}_{n\times n} \boldsymbol{U}_{n\times 1} \tag{8.36}$$

其中

$$\hat{\boldsymbol{W}}_{n\times n} = \mathrm{diag}\left[\hat{W}_1 \quad \hat{W}_2 \quad \cdots \quad \hat{W}_n\right] \tag{8.37}$$

这样由式(8.36)便可以求出待定系数列阵 $\boldsymbol{a}$。注意，此处的权系数为常数而不是 $\boldsymbol{x}$ 的函数，它决定近似表达式中各节点所起的不同影响作用，即远处的节点影响较小，而近处的节点影响较大。权系数的选取有多种方法，如可使用下列表达式计算 $\hat{W}_i$

$$\hat{W}_i = \hat{W}(x_i) = \frac{\mathrm{e}^{-\left(\frac{r}{c}\right)^2} - \mathrm{e}^{-\left(\frac{r_s}{c}\right)^2}}{1 - \mathrm{e}^{-\left(\frac{r_s}{c}\right)^2}} \tag{8.38}$$

$$r = \sqrt{(x - x_i)^2 + (y - y_i)^2} \tag{8.39}$$

式中，r 为计算点到节点 i 的距离，r_s 为局部支持域的尺寸，c 为分析者事先给定的常数。

现假设

$$\boldsymbol{A}_{m\times m} = \boldsymbol{P}_{m\times n}^{\mathrm{T}} \hat{\boldsymbol{W}}_{n\times n} \boldsymbol{P}_{n\times m} \tag{8.40}$$

$$\boldsymbol{B}_{m\times n} = \boldsymbol{P}_{m\times n}^{\mathrm{T}} \hat{\boldsymbol{W}}_{n\times n} \tag{8.41}$$

则式(8.36)可写为

$$\boldsymbol{A}_{m\times m} \boldsymbol{a}_{m\times 1} = \boldsymbol{B}_{m\times n} \boldsymbol{U}_{n\times 1} \tag{8.42}$$

由此解得

$$\boldsymbol{a}_{m\times 1} = \boldsymbol{A}_{m\times m}^{-1}\boldsymbol{B}_{m\times n}\boldsymbol{U}_{n\times 1} \tag{8.43}$$

代回式(8.9),得

$$\bar{u}(\boldsymbol{x}) = \boldsymbol{p}^{\mathrm{T}}\boldsymbol{a} = \boldsymbol{p}^{\mathrm{T}}\boldsymbol{A}_{m\times m}^{-1}\boldsymbol{B}_{m\times n}\boldsymbol{U}_{n\times 1} = \boldsymbol{N}^{\mathrm{T}}\boldsymbol{U}_{n\times 1} \tag{8.44}$$

式中的形函数向量 $\boldsymbol{N}$ 为

$$\boldsymbol{N}^{\mathrm{T}} = \boldsymbol{p}^{\mathrm{T}}\boldsymbol{A}_{m\times m}^{-1}\boldsymbol{B}_{m\times n} = \{N_1 \quad N_2 \quad \cdots \quad N_n\} \tag{8.45}$$

其中的 $N_i(i = 1,2,\cdots,n)$ 为支持域中对应节点 i 的形函数。

式(8.44)即为由最小二乘法得到的近似公式。由于使用了加权最小二乘法,故所构造的形函数不再具有 Kronecker δ 函数性质,将其用于全局弱形式的 Mfree 法,会引起施加位移边界条件的不便。然而对于基于局部弱形式的 Mfree 法或 Mfree 配点法,它则没有什么不便,因为在此条件下可采用直接插值法施加本质边界条件。同时还需注意,加权最小二乘 WLS 形函数仅在局部支持域上是相容的,而在全局域上是不相容的,故 WLS 形函数应用于局部弱形式法或配点法将不会有任何问题,而用于全局弱形式时需要格外小心。在此情况下,使用移动最小二乘法(MLS)将是一最佳选择。

8.3.2 径向基点插值法(RPIM)

为避免采用多项式基所引起的奇异性问题,可采用在多项式中添加径向基函数(RBF)的径向基点插值法。令

$$\bar{u}(\boldsymbol{x}) = \sum_{i=1}^{n} R_i(\boldsymbol{x})a_i + \sum_{j=1}^{m} p_j(\boldsymbol{x})b_j = \boldsymbol{R}^{\mathrm{T}}(\boldsymbol{x})\boldsymbol{a} + \boldsymbol{p}^{\mathrm{T}}(\boldsymbol{x})\boldsymbol{b} \tag{8.46}$$

式中,$R_i(\boldsymbol{x})$ 为径向基函数(RBF),n 为径向基函数的个数,$p_j(\boldsymbol{x})$ 为空间坐标 $\boldsymbol{x}$ 的单项式,通常是完备的,m 为多项式基函数的个数。如果 $m = 0$,则为单纯的径向基函数(RBF),否则为添加了 m 个多项式基函数的 RBF。a_i 和 b_j 为待定系数。

在径向基函数 $R_i(\boldsymbol{x})$ 中,仅有表示计算点 $\boldsymbol{x}$ 与节点 $\boldsymbol{x}_i$ 之间距离的变量 r_i,对二维问题

$$r_i = \sqrt{(x-x_i)^2 + (y-y_i)^2} \tag{8.47}$$

常用的径向基函数有多种,很多人对这些问题做过深入的研究,这里不多言,仅给出几种常用的径向基函数形式。以结点 $\boldsymbol{x}_i$ 为中心的全局径向基函数有

$$\text{Multiquadrics(MQ)}: R_i(r_i) = \sqrt{r_i^2 + \alpha^2} \tag{8.48}$$

$$\text{Gaussians(EXP)}: R_i(r_i) = \exp(-\alpha r_i^2) \tag{8.49}$$

$$\text{Thin-plate splines (TPS)}: R_i(r_i) = r_i^{\eta} \tag{8.50}$$

$$\text{对数型}: R_i(r_i) = r_i^{\eta}\ln r_i \tag{8.51}$$

式中,$\alpha > 0$,η 为整数。1995 年吴宗敏提出的正定紧支径向基函数为

$$\text{CSRBF1}: R_i(r_i) = (1-r)_+^4(4 + 16r + 12r^2 + 3r^3) \tag{8.52}$$

$$\text{CSRBF2}: R_i(r_i) = (1-r)_+^6(6 + 36r + 82r^2 + 72r^3 + 30r^4 + 5r^5) \tag{8.53}$$

其中,$r = r_i/r_{\mathrm{max}i}$,$r_{\mathrm{max}i}$ 为支持域内所有结点到计算点 x 之间的距离的最大值,称为支持域半径。而

$$(1-r)_+ = \begin{cases} 1-r, & r \in [0,1] \\ 0, & r \notin [0,1] \end{cases} \tag{8.54}$$

同年,Wendland 提出了正定紧支径向基函数为

$$\text{CSRBF3}: R_i(r_i) = (1-r)_+^6 (3+18r+35r^2) \tag{8.55}$$

$$\text{CSRBF4}: R_i(r_i) = (1-r)_+^8 (1+8r+25r^2+32r^3) \tag{8.56}$$

为确定式(8.46)中的待定系数，需形成 x 的支持域，支持域包含 n 个场节点，在这 n 个节点上令式(8.46)成立，得到一组线性方程组

$$\boldsymbol{R}_0\boldsymbol{a} + \boldsymbol{P}\boldsymbol{b} = \boldsymbol{U} \tag{8.57}$$

其中

$$\boldsymbol{U} = \{u_1 \quad u_2 \quad \cdots \quad u_n\}^{\mathrm{T}} \tag{8.58}$$

$$\boldsymbol{a} = \{a_1 \quad a_2 \quad \cdots \quad a_n\}^{\mathrm{T}} \tag{8.59}$$

$$\boldsymbol{b} = \{b_1 \quad b_2 \quad \cdots \quad b_m\}^{\mathrm{T}} \tag{8.60}$$

$$\boldsymbol{R}_0 = \begin{bmatrix} R_1(r_1) & R_2(r_1) & \cdots & R_n(r_1) \\ R_1(r_2) & R_2(r_2) & \cdots & R_n(r_2) \\ \cdots & \cdots & \cdots & \cdots \\ R_1(r_n) & R_2(r_n) & \cdots & R_n(r_n) \end{bmatrix}_{n\times n} \tag{8.61}$$

$$\boldsymbol{P} = \begin{bmatrix} p_1(x_1) & p_2(x_1) & \cdots & p_m(x_1) \\ p_1(x_2) & p_2(x_2) & \cdots & p_m(x_2) \\ \cdots & \cdots & \cdots & \cdots \\ p_1(x_n) & p_2(r_n) & \cdots & p_m(x_n) \end{bmatrix}_{n\times m} \tag{8.62}$$

式 (8.61)中，$R_i(r_k)$ 中的 r_k 定义为

$$r_k = \sqrt{(x_k - x_i)^2 + (y_k - y_i)^2} \tag{8.63}$$

注意：方程(8.57)共有 $m+n$ 个未知量，但只有 n 个方程，需要约束方程才能求解。可添加如下的 m 个约束方程来求解

$$\sum_{i=1}^{n} p_j(\boldsymbol{x}_i)a_i = \boldsymbol{P}^{\mathrm{T}}\boldsymbol{a} = 0 \qquad (j = 1,2,\cdots,m) \tag{8.64}$$

将式(8.57)和式(8.64)两组方程联立，得到矩阵形式的方程

$$\begin{bmatrix} \boldsymbol{R}_0 & \boldsymbol{P} \\ \boldsymbol{P}^{\mathrm{T}} & \boldsymbol{0} \end{bmatrix} \begin{Bmatrix} \boldsymbol{a} \\ \boldsymbol{b} \end{Bmatrix} = \begin{Bmatrix} \boldsymbol{U} \\ \boldsymbol{0} \end{Bmatrix} \tag{8.65}$$

简记为

$$\boldsymbol{G}\boldsymbol{a}_0 = \tilde{\boldsymbol{U}} \tag{8.66}$$

式中

$$\boldsymbol{G} = \begin{bmatrix} \boldsymbol{R}_0 & \boldsymbol{P} \\ \boldsymbol{P}^{\mathrm{T}} & \boldsymbol{0} \end{bmatrix} \tag{8.67}$$

$$\boldsymbol{a}_0 = \{a_1 \quad a_2 \quad \cdots \quad a_n \quad b_1 \quad b_2 \quad \cdots \quad b_m\}^{\mathrm{T}} \tag{8.68}$$

$$\tilde{\boldsymbol{U}} = \{u_1 \quad u_2 \quad \cdots \quad u_n \quad 0 \quad 0 \quad \cdots \quad 0\}^{\mathrm{T}} \tag{8.69}$$

因为 $\boldsymbol{R}_0$ 为对称矩阵，所以 $\boldsymbol{G}$ 也是对称矩阵。求解式(8.66)得

$$\boldsymbol{a}_0 = \boldsymbol{G}^{-1}\tilde{\boldsymbol{U}} \tag{8.70}$$

可将插值近似公式(8.46)式改写为

$$\bar{u}(\boldsymbol{x}) = \{\boldsymbol{R}^{\mathrm{T}}(\boldsymbol{x}) \quad \boldsymbol{p}^{\mathrm{T}}(\boldsymbol{x})\}\{\boldsymbol{a}_0\} = \{\boldsymbol{R}^{\mathrm{T}}(\boldsymbol{x}) \quad \boldsymbol{p}^{\mathrm{T}}(x)\}\boldsymbol{G}^{-1}\tilde{\boldsymbol{U}} = \bar{\boldsymbol{N}}^{\mathrm{T}}(\boldsymbol{x})\tilde{\boldsymbol{U}} \tag{8.71}$$

式中

$$\begin{aligned}\bar{\boldsymbol{N}}^{\mathrm{T}}(\boldsymbol{x}) &= \{\boldsymbol{R}^{\mathrm{T}}(\boldsymbol{x}) \quad \boldsymbol{p}^{\mathrm{T}}(\boldsymbol{x})\}\,\boldsymbol{G}^{-1} \\ &= \{N_1(x) \quad N_2(x) \quad \cdots \quad N_n(x) \quad N_{n+1}(x) \quad \cdots \quad N_{n+m}(x)\}\end{aligned} \tag{8.72}$$

最终对应于节点位移向量的 RPIM 插值形函数向量为

$$\boldsymbol{N}^{\mathrm{T}}(\boldsymbol{x}) = \{N_1(x) \quad N_2(x) \quad \cdots \quad N_n(x)\} \tag{8.73}$$

式(8.71)可重写为

$$\bar{u}(\boldsymbol{x}) = \boldsymbol{N}^{\mathrm{T}}(\boldsymbol{x})\boldsymbol{U} \tag{8.74}$$

此即为 RPIM 插值的近似位移函数。

需要指出的是，如果构造插值函数时仅采用径向基函数(RBF)而不添加多项式，则前述讨论中的矩阵 $\boldsymbol{P}$ 直接取零便可。

式(8.74)可以很方便地求导

$$\bar{u}_{,l}(\boldsymbol{x}) = \boldsymbol{N}_{,l}^{\mathrm{T}}(\boldsymbol{x})\boldsymbol{U} \tag{8.75}$$

式中的 l 表示坐标 x 或 y，逗号表示对其后的空间坐标求偏导数。

RPIM 插值形函数同样具有以下性质：

(1) δ 函数性。由于其形函数是通过节点值的方法建立的，故仍然拥有 Kroneckerδ 函数性质，即

$$N_i(\boldsymbol{x}_j) = \begin{cases} 1 & i = j \\ 0 & i \neq j \end{cases} \tag{8.76}$$

(2)单位分解性。N_i 具有单位分解性，即

$$\sum_{i=1}^{n} N_i(\boldsymbol{x}) = 1 \tag{8.77}$$

如果在径向基函数中添加了多项式，则基函数中含有常数项，则形函数的单位分解性很容易被证明。对某些纯粹的径向基函数插值(RBF)，应设法使其包含常数项。

(3)再生性。至少含有多项式的(RPIM)能确保再生线性多项式。

(4)紧支性。RPIM 形函数是紧支的，因为它是由紧支域中的节点构造出的，在支持域外的任意点处的函数值均为零。

(5)连续性。RPIM 形函数通常具有高阶连续的导数，因为径向基函数是高阶连续的。

(6)协调性。在使用 RPIM 形函数时，如采用局部支持域，则总体域上的协调性无法保证。当节点进入或离开支持域时，其场函数的近似公式可能是不连续的。

本节给出的径向基函数在处理 Neumann 边界条件时会出现较大误差，比如梁、板一类结构的边界条件包含位移的一阶导数就属于这种情况。此时可采用 Hermite 型径向基函数，以提高这类问题的求解精度，读者可参考其他书籍。

8.3.3 移动最小二乘近似 (MLS)

移动最小二乘(MLQ)近期在无网格法中得到了广泛应用，下面简要介绍其形函数的构造方法和特点。

考虑求解域 Ω 的场变量 $u(\boldsymbol{x})$，在域内设有 N 个节点 $\boldsymbol{x}_i$ ($i = 1,2,\cdots,N$)。在计算点 x 处的位移近似为

$$\bar{u}(\boldsymbol{x}) = \sum_{i=1}^{m} p_i(\boldsymbol{x}) a_i(\boldsymbol{x}) = \boldsymbol{p}^{\mathrm{T}}(\boldsymbol{x}) \cdot \boldsymbol{a}(\boldsymbol{x}) \tag{8.78}$$

注意式(8.78)与式(8.9)的不同，这里的 a_i 不是常数，而是 $\boldsymbol{x}$ 的函数。$\boldsymbol{p}(\boldsymbol{x})$为二维空间坐标 $\boldsymbol{x} = [x, y]^{\mathrm{T}}$ 的基函数，通常是用 Pascal 三角的完备单项式，在某些特殊问题中，也可以在多项式基函数中加入特殊函数以改善 MLS 近似式的性能，这里仅采用单纯的多项式基。

设计算点 $\boldsymbol{x}$ 的支持域内包含 n 个节点，试函数 $\bar{u}(\boldsymbol{x})$ 在这些节点上的误差加权平方和为

$$J = \sum_{i=1}^{n} \hat{W}_i(\boldsymbol{x}) \left[\bar{u}(\boldsymbol{x}_i) - u_i\right]^2 \tag{8.79}$$

$\hat{W}_i(\boldsymbol{x})$ 为权函数。将式(8.78)代入，得

$$\begin{aligned} J(\boldsymbol{a}) &= \sum_{i=1}^{n} \hat{W}_i(\boldsymbol{x}) \left[\bar{u}(\boldsymbol{x}_i) - u_i\right]^2 \\ &= \sum_{i=1}^{n} \hat{W}_i(\boldsymbol{x}) \left[\boldsymbol{p}^{\mathrm{T}}(\boldsymbol{x}_i) \cdot \boldsymbol{a}(\boldsymbol{x}) - u_i\right]^2 \end{aligned} \tag{8.80}$$

为使泛函 $J(\boldsymbol{a})$ 取极小值，令其一阶变分等于零，即

$$\delta J(\boldsymbol{a}) = 2\delta \boldsymbol{a}^{\mathrm{T}}(\boldsymbol{x}) \left\{ \sum_{i=1}^{n} \hat{W}_i(\boldsymbol{x}) \boldsymbol{p}(\boldsymbol{x}_i) \left[\boldsymbol{p}^{\mathrm{T}}(\boldsymbol{x}_i) \cdot \boldsymbol{a}(\boldsymbol{x}) - u_i\right] \right\} = 0$$

于是有

$$\boldsymbol{A}(\boldsymbol{x}) \boldsymbol{a}(\boldsymbol{x}) = \boldsymbol{B}(\boldsymbol{x}) \boldsymbol{U} \tag{8.81}$$

其中，

$$\boldsymbol{U} = \{u_1 \quad u_2 \quad \cdots \quad u_n\}^{\mathrm{T}} \tag{8.82}$$

$$\boldsymbol{A}(\boldsymbol{x}) = \sum_{i=1}^{n} \hat{W}_i(\boldsymbol{x}) \boldsymbol{p}(\boldsymbol{x}_i)\, \boldsymbol{p}^{\mathrm{T}}(\boldsymbol{x}_i) \tag{8.83}$$

$$\boldsymbol{B}(\boldsymbol{x}) = \left[\hat{W}_1(\boldsymbol{x}) \boldsymbol{p}(\boldsymbol{x}_1) \quad \hat{W}_2(\boldsymbol{x}) \boldsymbol{p}(\boldsymbol{x}_2) \quad \cdots \quad \hat{W}_n(\boldsymbol{x}) \boldsymbol{p}(\boldsymbol{x}_n)\right] \tag{8.84}$$

一般说来，矩阵 $\boldsymbol{A}(\boldsymbol{x})$的阶数为 $m \times m$，矩阵 $\boldsymbol{B}(\boldsymbol{x})$的阶数为 $m \times n$。对二维问题，如果采用线性基($m = 3$) 时，$\boldsymbol{A}(\boldsymbol{x})$为一对称的 3×3 矩阵，其显式形式为

$$\boldsymbol{A}(\boldsymbol{x}) = \begin{bmatrix} \sum_{i=1}^{n} \hat{W}_i(\boldsymbol{x}) & \sum_{i=1}^{n} \hat{W}_i(\boldsymbol{x}) x_i & \sum_{i=1}^{n} \hat{W}_i(\boldsymbol{x}) y_i \\ \sum_{i=1}^{n} \hat{W}_i(\boldsymbol{x}) x_i & \sum_{i=1}^{n} \hat{W}_i(\boldsymbol{x}) x_i^2 & \sum_{i=1}^{n} \hat{W}_i(\boldsymbol{x}) x_i y_i \\ \sum_{i=1}^{n} \hat{W}_i(\boldsymbol{x}) y_i & \sum_{i=1}^{n} \hat{W}_i(\boldsymbol{x}) x_i y_i & \sum_{i=1}^{n} \hat{W}_i(\boldsymbol{x}) y_i^2 \end{bmatrix} \tag{8.85}$$

$\boldsymbol{B}(\boldsymbol{x})$为一的 $3 \times n$ 矩阵

$$\boldsymbol{B}(\boldsymbol{x}) = \begin{bmatrix} \hat{W}_1(\boldsymbol{x}) & \hat{W}_2(\boldsymbol{x}) & \cdots & \hat{W}_n(\boldsymbol{x}) \\ \hat{W}_1(\boldsymbol{x}) x_1 & \hat{W}_2(\boldsymbol{x}) x_2 & \cdots & \hat{W}_n(\boldsymbol{x}) x_n \\ \hat{W}_1(\boldsymbol{x}) y_1 & \hat{W}_2(\boldsymbol{x}) y_2 & \cdots & \hat{W}_n(\boldsymbol{x}) y_n \end{bmatrix} \tag{8.86}$$

由式 (8.81)解得

$$\boldsymbol{a}(\boldsymbol{x}) = \boldsymbol{A}^{-1}(\boldsymbol{x}) \boldsymbol{B}(\boldsymbol{x}) \boldsymbol{U} \tag{8.87}$$

再代入式(8.78)，有

$$\bar{u}(\boldsymbol{x}) = \boldsymbol{p}^{\mathrm{T}}(\boldsymbol{x}) \cdot \boldsymbol{a}(\boldsymbol{x}) = \boldsymbol{p}^{\mathrm{T}}(\boldsymbol{x}) \cdot \boldsymbol{A}^{-1}(\boldsymbol{x}) \cdot \boldsymbol{B}(\boldsymbol{x}) \cdot \boldsymbol{U} = \boldsymbol{N}^{\mathrm{T}}(x) \cdot \boldsymbol{U} \tag{8.88}$$

其中，插值函数矩阵为

$$\boldsymbol{N}^{\mathrm{T}}(\boldsymbol{x}) = \{N_1(\boldsymbol{x}) \quad N_2(\boldsymbol{x}) \quad \cdots \quad N_n(\boldsymbol{x})\} \tag{8.89}$$

$$N_i(\boldsymbol{x}) = \boldsymbol{p}^{\mathrm{T}}(\boldsymbol{x}) \cdot \boldsymbol{A}^{-1}(\boldsymbol{x}_i) \cdot \boldsymbol{B}(\boldsymbol{x}_i) \tag{8.90}$$

值得指出的是，式(8.90)的计算量远大于有限元法计算形函数的计算量，在有限元法中，同类单元的形函数是相同的，但在无网格法中，各个节点处的形函数需要单独计算。

由式(8.90)可以看出，形函数 $N_i(x)$ 的连续性由基函数向量 $\boldsymbol{p}(\boldsymbol{x})$以及矩阵 $\boldsymbol{A}(\boldsymbol{x})$和 $\boldsymbol{B}(\boldsymbol{x})$的光滑性所决定，而矩阵 $\boldsymbol{A}(\boldsymbol{x})$和 $\boldsymbol{B}(\boldsymbol{x})$的光滑性是由权函数 $\hat{W}_i(\boldsymbol{x})$ 的光滑性所决定，故权函数的选择对 MLS 方法近似的性能有着极其重要的影响。一般说来，权函数 $\hat{W}_i(\boldsymbol{x})$ 应具备如下基本性质：

(1)在支持域上有 $\hat{W}_i(\boldsymbol{x}) > 0$，在支持域外 $\hat{W}_i(\boldsymbol{x}) = 0$。

(2) $\hat{W}_i(\boldsymbol{x})$ 在支持域内单调减，即在节点 $\boldsymbol{x}_i$ 点有最大值。

(3) $\hat{W}_i(\boldsymbol{x})$ 应足够光滑，尤其是在边界上。

若权函数为

$$\hat{W}_i(\boldsymbol{x}) = \begin{cases} 1, & \boldsymbol{x} \in \Omega_i \\ 0, & \boldsymbol{x} \notin \Omega_i \end{cases} \tag{8.91}$$

则移动最小二乘近似退化为标准的最小二乘近似。支持域一般为矩形或圆形，若节点均匀分布，则矩形支持域具有应用优势。支持域为矩形的权函数为

$$\hat{W}_i(\boldsymbol{x}) = \hat{W}\left(\frac{x - x_i}{d_{\max x_i}}\right)\hat{W}\left(\frac{y - y_i}{d_{\max y_i}}\right) \tag{8.92}$$

$d_{\max x_i}$ 和 $d_{\max y_i}$ 分别为矩形支持域在 x 和 y 方向的长度。支持域为圆形时常用的权函数有指数函数和样条函数，如

$$\hat{W}_i(\boldsymbol{x}) = \begin{cases} \dfrac{\mathrm{e}^{-r^2\alpha^2} - \mathrm{e}^{-\alpha^2}}{1 - \mathrm{e}^{-\alpha^2}}, & r \leqslant 1 \\ 0, & r > 1 \end{cases} \tag{8.93}$$

$$\hat{W}_i(\boldsymbol{x}) = \begin{cases} \mathrm{e}^{-r^2/\alpha^2}, & r \leqslant 1 \\ 0, & r > 1 \end{cases} \tag{8.94}$$

$$\hat{W}_i(\boldsymbol{x}) = \begin{cases} 2/3 - 4r^2 + 4r^3, & r \leqslant 1/2 \\ 4/3 - 4r + 4r^2 - 4/3r^3, & 1/2 < r \leqslant 1 \\ 0, & r > 1 \end{cases} \tag{8.95}$$

$$\hat{W}_i(\boldsymbol{x}) = \begin{cases} (1 - r)(1 + r - 5r^2 + 3r^3), & r \leqslant 1 \\ 0, & r > 1 \end{cases} \tag{8.96}$$

以上各式中，α 为形状参数，而 r 定义为

$$r = \frac{d_i}{d_{\max i}} = \frac{\| \boldsymbol{x} - \boldsymbol{x}_i \|}{d_{\max i}} \tag{8.97}$$

式中，d_i 为计算点 $\boldsymbol{x}$ 到节点 i 的距离，$d_{\max i}$ 为支持域的尺寸（支持域半径），也即 i 节点的支持域中所有节点到节点 i 距离的最大值。

式(8.93)和式(8.94)所示的指数权函数在支持域中的各阶导数均是连续的，然而它们的各阶导数和函数本身在支持域的边界上均不能精确等于零，故理论上讲，这种权函数不具有任何阶数的相容性，所幸的是在支持域边界上这些非零值均很小，因而在实际应用中，只要支持域足够大，可认为这种权函数近似满足高阶相容性，数值误差不大。而式(8.95)和式(8.96)所示的三阶和四阶样条函数分别具有2阶和3阶连续性。

在移动最小二乘近似中，插值函数并不是用插值法构造的，即 $\bar{u}(\boldsymbol{x}_i) \neq u_i = u(\boldsymbol{x}_i)$，因而其形函数 $N_i(\boldsymbol{x})$ 不具有 Kroneckerδ 函数性质，即 $N_i(\boldsymbol{x}_j) \neq \delta_{ij}$，这导致无法直接施加位移边界条件，$u_i$ 只是虚拟的节点参数，试函数在各节点处的值需要通过式(8.88)计算得到。移动最小二乘法的形函数具有一致性和单位分解性。

8.4 Galerkin 型无网格法

8.4.1 无网格法的计算格式

考虑二维问题，其数学描述为

$$\begin{aligned}
&\text{平衡方程：} \boldsymbol{L}^{\mathrm{T}}\boldsymbol{\sigma} + \boldsymbol{F} = 0 \qquad \text{在 } \Omega \text{ 内} \\
&\text{几何方程：} \boldsymbol{\varepsilon} - \boldsymbol{L}\boldsymbol{u} = 0 \qquad \text{在 } \Omega \text{ 内} \\
&\text{物理方程：} \boldsymbol{\sigma} = \boldsymbol{D}\boldsymbol{\varepsilon} \qquad \text{在 } \Omega \text{ 内} \\
&\text{边界条件：} \boldsymbol{n}\boldsymbol{\sigma} = \bar{\boldsymbol{p}} \qquad \text{在 } \Gamma_\sigma \text{ 上} \\
&\qquad\qquad\quad \boldsymbol{u} = \bar{\boldsymbol{u}} \qquad \text{在 } \Gamma_u \text{ 上}
\end{aligned} \tag{8.98}$$

其等效积分形式的弱形式为

$$\int_\Omega \delta\boldsymbol{\varepsilon}^{\mathrm{T}}\boldsymbol{\sigma}\mathrm{d}\Omega - \int_\Omega \delta\boldsymbol{u}^{\mathrm{T}}\boldsymbol{F}\mathrm{d}\Omega - \int_{\Gamma_\sigma} \delta\boldsymbol{u}^{\mathrm{T}}\bar{\boldsymbol{p}}\mathrm{d}\Gamma = 0 \tag{8.99}$$

将物理方程和几何方程代入得

$$\int_\Omega \delta(\boldsymbol{L}\boldsymbol{u})^{\mathrm{T}}\boldsymbol{D}(\boldsymbol{L}\boldsymbol{u})\mathrm{d}\Omega - \int_\Omega \delta\boldsymbol{u}^{\mathrm{T}}F\mathrm{d}\Omega - \int_{\Gamma_\sigma} \delta\boldsymbol{u}^{\mathrm{T}}\bar{\boldsymbol{p}}\mathrm{d}\Gamma = 0 \tag{8.100}$$

对平面问题

$$\boldsymbol{u} = \{u \quad v\}^{\mathrm{T}} \tag{8.101}$$

现在，利用上节所述的插值方法来离散积分方程，设

$$\boldsymbol{u}(\boldsymbol{x}) = \begin{Bmatrix} u \\ v \end{Bmatrix} = \begin{bmatrix} N_1 & 0 & \cdots & N_n & 0 \\ 0 & N_1 & \cdots & 0 & N_n \end{bmatrix} \begin{Bmatrix} u_1 \\ v_1 \\ \vdots \\ u_n \\ v_n \end{Bmatrix} = \boldsymbol{N}(\boldsymbol{x})\boldsymbol{U} \tag{8.102}$$

也可写成按节点求和式

$$\boldsymbol{u}(\boldsymbol{x}) = \begin{Bmatrix} u \\ v \end{Bmatrix} = \sum_{i=1}^{n} \boldsymbol{N}_i(\boldsymbol{x})\boldsymbol{U}_i \tag{8.103}$$

其中

$$\boldsymbol{N}_i = \begin{bmatrix} N_i & 0 \\ 0 & N_i \end{bmatrix}, \boldsymbol{U}_i = \begin{Bmatrix} u_i \\ v_i \end{Bmatrix} \tag{8.104}$$

将近似公式(8.102)代入几何方程，有

$$\boldsymbol{\varepsilon} = \boldsymbol{Lu} = \boldsymbol{LN}(\boldsymbol{x})\boldsymbol{U} = \boldsymbol{BU} = \sum_{i=1}^{n} \boldsymbol{B}_i \boldsymbol{U}_i \tag{8.105}$$

式中，$\boldsymbol{B}$ 为应变矩阵，$\boldsymbol{B}_i$ 为对应节点 i 的应变矩阵，其表达式为

$$\boldsymbol{B} = \begin{bmatrix} N_{1,x} & 0 & N_{2,x} & 0 & \cdots & N_{n,x} & 0 \\ 0 & N_{1,y} & 0 & N_{2,y} & \cdots & 0 & N_{n,y} \\ N_{1,y} & N_{1,x} & N_{2,y} & N_{2,x} & \cdots & N_{n,y} & N_{n,x} \end{bmatrix} \tag{8.106}$$

对式(8.105)变分，有

$$\delta\boldsymbol{\varepsilon} = \delta(\boldsymbol{Lu}) = (\boldsymbol{L}\delta\boldsymbol{u}) = \boldsymbol{B}\delta\boldsymbol{U} = \sum_{i=1}^{n} \boldsymbol{B}_i\delta\,\boldsymbol{U}_i \tag{8.107}$$

代入式(8.100)中的第一项，得

$$\begin{aligned} \int_\Omega \delta\,(\boldsymbol{Lu})^{\mathrm{T}}\boldsymbol{D}(\boldsymbol{Lu})\mathrm{d}\Omega &= \int_\Omega \Big(\sum_{i=1}^{n} \boldsymbol{B}_i\delta\,\boldsymbol{U}_i\Big)^{\mathrm{T}}\Big(\sum_{i=1}^{n}\boldsymbol{D}\,\boldsymbol{B}_i\,\boldsymbol{U}_i\Big)\mathrm{d}\Omega \\ &= \int_\Omega \sum_{i=1}^{n}\sum_{j=1}^{n} (\boldsymbol{B}_i\delta\,\boldsymbol{U}_i)^{\mathrm{T}}(\boldsymbol{D}\,\boldsymbol{B}_j\,\boldsymbol{U}_j)\mathrm{d}\Omega \\ &= \sum_{i=1}^{n}\sum_{j=1}^{n}\delta\,\boldsymbol{U}_i^{\mathrm{T}}\Big(\int_\Omega \boldsymbol{B}_i^{\mathrm{T}}\boldsymbol{D}\,\boldsymbol{B}_j\,\mathrm{d}\Omega\Big)\,\boldsymbol{U}_j \\ &= \sum_{i=1}^{n}\sum_{j=1}^{n}\delta\,\boldsymbol{U}_i^{\mathrm{T}}\,\boldsymbol{K}_{ij}\,\boldsymbol{U}_j \end{aligned} \tag{8.108}$$

注意，在此之前 i,j 均表示局部支持域中的节点局部编号。从现在开始我们将从局部编号体系转为使用总体编号，即将整个域中的所有节点从 1 到 N 统一编号，N 为问题域上的节点总数。故上式中的 i,j 可从 1 到 N 变化，当 i,j 不在同一局部支持域中时相应的被积函数为零。如此，上式写为

$$\int_\Omega \delta\,(\boldsymbol{Lu})^{\mathrm{T}}\boldsymbol{D}(\boldsymbol{Lu})\mathrm{d}\Omega = \sum_{i=1}^{N}\sum_{j=1}^{N}\delta\,\boldsymbol{U}_i^{\mathrm{T}}\,\boldsymbol{K}_{ij}\,\boldsymbol{U}_j \tag{8.109}$$

其中

$$\boldsymbol{K}_{ij} = \int_\Omega \boldsymbol{B}_i^{\mathrm{T}}\boldsymbol{D}\,\boldsymbol{B}_j\,\mathrm{d}\Omega \tag{8.110}$$

为节点刚度矩阵，其阶数为 2×2，当 i 和 j 不同时位于同一积分点的支持域中时 $\boldsymbol{K}_{ij}=0$。

将式(8.109)求和式重新组集，然后写成矩阵形式，有

$$\begin{aligned} \sum_{i=1}^{N}\sum_{j=1}^{N}\delta\,\boldsymbol{U}_i^{\mathrm{T}}\,\boldsymbol{K}_{ij}\,\boldsymbol{U}_j &= \delta\,\boldsymbol{U}_1^{\mathrm{T}}\,\boldsymbol{K}_{11}\,\boldsymbol{U}_1 + \delta\,\boldsymbol{U}_1^{\mathrm{T}}\,\boldsymbol{K}_{12}\,\boldsymbol{U}_2 + \cdots + \delta\,\boldsymbol{U}_1^{\mathrm{T}}\,\boldsymbol{K}_{1N}\,\boldsymbol{U}_N + \\ &\quad\ \delta\,\boldsymbol{U}_2^{\mathrm{T}}\,\boldsymbol{K}_{21}\,\boldsymbol{U}_1 + \delta\,\boldsymbol{U}_2^{\mathrm{T}}\,\boldsymbol{K}_{22}\,\boldsymbol{U}_2 + \cdots + \delta\,\boldsymbol{U}_2^{\mathrm{T}}\,\boldsymbol{K}_{2N}\,\boldsymbol{U}_N + \\ &\quad\ \cdots\cdots\cdots\cdots\cdots\cdots + \\ &\quad\ \delta\,\boldsymbol{U}_N^{\mathrm{T}}\,\boldsymbol{K}_{N1}\,\boldsymbol{U}_1 + \delta\,\boldsymbol{U}_N^{\mathrm{T}}\,\boldsymbol{K}_{N2}\,\boldsymbol{U}_2 + \cdots + \delta\,\boldsymbol{U}_N^{\mathrm{T}}\,\boldsymbol{K}_{NN}\,\boldsymbol{U}_N \\ &= \delta\,\boldsymbol{U}^{\mathrm{T}}\boldsymbol{KU} \end{aligned} \tag{8.111}$$

其中

$$
\boldsymbol{K}=\begin{bmatrix}\boldsymbol{K}_{11} & \boldsymbol{K}_{12} & \cdots & \boldsymbol{K}_{1N}\\ \boldsymbol{K}_{21} & \boldsymbol{K}_{22} & \cdots & \boldsymbol{K}_{2N}\\ \vdots & \vdots & \vdots & \vdots\\ \boldsymbol{K}_{N1} & \boldsymbol{K}_{N2} & \cdots & \boldsymbol{K}_{NN}\end{bmatrix} \tag{8.112}
$$

为结构的总体刚度矩阵，其阶数为 $2N\times 2N$。

将插值公式(8.102)式代入等效积分形式式(8.100)中的第二项，有

$$
\begin{aligned}
\int_{\Omega}\delta\boldsymbol{u}^{\mathrm{T}}\boldsymbol{F}\mathrm{d}\Omega &= \int_{\Omega}\left(\delta\sum_{i=1}^{N}\boldsymbol{N}_i\boldsymbol{U}_i\right)^{\mathrm{T}}\boldsymbol{F}\mathrm{d}\Omega = \int_{\Omega}\left(\sum_{i=1}^{N}\boldsymbol{N}_i\delta\boldsymbol{U}_i\right)^{\mathrm{T}}\boldsymbol{F}\mathrm{d}\Omega\\
&= \int_{\Omega}\sum_{i=1}^{N}\delta\boldsymbol{U}_i^{\mathrm{T}}\boldsymbol{N}_i^{\mathrm{T}}\boldsymbol{F}\mathrm{d}\Omega = \sum_{i=1}^{N}\int_{\Omega}\delta\boldsymbol{U}_i^{\mathrm{T}}\boldsymbol{N}_i^{\mathrm{T}}\boldsymbol{F}\mathrm{d}\Omega = \sum_{i=1}^{N}\delta\boldsymbol{U}_i^{\mathrm{T}}\int_{\Omega}\boldsymbol{N}_i^{\mathrm{T}}\boldsymbol{F}\mathrm{d}\Omega\\
&= \sum_{i=1}^{N}\delta\boldsymbol{U}_i^{\mathrm{T}}\boldsymbol{F}_i^{g} = \sum_{i=1}^{N}\delta\boldsymbol{U}_i^{\mathrm{T}}\boldsymbol{F}_i^{g} = \delta\boldsymbol{U}^{\mathrm{T}}F^{g}
\end{aligned} \tag{8.113}
$$

其中

$$
\boldsymbol{F}_i^{g}=\int_{\Omega}\boldsymbol{N}_i^{\mathrm{T}}\boldsymbol{F}\mathrm{d}\Omega \tag{8.114}
$$

为体积力在节点 i 处的等效节点力子向量，$\boldsymbol{F}^{g}$ 为结构总体的体力等效节点力向量。

类似地等效积分形式中的第三项为

$$
\begin{aligned}
\int_{\Gamma_\sigma}\delta\boldsymbol{u}^{\mathrm{T}}\bar{\boldsymbol{p}}\mathrm{d}\Gamma &= \int_{\Gamma_\sigma}\left(\delta\sum_{i=1}^{N}\boldsymbol{N}_i\boldsymbol{U}_i\right)^{\mathrm{T}}\bar{\boldsymbol{p}}\mathrm{d}\Gamma = \int_{\Gamma_\sigma}\sum_{i=1}^{N}\delta\boldsymbol{U}_i^{\mathrm{T}}\boldsymbol{N}_i^{\mathrm{T}}\bar{\boldsymbol{p}}\mathrm{d}\Gamma\\
&= \sum_{i=1}^{N}\delta\boldsymbol{U}_i^{\mathrm{T}}\int_{\Gamma_\sigma}\boldsymbol{N}_i^{\mathrm{T}}\bar{\boldsymbol{p}}\mathrm{d}\Gamma = \sum_{i=1}^{N}\delta\boldsymbol{U}_i^{\mathrm{T}}F_i^{\Gamma} = \delta\boldsymbol{U}^{\mathrm{T}}F^{\Gamma}
\end{aligned} \tag{8.115}
$$

式中

$$
\boldsymbol{F}_i^{\Gamma}=\int_{\Gamma_\sigma}\boldsymbol{N}_i^{\mathrm{T}}\bar{\boldsymbol{p}}\mathrm{d}\Gamma \tag{8.116}
$$

为边界上的面力在节点 i 处的等效节点力子向量，$\boldsymbol{F}^{\Gamma}$ 为结构总体的面力的等效节点力向量。

将式(8.111)，式(8.113)和式(8.115)代入式(8.100)，等效积分形式变为

$$
\delta\boldsymbol{U}^{\mathrm{T}}\boldsymbol{K}\boldsymbol{U}-\delta\boldsymbol{U}^{\mathrm{T}}\boldsymbol{F}^{g}-\delta\boldsymbol{U}^{\mathrm{T}}\boldsymbol{F}^{\Gamma}=0 \tag{8.117}
$$

即

$$
\delta\boldsymbol{U}^{\mathrm{T}}(\boldsymbol{K}\boldsymbol{U}-\boldsymbol{F}^{g}-\boldsymbol{F}^{\Gamma})=0 \tag{8.118}
$$

因为虚位移是任意的，故上式成立的条件是

$$
\boldsymbol{K}\boldsymbol{U}-\boldsymbol{F}^{g}-\boldsymbol{F}^{\Gamma}=0 \tag{8.119}
$$

或

$$
\boldsymbol{K}\boldsymbol{U}=\boldsymbol{P} \tag{8.120}
$$

其中

$$
\boldsymbol{P}=\boldsymbol{F}^{g}+\boldsymbol{F}^{\Gamma} \tag{8.121}
$$

为总的等效节点力列向量。

式(8.120)就是无网格法得到的离散系统方程，从其推导过程可以看到，实质上与有限元法没有任何区别，之所以称其为无网格法，是因为其中的位移近似函数仅是借助于节点的信息

构造的而没有引入单元的概念。在施加位移边界条件之后,式(8.120)便可以求解,求得节点位移之后,便进一步可求得应力,此处略去。需要说明的是:在计算刚度矩阵和力向量的时候,都需要去进行积分运算,为此,需要将问题域划分成若干背景网格以进行数值积分运算。另外,由于某些插值函数不具有单位分解性,故在引入位移边界条件时需要用到其他手段。

8.4.2 数值积分

式(8.110),式(8.114) 和式(8.116)的数值积分问题是 Galerkin 无网格法的固有问题,通常有两种处理方法。

1. 背景网格积分

与有限元方法不同,背景网格仅仅是为积分而划分的,它与近似函数无关,因此可将积分区域分割成规则的网格,其生成要比有限元网格的划分容易得多。

由于无网格法的形函数 $N_i(\boldsymbol{x})$ 只是在节点 i 的支持域有定义,且支持域形状是任意的,因此背景网格积分方案不是最佳的,而且会产生较大误差。若节点支持域都是矩形,那么根据支持域可构造最佳的用于积分的背景网格,所谓的积分单元,如图 8.3 所示。在划分背景网格之后,对某一被积函数的总积分可以写成对各单元积分之和的形式,即

$$\int_{\Omega} f\,\mathrm{d}\Omega = \sum_{k=1}^{N_e}\int_{\Omega_k} f\,\mathrm{d}\Omega \tag{8.122}$$

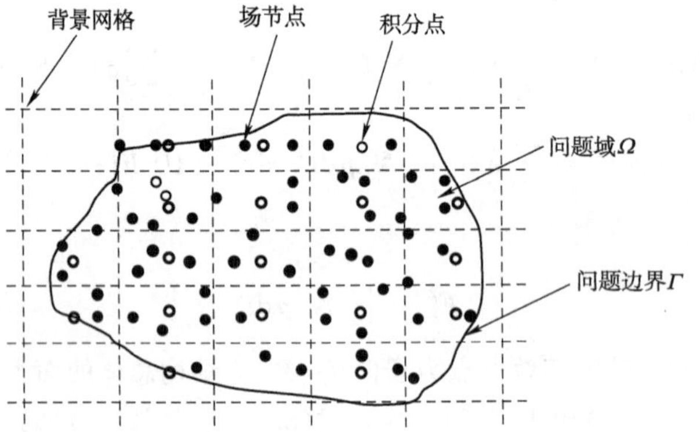

图 8.3 无网格法的积分背景网格

式中,N_e 为背景单元数,Ω_k 为第 k 个背景单元的域。在 FEM 中通常利用 Gauss 积分法求解各个单元的数值积分。当每个背景单元中使用 n_g 个 Gauss 点时,式(8.122)变为

$$\int_{\Omega} f\,\mathrm{d}\Omega = \sum_{k=1}^{N_e}\int_{\Omega_k} f\,\mathrm{d}\Omega = \sum_{k=1}^{N_e}\sum_{s=1}^{n_g} A_s f(\boldsymbol{x}_s)\ |\ \boldsymbol{J}_{sk}^{D}\ | \tag{8.123}$$

式中,A_s 为 Gauss 求积加权系数,$\boldsymbol{J}_{sk}^{D}$ 为对背景单元 k 在积分点 $\boldsymbol{x}_s$ 处进行面积分的 Jacobi 矩阵。类似地可得到曲线 Gauss 积分公式为

$$\int_{\Gamma_t} f\,\mathrm{d}\Gamma = \sum_{l=1}^{N_{ct}}\int_{\Gamma_{tl}} f\,\mathrm{d}\Gamma = \sum_{l=1}^{N_{ct}}\sum_{s=1}^{n_{gt}} A_i f(\boldsymbol{x}_s)\ |\ \boldsymbol{J}_{sl}^{B}\ | \tag{8.124}$$

式中,A_s 为 Gauss 求积加权系数,$\boldsymbol{J}_{sl}^{B}$ 为对子边界 l 在积分点 $\boldsymbol{x}_s$ 处进行曲线积分时的 Jacobi 矩阵,N_{ct} 为用于离散边界 Γ_t 的单元数,n_{gt} 为子边界(对二维问题来说边界是一维的)曲线积分

的 Gauss 点数。

为得到节点刚度矩阵的数值形式，将式(8.110)表示为数值积分的形式

$$\boldsymbol{K}_{ij}=\int_{\Omega}\boldsymbol{B}_i^{\mathrm{T}}\boldsymbol{D}\,\boldsymbol{B}_j\,\mathrm{d}\Omega=\sum_{k=1}^{N_e}\sum_{s=1}^{n_g}A_s\,\boldsymbol{B}_i^{\mathrm{T}}(\boldsymbol{x}_s)\boldsymbol{D}\,\boldsymbol{B}_j(\boldsymbol{x}_s)\mid\boldsymbol{J}_{sk}^{D}\mid=\sum_{k=1}^{N_e}\sum_{s=1}^{n_g}\boldsymbol{K}_{ij}^{sk}\tag{8.125}$$

其中的 $\boldsymbol{K}_{ij}^{sk}$ 被定义为

$$\boldsymbol{K}_{ij}^{sk}=A_s\,\boldsymbol{B}_i^{\mathrm{T}}(\boldsymbol{x}_s)\boldsymbol{D}\,\boldsymbol{B}_j(\boldsymbol{x}_s)\mid\boldsymbol{J}_{sk}^{D}\mid\tag{8.126}$$

它是一个 2×2 阶矩阵。注意，式(8.125)表示节点刚度矩阵 $\boldsymbol{K}_{ij}$ 通过局部支持域中包含节点 i 和节点 j 的所用积分点贡献之和而得到的数值结果，如果节点 i 和节点 j 不同时位于积分点的局部支持域中，则 $\boldsymbol{K}_{ij}^{sk}=\boldsymbol{0}$。

类似地，可以得到体力和面力节的等效节点力向量的数值积分形式

$$\boldsymbol{F}_i^{g}=\int_{\Omega}\boldsymbol{N}_i^{\mathrm{T}}\boldsymbol{F}\,\mathrm{d}\Omega=\sum_{k=1}^{N_e}\sum_{s=1}^{n_g}A_s\,\boldsymbol{N}_i^{\mathrm{T}}(\boldsymbol{x}_s)\boldsymbol{F}(\boldsymbol{x}_s)\mid\boldsymbol{J}_{sk}^{D}\mid\tag{8.127}$$

$$\boldsymbol{F}_i^{\Gamma}=\int_{\Gamma_\sigma}\boldsymbol{N}_i^{\mathrm{T}}\bar{\boldsymbol{p}}\,\mathrm{d}\Gamma=\sum_{l=1}^{N_{ct}}\sum_{s=1}^{n_{gt}}A_s\,\boldsymbol{N}_i^{\mathrm{T}}(\boldsymbol{x}_s)\bar{\boldsymbol{p}}(\boldsymbol{x}_s)\mid\boldsymbol{J}_{sl}^{B}\mid\tag{8.128}$$

2. 节点积分

节点积分的公式较简单，将式(8.110)和式(8.121)写为求和形式

$$\boldsymbol{K}_{ij}=\int_{\Omega}\boldsymbol{B}_i^{\mathrm{T}}\boldsymbol{D}\,\boldsymbol{B}_j\,\mathrm{d}\Omega=\sum_{s=1}^{N}\boldsymbol{B}_i^{\mathrm{T}}(\boldsymbol{x}_s)\boldsymbol{D}\,\boldsymbol{B}_j(\boldsymbol{x}_s)\Delta\Omega_s\tag{8.129}$$

$$\begin{aligned}\boldsymbol{P}_i&=\boldsymbol{F}_i^{g}+\boldsymbol{F}_i^{\Gamma}=\int_{\Omega}\boldsymbol{N}_i^{\mathrm{T}}\boldsymbol{F}\,\mathrm{d}\Omega+\int_{\Gamma_\sigma}\boldsymbol{N}_i^{\mathrm{T}}\,\mathrm{d}\Gamma\\&=\sum_{s=1}^{N}\boldsymbol{N}_i^{\mathrm{T}}(\boldsymbol{x}_s)\boldsymbol{F}(\boldsymbol{x}_s)\Delta\Omega_s+\sum_{t=1}^{N_\sigma}\boldsymbol{N}_i^{\mathrm{T}}(\boldsymbol{x}_t)\,\bar{\boldsymbol{p}}(\boldsymbol{x}_t)\Delta\Gamma_t\end{aligned}\tag{8.130}$$

式中，N 为域内节点总数，N_σ 为边界 Γ_σ 上的节点总数；$\Delta\Omega_s$ 为域内节点 $\boldsymbol{x}_s$ 所对应的面积，并且有 $\sum\limits_{s=1}^{N}\Delta\Omega_s=\Omega$；$\Delta\Gamma_t$ 为边界 Γ_σ 上的节点 $\boldsymbol{x}_t$ 所对应的边界长度，且有 $\sum\limits_{t=1}^{N_\sigma}\Delta\Gamma_t=\Gamma_\sigma$。有多种确定 $\Delta\Omega_s$ 和 $\Delta\Gamma_t$ 的方法，例如

$$\Delta\Omega_s=\frac{\alpha_{\Omega_s}d_{\max s}^{2}}{\sum\limits_{k=1}^{N}\alpha_{\Omega_k}d_{\max k}^{2}}\Omega\tag{8.131}$$

$$\Delta\Gamma_t=\frac{\alpha_{\Gamma_t}d_{\max t}^{2}}{\sum\limits_{k=1}^{N}\alpha_{\Gamma_k}d_{\max k}^{2}}\Gamma\tag{8.132}$$

式中，α_{Ω_s} 为节点 $\boldsymbol{x}_s$ 位于域内那一部分影响域与该影响域总面积的比值，其值为

$$\alpha_{\Omega_s}=\begin{cases}1, & \boldsymbol{x}_s\text{ 位于域内}\\0.5, & \boldsymbol{x}_s\text{ 位于直线边界}\\0.25, & \boldsymbol{x}_s\text{ 位于直角顶点}\end{cases}\tag{8.133}$$

而 α_{Γ_t} 为边界节点 $\boldsymbol{x}_t$ 处影响域尺寸与边界 Γ_σ 长度之比，$\alpha_{\Gamma_t}=2d_{\max t}/\Gamma_\sigma$。

节点积分的公式较简单，但要求有足够多的节点数，如果节点数较少，这种方法可能低估某些较重要的变形形式对刚度矩阵的贡献，从而造成数值计算不稳定。

8.4.3 边界条件的引入

无网格法的形函数大多都不满足关系 $N_i(\boldsymbol{x}_j)=\delta_{ij}$，因此位移条件的处理较为困难。若采用紧支径向基函数来构造形函数，此时形函数满足单位分解性，即有 $N_i(\boldsymbol{x}_j)=\delta_{ij}$，此时可像常规有限元法那样来处理边界条件(划零置 1 法或乘大数法)。但当采用移动最小二乘法构造形函数时，除非采用特殊的权函数构造插值函数，一般均不能满足 $N_i(\boldsymbol{x}_j)=\delta_{ij}$ 的关系式，此时，可采用 Lagrange 乘子法来处理本质边界条件。

Lagrange 乘子法包括两种形式，一种是利用边界积分在式(8.100)中直接引入边界条件，即

$$\int_{\Omega}\delta(\boldsymbol{Lu})^{\mathrm{T}}\boldsymbol{D}(\boldsymbol{Lu})\mathrm{d}\Omega-\int_{\Omega}\delta\boldsymbol{u}^{\mathrm{T}}\boldsymbol{F}\mathrm{d}\Omega-\int_{\Gamma_\sigma}\delta\boldsymbol{u}^{\mathrm{T}}\ \bar{\boldsymbol{p}}\mathrm{d}\Gamma+$$
$$\int_{\Gamma_u}\delta\boldsymbol{u}^{\mathrm{T}}\boldsymbol{\lambda}+\delta\boldsymbol{\lambda}^{\mathrm{T}}(\boldsymbol{u}-\bar{\boldsymbol{u}})\mathrm{d}\Gamma=0 \tag{8.134}$$

这种方法精度较高，但其系数矩阵不再是带状和正定的，这就给求解带来了麻烦。值得指出的是，式(8.134)是以弱形式处理位移边界条件的，即边界条件在边界上以积分平均的意义得到满足。

另外一种方法是先将位移边界条件写为形式

$$\boldsymbol{u}(\boldsymbol{x}_i)=\bar{\boldsymbol{u}}_i \qquad (j=1,2,\cdots,n_u) \tag{8.135}$$

式中，n_u 为位移边界 Γ_u 上的节点数，$\bar{\boldsymbol{u}}_i$ 为节点 $\boldsymbol{x}_i$ 处已知的位移向量。将位移插值函数式(8.22)代入式(8.135)，得

$$\boldsymbol{QU}=\bar{\boldsymbol{U}} \tag{8.136}$$

再借助 Lagrange 乘子将式(8.136)引入式(8.100)中，于是有

$$\begin{aligned}&\int_{\Omega}\delta(\boldsymbol{Lu})^{\mathrm{T}}\boldsymbol{D}(\boldsymbol{Lu})\mathrm{d}\Omega-\int_{\Omega}\delta\boldsymbol{u}^{\mathrm{T}}\boldsymbol{F}\mathrm{d}\Omega-\int_{\Gamma_\sigma}\delta\boldsymbol{u}^{\mathrm{T}}\bar{\boldsymbol{p}}\mathrm{d}\Gamma\\&\delta\boldsymbol{d}^{\mathrm{T}}\boldsymbol{Q}^{\mathrm{T}}\boldsymbol{\lambda}+\delta\boldsymbol{\lambda}^{\mathrm{T}}(\boldsymbol{QU}-\bar{\boldsymbol{U}})=0\end{aligned} \tag{8.137}$$

在这种方法中，位移边界条件在 Γ_u 的各个节点上都得到满足，并且比第一种方法简单。

需要说明的是，这两种方法中的 Lagrange 乘子 $\boldsymbol{\lambda}^{\mathrm{T}}=\{\lambda_1\quad\lambda_2\}$ 为坐标 $\boldsymbol{x}$ 的位置函数，都需要利用本质边界上的节点值和形函数进行插值，它们共同的问题是使待求的未知量总数增加，这里就不详述了，读者可参考其他相关书籍。

8.5 配点型无网格法

Mfree 配点法已经有很长历史了，通常是以某种配点的形式在节点处对 PDE 加以离散。Mfree 配点法有许多形式，如漩涡法，不规则网格的有限差分法，有限点法，无网格配点法等。其主要优点是：离散控制方程直接，算法简洁；不需要进行数值积分，计算效率高；配点法是一种真正意义上的无网格法，既不需要网格构造变量场，也不需要背景网格进行数值积分。但配点法也有其自身的问题，主要表现在：构造函数近似时所产生的力矩矩阵奇异；导数边界条件不好处理，精度低、稳定性不好。下面通过一维和二维问题对配点法的求解过程作一简要阐述。

8.5.1 一维问题的多项式点插值配点法

考虑一维域中的一个二阶常微分方程的定解问题

$$\left.\begin{aligned}&A_2(x)\frac{\mathrm{d}^2u}{\mathrm{d}x^2}+A_1(x)\frac{\mathrm{d}u}{\mathrm{d}x}+A_0(x)u+q_A(x)=0\\&u(0)-\bar{u}_1=0\\&B_1(l)\frac{\mathrm{d}u(x_N)}{\mathrm{d}x}+B_0(l)u(l)+q_B(l)=0\end{aligned}\right\}\tag{8.138}$$

式中，A_0，A_1，A_2，B_0，B_1，q_A 和 q_B 均为 x 的已知函数，其左端为 Dirichlet 边界，右端为混合边界。

现在将求解域离散，在求解域进行配点，如图 8.4 所示，假设 n_d 为内部节点数，n_{db} 为含有导数的混合边界 DB 节点数，n_u 为 Dirichlet 边界点数。对一维问题，利用前面介绍的 Mfree 形函数，可得到节点 I 附近计算点处的未知函数及其导数的近似表达式

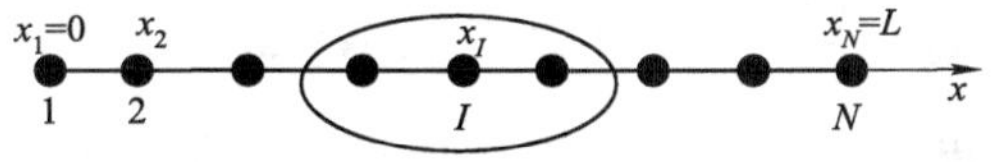

图 8.4 一维问题域的节点分布

$$\bar{u}(x)=\sum_{i=1}^{n}N_i(x)u_i=\mathbf{N}^{\mathrm{T}}(x)\mathbf{U}\tag{8.139}$$

$$\frac{\partial\bar{u}(x)}{\partial x}=\sum_{i=1}^{n}\frac{\partial N_i(x)}{\partial x}(x)u_i=\frac{\partial\,\mathbf{N}^{\mathrm{T}}(x)}{\partial x}\mathbf{U}\tag{8.140}$$

$$\frac{\partial^2\bar{u}(x)}{\partial x^2}=\sum_{i=1}^{n}\frac{\partial^2N_i(x)}{\partial x^2}(x)u_i=\frac{\partial^2\,\mathbf{N}^{\mathrm{T}}(x)}{\partial x^2}\mathbf{U}\tag{8.141}$$

式中，n 为 I 节点支持域的场节点数，I 为节点整体编码，i 为 I 节点支持域中的节点局部编码。而

$$\mathbf{N}^{\mathrm{T}}(x)=\{N_1(x)\quad N_2(x)\quad\cdots\quad N_n(x)\}\tag{8.142}$$

$$\mathbf{U}^{\mathrm{T}}=\{u_1\quad u_2\quad\cdots\quad u_n\}\tag{8.143}$$

分别为形函数向量和节点变量值向量。

令近似插值公式在点 I 上成立，代入式(8.138)的控制微分方程将其离散，有

$$A_2(x_I)\frac{\partial^2\,\mathbf{N}^{\mathrm{T}}(x_I)}{\partial x^2}\mathbf{U}+A_1(x_I)\frac{\partial\,\mathbf{N}^{\mathrm{T}}(x_I)}{\partial x}\mathbf{U}+A_0(x_I)\,\mathbf{N}^{\mathrm{T}}(x_I)\mathbf{U}+q_A(x_I)=0\tag{8.144}$$

或

$$A_2(x_I)\frac{\partial^2\,\mathbf{N}^{\mathrm{T}}(x_I)}{\partial x^2}\mathbf{U}+A_1(x_I)\frac{\partial\,\mathbf{N}^{\mathrm{T}}(x_I)}{\partial x}\mathbf{U}+A_0(x_I)\,\mathbf{N}^{\mathrm{T}}(x_I)\mathbf{U}=-q_A(x_I)\tag{8.145}$$

用矩阵形式表示为

$$\mathbf{K}_I\mathbf{U}=F_I\tag{8.146}$$

式中

$$K_I=A_2(x_I)\frac{\partial^2\,\mathbf{N}^{\mathrm{T}}(x_I)}{\partial x^2}+A_1(x_I)\frac{\partial\,\mathbf{N}^{\mathrm{T}}(x_I)}{\partial x}+A_0(x_I)\,\mathbf{N}^{\mathrm{T}}(x_I)\tag{8.147}$$

$$F_I=-q_A(x_I)\tag{8.148}$$

注意，在每一个内节点上都可以建立式(8.146)这样的方程($I=2,3,\cdots,N-1$)。

在最左端节点1处，应满足Dirichlet边界条件。将边界条件写为

$$\boldsymbol{N}^{\mathrm{T}}(x_1)\boldsymbol{U}=\bar{u}_1 \tag{8.149}$$

写成形式

$$\boldsymbol{K}_1\boldsymbol{U}=F_1 \tag{8.150}$$

式中

$$\boldsymbol{K}_1=\boldsymbol{N}^{\mathrm{T}}(x_1),F_1=\bar{u}_1 \tag{8.151}$$

在最右端节点 N 处，将近似插值公式及其导数代入混合边界条件，有

$$\left[B_1(x_N)\frac{\partial\,\boldsymbol{N}^{\mathrm{T}}(x_N)}{\partial x}+B_0(x_N)\,\boldsymbol{N}^{\mathrm{T}}(x_N)\right]\boldsymbol{U}=-q_B(x_N) \tag{8.152}$$

写为

$$\boldsymbol{K}_N\boldsymbol{U}=F_N \tag{8.153}$$

其中

$$\boldsymbol{K}_N=B_1(x_N)\frac{\partial\,\boldsymbol{N}^{\mathrm{T}}(x_N)}{\partial x}+B_0(x_N)\,\boldsymbol{N}^{\mathrm{T}}(x_N),F_N=-q_B(x_N) \tag{8.154}$$

将域内各点的离散方程和边界端点处的离散方程写在一起进行组装，得到系统的总体方程

$$\boldsymbol{K}_{N\times N}\,\boldsymbol{U}_{N\times 1}=\boldsymbol{F}_{N\times 1} \tag{8.155}$$

此处刚度矩阵 $\boldsymbol{K}$ 和右端节点力向量 $\boldsymbol{F}$ 的组装过程不同于传统的FEM和全局弱式Mfree法，在有限元法或全局Mfree法中，组集 $\boldsymbol{K}$ 和 $\boldsymbol{F}$ 是需要将各单元或节点的矩阵相叠加到总体矩阵中的。而在配点法中，跟局部弱式Mfree法有些类似，是直接把节点矩阵按行摆放在一起而集成整体矩阵。求解该方程组，便能得到节点上的位移，进而求得应变和应力。

需注意的是，这里给出的总体矩阵通常是稀疏的，这是因为采用了局部支持域，其中仅包含很小一部分场节点，这使得总体矩阵中很多元素等于零。还需说明的是，这里给出的总体矩阵是一个非对称矩阵，这给求解方程组带来了不利。

8.5.2 二维弹性力学问题的多项式点插值配点法

对一个二维弹性力学问题，其数学描述为

$$\begin{aligned}
&\text{平衡方程：}\boldsymbol{L}^{\mathrm{T}}\boldsymbol{\sigma}+\boldsymbol{F}=0 &&\text{在 }\Omega\text{ 内}\\
&\text{几何方程：}\boldsymbol{\varepsilon}-\boldsymbol{L}\boldsymbol{u}=0 &&\text{在 }\Omega\text{ 内}\\
&\text{物理方程：}\boldsymbol{\sigma}=\boldsymbol{D}\boldsymbol{\varepsilon} &&\text{在 }\Omega\text{ 内}\\
&\text{边界条件：}\boldsymbol{n}\boldsymbol{\sigma}=\bar{\boldsymbol{p}} &&\text{在 }\Gamma_\sigma\text{ 上}\\
&\qquad\qquad\quad\ \boldsymbol{u}=\bar{\boldsymbol{u}} &&\text{在 }\Gamma_u\text{ 上}
\end{aligned} \tag{8.156}$$

将几何方程代入物理方程，然后再代入平衡方程，得到用位移表示的控制微分方程

$$\boldsymbol{L}^{\mathrm{T}}\boldsymbol{D}\boldsymbol{L}\boldsymbol{u}+\boldsymbol{F}=0 \qquad \text{在 }\Omega\text{ 内} \tag{8.157}$$

应力边界条件也用位移表示，有

$$\boldsymbol{n}\boldsymbol{D}\boldsymbol{L}\boldsymbol{u}=\bar{\boldsymbol{p}} \qquad \text{在 }\Gamma_\sigma\text{ 上} \tag{8.158}$$

位移边界条件

$$\boldsymbol{u}=\bar{\boldsymbol{u}} \qquad \text{在 }\Gamma_u\text{ 上} \tag{8.159}$$

在域内和边界上布置若干离散点，利用插值公式(8.102)知，在域内配点 I 处的邻域内，近似位移场为

$$u(\boldsymbol{x}) = \sum_{i=1}^{n} N_i(\boldsymbol{x})u_i = \boldsymbol{N}(\boldsymbol{x})\boldsymbol{U} \tag{8.160}$$

式中，n 为节点 I 的支持域内的节点个数。将式(8.160)代入式(8.157)，并令其在节点 I 处成立，得到

$$\boldsymbol{L}^{\mathrm{T}}\boldsymbol{DLN}(\boldsymbol{x}_I)\boldsymbol{U} + \boldsymbol{F}(\boldsymbol{x}_I) = 0 \qquad (I = 1,2,\cdots,N_\Omega) \tag{8.161}$$

写为

$$\boldsymbol{K}_I\boldsymbol{U} = \boldsymbol{F}_I \qquad (I = 1,2,\cdots,N_\Omega) \tag{8.162}$$

其中

$$\boldsymbol{K}_I = \boldsymbol{L}^{\mathrm{T}}\boldsymbol{DLN}(\boldsymbol{x}_I),\boldsymbol{F}_I = -\boldsymbol{F}(\boldsymbol{x}_I) \tag{8.163}$$

对平面应力问题，矩阵 $\boldsymbol{K}_I$ 为

$$\boldsymbol{K}_I = \frac{E}{1-\nu^2}\begin{bmatrix} \dfrac{\partial^2}{\partial x^2} + \dfrac{1-\nu}{2}\dfrac{\partial^2}{\partial y^2} & \dfrac{1+\nu}{2}\dfrac{\partial^2}{\partial x \partial y} \\ \dfrac{1+\nu}{2}\dfrac{\partial^2}{\partial x \partial y} & \dfrac{\partial^2}{\partial y^2} + \dfrac{1-\nu}{2}\dfrac{\partial^2}{\partial x^2} \end{bmatrix}\boldsymbol{N}(\boldsymbol{x}_I) \tag{8.164}$$

同样，其应力边界条件在应力边界的节点 I 处可以离散为

$$\boldsymbol{K}_I^\sigma\boldsymbol{U} = \boldsymbol{F}_I^\sigma \qquad (I = 1,2,\cdots,N_{\Gamma_\sigma}) \tag{8.165}$$

其中，N_{Γ_σ} 为应力边界部分的节点数。而 $\boldsymbol{K}_I^\sigma$ 和 $\boldsymbol{F}_I^\sigma$ 分别为

$$\boldsymbol{K}_I^\sigma = \boldsymbol{nDLN}(\boldsymbol{x}_I)\ ,\ \boldsymbol{F}_I^\sigma = \bar{\boldsymbol{p}}(\boldsymbol{x}_I) \tag{8.166}$$

对平面应力问题，矩阵 $\boldsymbol{K}_I^\sigma$ 为

$$\boldsymbol{K}_I^\sigma = \frac{E}{1-\nu^2}\begin{bmatrix} n_1\dfrac{\partial}{\partial x} + n_2\dfrac{1-\nu}{2}\dfrac{\partial}{\partial y} & n_1\nu\dfrac{\partial}{\partial y} + n_2\dfrac{1-\nu}{2}\dfrac{\partial}{\partial x} \\ n_2\nu\dfrac{\partial}{\partial x} + n_1\dfrac{1-\nu}{2}\dfrac{\partial}{\partial y} & n_2\dfrac{\partial}{\partial y} + n_1\dfrac{1-\nu}{2}\dfrac{\partial}{\partial x} \end{bmatrix}\boldsymbol{N}(\boldsymbol{x}_I) \tag{8.167}$$

其位移边界条件在位移边界的节点 I 处可以离散为

$$\boldsymbol{K}_I^u\boldsymbol{U} = \boldsymbol{F}_I^u \quad (I = 1,2,\cdots,N_{\Gamma_u}) \tag{8.168}$$

式中，N_{Γ_u} 为位移边界部分的节点数，其中的$\boldsymbol{K}_I^u$ 和$\boldsymbol{F}_I^u$ 为

$$\boldsymbol{K}_I^u = \boldsymbol{N}(\boldsymbol{x}_I),\boldsymbol{F}_I^u = \bar{\boldsymbol{u}}(x_I) \tag{8.169}$$

将式(8.162)、式(8.165)和式(8.168)组集在一起，写为形式

$$\boldsymbol{KU} = \boldsymbol{F} \tag{8.170}$$

如此，便得到配点型无网格法的计算公式，求解式(8.170)，即可得到各节点的位移，进而由弹性力学公式求得各点的应力。

与需要背景网格积分的 Galerkin 型无网格法相比，配点型无网格法具有效率高、边界条件容易处理等优点，但其缺点也显而易见，首先刚度矩阵 $\boldsymbol{K}$ 不是对称的，这就给数值计算带来很大的麻烦，另外由于配点法的计算结果受配点位置的影响极大，如果配点布置不合理会有较大的误差，甚至会导致刚度矩阵接近奇异，数值计算的稳定性很差、精度较低。

第 9 章　微分求积法

传统的有限单元法主要采用低阶格式进行计算，虽然有时候为了提高计算精度也可以构造高阶单元，但对含有较多节点的单元在构造其形函数及其导数的计算时都比较困难。微分求积法 DQM(Differential Quadrature Method)类似配点型无网格法，直接对控制微分方程和边界条件在配点上进行离散，将微分方程和边界条件中的微分算子在某个配点上的作用值用支持域中的节点函数值加权求和来表达，如此便将控制方程和边界条件离散为一组用节点位移表示的代数方程组。微分求积法不需要划分单元，也不需要构造插值函数，计算过程非常简单，并且可以高精度地近似微分，但该方法仅适用于求解域规则、控制方程和边界条件均匀的问题，对几何或物理性质有突变的结构计算时则遇到麻烦，这时用微分求积单元法是一种可行的思路。本章简要介绍微分求积法和微分求积单元法的基本思想和基本原理。

9.1　微分求积法的概念

我们知道，一个函数在某个区域内的定积分可以用域内若干点处的函数值线性加权叠加来近似。仿照积分法的思想，一个光滑函数在某点处的导数值我们也可以用域内某些点的函数值加权叠加来近似求得(微分求积)，即用数值积分的方法求导数值。下面以一维问题为例说明微分求积的概念。

设函数 $f(x)$ 在 x_i 处的一阶导数和二阶导数可以如下表示

$$f'(x_i) = \sum_{j=1}^{n} a_{ij} f(x_j) \quad (i = 1,2,\cdots,n) \tag{9.1}$$

$$f''(x_i) = \sum_{j=1}^{n} b_{ij} f(x_j) \quad (i = 1,2,\cdots,n) \tag{9.2}$$

其中，$x_j (j = 1,2,\cdots,n)$ 为域内的节点坐标，n 称为微分求积的阶次，也是域内(包含边界) 配点的总数，a_{ij} 和 b_{ij} 称为一阶导数和二阶导数的加权求积系数，$f(x_j)$ 为函数 $f(x)$ 在 x_j 点的函数值。一旦求积数求得后，原微分方程中的导数在求解域内任意一点的值便可用域内所有点的函数值来表示，如果我们在所有节点上都建立用节点函数值表达的微分方程，则可以得到一组用节点函数值表示的代数方程组，求解方程组后便求得域内多点的函数值。显然，如何求得求积系数 a_{ij} 和 b_{ij} 是这种方法的关键。

9.1.1　基于 Lagrange 多项式插值的微分求积法

为求得求积系数，我们对函数 $f(x)$ 用 $n-1$ 次多项式逼近

$$f(x) = \sum_{k=0}^{n-1} c_k x^k \tag{9.3}$$

根据线性空间理论，上式还可表示成插值形式

$$f(x) = \sum_{k=1}^{n} d_k r_k(x) \tag{9.4}$$

其中，$r_k(x)$ 为 n 维线性空间的基函数。对 n 维线性空间，可能存在着许多组这样的基，每一组基都可以用另外一组基唯一的线性表示出来。我们现在选 Lagrange 插值多项式基，即

$$r_k(x) = L_k^{(n-1)}(x) = \prod_{\substack{j=1 \\ j \neq k}}^{n} \frac{x - x_j}{x_k - x_j} \tag{9.5}$$

为讨论方便，将其表示为如下形式

$$r_k(x) = \frac{M(x)}{(x - x_k)M^{(1)}(x_k)} \tag{9.6}$$

式中

$$M(x) = \prod_{j=1}^{n} (x - x_j) \tag{9.7}$$

$$M^{(1)}(x_k) = \prod_{j=1, j \neq k}^{n} (x_k - x_j) \tag{9.8}$$

令

$$M(x) = N(x, x_k) \cdot (x - x_k) \tag{9.9}$$

即

$$N(x, x_k) = \frac{M(x)}{(x - x_k)} = \prod_{j=1, j \neq k}^{n} (x - x_j) \tag{9.10}$$

并有

$$N(x_i, x_k) = M^{(1)}(x_k) \cdot \delta_{ik} \tag{9.11}$$

$$M^{(m)}(x) = N^{(m)}(x, x_k) \cdot (x - x_k) + m \cdot N^{(m-1)}(x, x_k) \tag{9.12}$$

故可将 Lagrange 插值多项式基式(9.6)改写为

$$r_k(x) = \frac{N(x, x_k)}{M^{(1)}(x_k)} \tag{9.13}$$

注意，如果所有的 Lagrange 基的一、二阶导数满足前述的求积式，则函数 $f(x)$ 一定也满足，故将多项式 Lagrange 基函数中的 $r_j(x)$ 代入式(9.1)和式(9.2)，利用上述关系可以解得

$$a_{ij} = \frac{N^{(1)}(x_i, x_j)}{M^{(1)}(x_j)}, b_{ij} = \frac{N^{(2)}(x_i, x_j)}{M^{(1)}(x_j)} \tag{9.14}$$

进一步可写为

$$a_{ij} = \begin{cases} \dfrac{M^{(1)}(x_i)}{(x_i - x_j)M^{(1)}(x_j)}, & j \neq i \\ \dfrac{M^{(2)}(x_i)}{2M^{(1)}(x_i)}, & j = i \end{cases} \tag{9.15}$$

$$b_{ij} = \begin{cases} 2a_{ij}\left(a_{ii} - \dfrac{1}{x_i - x_j}\right), & j \neq i \\ \dfrac{M^{(3)}(x_i)}{3M^{(1)}(x_i)}, & j = i \end{cases} \tag{9.16}$$

很明显，上式中的 $a_{ij}, b_{ij}(j \neq i)$ 不难求得，但对 a_{ii}, b_{ii}，由于其中含有 $M(x)$ 的高阶导数计算，所以不容易求出。这可以用以下方法解决：根据线性空间理论，一组基可以用另外一组基唯一线性表示，当一组基满足前面的求积式时，另外一组基也必然满足该式。如此，我们取 x^k($k =$

0,1,…,n－1),当 $k=0$ 时有

$$\sum_{j=1}^{n} a_{ij} = 0,\ \sum_{j=1}^{n} b_{ij} = 0 \tag{9.17}$$

由此式可以方便地求得 a_{ii} 和 b_{ii}

$$a_{ii} = -\sum_{\substack{j=1\\ j\neq i}}^{n} a_{ij},\ b_{ii} = -\sum_{\substack{j=1\\ j\neq i}}^{n} b_{ij} \tag{9.18}$$

9.1.2 基于 Fourier 级数的微分求积法

我们也可以对函数 $f(x)$ 用 Fourier 级数逼近

$$f(x) = c_0 + \sum_{k=1}^{n/2}\left(c_k \cos\frac{k\pi x}{l} + d_k \sin\frac{k\pi x}{l}\right) \tag{9.19}$$

实际上,是将函数 $f(x)$ 表示成了 $n+1$ 维向量空间基的线性叠加,这一组正交基函数为

$$1, \sin\pi x, \cos\pi x, \sin 2\pi x, \cos 2\pi x, \cdots, \sin n\pi x/2, \cos n\pi x/2 \tag{9.20}$$

我们也可以用其他的基来表示,比如用 Lagrange 插值三角多项式作为基

$$r_k(x) = \frac{N(x,x_k)}{N(x_k,x_k)} \quad (k = 0,1,2,\cdots,n) \tag{9.21}$$

其中

$$N(x,x_k) = \prod_{j=0,j\neq k}^{n} \sin\frac{x-x_j}{2l}\pi \tag{9.22}$$

显然有

$$N(x_k,x_k) = \prod_{j=0,j\neq k}^{n} \sin\frac{x_k-x_j}{2l}\pi \tag{9.23}$$

并有

$$N(x_i,x_k) = \delta_{ik} N(x_k,x_k) \tag{9.24}$$

类似于基于 Lagrange 多项式插值的微分求积法的步骤,将插值基函数 $r_j(x)$ 代入求积公式,可以求得求积系数

$$a_{ij} = \frac{N^{(1)}(x_i,x_j)}{N(x_j,x_j)},\ b_{ij} = \frac{N^{(2)}(x_i,x_j)}{N(x_j,x_j)} \tag{9.25}$$

上式中的分母很容易求得,分子中含有导数不好求出。为此,我们令

$$M(x) = \prod_{j=1}^{n} \sin\frac{x-x_j}{2l}\pi = N(x,x_k)\cdot\sin\frac{x-x_k}{2l}\pi \tag{9.26}$$

对上式求导

$$M^{(1)}(x) = N^{(1)}(x,x_k)\cdot\sin\frac{x-x_k}{2l}\pi + \frac{\pi}{2l}N(x,x_k)\cdot\cos\frac{x-x_k}{2l}\pi \tag{9.27}$$

$$\begin{aligned} M^{(2)}(x) = {} & N^{(2)}(x,x_k)\cdot\sin\frac{x-x_k}{2l}\pi + \frac{\pi}{l}N^{(1)}(x,x_k)\cdot\cos\frac{x-x_k}{2l}\pi \\ & - \left(\frac{\pi}{2l}\right)^2 N(x,x_k)\cdot\sin\frac{x-x_k}{2l}\pi \end{aligned} \tag{9.28}$$

$$\begin{aligned} M^{(3)}(x) = {} & N^{(3)}(x,x_k)\cdot\sin\frac{x-x_k}{2l}\pi + 3\left(\frac{\pi}{2l}\right)N^{(2)}(x,x_k)\cdot\cos\frac{x-x_k}{2l}\pi \\ & - 3\left(\frac{\pi}{2l}\right)^2 N^{(1)}(x,x_k)\cdot\sin\frac{x-x_k}{2l}\pi - \left(\frac{\pi}{2l}\right)^3 N(x,x_k)\cdot\cos\frac{x-x_k}{2l}\pi \end{aligned} \tag{9.29}$$

由这些式子可以得出以下结果

$$N^{(1)}(x_i,x_j)=\frac{\pi N(x_i,x_i)}{2l\cdot\sin\frac{x_i-x_j}{2l}\pi},j\neq i \tag{9.30}$$

$$N^{(1)}(x_i,x_i)=l\cdot M^{(2)}(x_i)/\pi \tag{9.31}$$

$$N^{(2)}(x_i,x_j)=\frac{M^{(2)}(x_i)-\frac{\pi}{l}N^{(1)}(x_i,x_j)\cdot\cos\frac{x_i-x_j}{2l}\pi}{\sin\frac{x_i-x_j}{2l}\pi},j\neq i \tag{9.32}$$

$$N^{(2)}(x_i,x_i)=\frac{2l}{3\pi}\left[M^{(3)}(x_i)+\frac{\pi^3}{8l^3}N(x_i,x_i)\right] \tag{9.33}$$

将它们代入求积系数式(9.25),有

$$a_{ij}=\begin{cases}\frac{\pi}{2l}\cdot\frac{N(x_i,x_j)}{N(x_j,x_j)\cdot\sin\frac{x_i-x_j}{2l}\pi}, & i\neq j\\ \frac{l\cdot M^{(2)}(x_i)}{\pi\cdot N(x_i,x_j)}, & i=j\end{cases} \tag{9.34}$$

$$b_{ij}=\begin{cases}a_{ij}\left(2a_{ii}-\frac{\pi}{l}\cot\frac{x_i-x_j}{2l}\pi\right), & j\neq i\\ \frac{2l}{3\pi}\left[\frac{M^{(3)}(x_i)}{N(x_i,x_i)}+\frac{\pi^3}{8l^3}\right], & j=i\end{cases} \tag{9.35}$$

求该式主系数时,仍可以用式(9.18)。

公式(9.15)、式(9.16)、式(9.34)和式(9.35)均为求积系数的显示表达式,显式公式计算求积系数比较精确,且对节点分布不敏感,是微分求积法中广泛采用的方法。但是,这些公式仅是对单纯的低阶导数推导出的显式表达,对高阶导数或者含有各阶导数的混合算子而言,想要推导出这样的显式表达形式是非常困难的,这时,我们可以用多项式正交基分别代入求积公式,然后在各节点上令求积公式成立,由此得到一组关于求积系数的线性代数方程组,解这组方程便可得到求积系数。假设有一微分算子 $\Re$,其中含有对函数 $f(x)$ 的任意阶导数以及他们的线性组合,按照微分求积法的思想,微分算子 $\Re$ 对函数 $f(x)$ 的作用效果在节点上的值可以用所有节点处的函数值线性求和得到,即

$$\Re[f(x)]_{x=x_i}=\sum_{j=1}^{n}c_{ij}f(x_i) \tag{9.36}$$

c_{ij} 即为与算子 $\Re$ 对应的微分求积系数。在求解这类算子的微分求积系数时,可利用一组相互正交的完备单项式 $x^k(k=0,1,\cdots,n-1)$ 作为试验函数,将他们分别代入式(9.36),即令下式成立

$$\Re[x^k]_{x=x_i}=\sum_{j=1}^{n}c_{ij}x_j^k\quad(i=1,2,\cdots n) \tag{9.37a}$$

写成矩阵形式,即

$$\begin{bmatrix}1 & 1 & \cdots & 1 & 1\\ x_1 & x_2 & \cdots & x_{n-1} & x_n\\ x_1^2 & x_2^2 & \cdots & x_{n-1}^2 & x_n^2\\ \vdots & \vdots & \ddots & \vdots & \vdots\\ x_1^{n-1} & x_2^{n-1} & & x_{n-1}^{n-1} & x_n^{n-1}\end{bmatrix}\begin{Bmatrix}c_{i1}\\ c_{i2}\\ c_{i3}\\ \vdots\\ c_{in}\end{Bmatrix}=\begin{Bmatrix}\Re[x^0]_{x=x_i}\\ \Re[x^1]_{x=x_i}\\ \Re[x^2]_{x=x_i}\\ \vdots\\ \Re[x^{n-1}]_{x=x_i}\end{Bmatrix} \tag{9.37b}$$

其系数矩阵为 Vandermonde 矩阵，解这一组线性代数方程组，便可以得到求积系数 c_{ij}。需要说明的是，这种隐式的格式有一定缺点，当结点数较多时，Vandermonde 矩阵可能会出现病态，致使得到的微分求积系数精度较差。

9.1.3 二元函数的微分求积

设有函数 $f(x,y)$，通常可用两个一元函数的乘积来表示，即

$$f(x,y)=p(x)q(y) \tag{9.38}$$

假设问题域是一个矩形域，我们可以将问题域沿 x 方向和 y 方向均匀布设节点，将问题域划分为 $m\times n$ 个格点。函数 $p(x)$ 在节点 x_i 处的 r 阶导数和函数 $q(y)$ 在节点 x_j 处的 s 阶导数可由节点函数值分别表示为

$$p^{(r)}(x_i)=\sum_{k=1}^{m}A_{ik}^{(r)}p(x_k),\quad i=1,2,\cdots m \tag{9.39}$$

$$q^{(s)}(y_j)=\sum_{l=1}^{n}B_{jl}^{(s)}p(y_l),\quad j=1,2,\cdots n \tag{9.40}$$

式中，$A_{ik}^{(r)}$ 和 $B_{jl}^{(s)}$ 分别为一元函数 $p(x)$ 对 x 的 r 阶导数和 $q(y)$ 对 y 的 s 阶导数的加权求积系数。由式(9.39)和式(9.40)可以导出二元函数 $f(x,y)$ 在节点 (x_i,y_j) 的各阶微分求积计算公式

$$\left.\frac{\partial^r f}{\partial x^r}\right|_{(x_i,y_j)}=p^{(r)}(x_i)q(y_j)=\sum_{k=1}^{m}A_{ik}^{(r)}p(x_k)q(y_j)=\sum_{k=1}^{m}A_{ik}^{(r)}f(x_k,y_j) \tag{9.41}$$

$$\left.\frac{\partial^r f}{\partial y^s}\right|_{(x_i,y_j)}=p(x_i)q^{(s)}(y_j)=p(x_i)\sum_{l=1}^{n}B_{jl}^{(s)}q(y_l)=\sum_{l=1}^{n}B_{jl}^{(s)}f(x_i,y_l) \tag{9.42}$$

$$\left.\frac{\partial^{r+s} f}{\partial x^r\partial y^s}\right|_{(x_i,y_j)}=p^{(r)}(x_i)q^{(s)}(y_j)=\sum_{k=1}^{m}A_{ik}^{(r)}p(x_k)\sum_{l=1}^{n}B_{jl}^{(s)}q(y_l)=\sum_{k=1}^{m}A_{ik}^{(r)}\sum_{l=1}^{n}B_{jl}^{(s)}f(x_k,y_l) \tag{9.43}$$

可见，各阶偏导数的微分求积系数都来自一维函数导数的微分求积系数。但这样处理起来不便于应用，因为我们必须对域内的节点沿 x 方向和 y 方向分别编号，这只限于矩形域且必须均匀规则地布置网格节点，对任意二维域就无法表达。为拓宽微分求积法的应用范围，我们对二维问题可仍然利用隐式求解格式来得到微分求积系数。

设一任意形状的二维域内，在域内(包含边界)布置 n 个节点，节点按一维顺序编号。依照微分求积法的思想，微分算子 $\mathfrak{R}$ 对函数 $f(x,y)$ 的作用效果在第 i 个节点上的值可以用所有节点处的函数值线性求和得到，即

$$\mathfrak{R}\{f(x,y)\}_i=\sum_{j=1}^{n}c_{ij}f(x_j,y_j) \tag{9.44}$$

$\mathfrak{R}$ 表示一个线性微分算子，它可以是对 x 或 y 的任意阶偏导数或是这些偏导数的线性组合。c_{ij} 即为与算子 $\mathfrak{R}$ 对应的微分求积系数，表示 j 点的函数值对 i 点效果的贡献因子。微分求积系数 c_{ij} 可以由下式求得

$$\mathfrak{R}\{x^{\alpha-\beta}y^{\beta}\}_i=\sum_{j=1}^{n}c_{ij}(x_j^{\alpha-\beta}y_j^{\beta});\alpha=0,1,2,\cdots,k;\beta=0,1,2\cdots,\alpha \tag{9.45}$$

其中，$x^{\alpha-\beta}y^{\beta}$ 为一组单项式，它们从如下形式的 Pascal 三角中选择

$\alpha = 0 \qquad 1$

$\alpha = 1 \qquad x \quad y$

$\alpha = 2 \qquad x^2 \quad xy \quad y^2$

$\alpha = 3 \qquad x^3 \quad x^2y \quad xy^2 \quad y^3$

$\cdots\cdots\cdots\cdots\cdots\cdots$

$\alpha = k \qquad x^k x^{\alpha-1}y\cdots\cdots x^{\alpha-\beta}y^{\beta}\cdots\cdots y^k$

从中选取 n 个单项式分别代入式(9.45)，让其在 n 个节点上成立，总共得到 $n\times n$ 个方程组成的方程组，解得求积系数。

9.1.4　数值算例

例 9.1：用微分求积法求解图 9.1 所示的等截面圆弧曲梁的自由振动问题。

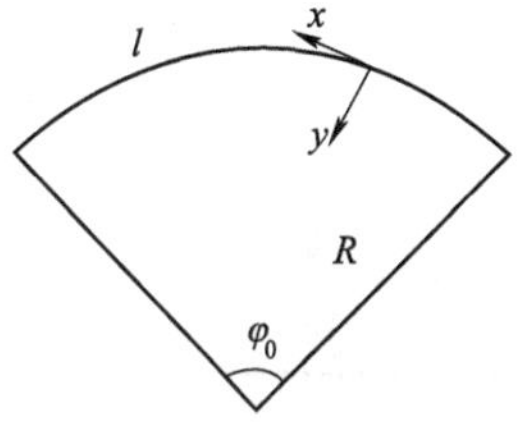

图 9.1　圆弧经典梁的坐标系

解：由相关文献不难找到圆弧曲梁运动的控制微分方程和边界条件

$$\left.\begin{aligned}&\left(-EA\frac{\mathrm{d}^2}{\mathrm{d}x^2}+\frac{kGA}{R^2}\right)u+\frac{EA+kGA}{R}\cdot\frac{\mathrm{d}v}{\mathrm{d}x}-\frac{kGA}{R}\varphi+\rho A\omega^2u=0\\&\frac{EA+kGA}{R}\cdot\frac{\mathrm{d}u}{\mathrm{d}x}+\left(-\frac{EA}{R^2}+kGA\frac{\mathrm{d}^2}{\mathrm{d}x^2}\right)v-kGA\varphi+\rho A\omega^2v=0\\&\frac{kGA}{R}u+kGA\frac{\mathrm{d}v}{\mathrm{d}x}+\left(EI\frac{\mathrm{d}^2}{\mathrm{d}x^2}-kGA\right)\varphi+\rho I\omega^2\varphi=0\end{aligned}\right\}\tag{9.46}$$

$$\text{铰支}：u=0,\ v=0,\ M_x=EI\frac{\mathrm{d}\varphi}{\mathrm{d}x}=0\tag{9.47}$$

$$\text{固定}：u=0,\ v=0,\ \varphi=0\tag{9.48}$$

$$\text{自由}：\left.\begin{aligned}&N=EA\left(\frac{\mathrm{d}u}{\mathrm{d}x}-\frac{v}{R}\right)=0\\&M=EI\frac{\mathrm{d}\varphi}{\mathrm{d}x}=0\\&Q=kGA\left(\frac{\mathrm{d}v}{\mathrm{d}x}-\varphi+\frac{u}{R}\right)=0\end{aligned}\right\}\tag{9.49}$$

式中，u、v 和 φ 分别为横截面的轴向位移、横向位移和转角；E 和 G 分别为材料的弹性模量和剪切模量；A 和 I 分别为横截面积和惯性矩；ρ 为材料密度；ω 为梁自由振动的圆频率；R 为梁的圆弧半径。

将控制微分方程和边界条件用微分求积法离散后，用子空间迭代法求得曲梁的固有频率 ω，为便于比较，定义无量纲频率因子

$$\bar{\omega}=\omega R^2\sqrt{\rho A/EI}\tag{9.50}$$

图 9.2 为曲梁前 4 阶频率因子的收敛情况，计算条件为 $\varphi_0=90°$，$R/r=15$，$r=\sqrt{I/A}$，$kG/E=0.3$，图中的竖坐标为 $\lambda=\bar{\omega}/\omega_0$，$\omega_0$ 为收敛后的频率因子。由图中看出，无论边界是固定还是简支，其频率因子都能稳定收敛，收敛速度尚好，当配点数达到 15 时可认为计算结果收敛到了稳定值，边界为固定时收敛呈振荡型，当边界为简支时，收敛呈单调状，而且还可以看到低阶频率收敛较快，高阶频率则收敛相对较慢。表 9.1 为用微分求积法求得的数值结果与其他文献给出的结果相比较的情况。由表 9.1 可以看到，DQ 解与其他方法求得的解吻合很好，DQ 方法有很好的数值精度。

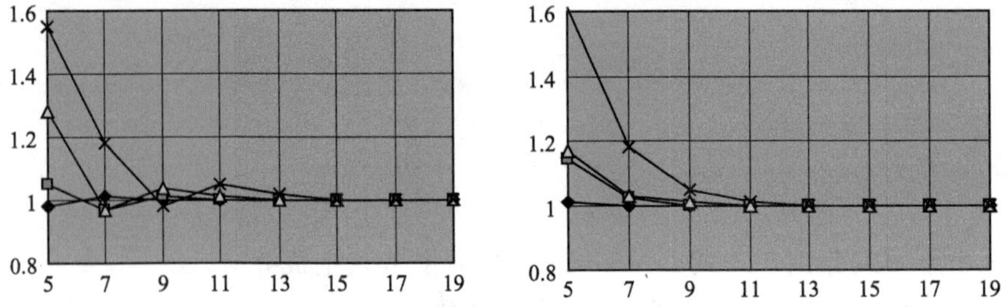

(a) 两端固定　　　　(b) 两端铰支

图 9.2　圆弧曲梁频率因子收敛情况

表 9.1　两端铰支圆弧拱的无量纲频率系数

φ_0 (°)	模态序号	DQ 解	文[1]解	文[2]解	文[3]解
60	1	23.802	23.75	23.799	23.799 185
60	2	39.158	39.05	39.144	39.144 203
60	3	62.985	62.38	62.976	62.976 120
60	4	71.042	70.71	71.042	71.041 569
120	1	10.628	10.61	10.629	10.629 336
120	2	15.194	15.19	15.194	15.193 805
120	3	24.762	24.72	24.756	24.755 831
120	4	30.595	30.47	30.598	30.598 384
180	1	4.159	4.151	4.160	4.160 407
180	2	8.547	8.542	8.546	8.545 747
180	3	15.482	15.46	15.481	15.480 691
180	4	17.930	17.91	17.921	17.921 279

例 9.2:用微分求积法求解矩形域内的二维 Helmholtz 方程

$$\nabla^2 u + k^2 u = -k^2 \sin(kx)\sin(ky)$$

式中，∇^2 为二维 Laplace 算子，$\nabla^2 = \dfrac{\partial^2}{\partial x^2} + \dfrac{\partial^2}{\partial y^2}$，$u$ 为势函数，k 为常数(波数)，矩形域的尺寸为 $\pi \times \pi$，四边均 Dirichlet 边界条件，即边界上满足 $u = 0$。

解:该问题的精确解为

$$u(x,y) = \sin(kx)\sin(ky)$$

显然，k 值越大解的振荡性越严重。现用微分求积法解该问题，问题域内的节点配置格式如图 9.3 所示。为便于表达，定义 $\Delta u_{\max} = \max|u_i - u(x_i, y_i)|$，其中 u_i 和 $u(x_i, y_i)$ 分别表示函数 $u(x,y)$ 在 (x_i, y_i) 点处的数值解和精确解。表 9.2 中列出了当波数 k 取不同值时的绝对最大误差，n 为配点数。可以看到，当 k 取一个固定值时，数值解的误差会随着网格的细化而减小，当波数 k 较小时，数值解的精度很好，而且收敛非常快，但随着波数 k 的增大较

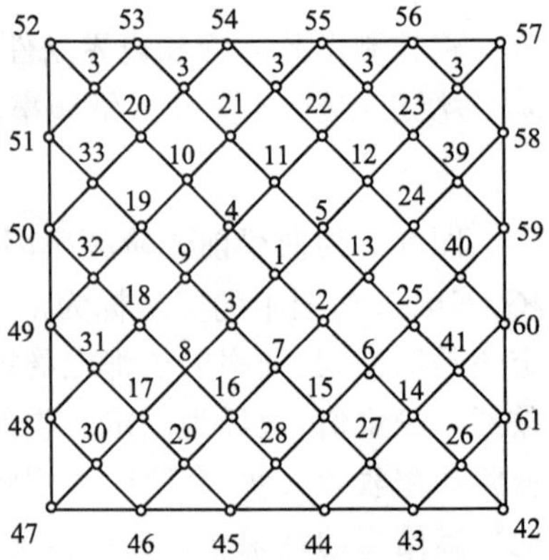

图 9.3　矩形域的配点格式

大，计算精度和收敛性则会大幅度降低。而且发现一个有趣的现象，当 k 取任何值时，当网格点的数目增大到一定程度后，最大绝对误差 $\Delta u_{\max}$ 基本上保持不变，如 $k=1$ 时，当配点数目大于 85 之后 $\Delta u_{\max}$ 基本维持在 0.17×10^{-6} 水平上；当 $k=2$ 时，配点数目大于 221 之后 $\Delta u_{\max}$ 将基本保持在 0.46×10^{-6} 附近。

表 9.2　不同小数 Helmholtz 方程数值解的最大绝对误差 $\Delta u_{\max}$

n	$k=1$	$k=2$	$k=3$	$k=4$
25	$0.106\,857\times10^{-1}$			
41	$0.263\,870\times10^{-3}$			
61	$0.252\,933\times10^{-4}$	$0.318\,251\times10^{-1}$		
85	$0.660\,598\times10^{-6}$	$0.418\,156\times10^{-2}$		
113	$0.174\,029\times10^{-6}$	$0.339\,456\times10^{-3}$		
145	$0.174\,566\times10^{-6}$	$0.259\,507\times10^{-4}$		
181	$0.174\,355\times10^{-6}$	$0.167\,372\times10^{-5}$	$0.363\,223\times10^{-2}$	
221	$0.174\,897\times10^{-6}$	$0.453\,036\times10^{-6}$	$0.365\,371\times10^{-3}$	$0.139\,331\times10^{0}$
265	$0.174\,872\times10^{-6}$	$0.462\,317\times10^{-6}$	$0.367\,155\times10^{-4}$	$0.215\,117\times10^{-1}$
313	$0.174\,869\times10^{-6}$	$0.461\,358\times10^{-6}$	$0.135\,777\times10^{-4}$	$0.873\,958\times10^{-2}$

9.2　微分求积单元法

微分求积法是一种直接离散控制方程和边界条件的方法，由于该方法是按照一维方式任意布置配点的，且其边界条件在离散后是用每点处的约束条件补充说明的，故它可以求解边界为任意形状的问题，也可以解决一些诸如边界条件不均匀的问题，但只能适用于具有同一控制微分方程的问题域，也就是说结构的几何特征和物理特性连续变化的情况，而对具有阶梯式变厚度板壳类结构，其控制方程具有不同的形式，因而无法直接应用微分求积法。为弥补这种缺陷，充分发挥微分求积法收敛快、配点格式随意方便、精度高的优越性，一些学者将区域分解法和微分求积法相结合，发展了一种新的数值方法——微分求积单元法，以解决具有突变厚度的不连续梁和板一类结构的静力分析和动力分析问题，其基本思想是根据结构变截面的具体情况将求解域划分为几个单元，在每个单元内用微分容积法将控制方程离散，在各单元之间应用连接性平衡条件，加上边界条件后得到一组线性线性代数方程。

下面以变截面 Timoshenko 梁的自由振动为例，来说明微分求积单元法的思想和步骤。如图 9.4 所示的变截面梁，根据其截面变化的具体情况将其划分为 N 个单元，每个单元均为等截面直杆。按照 Timoshenko 梁理论，第 l 个单元自由振动的控制微分方程为

$$\left.\begin{aligned} &kG_lA_l\left(\frac{\mathrm{d}\varphi}{\mathrm{d}x}-\frac{\mathrm{d}^2w}{\mathrm{d}x^2}\right)=\rho_lA_l\omega^2w \\ &E_lI_l\frac{\mathrm{d}^2\varphi}{\mathrm{d}x^2}=kG_lA_l\left(\varphi-\frac{\mathrm{d}w}{\mathrm{d}x}\right)-\rho_lI_l\omega^2\varphi \end{aligned}\right\}\quad (l=1,2,3,\cdots,N) \tag{9.51}$$

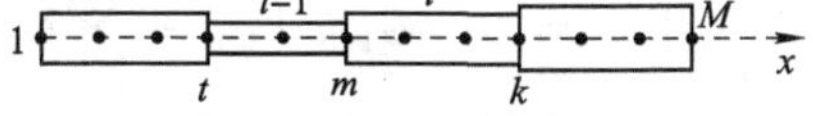

图 9.4　具有突变截面的 Timoshenko 梁

式中，φ 和 w 分别为横截面的转角和挠度；E_l 和 G_l 分别为该梁段材料的弹性模量和剪切模量；A_l 和 I_l 分别为该单元的横截面积和惯性矩；ρ_l 为该单元的材料密度；ω 为梁自由振动的圆频率；k 为剪切修正因子。

在第 l 个单元和第 $l+1$ 个单元的连接点 k 处应满足如下连续性条件和平衡条件

$$\varphi_k^{(l)} = \varphi_k^{(l+1)}\text{；}w_k^{(l)} = w_k^{(l+1)}\text{；}Q_k^{(l)} = Q_k^{(l+1)}\text{；}M_k^{(l)} = M_k^{(l+1)} \tag{9.52}$$

式中 $Q_k^{(l)}$ 和 $M_k^{(l)}$ 为 k 截面处的剪力和弯矩，它们可用该截面的位移表示为

$$Q_k^{(l)} = kG_lA_l\left(\varphi_k^{(l)} - \frac{\mathrm{d}w_k^{(l)}}{\mathrm{d}x}\right)\text{；}M_k^{(l)} = E_lI_l\frac{\mathrm{d}\varphi_k^{(l)}}{\mathrm{d}x} \tag{9.53}$$

一般情况下，梁的两端边界约束条件可以分为以下三类

$$\text{简支：}w = 0,\ M_x = EI\frac{\mathrm{d}\varphi}{\mathrm{d}x} = 0 \tag{9.54}$$

$$\text{固定：}w = 0,\ \varphi = 0 \tag{9.55}$$

$$\text{自由：}M_x = EI\frac{\mathrm{d}\varphi}{\mathrm{d}x} = 0,\ Q_x = kGA\left(\varphi - \frac{\mathrm{d}w}{\mathrm{d}x}\right) = 0 \tag{9.56}$$

在整个梁上任意设置 M 个配点，设第 $l-1$ 个单元的始端配点号为 t，第 l 个单元的始端配点号为 m，末端配点号为 k，每个配点的坐标为 $x_i(i=m,m+1,\cdots,k)$。为将方程离散化，首先定义以下线性微分算子

$$\lambda_1 = \frac{\mathrm{d}}{\mathrm{d}x},\lambda_2 = \frac{\mathrm{d}^2}{\mathrm{d}x^2} \tag{9.57}$$

利用微分容积法的步骤，梁的控制方程式(9.51)式在单元 l 内的配点上可以离散成为

$$kG_lA_l\sum_{j=m}^{k}C_{ij}^{(1)}\varphi_j - kG_lA_l\sum_{j=m}^{k}C_{ij}^{(2)}w_j - \rho_lA_l\omega^2w_i = 0 \tag{9.58}$$

$$E_lI_l\sum_{j=m}^{k}C_{ij}^{(2)}\varphi_j - kG_lA_l\varphi_i + kG_lA_l\sum_{j=m}^{k}C_{ij}^{(1)}w_j + \rho_lI_l\omega^2\varphi_i = 0 \tag{9.59}$$

在该单元的端部宜应用连接条件式(9.52)，若各单元中的结点统一连续编号，则连接条件中的位移连续条件自然满足，只需要满足式(9.52)中的后两个方程，将式(9.53)代入并将其离散后可得连接点处的平衡方程，如在第 $l-1$ 个单元和第 l 个单元连接点 m 处有

$$kG_{l-1}A_{l-1}\left(\varphi_m - \sum_{j=t}^{m}C_{mj}^{(1)}w_j\right) = kG_lA_l\left(\varphi_m - \sum_{j=m}^{k}C_{mj}^{(1)}w_j\right) \tag{9.60}$$

$$E_{l-1}I_{l-1}\sum_{j=t}^{m}C_{mj}^{(1)}\varphi_j = E_lI_l\sum_{j=m}^{k}C_{mj}^{(1)}\varphi_j \tag{9.61}$$

在第 l 个单元和第 $l+1$ 个单元的连接点 k 处的平衡条件可仿此建立。

在梁的两端点 1 和 M 处宜应用边界条件式(9.54)、式(9.55)或式(9.56)，现以 1 点处为例，写出其离散后的边界条件

$$\text{简支：}w_1 = 0,E_1I_1\sum_{j=1}^{n_1}C_{1j}^{(1)}\varphi_j = 0 \tag{9.62}$$

$$\text{固定：}w_1 = 0,\ \varphi_1 = 0 \tag{9.63}$$

$$\text{自由：}E_1I_1\sum_{j=1}^{n_1}C_{1j}^{(1)}\varphi_j = 0,\ kG_1A_1\left(\varphi_1 - \sum_{j=1}^{n_1}C_{1j}^{(1)}w_j\right) = 0 \tag{9.64}$$

式中，n_1 为第 1 个单元(最左侧单元)的末端配点号，也是该单元内总的配点数。

将离散后各点的控制方程、连接条件和边界约束方程集在一起，并写成矩阵形式有

$$(\boldsymbol{K}-\omega^2\boldsymbol{M})\boldsymbol{\Delta}=\boldsymbol{0} \tag{9.65}$$

其中，$\boldsymbol{\Delta}$ 为各结点位移 w、φ 组成的列向量，$\boldsymbol{K}$、$\boldsymbol{M}$ 为刚度矩阵和质量矩阵。求解式(9.65)的特征值问题便可得到系统的自振频率。

表 9.3 两端固定两级变截面梁的频率因子 $\bar{\omega}_i$

d_1/d_2	结果出处	模态序号			
		1	2	3	4
1.4953	本文解	25.8438	77.7885	141.554	245.092
	文[5]解	25.831	77.788	141.50	245.09
	文[4]解	25.9531	78.1518	142.088	245.592
1.7782	本文解	27.5438	84.9810	153.895	258.833
	文[5]解	27.542	84.974	153.87	258.83
	文[4]解	27.6807	85.3656	154.495	259.252
2.1147	本文解	30.1818	89.8147	172.573	266.561
	文[5]解	30.175	89.802	172.56	266.41
	文[4]解	30.3231	90.2097	173.279	266.839
2.5148	本文解	34.2338	92.2926	197.743	272.544
	文[5]解	34.157	92.135	197.56	272.44
	文[4]解	34.3252	92.5507	198.276	272.912

表 9.3 给出了用微分求积法得到的一个两级变截面梁的固有频率因子 $\bar{\omega}_i=\omega_i\sqrt{\rho_1A_1L^4/E_1I_1}$，并与有关的数值结果进行了比较。设两段梁的截面均为圆形，两段梁的长度比为 $L_1/L_2=1$，边界条件为两端固定。当两段梁具有不同的直径比 d_1/d_2 时其自由振动的频率因子 $\bar{\omega}$ 见表 9.3，由表 9.3 看出本文结果与文[4]的有限元解非常接近，而较文[4]的解析解稍大，这是因为文[4]采用了 Bernoulli 理论。需要说明的是文[4]中采用的单元为 3 节点 9 自由度单元，文中给出的有限元解至少采用了 10 个单元(文[4]中没给出具体的单元数)，总自由度达 90 以上，而本文结果只用了 11 个配点(22 个自由度)，可见本文方法的计算效率远高于有限元法。

又如图 9.5 所示的矩形板，根据其几何形状、边界条件等不连续的具体情况，将其划分为 N 个单元，每个单元都具有均匀的厚度、均匀的边界条件和连续的几何外形，其中第 l 个单元的厚度、弹性模量、剪切模量、泊松比、弯曲刚度、密度、转动惯量分别为 h_l、E_l、G_l、ν_l、D_l、ρ_l、J_l。

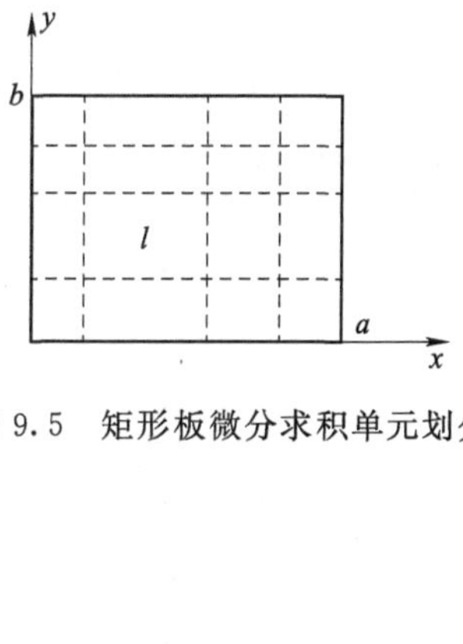

图 9.5 矩形板微分求积单元划分

对一个物理性质均匀的给定单元，按照一阶剪切变形理论，其自由振动的控制微分方程为

$$\left.\begin{aligned}&\frac{D_l}{2}\left[(1-\nu_l)\nabla^2\psi_x+(1+\nu_l)\frac{\partial\varphi}{\partial x}\right]-kG_lh_l\left(\psi_x+\frac{\partial w}{\partial x}\right)+\rho_lJ_l\omega^2\psi_x=0\\&\frac{D_l}{2}\left[(1-\nu_l)\nabla^2\psi_y+(1+\nu_l)\frac{\partial\varphi}{\partial y}\right]-kG_lh_l\left(\psi_y+\frac{\partial w}{\partial y}\right)+\rho_lJ_l\omega^2\psi_y=0\\&kG_l(\nabla^2w+\varphi)+\rho_l\omega^2w=0\end{aligned}\right\}\tag{9.66}$$

其中

$$\varphi=\frac{\partial\psi_x}{\partial x}+\frac{\partial\psi_y}{\partial y}\tag{9.67}$$

式中，w 为横向挠度；ψ_x 和 ψ_y 分别为中面法线绕 x 轴和 y 轴的平均转角；k 为剪切修正因子，取为 5/6；$J_l=h_l{}^3/12$；ω 为系统的角频率；∇^2 为二维 Laplace 算子。

根据内力与位移的关系，板的弯矩、扭矩和剪力可用板的挠度和转角表示为

$$M_x=D_l\left(\frac{\partial\psi_x}{\partial x}+\nu_l\frac{\partial\psi_y}{\partial y}\right),M_y=D_l\left(\nu_l\frac{\partial\psi_x}{\partial x}+\frac{\partial\psi_y}{\partial y}\right),M_{xy}=\frac{1-\nu_l}{2}D_l\left(\frac{\partial\psi_x}{\partial y}+\frac{\partial\psi}{\partial x}\right)\tag{9.68}$$

$$Q_x=kG_lh_l\left(\psi_x+\frac{\partial w}{\partial x}\right),Q_y=kG_lh_l\left(\psi_y+\frac{\partial w}{\partial y}\right)\tag{9.69}$$

一般说来，板的边界条件可以分为四种，以 $x=0$ 边为例可表示为

(1)软简支边(S′)

$$w=0;M_x=0;M_{xy}=0\tag{9.70}$$

(2)硬简支边(S)

$$w=0;M_x=0;\psi_y=0\tag{9.71}$$

(3)固定边(C)

$$w=0;\psi_x=0;\psi_y=0\tag{9.72}$$

(4)自由边(F)

$$Q_x=0;M_x=0;M_{xy}=0\tag{9.73}$$

在第 l 个单元内设置 N_l 个配点，配点格式与图 9.3 相同，设其局部编码为 $i=1,2,\cdots,N_l$。为将控制方程离散，首先定义如下微分算子

$$\left.\begin{aligned}&\mathfrak{R}_1=\frac{\partial^2}{\partial x^2}+\frac{1-\nu_l}{2}\frac{\partial^2}{\partial y^2}-F_l,\quad\mathfrak{R}_2=\frac{1+\nu_l}{2}\frac{\partial^2}{\partial x\partial y},\quad\mathfrak{R}_3=F_l\frac{\partial}{\partial x}\\&\mathfrak{R}_4=\frac{\partial^2}{\partial y^2}+\frac{1-\nu_l}{2}\frac{\partial^2}{\partial x^2}-F_l,\quad\mathfrak{R}_5=F_l\frac{\partial}{\partial y},\quad\mathfrak{R}_6=\frac{\partial^2}{\partial x^2}+\frac{\partial^2}{\partial y^2}\end{aligned}\right\}\tag{9.74}$$

其中，$F_l=6k(1-\nu_l)/h_l^2$，根据微分求积法的计算步骤，控制方程(9.66)式可以在该单元内的各配点上离散为

$$\left.\begin{aligned}&\sum_{j=1}^{N_l}c_{ij}^{(1)}\psi_{xj}+\sum_{j=1}^{N_l}c_{ij}^{(2)}\psi_{yj}-\sum_{j=1}^{N_l}c_{ij}^{(3)}w_j+\frac{\rho_lJ_l}{D_l}\omega^2\psi_{xi}=0\\&\sum_{j=1}^{N_l}c_{ij}^{(2)}\psi_{xj}+\sum_{j=1}^{N_l}c_{ij}^{(4)}\psi_{yj}-\sum_{j=1}^{N_l}c_{ij}^{(5)}w_j+\frac{\rho_lJ_l}{D_l}\omega^2\psi_{yi}=0\\&\sum_{j=1}^{N_l}c_{ij}^{(3)}\psi_{xj}+\sum_{j=1}^{N_l}c_{ij}^{(5)}\psi_{yj}+F_l\sum_{j=1}^{N_l}c_{ij}^{(6)}w_j+\frac{\rho_lh_l}{D_l}\omega^2w_i=0\end{aligned}\right\}\tag{9.75}$$

式中，$c_{ij}^{(s)}$ 为对应算子 $\mathfrak{R}_s$ ($s=1,2,\cdots,6$) 在 i 点处的微分求积系数。将式(9.75)写成矩阵形

式

$$(\boldsymbol{K}^l-\omega^2\boldsymbol{M}^l)\boldsymbol{d}^l=0 \tag{9.76}$$

式中，$\boldsymbol{K}^l$ 和 $\boldsymbol{M}^l$ 为该单元的广义刚度矩阵和质量矩阵，$\{d\}^l$ 为该单元各配点的位移列阵。

板的内力在各点处的值亦可表示为该单元内全部配点处位移的加权组合

$$\left.\begin{aligned}
M_{xi}&=D_l/F_l\Big(\sum_{j=1}^{N_l}c_{ij}^{(3)}\psi_{xj}+\nu_l\sum_{j=1}^{N_l}c_{ij}^{(5)}\psi_{yj}\Big)\\
M_{yi}&=D_l/F_l\Big(\sum_{j=1}^{N_l}c_{ij}^{(5)}\psi_{xj}+\nu_l\sum_{j=1}^{N_l}c_{ij}^{(3)}\psi_{yj}\Big)\\
M_{xyi}&=\frac{1-\nu}{2}D_l/F_l\Big(\sum_{j=1}^{N_l}c_{ij}^{(5)}\psi_{xj}+\sum_{j=1}^{N_l}c_{ij}^{(3)}\psi_{yj}\Big)\\
Q_{xi}&=D_l\Big(\sum_{j=1}^{N_l}c_{ij}^{(3)}w_j+F_l\psi_{xi}\Big),Q_{yi}=D_l\Big(\sum_{j=1}^{N_l}c_{ij}^{(5)}w_j+F_l\psi_{yi}\Big)
\end{aligned}\right\} \tag{9.77}$$

为求解整个板的固有频率，需建立整个系统的频率方程，为此，需将板域内的所有配点进行统一编号(整体编码)，然后将各单元离散的控制方程(9.75)式经过换码组集在一起并写成如下的矩阵形式

$$(\boldsymbol{K}-\omega^2\boldsymbol{M})\boldsymbol{\Delta}=0 \tag{9.78}$$

式中的结构刚度矩阵和质量矩阵由各单元的刚度矩阵和质量矩阵组集而成，$\boldsymbol{\Delta}$ 为整个结构各配点的位移列阵。

需要说明的是，在相邻单元的连接点处，宜用各单元之间的连续条件和平衡条件来代替它们各自的控制方程。很明显，如果各单元的连接点采用同一编号表示，则位移连续条件自动满足，因而我们只需要建立连接点处的平衡条件。根据连接点的位置和在这些点连接的单元编号，相应的连接条件可相应表示出来，如在两单元 l_1 和 l_2 在 $x=$ 常数方向连接如图 9.6(a)所示，则在连接点 i 上有

$$\left.\begin{aligned}
Q_{xi}^{l_1}-Q_{xi}^{l_2}&=0\\
M_{xi}^{l_1}-M_{xi}^{l_2}&=0\\
M_{xyi}^{l_1}-M_{xyi}^{l_2}&=0
\end{aligned}\right\} \tag{9.79}$$

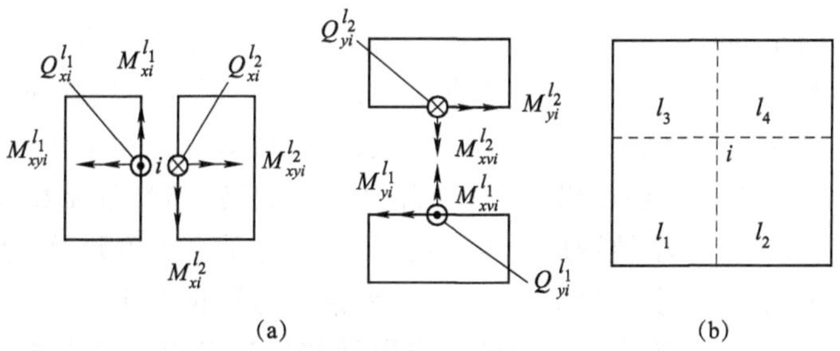

图 9.6　相邻单元的连接点位置

当两单元 l_1 和 l_2 在 $y=$ 常数方向连接如图 9.6(b)所示时，协调条件为

$$\left.\begin{aligned} Q_{yi}^{l_1} - Q_{yi}^{l_2} &= 0 \\ M_{yi}^{l_1} - M_{yi}^{l_2} &= 0 \\ M_{xyi}^{l_1} - M_{xyi}^{l_2} &= 0 \end{aligned}\right\} \tag{9.80}$$

当有四个单元在 i 点连接时，如图 9.6(c)所示，协调条件表示为

$$\left.\begin{aligned} Q_{xi}^{l_1} - Q_{xi}^{l_2} + Q_{xi}^{l_3} - Q_{xi}^{l_4} &= 0 \\ M_{xi}^{l_1} - M_{xi}^{l_2} + M_{xi}^{l_3} - M_{xi}^{l_4} &= 0 \\ M_{xyi}^{l_1} - M_{xyi}^{l_2} + M_{xyi}^{l_3} - M_{xyi}^{l_4} &= 0 \end{aligned}\right\} \tag{9.81}$$

亦可用 y 方向的内力来表示为

$$\left.\begin{aligned} Q_{yi}^{l_1} + Q_{yi}^{l_2} - Q_{yi}^{l_3} - Q_{yi}^{l_4} &= 0 \\ M_{xi}^{l_1} + M_{xi}^{l_2} - M_{xi}^{l_3} - M_{xi}^{l_4} &= 0 \\ M_{xyi}^{l_1} + M_{xyi}^{l_2} - M_{xyi}^{l_3} - M_{xyi}^{l_4} &= 0 \end{aligned}\right\} \tag{9.82}$$

值得指出，当某个连接点处于板的外边界上时，则在该点处不仅要满足连接条件，而且要满足边界条件，如在 $x=0$ 边上 i 点宜用如下修正后的边界条件

(1)软简支边(S')：

$$w_i = 0, M_{xi}^{e1} + M_{xi}^{e2} = 0, M_{xyi}^{e1} + M_{xyi}^{e2} = 0 \tag{9.83}$$

(2)硬简支边(S)：

$$w_i = 0; M_{xi}^{e1} + M_{xi}^{e2} = 0; \psi_{yi} = 0 \tag{9.84}$$

(3)固定边(C)：

$$w_i = 0; \psi_{xi} = 0; \psi_{yi} = 0 \tag{9.85}$$

(4) 自由边(F)：

$$Q_{xi}^{e1} + Q_{xi}^{e2} = 0, M_{xi}^{e1} + M_{xi}^{e2} = 0, M_{xyi}^{e1} + M_{xyi}^{e2} = 0 \tag{9.86}$$

求解式(9.78)的广义特征值问题，便可得到系统的固有频率。为说明本方法的可行性，首先以均匀的四边固定方板为例研究其收敛性，设板边长为 a，其 Poisson 比为 0.3，为便于比较定义如下的频率因子

$$\lambda = \omega a^2 \sqrt{\rho h / D} \tag{9.87}$$

由于本方法既可以任意分隔单元，亦可以在单元内增加配点，故应分别研究频率因子对单元数和配点数的收敛性。表 9.4 给出了将板划分为两个单元，在每个单元内增加配点数时板的前 5 阶频率系数的收敛情况，表 9.5 给出了在每个单元内设置 25 个配点，增加分隔单元的数目时板的前 5 阶频率因子的收敛情况，在表中还给出了文[6]的梁函数组合解和文[7]的样条有限元解。由表 9.4 和表 9.5 可以看出，本文方法无论随着单元数的增加还是随着配点数的增加都具有很好的收敛性，一般说来，低阶频率系数收敛性要好于高阶频率，厚板的收敛性要好于薄板。比较表 9.4 和表 9.5 还可以看出，当自由度总数接近时，单元数越多其数值精度越低，也就是说增加单元数不如单纯增加配点数更为有效，这是由于单元增加后包含内力的协调方程的个数相应增加的缘故，众所周知，含内力边界条件的板收敛性要比纯位移边界条件板的收敛性差些。经与文[6]、[7]给出的解析解和有限元解比较发现微分求积单元法结果具有很高的数值精度，对大多数情况而言当自由度数达到 200 时便可达到可接受的精度，当自由度达到约 350 时便可求得与解析解几乎相同的数值结果。

表 9.4 四边固定方板前 5 阶频率因子 λ 随每个单元内的配点数 N_l 收敛情况(总单元数 $N=2$)

h/a	自由度数	总配点数 n	配点数 N_l	模态序号				
				1	2	3	4	5
0.01	69	23	13	37.247	75.235	75.235	111.821	137.669
	138	46	25	36.445	74.586	74.787	109.937	135.477
	231	77	41	36.288	73.689	73.768	109.525	134.848
	348	116	61	36.112	73.525	73.630	108.489	133.577
	489	163	85	36.100	73.402	73.475	108.354	133.342
	文[6]解			35.988	73.393	73.393	108.16	132.25
	文[7]解			35.959	73.922	73.935	108.765	139.911
0.2	69	23	13	26.447	46.835	46.867	63.378	74.628
	138	46	25	26.404	46.522	46.584	62.445	73.596
	231	77	41	26.359	46.304	46.332	62.048	71.229
	348	116	61	26.337	46.195	46.216	61.334	70.446
	489	163	85	26.321	46.014	46.110	61.325	70.338
	文[7]解			26.311	45.926	45.926	61.286	70.211

表 9.5 四边固定方板前 5 阶频率因子 λ 随单元个数 N 收敛情况(每个单元内配点数 $N_l=25$)

h/a	自由度数	总配点数 n	单元数 N	模态序号				
				1	2	3	4	5
0.01	75	25	1	37.355	75.634	75.683	112.327	138.658
	138	46	2	36.445	74.586	74.787	109.937	135.477
	255	85	4	36.256	73.631	73.689	109.219	134.358
	372	124	6	36.212	73.537	73.559	108.489	133.883
	543	181	9	35.989	73.392	73.401	108.323	132.451
	文[6]解			35.988	73.393	73.393	108.16	132.25
	文[7]解			35.959	73.922	73.935	108.765	139.911
0.2	75	25	1	26.447	46.835	46.852	63.378	74.628
	138	46	2	26.404	46.522	46.559	62.445	73.596
	255	85	4	26.359	46.304	46.372	62.048	71.229
	372	124	6	26.337	46.195	46.203	61.334	70.446
	543	181	9	26.321	46.014	46.114	61.325	70.338
	文[7]解			26.311	45.926	45.926	61.286	70.211

为进一步说明微分容积单元法的有效性，利用微分求积单元法对具有各种不连续特征的板进行了计算并与有关的数值结果进行了比较。首先考虑图 9.7(a)所示的一边局部固定其余边界为简支的方板，泊松比取 0.3，计算时划分 2 个单元，每个单元内设置 61 个配点，总自由度数为 348，该板在具有不同的相对厚度和不同的固定长度时其前 5 阶频率系数 λ 列于表 9.6。

再看图 9.7(b)所示的变厚度板，为便于与其他结果比较，取 $D_1=4D$，$D_2=D$，该板在变厚度尺寸 c/a 不同时的基频系数 λ_1 列在表 9.7 中，计算时将板划分为 9 个单元，每个单元设置 25 个配点，表中同时还列出了其他文献的结果，可以看出，无论对何种边界条件本文结果与其他的数值解相比仍然是吻合的。可见，微分求积单元法(DQE)用于分析具有不连续几何特征板的自由振动问题具有收敛性好、精度高和适用性强的特点，是一种较好的数值方法。

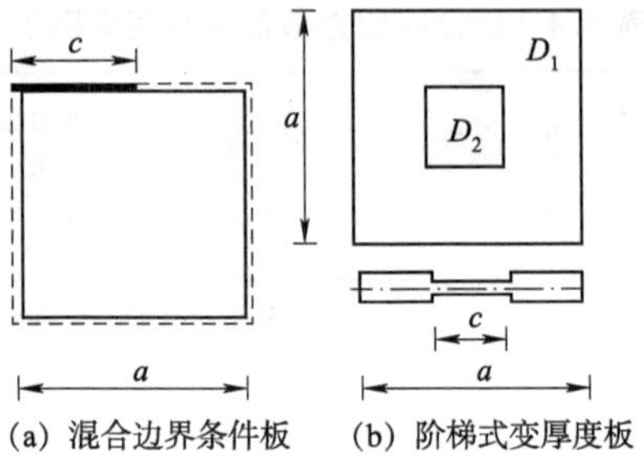

图 9.7　各种不连续板的几何形状和尺寸

表 9.6　一边局部固定的四边简支方板的频率因子 λ 比较

h/a	c/a	求解方法	模态序号				
			1	2	3	4	5
0.01	0.0	DQE 解[8]	19.7319	49.3027	49.3027	78.8410	98.5150
	0.2	DQE 解[8]	20.2695	49.3054	50.8555	80.5396	98.5336
	0.4	DQE 解[8]	21.6637	49.4732	53.9809	82.0791	99.1288
	0.6	DQE 解[8]	23.0250	50.4404	56.8170	82.7062	99.5498
	0.8	DQE 解[8]	23.5810	51.4673	58.3949	85.4168	99.8599
	1.0	DQE 解[8]	23.6324	51.6188	58.5652	85.9723	100.0753
0.2	0.0	DQE 解[8]	17.4291	38.0732	38.0732	55.0024	64.9512
	0.2	DQE 解[8]	17.6346	38.0737	38.4883	55.3488	64.9542
	0.4	DQE 解[8]	18.3584	38.1135	38.5858	55.8043	65.0503
	0.6	DQE 解[8]	19.1945	38.3941	40.6165	55.9031	65.1385
	0.8	DQE 解[8]	19.6179	38.7820	41.2401	56.4923	65.1954
	1.0	DQE 解[8]	19.6708	38.8602	41.3344	56.6667	65.2477
		有限条解[9]	20.5240	40.0618	43.7472	59.4854	66.9807

表 9.7　中间有突变厚度的方板基频系数 $\lambda=\omega a^2\sqrt{\rho h/D}$ 比较($\nu=0$，$D_1=4D$，$D_2=D$)

边界条件	c/a	差分解[10]	修正 R-R 解[11]	负刚度解[12]	半解析解[13]	DQE 解
SSSS	0.00	31.14	31.34	31.34	31.33	31.34
	0.25	30.46	31.04	30.90	30.87	30.89
	0.50	29.58	30.18	30.22	30.11	30.18
	0.75	26.74	27.65	27.61	27.63	27.61
	1.00	19.52	19.74	19.74	19.74	19.73
CCCC	0.00	—	57.15	57.07	57.12	57.08
	0.25	—	57.46	57.28	57.29	57.28
	0.50	56.14	58.40	58.50	58.27	58.34
	0.75	—	51.22	52.11	50.49	51.27
	1.00	34.85	35.99	35.98	35.98	35.99

9.3 微分求积有限元法

由上一节可知，微分求积单元法具有如下问题：单元之间的协调条件的复杂性、施加边界条件的复杂性和结构矩阵的不对称性等。而与之对应的是，在标准的位移有限单元法中，单元之间只需要位移协调，只需要考虑位移边界条件并且施加方法非常简单，刚度矩阵是对称半正定的，并且刚度矩阵中各元素的物理意义明确。虽然低阶标准有限元的构造和应用较方便，但高阶单元尤其是 C^1 类高阶单元存在形函数构造困难且结构矩阵计算量大等问题，不过高阶标准有限元的这一不足又恰好可用微分求积方法来弥补。

在微分求积有限单元法中，用微分求积方法计算能量泛函中的导数，用 Gauss-Lobato 数值积分公式进行积分运算，选用 Gauss-Lobato 积分点作为计算导数和积分的节点。这种方法充分利用了微分求积法和有限单元法的优点，有效地避免了两种方法各自的缺陷。在微分求积有限单元法中，对于任意阶连续性问题，如 C^0 和 C^1 问题，都可以用 Lagrange 插值函数作为单元容许位移函数，并且 Gauss 积分点与节点是统一的。利用微分求积有限单元法，可以方便地构造任意阶连续性问题的任意高阶单元。下面就来构造不同类型的微分求积有限单元并给出计算公式。

9.3.1 Gauss-Lobato 积分

在第 6 章曾介绍过 Gauss 积分公式，定在区间 [−1,1] 上的函数 $f(x)$ 的 n 点 Gauss 积分公式为

$$\int_{-1}^{1} f(x)\mathrm{d}x = \sum_{i=1}^{n} C_i f(x_i) \tag{9.88}$$

其中，x_i 为 Gauss 积分点坐标，C_i 为对应点的 Gauss 积分系数

$$C_i = \int_a^b L_i^{(n-1)}(x)\mathrm{d}x \tag{9.89}$$

n 点 Gauss 积分具有 $2n-1$ 次代数精度。Gauss 积分的积分节点并不包含两个端点，这显然不利于处理边值问题。

如果在积分公式(9.88)中，这 n 个积分点中包含两个端点，即 $x_1=-1$，$x_n=1$，剩余的 $n-2$ 个积分点选择在 $n-1$ 阶 Legendre 多项式导数的零点，即 $P'_{n-1}(x)=0$，则求积公式(9.88)称为 Gauss-Lobato 数值积分公式。表 9.8 给出了部分 Gauss-Lobato 数值积分的积分点坐标和相应的求积系数。Gauss-Lobato 数值积分具有 $2n-3$ 次代数精度。

表 9.8 Gauss-Lobato 积分点坐标及求积系数

积分点数	积分点坐标 x_i	权重系数 A_i
3	−1,0, +1	1/3, 4/3, 1/3
4	−1, −0.447 213, +0.447 213, +1	1/6, 5/6, 5/6, 1/6
5	−1,−0.654 653, 0 , +0.654 653, +1	1/10, 49/90, 32/45, 49/90, 1/10
6	−1, −0.765 055,−0.285 231,+0.285 231, +0.765 055, +1	0.066 666, 0.037 847, 0.055 485,0.055 485, 0.037 847, 0.066 666

续上表

积分点数	积分点坐标 x_i	权重系数 A_i
7	−1，−0.830223，−0.468848，0，+0.468848，+0.830223，+1	0.047619，0.027682，0.043174，0.048761，0.043174，0.027682，0.047619
8	−1，−0.871740，−0.591700，−0.209299，0.209299，0.591700，0.871740，+1	0.035714，0.021070，0.034112，0.041245，0.041245，0.034112，0.021070，0.035714

若积分的区间不是标准的[−1,1]而是任意区间 $[a,b]$，可以作自变函数的线性变换

$$t=\frac{b+a}{2}+\frac{b-a}{2}x \tag{9.90}$$

将积分区间由 $[a,b]$ 变换到[−1,1]上，然后再用 Gauss-Lobato 积分公式。即

$$\int_a^b f(t)\mathrm{d}t=\frac{b-a}{2}\int_{-1}^{1}f\left(\frac{b+a}{2}+\frac{b-a}{2}x\right)\mathrm{d}x \tag{9.91}$$

9.3.2 杆单元

首先以最简单的一维杆为例介绍微分求积单元法。设杆单元长度为 l，横截面积为 A，其总势能泛函为

$$\Pi=\frac{1}{2}\int_0^l EA\left\{\frac{\partial u}{\partial x}\right\}^2\mathrm{d}x-\int_0^l pu(x)\mathrm{d}x \tag{9.92}$$

设杆单元的轴向位移函数为

$$u(x)=\sum_{i=1}^{n}L_i(x)u_i \tag{9.93}$$

其中，L_i 是 Lagrange 多项式，u_i 是 Gauss-Lobato 积分点的位移，也即微分求积有限单元法的节点位移，n 是单元节点数。利用微分求积法和 Gauss-Lobato 积分方法，可将单元的总势能泛函离散为

$$\Pi=\frac{1}{2}\sum_{i=1}^{n}C_iEA\left(\sum_{j=1}^{n}A_{ij}^{(1)}u_j\right)^2-\sum_{i=1}^{n}C_ip_iu_i \tag{9.94}$$

式中，C_i 为区间 $[0,l]$ 上 Gauss-Lobato 积分点的积分权系数，$A_{ij}^{(1)}$ 为函数的一阶导数的微分求积系数。如果没有特殊说明，下面各节的积分系数都不是定义在区间 $[-1,1]$ 上的。定义

$$\left.\begin{aligned}&\boldsymbol{A}=[A_{ij}^{(1)}]_{n\times n},\boldsymbol{C}=\mathrm{diag}\,[C_1\quad C_2\quad\cdots\quad C_n]_{n\times n}\\&\boldsymbol{\delta}^{\mathrm{T}}=\{u_1\quad u_2\quad\cdots\quad u_{n-1}\quad u_n\},\boldsymbol{p}^{\mathrm{T}}=\{p_1\quad p_2\quad\cdots\quad p_{n-1}\quad p_n\}\end{aligned}\right\} \tag{9.95}$$

则式(9.94)可写成矩阵形式

$$\Pi=\frac{1}{2}\boldsymbol{\delta}^{\mathrm{T}}\boldsymbol{k}\boldsymbol{\delta}-\boldsymbol{\delta}^{\mathrm{T}}\boldsymbol{F} \tag{9.96}$$

式中，$\boldsymbol{k}$ 为单元刚度矩阵，$\boldsymbol{F}$ 为广义荷载列向量

$$\boldsymbol{k}=EA\,\boldsymbol{A}^{\mathrm{T}}\boldsymbol{C}\boldsymbol{A},\ \boldsymbol{F}=\boldsymbol{C}\boldsymbol{p} \tag{9.97}$$

依据最小势能原理，令式 (9.96)的一阶变分等于零，得到单元的刚度方程

$$\boldsymbol{k}\boldsymbol{\delta}=\boldsymbol{F} \tag{9.98}$$

由此可见，微分求积有限单元法不但具有对称的单元刚度矩阵，而且其计算过程也得到了简化。

若单元为三节点三自由度的单元(二次杆单元)，单元节点取 Gauss-Lobato 积分点，由表

9.8 查得 $[-1,1]$ 区间上三点的积分点坐标和积分权重系数，用式(9.90)和式(9.91)将之转换到区间 $[0,l]$ 上得

$$x_i = \{1, l/2, l\}\ ,\ C_i = \{l/6, 4l/6, l/6\} \tag{9.99}$$

由式(9.14)及式(9.95)可得

$$\boldsymbol{A} = \frac{1}{l}\begin{bmatrix} -3 & 4 & -1 \\ -1 & 0 & 1 \\ 1 & -4 & 3 \end{bmatrix},\ \boldsymbol{C} = \frac{l}{6}\begin{bmatrix} 1 & 0 & 0 \\ 0 & 4 & 0 \\ 0 & 0 & 1 \end{bmatrix} \tag{9.100}$$

代入式(9.97)可得

$$\boldsymbol{k} = \frac{EA}{3l}\begin{bmatrix} 7 & -8 & 1 \\ -8 & 16 & -8 \\ 1 & -8 & 7 \end{bmatrix},\ \boldsymbol{F} = \boldsymbol{Cp} = \frac{ql}{6}\begin{Bmatrix} 1 \\ 4 \\ 1 \end{Bmatrix} \tag{9.101}$$

在求得单元的刚度矩阵和等效节点力向量之后，可以像常规有限元一样将单元刚度方程组集得到结构的刚度方程，引入边界条件之后便可求解。值得指出的是，对三节点杆单元（二次单元），由于微分求积单元法所取的节点数目和位置与常规的有限元相同，故所得到的单元刚度矩阵以及等效节点力向量与有限单元法得到的结果是相同的。

9.3.3 Euler 梁单元

所谓 Euler 梁，即是采用经典的忽略剪切变形影响的梁理论。按照经典梁的理论，其势能泛函由式(3.54)知为

$$\Pi^e = \frac{1}{2}\int_0^l EI\left(\frac{d^2 w}{dx^2}\right)^2 dx - \int_0^l qw\, dx \tag{9.102}$$

设梁单元的挠度函数为

$$w = \sum_{i=1}^{n} L_i(x) w_i \tag{9.103}$$

其中，L_i 是 Lagrange 多项式，w_i 是梁在 Gauss-Lobato 积分点的挠度值，也即微分求积有限单元法的节点位移，n 是单元节点数。利用微分求积法和 Gauss-Lobato 积分方法，可将单元总势能泛函离散为

$$\Pi = \frac{1}{2}\sum_{i=1}^{n} C_i EI\left(\sum_{j=1}^{n} A_{ij}^{(2)} w_j\right)^2 - \sum_{i=1}^{n} C_i q_i w_i \tag{9.104}$$

式中，C_i 为区间 $[0,l]$ 上 Gauss-Lobato 积分点的积分权系数。定义

$$\left.\begin{aligned} &\boldsymbol{B} = [A_{ij}^{(2)}]_{n\times n},\ \boldsymbol{C} = \mathrm{diag}[C_1 \quad C_2 \quad \cdots \quad C_n]_{n\times n}, \\ &\bar{\boldsymbol{w}}^{\mathrm{T}} = \{w_1 \quad w_2 \quad \cdots \quad w_{n-1} \quad w_n\},\ \boldsymbol{q}^{\mathrm{T}} = \{q_1 \quad q_2 \quad \cdots \quad q_{n-1} \quad q_n\} \end{aligned}\right\} \tag{9.105}$$

则式(9.104)可写成矩阵形式

$$\Pi = \frac{1}{2}EI\, \bar{\boldsymbol{w}}^{\mathrm{T}}\, \boldsymbol{B}^{\mathrm{T}}\boldsymbol{CB}\bar{\boldsymbol{w}} - \bar{\boldsymbol{w}}^{\mathrm{T}}\boldsymbol{Cq} \tag{9.106}$$

由于 Euler 梁单元之间要求 C^1 连续，即 w 的一阶导数要求具有连续性，因此必须增加端部结点转角的变量，在单元的端节点应设有 w 和 w' 两个独立的量，为保持向量元素的个数不变，在向量 $\bar{\boldsymbol{w}}$ 中去掉 w_2 和 w_{n-1} 两个节点位移，故将单元的结点位移向量定义为

$$\boldsymbol{\delta}^{\mathrm{T}} = \{w_1 \quad w'_1 \quad w_3 \quad \cdots \quad w_{n-2} \quad w_n \quad w'_n\} \tag{9.107}$$

由于 w'_1 和 w'_n 可以利用微分求积公式将其表示为所有节点位移的线性叠加，即

$$w'_1 = \sum_{j=1}^{n} A_{1j}^{(1)} w_j, w'_n = \sum_{j=1}^{n} A_{nj}^{(1)} w_j \tag{9.108}$$

故有

$$\begin{Bmatrix} w_1 \\ w'_1 \\ w_3 \\ \vdots \\ w_{n-2} \\ w_n \\ w'_n \end{Bmatrix} = \begin{bmatrix} 1 & 0 & 0 & \cdots & 0 & 0 & 0 \\ A_{11}^{(1)} & A_{12}^{(1)} & A_{13}^{(1)} & \cdots & A_{1(n-2)}^{(1)} & A_{1(n-1)}^{(1)} & A_{1n}^{(1)} \\ 0 & 0 & 1 & \cdots & 0 & 0 & 0 \\ \vdots & \vdots & \vdots & \ddots & \vdots & \vdots & \vdots \\ 0 & 0 & 0 & \cdots & 1 & 0 & 0 \\ 0 & 0 & 0 & \cdots & 0 & 0 & 1 \\ A_{n1}^{(1)} & A_{n2}^{(1)} & A_{n3}^{(1)} & \cdots & A_{n(n-2)}^{(1)} & A_{n(n-1)}^{(1)} & A_{nn}^{(1)} \end{bmatrix} \begin{Bmatrix} w_1 \\ w_2 \\ w_3 \\ \vdots \\ w_{n-2} \\ w_{n-1} \\ w_n \end{Bmatrix} \tag{9.109}$$

记作

$$\boldsymbol{\delta} = \boldsymbol{T}\bar{\boldsymbol{w}}, \text{或 } \bar{\boldsymbol{w}} = \boldsymbol{T}^{-1}\boldsymbol{\delta} \tag{9.110}$$

将式(9.110)代入式(9.106)，有

$$\Pi = \frac{1}{2}EI\,\boldsymbol{\delta}^{\mathrm{T}}\,(\boldsymbol{T}^{-1})^{\mathrm{T}}\,\boldsymbol{B}^{\mathrm{T}}\boldsymbol{C}\boldsymbol{B}\,\boldsymbol{T}^{-1}\boldsymbol{\delta} - \boldsymbol{\delta}^{\mathrm{T}}\,(\boldsymbol{T}^{-1})^{\mathrm{T}}\boldsymbol{C}\boldsymbol{q} \tag{9.111}$$

记

$$\boldsymbol{k} = EI\,(\boldsymbol{T}^{-1})^{\mathrm{T}}\,\boldsymbol{B}^{\mathrm{T}}\boldsymbol{C}\boldsymbol{B}\,\boldsymbol{T}^{-1},\ \boldsymbol{F} = (\boldsymbol{T}^{-1})^{\mathrm{T}}\boldsymbol{C}\boldsymbol{q} \tag{9.112}$$

则式(9.111)更改为

$$\Pi = \frac{1}{2}\,\boldsymbol{\delta}^{\mathrm{T}}\boldsymbol{k}\boldsymbol{\delta} - \boldsymbol{\delta}^{\mathrm{T}}\boldsymbol{F} \tag{9.113}$$

依据最小势能原理，令式 (9.113)的一阶变分等于零，得到单元的刚度方程

$$\boldsymbol{k}\boldsymbol{\delta} = \boldsymbol{F} \tag{9.114}$$

式中，$\boldsymbol{k}$ 为单元刚度矩阵，$\boldsymbol{F}$ 为广义荷载列向量。

注意，在单元的节点位移向量 $\boldsymbol{\delta}$ 里面不出现 w_2 和 w_{n-1} 两个节点位移，而代之以 w'_1 和 w'_n 两个参数，实际上是将 w_2 和 w_{n-1} 用 $\boldsymbol{w}$ 中的 n 个节点位移参数线性表示了，在微分求积单元法中，实际还是有 n 个节点的。下面以二节点四自由度的 Euler 梁单元为例，推导其微分求积单元法的单元刚度矩阵和等效节点力向量。按照 Gauss-Lobato 积分方法，在区间 $[0,l]$ 上布置 4 个节点，注意将积分区间由 $[-1,1]$ 变换到 $[0,l]$ 上，4 个积分点(节点)的坐标及其求积权系数为

$$\{x_i\} = \left\{0 \quad \frac{5-\sqrt{5}}{10}l \quad \frac{5+\sqrt{5}}{10}l \quad l\right\},\ \{C_i\} = \left\{\frac{l}{12} \quad \frac{5l}{12} \quad \frac{5l}{12} \quad \frac{l}{12}\right\} \tag{9.115}$$

由式(9.15)和式(9.16)可得

$$\boldsymbol{B} = \frac{1}{l^2}\begin{bmatrix} 20 & -5(3\sqrt{5}+1) & 5(3\sqrt{5}-1) & -10 \\ 3\sqrt{5}+5 & -20 & 10 & 5-3\sqrt{5} \\ 5-3\sqrt{5} & 10 & -20 & 3\sqrt{5}+5 \\ -10 & 5(3\sqrt{5}-1) & -5(3\sqrt{5}+1) & 20 \end{bmatrix} \tag{9.116}$$

$$\boldsymbol{C}=\frac{l}{12}\begin{bmatrix}1&0&0&0\\0&5&0&0\\0&0&5&0\\0&0&0&1\end{bmatrix} \tag{9.117}$$

而转换矩阵 $\boldsymbol{T}$ 为

$$\boldsymbol{T}=\frac{1}{l^2}\begin{bmatrix}1&0&0&0\\-\dfrac{6}{l}&\dfrac{5+5\sqrt{5}}{2l}&\dfrac{5-5\sqrt{5}}{2l}&\dfrac{1}{l}\\0&0&0&1\\-\dfrac{1}{l}&-\dfrac{5-5\sqrt{5}}{2l}&-\dfrac{5+5\sqrt{5}}{2l}&\dfrac{6}{l}\end{bmatrix} \tag{9.118}$$

其逆矩阵为

$$\boldsymbol{T}^{-1}=\begin{bmatrix}1&0&0&0\\\dfrac{1}{2}+\dfrac{7\sqrt{5}}{50}&\dfrac{2\sqrt{5}l}{25(\sqrt{5}-1)}&\dfrac{1}{2}-\dfrac{7\sqrt{5}}{50}&\dfrac{(\sqrt{5}-5)l}{50}\\\dfrac{1}{2}-\dfrac{7\sqrt{5}}{50}&\dfrac{(5-\sqrt{5})l}{50}&\dfrac{1}{2}+\dfrac{7\sqrt{5}}{50}&-\dfrac{(5+\sqrt{5})l}{50}\\0&0&1&0\end{bmatrix} \tag{9.119}$$

将式(9.119)、式(9.117)和式(9.116)代入式(9.112),得

$$\boldsymbol{k}=\frac{EI}{l^3}\begin{bmatrix}12&6l&-12&6l\\6l&4l^2&-6l&2l^2\\-12&-6l&12&-6l\\6l&2l^2&-6l&4l^2\end{bmatrix},\ \boldsymbol{F}=\frac{ql}{12}\begin{Bmatrix}6\\l\\6\\-l\end{Bmatrix} \tag{9.120}$$

9.3.4 矩形平面单元

对一个矩形平面单元,在单元内沿 x 方向和 y 方向分别划分 m 和 n 个格点,如图 9.8 所示,ij 表示一个节点。节点 ij 在 x 方向和 y 方向的位移用 u_{ij} 和 v_{ij} 表示。

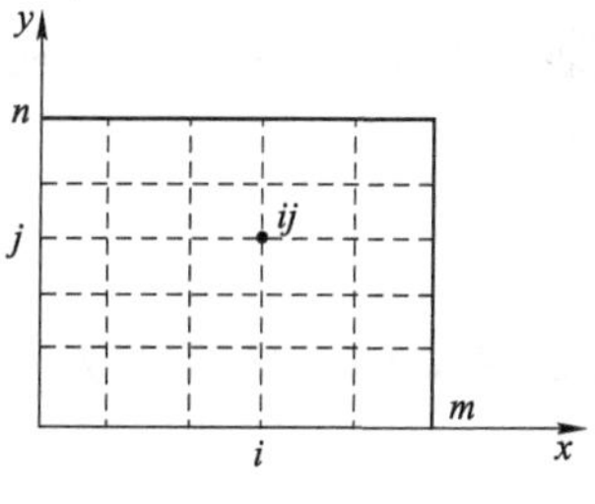

图 9.8 矩形单元的节点配置

设其位移函数为

$$\{\boldsymbol{u}\}=\begin{Bmatrix}u\\v\end{Bmatrix}=\begin{Bmatrix}\sum\limits_{i=1}^{m}\sum\limits_{j=1}^{n}L_i(x)L_j(y)u_{ij}\\\sum\limits_{i=1}^{m}\sum\limits_{j=1}^{n}L_i(x)L_j(y)v_{ij}\end{Bmatrix} \tag{9.121}$$

其中,$L_i(x)$ 为 Lagrange 多项式插值基函数。

定义

$$\boldsymbol{\delta}^{\mathrm{T}}=\{\bar{\boldsymbol{u}}^{\mathrm{T}}\quad\bar{\boldsymbol{v}}^{\mathrm{T}}\} \tag{9.122}$$

并

$$\bar{\boldsymbol{u}}^{\mathrm{T}}=\{u_{11}\ \cdots\ u_{m1}\ u_{12}\ \cdots\ u_{m2}\ \cdots\cdots\ u_{1n}\ \cdots\ u_{mn}\} \tag{9.123}$$

$$\bar{\boldsymbol{v}}^{\mathrm{T}}=\{v_{11}\quad\cdots\quad v_{m1}\quad v_{12}\quad\cdots\quad v_{m2}\quad\cdots\cdots\quad v_{1n}\quad\cdots\quad v_{mn}\}\tag{9.124}$$

将式(9.121)代入应变位移关系式(4.26)，利用微分求积法则，有

$$\{\varepsilon\}=\begin{Bmatrix}\varepsilon_x\\\varepsilon_y\\\gamma_{xy}\end{Bmatrix}=\begin{bmatrix}\partial_x & 0\\0 & \partial_y\\\partial_y & \partial_x\end{bmatrix}\begin{Bmatrix}u\\v\end{Bmatrix}=\begin{bmatrix}\boldsymbol{A}^{(1)} & 0\\0 & B^{(1)}\\\boldsymbol{B}^{(1)} & \boldsymbol{A}^{(1)}\end{bmatrix}\boldsymbol{\delta}=\boldsymbol{B\delta}\tag{9.125}$$

式中，$\boldsymbol{A}^{(1)}$和$\boldsymbol{B}^{(1)}$分别为对 x 和 y 求一阶导数时的微分求积系数组成的矩阵，$\boldsymbol{B}$ 称为应变矩阵。根据弹性力学公式，应力向量为

$$\boldsymbol{\sigma}=\boldsymbol{D\varepsilon}=\boldsymbol{DB\delta}\tag{9.126}$$

故单元的总势能泛函为

$$\begin{aligned}\Pi&=\frac{t}{2}\iint_A\boldsymbol{\varepsilon}^{\mathrm{T}}\boldsymbol{D\varepsilon}\,\mathrm{d}A-t\iint_A\boldsymbol{u}^{\mathrm{T}}\boldsymbol{F}\mathrm{d}A-t\int_\Gamma\boldsymbol{u}^{\mathrm{T}}\boldsymbol{p}\mathrm{d}\Gamma\\&=\frac{t}{2}\iint_A\boldsymbol{\delta}^{\mathrm{T}}\boldsymbol{B}^{\mathrm{T}}\boldsymbol{DB\delta}\,\mathrm{d}A-t\iint_A\boldsymbol{u}^{\mathrm{T}}\boldsymbol{F}\mathrm{d}A-t\int_\Gamma\boldsymbol{u}^{\mathrm{T}}\boldsymbol{p}\mathrm{d}\Gamma\end{aligned}\tag{9.127}$$

利用 Gauss - Lobato 积分对上式数值积分，有

$$\begin{aligned}\Pi&=\frac{t}{2}\iint_A\boldsymbol{\varepsilon}^{\mathrm{T}}\boldsymbol{D\varepsilon}\,\mathrm{d}A-t\iint_A\boldsymbol{u}^{\mathrm{T}}\boldsymbol{F}\,\mathrm{d}A-t\int_\Gamma\boldsymbol{u}^{\mathrm{T}}\boldsymbol{p}\mathrm{d}\Gamma\\&=\frac{t}{2}\iint_A\boldsymbol{\delta}^{\mathrm{T}}\boldsymbol{B}^{\mathrm{T}}\boldsymbol{DB\delta}\,\mathrm{d}A-t\iint_A\boldsymbol{u}^{\mathrm{T}}\boldsymbol{F}\mathrm{d}A-t\int_\Gamma\boldsymbol{u}^{\mathrm{T}}\boldsymbol{p}\mathrm{d}\Gamma\\&=\boldsymbol{\delta}^{\mathrm{T}}\ \frac{t}{2}\boldsymbol{B}^{\mathrm{T}}\boldsymbol{DB}\tilde{\boldsymbol{C}}\boldsymbol{\delta}-\boldsymbol{\delta}^{\mathrm{T}}t(\tilde{\boldsymbol{C}}\boldsymbol{Q}+\tilde{\boldsymbol{C}}\boldsymbol{P})\end{aligned}\tag{9.128}$$

其中

$$\tilde{\boldsymbol{C}}=\begin{bmatrix}\boldsymbol{C} & \boldsymbol{0}\\\boldsymbol{0} & \boldsymbol{C}\end{bmatrix},\ \boldsymbol{C}=\mathrm{diag}(C_k),\ C_k=C_i^xC_j^y\tag{9.129}$$

$$\boldsymbol{Q}=\begin{Bmatrix}\boldsymbol{F}_x\\\boldsymbol{F}_y\end{Bmatrix},\ \boldsymbol{P}=\begin{Bmatrix}\boldsymbol{p}_x\\\boldsymbol{p}_y\end{Bmatrix}\tag{9.130}$$

其中，$\boldsymbol{F}_x$ 为体力在 x 方向的分量在各节点处的值组成的子向量，$\boldsymbol{F}_y$ 为体力在 y 方向的分量在各节点处的值组成的子向量，$\boldsymbol{p}_x$ 为表面力在 x 方向的分量在各节点处的值组成的子向量，$\boldsymbol{F}_y$ 为表面力在 y 方向的分量在各节点处的值组成的子向量。

定义

$$\boldsymbol{k}=\frac{t}{2}\boldsymbol{B}^{\mathrm{T}}\boldsymbol{DB}\tilde{\boldsymbol{C}},\ \boldsymbol{F}=t(\tilde{\boldsymbol{C}}\boldsymbol{Q}+\tilde{\boldsymbol{C}}\boldsymbol{P})\tag{9.131}$$

如此，则式(9.128)更改为

$$\Pi=\frac{1}{2}\boldsymbol{\delta}^{\mathrm{T}}\boldsymbol{k\delta}-\boldsymbol{\delta}^{\mathrm{T}}\boldsymbol{F}\tag{9.132}$$

依据最小势能原理，令式 (9.132)的一阶变分等于零，得到单元的刚度方程

$$\boldsymbol{k\delta}=\boldsymbol{F}\tag{9.133}$$

式中，$\boldsymbol{k}$ 为单元刚度矩阵，$\boldsymbol{F}$ 为广义荷载列向量。

习　题

1. 已知下面的二维 Helmholtz 方程和边界条件，

$$\nabla^2u+k^2u=f(x,y)\qquad(\text{在}\ \Omega\ \text{内})$$

$$u = g(x, y) \qquad (\text{在 } \Gamma \text{ 上})$$

其中，k 为波数，$\nabla^2 = \dfrac{\partial^2}{\partial x^2} + \dfrac{\partial^2}{\partial y^2}$ 为 Laplace 算子。现若用微分求积法求解该定解问题，请给出控制微分方程和边界条件的离散形式。

2. 微分求积单元法是在什么背景下被提出的？请描述微分求积单元法的主要思想和步骤。

3. 如图 9.9 所示的板结构，l_1 部分和 l_2 部分的板厚度不同，若按 Mindlin 板理论现用 DQE 方法求解，并若按图示的形式划分两个单元，请你写出在连接点 i 处的位移协调条件和内力连续方程。

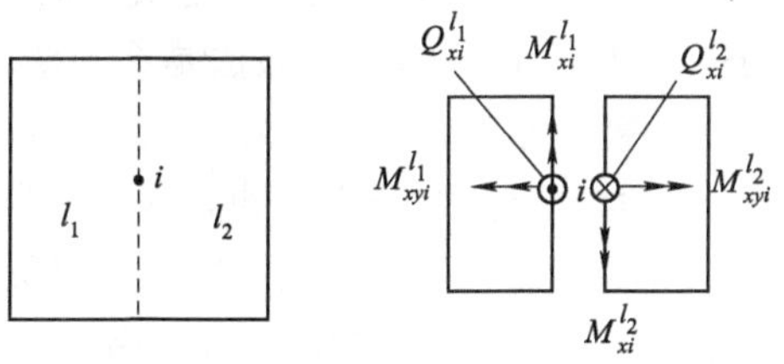

图 9.9

4. 已知圆弧曲梁在曲线坐标系中自由振动的控制微分方程为

$$\left(-EA\frac{\mathrm{d}^2}{\mathrm{d}x^2} + \frac{kGA}{R^2}\right)u + \frac{EA + kGA}{R}\frac{\mathrm{d}v}{\mathrm{d}x} - \frac{kGA}{R}\varphi + \rho A\omega^2 u = 0$$

$$\frac{EA + kGA}{R}\frac{\mathrm{d}u}{\mathrm{d}x} + \left(-\frac{EA}{R^2} + kGA\frac{\mathrm{d}^2}{\mathrm{d}x^2}\right)v - kGA\varphi + \rho A\omega^2 v = 0$$

$$\frac{kGA}{R}u + kGA\frac{\mathrm{d}v}{\mathrm{d}x} + \left(EI\frac{\mathrm{d}^2}{\mathrm{d}x^2} - kGA\right)\varphi + \rho I\omega^2\varphi = 0$$

式中，u、v 和 φ 分别为横截面的轴向位移、横向位移和转角；E 和 G 分别为材料弹性模量和剪切模量；A 和 I 分别为横截面积和惯性矩；ρ 为材料密度；ω 为梁自由振动的圆频率；R 为梁的圆弧半径。现用微分求积法对该方程离散求解。在曲梁上任意布置 n 个配点，设每个配点的坐标为 $x_i(i = 1, 2, \cdots, n)$。定义以下线性微分算子

$$\lambda_1 = \frac{\mathrm{d}}{\mathrm{d}x}, \lambda_2 = \frac{\mathrm{d}^2}{\mathrm{d}x^2}$$

请你对前面的控制微分方程用微分求积法进行离散。

5. 试用微分求积法求解 Euler 梁的静力弯曲问题的横向自由振动问题。

6. 试用微分求积法和微分求积有限单元法分别计算矩形板的静力弯曲和自由振动问题，并比较两种方法的精度和收敛性。

第10章 差 分 法

10.1 差分法概述

在数学上描述一个物理场问题通常有两种方法，一是微分的方法，另一种是积分的方法。在基础的弹性力学中，采用的通常都是微分法，这种做法是在问题域内任意位置取一个小的微元体，根据该处微元体的性质建立微分方程或微分方程组，这一点的性态适用于除边界以外的全部区域，然后再由边界上的性质确定微分方程或微分方程组的定解条件，构成微分方程的定解问题。但由于求解微分方程定解问题的复杂性，很多问题常常无法求解，因此人们又发展了积分描述法，其核心思想是从全区域出发，构造与定解问题相等效的积分方程，这种积分方程在力学问题中大多代表全区域的能量，如果原问题的微分方程具有某些特定的性质，则它的等效积分方程可以归结为能量泛函的变分，然后通过数学上的变分法求解。

有限差分法(Finite Difference Method)是基于微分方程描述的数值方法，其特点是直接求解微分方程定解问题在一些离散点上的数值近似解，其求解步骤是：首先将求解区域划分为网格，然后在各网格节点上用差分方程近似代替微分方程，而差分方程是只跟离散点处的函数值有关的代数方程，这样就将微分方程用代数方程组来表示了，因而求解微分方程的问题也就转化成了求解代数方程组的问题，求解这一组代数方程，便可以得到区域内的变量在网格节点处的函数近似值。借助于有限差分法，能够解决某些相当复杂的力学问题，特别是求解建立于空间坐标系的流体流动问题时，有限差分法有自己的优势。因此在流体力学领域，它至今仍占支配地位。但对于几何形状复杂的固体力学问题，它的精度将显著降低，甚至发生困难，所以很少采用。本章简要介绍差分法的基本思想，并对一些简单问题给出计算公式。

10.2 差 分 公 式

所谓差分法，是把控制微分方程和边界条件中的导数(微分)近似地用差分来表示，将微分方程的定解问题转换成代数方程组的问题。因此，在讨论差分法之前，先来建立一些差分公式，以便用它们来建立差分方程。

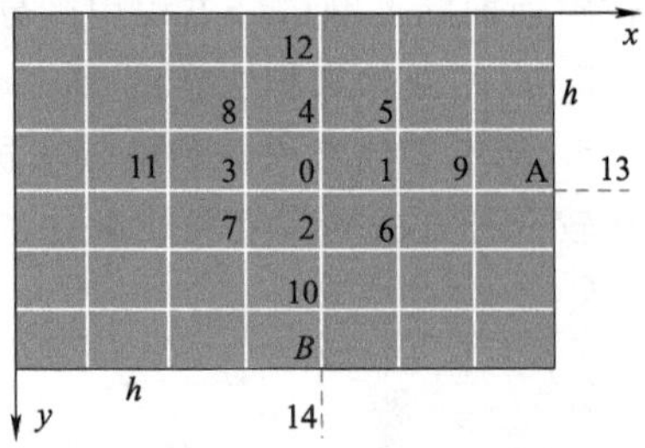

图 10.1 差分网格

在求解域内用相隔等间距 h 而平行于坐标轴的两组平行线织成网格，如图 10.1 所示。设 $f(x,y)$ 为求解域内的一个连续函数，它可能是某一个位移分量或应力分量，也可能是应力函数或者温度等。这个函数在平行于 x 轴的一根网格线上，例如 3-0-1 这条线上，它只随坐标 x 的变化而变化，与坐标 y 无关。将其在节点 0 附近沿 x 方向作 Taylor 级数展开，有

$$f(x,y)=f_0+\left(\frac{\partial f}{\partial x}\right)_0(x-x_0)+\frac{1}{2!}\left(\frac{\partial^2 f}{\partial x^2}\right)_0(x-x_0)^2+\frac{1}{3!}\left(\frac{\partial^3 f}{\partial x^3}\right)_0(x-x_0)^3+\cdots \tag{10.1}$$

考虑节点 0 附近的区域时，我们认为 $x-x_0$ 足够小，于是可略去三次项以后的高阶项，有

$$f(x,y)=f_0+\left(\frac{\partial f}{\partial x}\right)_0(x-x_0)+\frac{1}{2!}\left(\frac{\partial^2 f}{\partial x^2}\right)_0(x-x_0)^2 \tag{10.2}$$

在结点 1 和结点 3 上，横坐标的值为 x_0+h 和 x_0-h，即在节点 1 和结点 3 处有 $x-x_0$ 分别等于 h 和 $-h$。代入式(10.2)，有

$$f_3=f_0-h\left(\frac{\partial f}{\partial x}\right)_0+\frac{h^2}{2!}\left(\frac{\partial^2 f}{\partial x^2}\right)_0 \tag{10.3}$$

$$f_1=f_0+h\left(\frac{\partial f}{\partial x}\right)_0+\frac{h^2}{2!}\left(\frac{\partial^2 f}{\partial x^2}\right)_0 \tag{10.4}$$

联立求解 $\left(\frac{\partial f}{\partial x}\right)_0$ 及 $\left(\frac{\partial^2 f}{\partial x^2}\right)_0$，得差分公式

$$\left(\frac{\partial f}{\partial x}\right)_0=\frac{f_1-f_3}{2h} \tag{10.5}$$

$$\left(\frac{\partial^2 f}{\partial x^2}\right)_0=\frac{f_1+f_3-2f_0}{h^2} \tag{10.6}$$

实际上，是将函数的导数在节点处的值用附近点的函数值来近似表示了。同样，可得到沿 y 方向的插分公式

$$\left(\frac{\partial f}{\partial y}\right)_0=\frac{f_2-f_4}{2h} \tag{10.7}$$

$$\left(\frac{\partial^2 f}{\partial y^2}\right)_0=\frac{f_2+f_4-2f_0}{h^2} \tag{10.8}$$

式(10.5)～式(10.8)是最基本的差分公式，可从他们出发导出其他的一些差分公式，比如，利用它们可以导出混合二阶导数的差分公式

$$\begin{aligned}\left(\frac{\partial^2 f}{\partial x\partial y}\right)_0&=\left[\frac{\partial}{\partial x}\left(\frac{\partial f}{\partial y}\right)\right]_0=\frac{\left(\frac{\partial f}{\partial y}\right)_1-\left(\frac{\partial f}{\partial y}\right)_3}{2h}\\&=\frac{\frac{f_6-f_5}{2h}-\frac{f_7-f_8}{2h}}{2h}=\frac{1}{4h^2}[(f_6+f_8)-(f_5+f_7)]\end{aligned} \tag{10.9}$$

又例如，用同样的方法可以导出四阶导数的差分公式如下

$$\left(\frac{\partial^4 f}{\partial x^4}\right)_0=\frac{6f_0-4(f_1+f_3)+(f_9+f_{11})}{h^4} \tag{10.10}$$

$$\left(\frac{\partial^4 f}{\partial y^4}\right)_0=\frac{6f_0-4(f_2+f_4)+(f_{10}+f_{12})}{h^4} \tag{10.11}$$

$$\left(\frac{\partial^4 f}{\partial x^2\partial y^2}\right)_0=\frac{4f_0-2(f_1+f_2+f_3+f_4)+(f_5+f_6+f_7+f_8)}{h^4} \tag{10.12}$$

需要说明的是，在推导一阶导数的差分公式(10.5)和式(10.7)时，我们是利用了相隔 $2h$ 的两节点的函数值来表示中间节点的导数值，这种差分公式称为中点导数公式或中心差分公式。有时也需要用相邻的几个点的函数值来表示端点处的导数值，称为端点导数公式。如令

级数展开式(10.2)在节点 1 和节点 9 成立，注意 $x_1 - x_0 = h$，$x_9 - x_0 = 2h$，则有

$$f_1 \approx f_0 + h\left(\frac{\partial f}{\partial x}\right)_0 + \frac{h^2}{2}\left(\frac{\partial^2 f}{\partial x^2}\right)_0 \tag{10.13}$$

$$f_9 \approx f_0 + 2h\left(\frac{\partial f}{\partial x}\right)_0 + 2h^2\left(\frac{\partial^2 f}{\partial x^2}\right)_0 \tag{10.14}$$

联立求解 $\left(\frac{\partial f}{\partial x}\right)_0$ 和 $\left(\frac{\partial^2 f}{\partial x^2}\right)_0$，得

$$\left(\frac{\partial f}{\partial x}\right)_0 = \frac{-3f_0 + 4f_1 - f_9}{2h} \tag{10.15}$$

$$\left(\frac{\partial^2 f}{\partial x^2}\right)_0 = \frac{f_0 + f_9 - 2f_1}{h^2} \tag{10.16}$$

式(10.15)和式(10.16) 即为左端点导数公式或向前差分公式，实际上是用相邻的三个节点 0、1、9 的函数值线性叠加来近似表达左端节点 0 处的导数值。当然，我们也可以导出右端导数公式或向后差分公式。如令级数展开式(10.2)在节点 3 和节点 11 成立，注意 $x_3 - x_0 = -h$，$x_{11} - x_0 = -2h$，则有

$$f_3 \approx f_0 - h\left(\frac{\partial f}{\partial x}\right)_0 + \frac{h^2}{2}\left(\frac{\partial^2 f}{\partial x^2}\right)_0 \tag{10.17}$$

$$f_{11} \approx f_0 - 2h\left(\frac{\partial f}{\partial x}\right)_0 + 2h^2\left(\frac{\partial^2 f}{\partial x^2}\right)_0 \tag{10.18}$$

联立求解 $\left(\frac{\partial f}{\partial x}\right)_0$ 和 $\left(\frac{\partial^2 f}{\partial x^2}\right)_0$，得

$$\left(\frac{\partial f}{\partial x}\right)_0 = \frac{3f_0 - 4f_3 + f_{11}}{2h} \tag{10.19}$$

$$\left(\frac{\partial^2 f}{\partial x^2}\right)_0 = \frac{f_0 + f_{11} - 2f_3}{h^2} \tag{10.20}$$

同样可以导出对 y 的向前和向后差分公式

$$\left(\frac{\partial f}{\partial y}\right)_0 = \frac{-3f_0 + 4f_2 - f_{10}}{2h} \tag{10.21}$$

$$\left(\frac{\partial^2 f}{\partial y^2}\right)_0 = \frac{f_0 + f_{10} - 2f_2}{h^2} \tag{10.22}$$

$$\left(\frac{\partial f}{\partial y}\right)_0 = \frac{3f_0 - 4f_4 + f_{12}}{2h} \tag{10.23}$$

$$\left(\frac{\partial^2 f}{\partial y^2}\right)_0 = \frac{f_0 + f_{12} - 2f_4}{h^2} \tag{10.24}$$

应当指出，与中心差分公式相比，向前和向后的差分公式精度相对来说较差，因为他们不具有对称性，只反映了节点一侧的函数变化情况，因此，我们总是尽可能应用中心差分公式，向前和向后差分公式只是在不方便应用中心差分公式时才被采用。

上述差分公式都是根据泰勒展开得来的，由于只保留了二次项，实际上是假设了函数在节点 0 附近按抛物线变化，故又称为抛物线差分公式。在级数展开公式中，如果只保留一次项，则可导出更简单的差分公式。例如，可以在式(10.2)中把二次项 $(x - x_0)^2$ 也省略不计，从而由式(10.3)和式(10.4)解得

$$\left(\frac{\partial f}{\partial x}\right)_0 = \frac{f_0 - f_3}{h},\ \left(\frac{\partial f}{\partial x}\right)_0 = \frac{f_1 - f_0}{h} \tag{10.25}$$

这实际上是将函数 $f(x,y)$ 在 x 方向做了线性近似，由于假设了函数 $f(x,y)$ 线性变化，精度一般较差，所以很少采用。如果在级数展开式中保留三次、四次项，则可以导出更精确的差分公式，但由于涉及节点太多，用起来很不方便，因而也很少采用。

10.3 Euler 柱的屈曲问题差分解

考虑一均质等截面的受压柱，如图 10.2(a)所示。设柱的弯曲刚度为 EI，长度为 l。压杆稳定问题的控制微分方程为

$$EIw'' + F_{\mathrm{P}}w = 0 \tag{10.26}$$

边界条件为

$$w(0) = w(l) = 0 \tag{10.27}$$

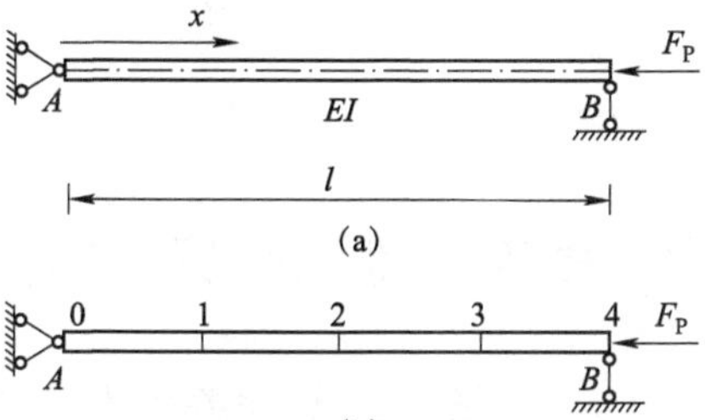

图 10.2 Euler 柱的屈曲

现在用差分法求解该问题。在求解域内(含端部边界)等间距布置节点 0、1、2、3、4，如图 10.2(b)所示，令 $h=\dfrac{l}{4}$ 。对 1、2 点分别建立差分方程，利用式(10.6)并考虑到问题的对称性以及边界条件，可得

$$\left.\begin{aligned} EI\,(w'')_1 &= EI\,\frac{w_2-2w_1+w_0}{h^2} = EI\,\frac{w_2-2w_1}{h^2} = -F_{\mathrm{P}}w_1 \\ EI\,(w'')_2 &= EI\,\frac{w_1-2w_2+w_3}{h^2} = EI\,\frac{2w_1-2w_2}{h^2} = -F_{\mathrm{P}}w_2 \end{aligned}\right\} \tag{10.28}$$

将上式写为矩阵形式，即

$$\frac{EI}{h^2}\begin{bmatrix}-2 & 1\\ 2 & -2\end{bmatrix}\begin{Bmatrix}w_1\\ w_2\end{Bmatrix}+F_{\mathrm{P}}\begin{Bmatrix}w_1\\ w_2\end{Bmatrix}=\begin{Bmatrix}0\\ 0\end{Bmatrix} \tag{10.29}$$

令 $\lambda=\dfrac{F_{\mathrm{P}}h^2}{EI}$ ，上式化为

$$\begin{bmatrix}-2 & 1\\ 2 & -2\end{bmatrix}\begin{Bmatrix}w_1\\ w_2\end{Bmatrix}+\lambda\begin{Bmatrix}w_1\\ w_2\end{Bmatrix}=\begin{Bmatrix}0\\ 0\end{Bmatrix} \tag{10.30}$$

求解上述特征值问题

$$\begin{bmatrix}-2+\lambda & 1\\ 2 & -2+\lambda\end{bmatrix}\begin{Bmatrix}w_1\\ w_2\end{Bmatrix}=\begin{Bmatrix}0\\ 0\end{Bmatrix} \tag{10.31}$$

得

$$\lambda_1 = \frac{4-\sqrt{8}}{2} \approx 0.586, \quad \lambda_2 = \frac{4+\sqrt{8}}{2} \approx 3.414$$

可得差分法确定的结构临界力为

$$F_{P1} = \frac{EI}{h^2}\lambda_1 \approx 0.586\,\frac{EI}{h^2} = \frac{9.376EI}{l^2}$$

$$F_{P2} = \frac{EI}{h^2}\lambda_2 \approx 3.414\,\frac{EI}{h^2} = \frac{54.524EI}{l^2}$$

取其中的较小值，有

$$F_{Pcr} = \frac{9.376EI}{l^2} \tag{10.32}$$

该问题的精确解为

$$F_{Pcr}^{exact} = \frac{9.870EI}{l^2} \tag{10.33}$$

可见，差分法计算的近似解比精确解偏小，相对误差约为 5%。

10.4 稳定二维温度场的差分解

本节以无热源的、平面的、稳定温度场为例，说明差分法在二维问题中的应用。无热源的平面稳定温度场由高调合的 Laplace 方程控制，即

$$\nabla^2 T = \frac{\partial^2 T}{\partial x^2} + \frac{\partial^2 T}{\partial y^2} = 0 \tag{10.34}$$

为了用差分法解该问题，现在温度场的区域内织成网格，如图 10.1 所示。在任意一个节点上，例如在节点 0 处，由差分公式(10.6)和式(10.8)有

$$\left(\frac{\partial^2 T}{\partial x^2}\right)_0 = \frac{T_1 + T_3 - 2T_0}{h^2} \tag{10.35a}$$

$$\left(\frac{\partial^2 T}{\partial y^2}\right)_0 = \frac{T_2 + T_4 - 2T_0}{h^2} \tag{10.35b}$$

代入控制微分方程式(10.34)，得

$$4T_0 - (T_1 + T_2 + T_3 + T_4) = 0 \tag{10.36}$$

对于域内的任意一个内节点，都可以建立式(10.36)所示的差分方程，因而差分方程的数目就等于内部节点的数目，这些方程中包含内节点处的未知温度，也包含边界点上的温度。如果一个温度场的全部边界都具有第一类边界条件，则所有边界节点上的温度 T 都是已知的，这样，只需要在每一个内部节点上建立一个形如式(10.36)的差分方程，组成一组关于内部节点温度值的线性方程组，求解该线性方程组便可以得到内部节点上的温度值。

如果温度场具有第二类边界条件，即已知法向热流密度（温度梯度）的边界点，如图 10.3(a)中的 0 点，该点处的温度值 T_0 是未知的，需要计算求解，因而需要建立已知一个形如式(10.36)的差分方程，但在建立这点处的差分方程时会涉及边界外虚节点 1 的温度值，而虚节点 1 的温度值也是不知道的。为了在差分方程中消去虚节点 1 的温度 T_1，可利用第二类边界条件的表达式建立新的差分方程。假设该边界是垂直于 x 轴的，而且该边界的外法线是 x 轴的正方向，则第二类边界条件为

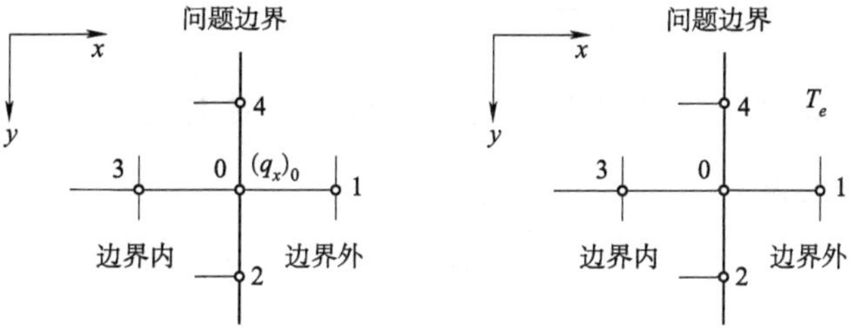

(a) 第二类边界条件 (b) 第三类边界条件

图 10.3 节点 0 具有第二类、第三类边界条件

$$-\lambda\left(\frac{\partial T}{\partial x}\right)_0=(q_x)_0 \tag{10.37}$$

式中，λ 为导热系数，q_x 为 x 方向的热流密度。对上式中的 $\left(\frac{\partial T}{\partial x}\right)_0$ 应用差分公式 (10.5)，则式(10.37)变为

$$-\lambda\left(\frac{T_1-T_3}{2h}\right)=(q_x)_0 \tag{10.38}$$

解出

$$T_1=T_3-\frac{2h}{\lambda}(q_x)_0 \tag{10.39}$$

再代入差分方程式(10.36)，得到修正的差分方程

$$4T_0-(T_2+2T_3+T_4)=-\frac{2h}{\lambda}(q_x)_0 \tag{10.40}$$

当然，对这类边界条件，也可以用端点导数公式代替该点处的控制差分方程，也就是说，直接应用此处的向后差分公式(10.19)将边界条件式(10.37)中的 $\left(\frac{\partial T}{\partial x}\right)_0$ 用域内节点的温度值来表示，显然

$$\left(\frac{\partial T}{\partial x}\right)_0=\frac{3T_0-4T_3+T_{11}}{2h} \tag{10.41}$$

故式(10.37)可写为

$$-\lambda\left(\frac{3T_0-4T_3+T_{11}}{2h}\right)=(q_x)_0 \tag{10.42}$$

用这个方程直接代替该点处的差分方程即可。当然，在边界点上应用不同的方程，会有不同的计算精度，读者可自行探究。

如果边界 4-0-2 是绝热边界或对称轴，则 $(q_x)_0=0$，此时，式(10.40)和式(10.42)分别简化为

$$4T_0-(T_2+2T_3+T_4)=0 \tag{10.43}$$

$$3T_0-4T_3+T_{11}=0 \tag{10.44}$$

如果边界条件是第三类边界条件，即在所有各瞬时的对流(运流)放热情况为已知的边界节点 0[图 10.3(b)]，也须列出相应于节点 0 处的差分方程，并用相应的边界条件消去虚节点的温度值 T_1。此时，边界条件为

$$\left(\frac{\partial T}{\partial x}\right)_0=-\frac{\beta}{\lambda}(T_0-T_e) \tag{10.45}$$

式中，β 为对流放热系数，T_e 为边界外的已知温度。对上式中的 $\left(\frac{\partial T}{\partial x}\right)_0$ 应用差分公式(10.5)，则式(10.45)变为

$$\frac{T_1-T_3}{2h}=-\frac{\beta}{\lambda}(T_0-T_e) \tag{10.46}$$

由此式解出 T_1，再代入式(10.36)，有

$$\left(4+\frac{2\beta h}{\lambda}\right)T_0-(T_2+2T_3+T_4)=-\frac{2\beta h}{\lambda}T_e \tag{10.47}$$

当边界垂直于 y 轴时，也极容易导出形如式(10.40)和式(10.47)的差分方程，兹不赘述。

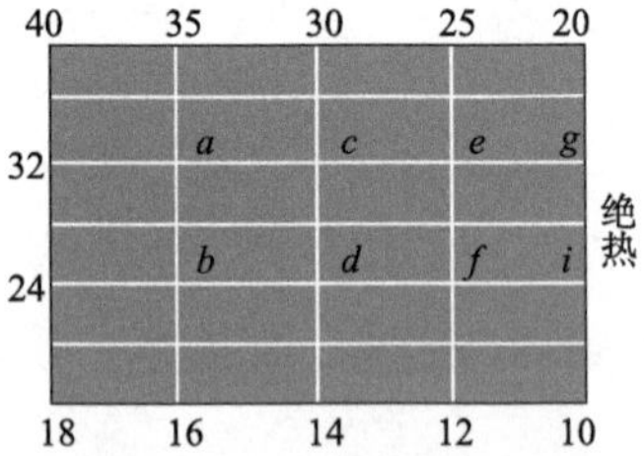

图 10.4　矩形域温度场

例 10.1：图 10.4 所示的矩形域长宽分别为 8 m 和 6 m，右边界为绝热边界条件，其余三边上的温度均为已知(标在各节点上)，试求域内各节点处的温度值。

解：如图划分 4×3 网格，网格的尺寸 $h=2\text{ m}$。对图中域内节点 $a-f$ 点，建立差分方程如下

$$4T_a-T_b-T_c-35-32=0$$
$$4T_b-T_a-T_d-16-24=0$$
$$4T_c-T_a-T_d-T_e-30=0$$
$$4T_d-T_b-T_c-T_f-14=0$$
$$4T_e-T_c-T_f-T_g-25=0$$
$$4T_f-T_d-T_e-T_i-12=0$$

对 g 点和 i 点，建立修正的差分方程如下

$$4T_g-T_i-2T_e-20=0$$
$$4T_i-T_g-2T_f-10=0$$

联立这 8 个方程，解得

$$T_a=28.51,T_b=22.03,T_c=24.99,T_d=19.61$$
$$T_e=21.84,T_f=17.41,T_g=19.97,T_i=16.20$$

当温度场具有曲线边界或者与坐标轴斜交的直线边界时，在靠近边界处将出现不规则的内节点，如图 10.5(a)中的节点 0，该节点处的差分方程可如下导出。

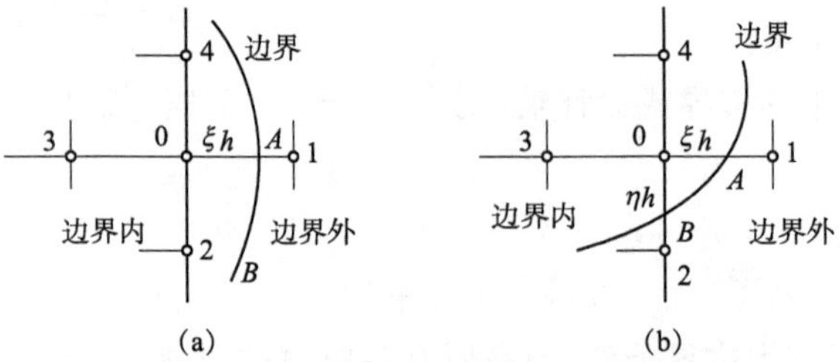

图 10.5　具有曲线边界的边界条件

将温度场在节点 0 附近展开为 Taylor 级数并只保留二次项，有

$$T(x,y)=T_0+\left(\frac{\partial T}{\partial x}\right)_0(x-x_0)+\frac{1}{2!}\left(\frac{\partial^2 T}{\partial x^2}\right)_0(x-x_0)^2 \tag{10.48}$$

令上式在节点 3 和边界上的 A 点成立，即有

$$T_3=T_0-h\left(\frac{\partial T}{\partial x}\right)_0+\frac{1}{2!}h^2\left(\frac{\partial^2 T}{\partial x^2}\right)_0 \tag{10.49}$$

$$T_A=T_0+\xi h\left(\frac{\partial T}{\partial x}\right)_0+\frac{1}{2!}\xi^2 h^2\left(\frac{\partial^2 T}{\partial x^2}\right)_0 \tag{10.50}$$

从以上两式中消去 $\left(\frac{\partial T}{\partial x}\right)_0$，简化以后得

$$\left(\frac{\partial^2 T}{\partial x^2}\right)_0=\frac{1}{h^2}\left[\frac{2}{\xi(1+\xi)}T_A+\frac{2}{1+\xi}T-\frac{2}{\xi}T_0\right] \tag{10.51}$$

而 $\left(\frac{\partial^2 T}{\partial y^2}\right)_0$ 则仍如式(10.35b)所示，将式(10.51)和式(10.35b)代入控制微分方程式(10.34)，得到代替式 (10.36)的差分方程

$$\frac{2}{\xi(1+\xi)}T_A+T_2+\frac{2}{1+\xi}T_3+T_4-\left(2+\frac{2}{\xi}\right)T_0=0 \tag{10.52}$$

当 $\xi=1$ 时，节点 A 与节点 1 重合，方程式(10.52)还原为式(10.36)。

对于图 10.5(b)中的不规则内节点 0，利用同样的方法可以得到该点处的差分方程

$$\frac{2}{\xi(1+\xi)}T_A+\frac{2}{\eta(1+\eta)}T_B+\frac{2}{1+\xi}T_3+\frac{2}{1+\eta}T_4-\left(\frac{2}{\xi}+\frac{2}{\eta}\right)T_0=0 \tag{10.53}$$

当 $\xi=\eta=1$ 时，节点 A 和 B 分别与节点 1 及 2 重合，方程式(10.53)也退化为式(10.36)。

10.5 应力函数的差分解

由弹性力学知，在不计体力的情况下，平面问题的应力分量 σ_x、σ_y 和 τ_{xy} 可用应力函数 φ 的二阶导数来表示

$$\sigma_x=\frac{\partial^2\varphi}{\partial y^2},\sigma_y=\frac{\partial^2\varphi}{\partial x^2},\tau_{xy}=-\frac{\partial^2\varphi}{\partial x\partial y} \tag{10.54}$$

应力函数满足如下的重调和方程

$$\nabla^2\nabla^2\varphi=\frac{\partial^4\varphi}{\partial x^4}+2\frac{\partial^4\varphi}{\partial x^2\partial y^2}+\frac{\partial^4\varphi}{\partial y^4}=0 \tag{10.55}$$

如果在弹性体中仍将求解域织成图 10.1 所示的网格，应用二阶导数的差分公式(10.6)、式(10.8)和式(10.9)，就可以把任意节点 0 处的应力分量表示为

$$\left.\begin{aligned}
(\sigma_x)_0&=\left(\frac{\partial^2\varphi}{\partial y^2}\right)_0=\frac{1}{h^2}[(\varphi_2+\varphi_4)-2\varphi_0]\\
(\sigma_y)_0&=\left(\frac{\partial^2\varphi}{\partial x^2}\right)_0=\frac{1}{h^2}[(\varphi_1+\varphi_3)-2\varphi_0]\\
(\tau_{xy})_0&=\left(-\frac{\partial^2\varphi}{\partial x\partial y}\right)_0=\frac{1}{4h^2}[(\varphi_5+\varphi_7)-(\varphi_6+\varphi_8)]
\end{aligned}\right\} \tag{10.56}$$

可见，只要各点处的应力函数值求得，便可以得到该各节点处的应力分量值。如果有常量体力作用，可先将它变换为面力的作用，如弹性力学相关书中所述。

为求得弹性体边界以内各节点处的应力函数值，现利用差分公式

$$\left.\begin{aligned}\left(\frac{\partial^4\varphi}{\partial x^4}\right)_0 &= \frac{6\varphi_0-4(\varphi_1+\varphi_3)+(\varphi_9+\varphi_{11})}{h^4}\\\left(\frac{\partial^4\varphi}{\partial y^4}\right)_0 &= \frac{6\varphi_0-4(\varphi_2+\varphi_4)+(\varphi_{10}+\varphi_{12})}{h^4}\\\left(\frac{\partial^4\varphi}{\partial x^2\partial y^2}\right)_0 &= \frac{4\varphi_0-2(\varphi_1+\varphi_2+\varphi_3+\varphi_4)+(\varphi_5+\varphi_6+\varphi_7+\varphi_8)}{h^4}\end{aligned}\right\} \tag{10.57}$$

代入前面的重调和方程式(10.55)，得

$$\begin{aligned}&20\varphi_0-8(\varphi_1+\varphi_2+\varphi_3+\varphi_4)+\\&2(\varphi_5+\varphi_6+\varphi_7+\varphi_8)+(\varphi_9+\varphi_{10}+\varphi_{11}+\varphi_{12})=0\end{aligned} \tag{10.58}$$

对弹性体内部的每一节点，都可以建立一个这样的差分方程。但是对边界内一行(距离边界 h) 的节点，建立的差分方程将包含边界上和边界外一行的虚节点的应力函数值。

为消除虚节点处的应力函数值，需要用边界点的一阶差分公式，如欲消除 13 点和 14 点处的应力函数值，我们利用 A 点和 B 点处的一阶导数公式

$$\left(\frac{\partial\varphi}{\partial x}\right)_A=\frac{\varphi_{13}-\varphi_9}{2h},\ \left(\frac{\partial\varphi}{\partial x}\right)_B=\frac{\varphi_{14}-\varphi_{10}}{2h} \tag{10.59}$$

解得

$$\varphi_{13}=\varphi_9+2h\left(\frac{\partial\varphi}{\partial x}\right)_A,\ \varphi_{14}=\varphi_{10}+2h\left(\frac{\partial\varphi}{\partial x}\right)_B \tag{10.60}$$

这里，涉及应力函数的一阶导数在边界上的值，但通常的边界条件是不知道应力函数的一阶导数值的，而是已知边界上的应力平衡条件，现在我们讨论如何由应力边界条件得到应力函数及其导数在边界上的值。

由弹性力学知道，应力边界条件为

$$\left.\begin{aligned}l(\sigma_x)_s+m(\tau_{xy})_s&=\bar{X}\\m(\sigma_y)_s+l(\tau_{xy})_s&=\bar{Y}\end{aligned}\right\} \tag{10.61}$$

其中，$\bar{X}$ 和 $\bar{Y}$ 为边界上已知的面力分量，l 和 m 为边界外法线的方向余弦。假设边界形状如图 10.6 所示，则有

$$l=\cos(N,x)=\cos\alpha=\frac{\mathrm{d}y}{\mathrm{d}s},$$

$$m=\cos(N,y)=\sin\alpha=-\frac{\mathrm{d}x}{\mathrm{d}s}$$

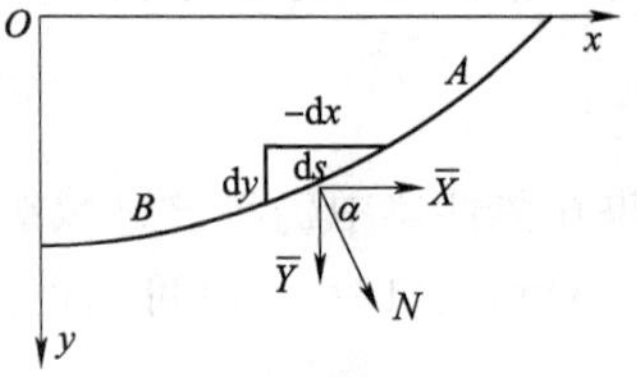

图 10.6　具有曲线形状的边界条件

将式(10.54)及上式代入式(10.61)，有

$$\frac{\mathrm{d}y}{\mathrm{d}s}\left(\frac{\partial^2\varphi}{\partial y^2}\right)_s+\frac{\mathrm{d}x}{\mathrm{d}s}\left(\frac{\partial^2\varphi}{\partial x\partial y}\right)_s=\bar{X}$$

$$-\frac{\mathrm{d}x}{\mathrm{d}s}\left(\frac{\partial^2\varphi}{\partial x^2}\right)_s-\frac{\mathrm{d}y}{\mathrm{d}s}\left(\frac{\partial^2\varphi}{\partial x\partial y}\right)_s=\bar{Y}$$

或

$$\frac{\mathrm{d}}{\mathrm{d}s}\left(\frac{\partial\varphi}{\partial y}\right)_s=\bar{X},\quad -\frac{\mathrm{d}}{\mathrm{d}s}\left(\frac{\partial\varphi}{\partial x}\right)_s=\bar{Y} \tag{10.62}$$

将式(10.62)对弧长从 A 到 B 积分，得

$$\left(\frac{\partial\varphi}{\partial y}\right)_B=\left(\frac{\partial\varphi}{\partial y}\right)_A+\int_A^B\bar{X}\mathrm{d}s,\quad \left(\frac{\partial\varphi}{\partial x}\right)_B=\left(\frac{\partial\varphi}{\partial x}\right)_A-\int_A^B\bar{Y}\mathrm{d}s \tag{10.63}$$

另一方面，由于 $\mathrm{d}\varphi=\frac{\partial\varphi}{\partial x}\mathrm{d}x+\frac{\partial\varphi}{\partial y}\mathrm{d}y$，由分部积分得

$$\begin{aligned}\varphi\Big|_A^B&=\int_A^B\left(\frac{\partial\varphi}{\partial x}\mathrm{d}x+\frac{\partial\varphi}{\partial y}\mathrm{d}y\right)=\int_A^B\frac{\partial\varphi}{\partial x}\mathrm{d}x+\int_A^B\frac{\partial\varphi}{\partial y}\mathrm{d}y\\&=\left(x\frac{\partial\varphi}{\partial x}\right)\Big|_A^B-\int_A^B x\,\mathrm{d}\left(\frac{\partial\varphi}{\partial x}\right)+\left(y\frac{\partial\varphi}{\partial y}\right)\Big|_A^B-\int_A^B y\,\mathrm{d}\left(\frac{\partial\varphi}{\partial y}\right)\\&=\left(x\frac{\partial\varphi}{\partial x}\right)\Big|_A^B+\left(y\frac{\partial\varphi}{\partial y}\right)\Big|_A^B-\int_A^B x\frac{d}{\mathrm{d}s}\left(\frac{\partial\varphi}{\partial x}\right)\mathrm{d}s-\int_A^B y\frac{d}{\mathrm{d}s}\left(\frac{\partial\varphi}{\partial y}\right)\mathrm{d}s\\&=\left(x\frac{\partial\varphi}{\partial x}\right)\Big|_A^B+\left(y\frac{\partial\varphi}{\partial y}\right)\Big|_A^B+\int_A^B x\bar{Y}\mathrm{d}s-\int_A^B y\bar{X}\mathrm{d}s\end{aligned} \tag{10.64}$$

将式(10.63)代入式(10.64)，即有

$$\begin{aligned}\varphi_B-\varphi_A&=x_B\left(\frac{\partial\varphi}{\partial x}\right)_B-x_A\left(\frac{\partial\varphi}{\partial x}\right)_A+y_B\left(\frac{\partial\varphi}{\partial y}\right)_B-y_A\left(\frac{\partial\varphi}{\partial y}\right)_A+\int_A^B x\bar{Y}\mathrm{d}s-\int_A^B y\bar{X}\mathrm{d}s\\&=x_B\left[\left(\frac{\partial\varphi}{\partial x}\right)_A-\int_A^B\bar{Y}\mathrm{d}s\right]-x_A\left(\frac{\partial\varphi}{\partial x}\right)_A+y_B\left[\left(\frac{\partial\varphi}{\partial y}\right)_A+\int_A^B\bar{X}\mathrm{d}s\right]-y_A\left(\frac{\partial\varphi}{\partial y}\right)_A+\\&\quad\int_A^B x\bar{Y}\mathrm{d}s-\int_A^B y\bar{X}\mathrm{d}s\end{aligned} \tag{10.65}$$

从而有

$$\begin{aligned}\varphi_B&=\varphi_A+x_B\left[\left(\frac{\partial\varphi}{\partial x}\right)_A-\int_A^B\bar{Y}\mathrm{d}s\right]-x_A\left(\frac{\partial\varphi}{\partial x}\right)_A+\\&\quad y_B\left[\left(\frac{\partial\varphi}{\partial y}\right)_A+\int_A^B\bar{X}\mathrm{d}s\right]-y_A\left(\frac{\partial\varphi}{\partial y}\right)_A+\int_A^B x\bar{Y}\mathrm{d}s-\int_A^B y\bar{X}\mathrm{d}s\\&=\varphi_A+(x_B-x_A)\left(\frac{\partial\varphi}{\partial x}\right)_A-x_B\int_A^B\bar{Y}\mathrm{d}s+(y_B-y_A)\left(\frac{\partial\varphi}{\partial y}\right)_A+y_B\int_A^B\bar{X}\mathrm{d}s+\int_A^B x\bar{Y}\mathrm{d}s-\int_A^B y\bar{X}\mathrm{d}s\\&=\varphi_A+(x_B-x_A)\left(\frac{\partial\varphi}{\partial x}\right)_A+(y_B-y_A)\left(\frac{\partial\varphi}{\partial y}\right)_A+\int_A^B(x-x_B)\bar{Y}\mathrm{d}s-\int_A^B(y-y_B)\bar{X}\mathrm{d}s\end{aligned} \tag{10.66}$$

由式(10.66)及式(10.63)可见，只要知道 A 点的应力函数及应力函数的导数值，便可以根据面力分量求出 B 点处的应力函数值和应力函数导数值。由弹性力学可知，把应力函数加(减)上一个线性函数不会影响应力的值，因此，我们可以设想在应力函数中添加一个线性函数，通过调整线性项的系数，使得

$$(\varphi)_A=0,\ \left(\frac{\partial\varphi}{\partial y}\right)_A=0,\ \left(\frac{\partial\varphi}{\partial x}\right)_A=0$$

于是，式(10.66)和式(10.63)改写为

$$\left.\begin{aligned}\left(\frac{\partial\varphi}{\partial y}\right)_B&=\int_A^B\bar{X}\mathrm{d}s\\\left(\frac{\partial\varphi}{\partial x}\right)_B&=-\int_A^B\bar{Y}\mathrm{d}s\\\varphi_B&=\int_A^B(x-x_B)\bar{Y}\mathrm{d}s-\int_A^B(y-y_B)\bar{X}\mathrm{d}s\end{aligned}\right\} \tag{10.67}$$

以上是针对单连续体导出的结果，对于多连续体，情况就不像这样简单了。当我们在某一

连续边界 s 上选定基点 A 并取该点处应力函数值 φ_A 以及导数值 $\left(\frac{\partial\varphi}{\partial y}\right)_A$ 和 $\left(\frac{\partial\varphi}{\partial x}\right)_A$ 均为零以后，应力函数 φ 便不再具有任意性，它在弹性体内的任意一点都有确定的值。因此，对于另一个连续边界 s_1 上任意选取的基点 A_1，便不能再认为 A_1 点处的应力函数值及其导数值等于零了，只有应用位移单值条件才能确定 φ_{A_1}、$\left(\frac{\partial\varphi}{\partial y}\right)_{A_1}$ 和 $\left(\frac{\partial\varphi}{\partial x}\right)_{A_1}$，从而求出 s_1 上其他各点的 φ、$\frac{\partial\varphi}{\partial y}$ 和 $\frac{\partial\varphi}{\partial x}$ 值。而且由于 φ_{A_1}、$\left(\frac{\partial\varphi}{\partial y}\right)_{A_1}$ 和 $\left(\frac{\partial\varphi}{\partial x}\right)_{A_1}$ 一般均不等于零，于是在推导 s_1 上其他点的应力函数值和导数值时只能应用公式(10.66)和式(10.63)，而不能应用简化了的公式(10.67)，这使得差分法在多连体问题中应用起来非常不方便。本教材只讨论单连体。

观察图 10.6，可知式(10.67)中第一式的右边表示 A 点与 B 点之间 x 方向的面力之和，第二式右边表示 A 点与 B 点之间 y 方向的面力之和的负值，第三式右边表示 A 点与 B 点之间的力对 B 点的力矩(力矩以顺时针为正)。

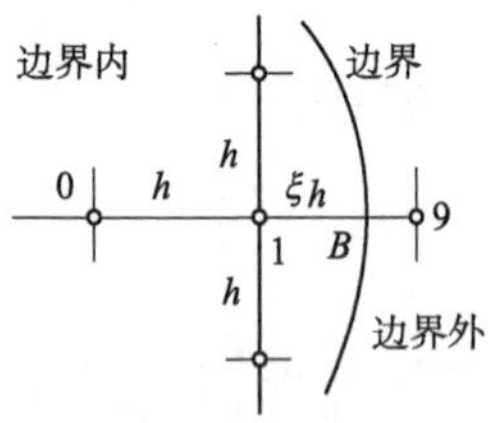

图 10.7　具有曲线边界的边界条件

如果一部分边界为曲线或不与坐标轴正交，则边界附近将出现不规则节点，如图 10.7 中的节点 0。对这样的节点，差分方程必须要进行修正。至于更靠近边界的节点 1，则根本不把它当作内节点看待，也就是不把这个节点处的应力函数值作为独立的未知量，而把它用 0 节的应力函数值来表示。在 B 点附近将应力函数沿 x 方向展开为泰勒级数，略去三次项之后的高阶项，有

$$\varphi = \varphi_B + (x - x_B)\left(\frac{\partial\varphi}{\partial x}\right)_B + \frac{1}{2}(x - x_B)^2\left(\frac{\partial^2\varphi}{\partial x^2}\right)_B \tag{10.68}$$

令其在 9,1,0 点让上式成立，有

$$\varphi_9 = \varphi_B + (1-\xi)h\left(\frac{\partial\varphi}{\partial x}\right)_B + \frac{1}{2}(1-\xi)^2h^2\left(\frac{\partial^2\varphi}{\partial x^2}\right)_B \tag{10.69}$$

$$\varphi_1 = \varphi_B - \xi h\left(\frac{\partial\varphi}{\partial x}\right)_B + \frac{1}{2}\xi^2h^2\left(\frac{\partial^2\varphi}{\partial x^2}\right)_B \tag{10.70}$$

$$\varphi_0 = \varphi_B - (1+\xi)h\left(\frac{\partial\varphi}{\partial x}\right)_B + \frac{1}{2}(1+\xi)^2h^2\left(\frac{\partial^2\varphi}{\partial x^2}\right)_B \tag{10.71}$$

由这三式可以解得

$$\varphi_9 = \frac{4\xi}{(1+\xi)^2}\varphi_B + \frac{2(1-\xi)}{1+\xi}h\left(\frac{\partial\varphi}{\partial x}\right)_B + \frac{(1-\xi)^2}{(1+\xi)^2}\varphi_0 \tag{10.72}$$

$$\varphi_1 = \frac{1+2\xi}{(1+\xi)^2}\varphi_B - \frac{\xi}{1+\xi}h\left(\frac{\partial\varphi}{\partial x}\right)_B + \frac{\xi^2}{(1+\xi)^2}\varphi_0 \tag{10.73}$$

如此，在建立该点的差分方程时，其中的 φ_1 和 φ_9 应当用上式替代。

实际计算时，常采用以下步骤：

(1)在边界上任意选一点作为基点 A，取该点处的 $\varphi_A = 0$，$\left(\frac{\partial\varphi}{\partial x}\right)_A = \left(\frac{\partial\varphi}{\partial y}\right)_A = 0$，然后由面力的矩及面力之和计算出边界上各点的应力函数值以及所必须的应力函数的导数值。

(2)将边界外一行虚节点的应力函数值用边界内相应节点处的应力函数值来表示。

(3)对边界内各点建立差分方程，联立求解应力函数值。

(4)求出边界外一行虚节点的应力函数值。

(5)由应力公式计算应力分量。

例 10.2:设有自由的正方形混凝土深梁,边界没有约束,上边受有均布向下的铅垂荷载 q,下边由两角点处的集中力维持平衡,如图 10.8 所示。试用差分法求出应力函数及应力分量。

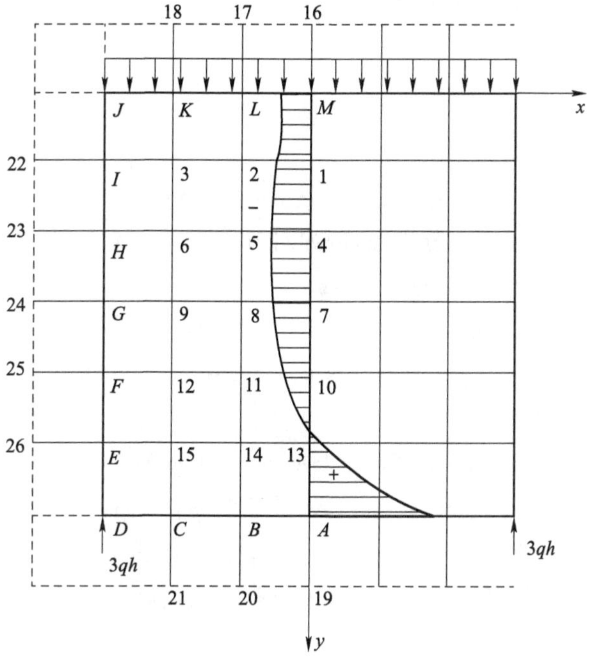

图 10.8 正方形混凝土深梁的差分网格及应力分布

解:取坐标轴和计算网格如图 10.8 所示。划分 6×6 网格,网格的尺寸 $h=l/6$ 。由于对称,可以只计算梁的左半部分。现按上面所说的步骤进行计算。

(1)取梁中间底部的中点 A 作为基点,取 $\varphi_A=0$, $\left(\frac{\partial\varphi}{\partial x}\right)_A=\left(\frac{\partial\varphi}{\partial y}\right)_A=0$,计算边界上所有各点的 φ 值及 $\frac{\partial\varphi}{\partial x}$ 和 $\frac{\partial\varphi}{\partial y}$ 值,其值列在表 10.1 中(不必要的导数值没有计算,在表中用短横线表示)。

表 10.1 边界上各点的应力函数值及其必要的导数值

节点	A	B,C	D	E,F,G,H,I	J	K	L	M
φ	0	0	0	0	0	$2.5qh^2$	$4.0qh^2$	$4.5qh^2$
$\frac{\partial\varphi}{\partial x}$	0	—	—	$3.0qh$	—	—	—	—
$\frac{\partial\varphi}{\partial y}$	0	0	—	—	—	0	0	0

(2)将边界外一行各个虚节点处的 φ 值($\varphi_{16}\sim\varphi_{26}$) 用边界内一行各节点处的 φ 值来表示。在上下两边上有 $\frac{\partial\varphi}{\partial y}=0$,所以有

$$\left.\begin{array}{l}\varphi_{16}=\varphi_1,\varphi_{17}=\varphi_2,\varphi_{18}=\varphi_3\\ \varphi_{19}=\varphi_{13},\varphi_{20}=\varphi_{14},\varphi_{21}=\varphi_{15}\end{array}\right\}$$

在左边，$\frac{\partial\varphi}{\partial x}=3qh$，所以有

$$\varphi_3=\varphi_{22}+2h\left(\frac{\partial\varphi}{\partial x}\right)_I=\varphi_{22}+2h\times 3qh=\varphi_{22}+6qh^2$$

即

$$\varphi_{22}=\varphi_3-6qh^2$$

同样有

$$\varphi_{23,24,25,26}=\varphi_{6,9,12,15}-6qh^2$$

(3)对边界内的各节点建立差分方程,例如对节点 1,注意对称性,由公式 (10.58)得

$$20\varphi_1-8(\varphi_2+\varphi_4+\varphi_M)+2(\varphi_5+2\varphi_L)+(2\varphi_3+\varphi_7+\varphi_{16})=0$$

将表 10.1 中的 φ_M 及 φ_L 值代入,并注意 $\varphi_{16}=\varphi_1$，整理得

$$21\varphi_1-16\varphi_2+2\varphi_3-8\varphi_4+4\varphi_5+\varphi_7-20qh^2=0$$

又例如对节点 15,列差分方程得

$$20\varphi_{15}-8(\varphi_{12}+\varphi_{14}+\varphi_C+\varphi_E)+2(\varphi_{11}+\varphi_B+\varphi_D+\varphi_F)+(\varphi_9+\varphi_{13}+\varphi_{21}+\varphi_{26})=0$$

将表 10.1 中的 φ_C、φ_E、φ_B、φ_D 和 φ_F 值代入,并注意 $\varphi_{21}=\varphi_{15}$，$\varphi_{26}=\varphi_{15}-6qh^2$，得

$$\varphi_9+2\varphi_{11}-8\varphi_{12}+\varphi_{13}-8\varphi_{14}+22\varphi_{15}-6qh^2=0$$

由节点 1～15 总共可以列出 15 个这样的差分方程,将它们联立求解,得到 15 个内部节点处的应力函数值

$$\begin{aligned}&\varphi_1=4.36qh^2,\varphi_2=3.89qh^2,\varphi_3=2.47qh^2,\varphi_4=3.98qh^2,\varphi_5=3.59qh^2,\\&\varphi_6=2.35qh^2,\varphi_7=3.29qh^2,\varphi_8=3.03qh^2,\varphi_9=2.10qh^2,\varphi_{10}=2.23qh^2,\\&\varphi_{11}=2.13qh^2,\varphi_{12}=1.63qh^2,\varphi_{13}=0.92qh^2,\varphi_{14}=0.94qh^2,\varphi_{15}=0.88qh^2\end{aligned}$$

(4)计算边界外一行虚节点的应力函数值

由前面的算式可知

$$\begin{aligned}&\varphi_{16}=4.36qh^2,\varphi_{17}=3.89qh^2,\varphi_{18}=2.47qh^2,\varphi_{19}=0.92qh^2,\varphi_{20}=0.94qh^2,\\&\varphi_{21}=0.88qh^2,\varphi_{22}=-3.53qh^2,\varphi_{23}=-3.65qh^2,\varphi_{24}=-3.90qh^2,\\&\varphi_{25}=-4.37qh^2,\varphi_{26}=-5.12qh^2\end{aligned}$$

(5)计算应力。例如对节点 M，由式(10.56)得

$$(\sigma_x)_M=\frac{1}{h^2}[(\varphi_1+\varphi_{16})-2\varphi_M]=(4.36+4.36-2\times 4.50)q=-0.28q$$

同理可得

$$(\sigma_x)_{1,4,7,10,13,A}=-0.24q,-0.31q,-0.37q,-0.25q,0.39q,1.84q$$

沿着梁的中线 AM，σ_x 的变化情况如图 10.8 中的曲线所示。

如果按照材料力学中的公式计算弯曲应力 σ_x，则得

$$(\sigma_x)_M=-0.75q,(\sigma_x)_A=0.75q$$

可见,像本例题这样的结构,如果还按照梁的理论去分析计算,得到的结果是完全不正确的,也就是说,此时梁的理论是不适用的。

习 题

1. 图 10.9 所示矩形区域长和宽分别为 8 m 和 6 m，织成 4×3 的网格，网格长度 $h = 2\,\text{m}$。边界上各点的温度均已知且标在图中，求其域内各结点处的温度。

2. 图 10.10 所示基础梁承担自平衡荷载，试用差分法求解最大应力。求解时采用如图所示的 4×2 的网格，网格长度为 h（由于对称性，可取一半结构进行计算）。

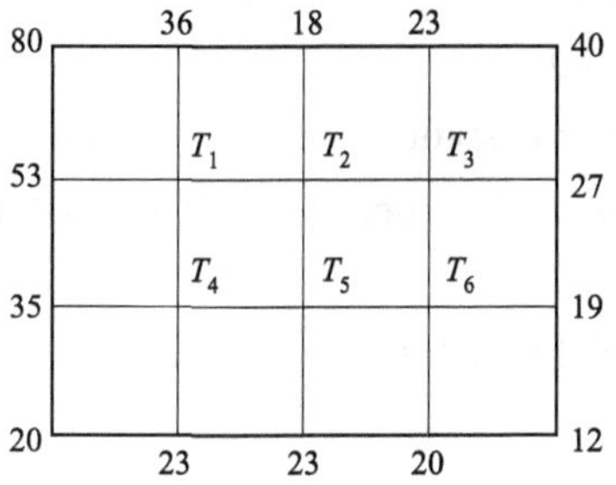

图 10.9

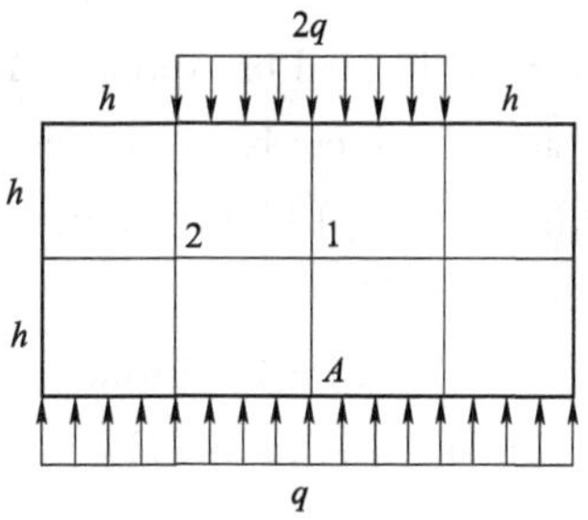

图 10.10

3. 受有均布载荷 q 作用的正方形薄板，其控制微分方程为

$$\frac{\partial^4 w}{\partial x^4} + 2\frac{\partial^4 w}{\partial x^2 \partial y^2} + \frac{\partial^4 w}{\partial y^4} = \frac{q}{D}$$

其中，$D = \dfrac{Et^3}{12(1-\nu^2)}$ 为板的弯曲刚度，w 为板的挠度。设板的边长为 a，四边的边界条件为简支，试用差分法（4×4 网格）求出板中心处的最大挠度和最大弯矩，并与精确解进行比较。

参考文献

[1] Irie T, Yamada G, Tanaka K. Natural frequencies of in - plane vibrations of arcs[J]. ASME Journal of Applied Mechanics, 1983, 50:449 - 452.

[2] Liu F L, Liew K M. Differential cubature method for static solutions of arbitrary shaped thick plates[J]. International Journal of Solids and structures, 1998,35(28 - 29): 3655 - 3674.

[3] Moshe E,Elia E. Inplane vibrations of shear deformable curved beams[J]. Int. J. Numer. Method in Eng, 2001,52:1221 - 1234.

[4] Jang S K, Bert C W. Free Vibration of stepped beams:higher mode frequencies and effect of steps on frequency[J]. Journal of Sound and Vibration,1989,132(1):164 - 168.

[5] Ju F, Lee H P, Lee K H. On the free vibration of stepped beams[J]. Int Journal of Solids and Structures, 1994,31(22):3125 - 3137.

[6] 曹志远．板壳振动理论[M]. 北京:中国铁道出版社,1989.

[7] 沈鹏程．结构分析中的样条有限元法[M]. 北京:水利电力出版社,1991.

[8] Liu F L, Liew K M. Analysis of vibrating thick rectangular plates with mixed boundary constraints using differential quadrature element method[J]. Journal of Sound and Vibration, 1999,225(5):915 - 934.

[9] Cheung Y K. Finite strip method in structural analysis[M]. Pergamon Press, 1976.

[10] Aksu G, Ali R. Determination of dynamic characteristics of rectangular plates with cutouts using finite difference formulation[J]. Journal of Sound and Vibration, 1976, 44: 147 - 158.

[11] Lam K Y, Hung K C, Chow S T. Vibration analysis of plates with cutouts by the modified Rayleigh - Ritz method[J]. Applied Acoustics, 1989,28:49 - 60.

[12] Tham L C, Chan A H C, Cheung Y K. free vibration and buckling analysis of plates by the negative stiffness method[J]. Computers and Structures,1986,22: 687 - 692.

[13] Liew K M, Ng T Y, Kitipornchai S. A semi - analytical solution for vibration of rectangular plates with abrupt thickness variation[J]. International Journal of Solids and Structures, 2001,38:4937 - 4954.